台灣自然圖鑑 030

蝴蝶生活史圖鑑

呂至堅 / 陳建仁 著

三彩娉婷雪山前，
隱世達觀偶遇見，
子息怒髮展威顏，
孤蛹佇立大花間。

青岡仙境不可求，
撥雲見日方為覩，
夸容婆娑綠枝枒，
父逐山巔隱嵐間。

晨星出版

審定序

提筆寫這份序文時，心裡有滿懷著欣慰與歡喜。序文是爲一本特別的書寫的，而書的作者之一呂至堅是我從加州柏克萊大學回國執教後所收的第一位研究生，他也是國內第一位以明星保育類蝴蝶臺灣寬尾鳳蝶爲論文題目並在知名期刊發表相關論文取得博士學位的人才；另一位作者陳建仁則是大學一年級便到我研究室協助蝴蝶生態調查工作，兩人同樣熱愛蝴蝶，性格卻大不相同。呂至堅氣度不凡，行事大開大闔；陳建仁則謹慎細心，態度「幾近苛求」，他們聯手正好截長補短，編寫出來的作品自然品質非凡。

國人向來以擁有豐富蝴蝶資源爲傲，更以蝴蝶王國的稱號爲榮。經過大家多年努力，我們對寶島蝴蝶的多樣性與生態的瞭解已經相當充分，可以說就蝴蝶生活史及食性資料而言，在整個亞洲當中，我們的完備性僅次於蝴蝶物種多樣性遠遜於臺灣的鄰國日本。在這樣的基礎上，我們將蝴蝶資源運用在生態教育與生態旅遊上已然相當成功，不但國人愛欣賞與研究蝴蝶，我們更樂於向國際友人介紹我們的蝴蝶之美。這些蝴蝶相關事業的基礎便在於正確相關知識的推廣與普及，而在這部分，我們仍有努力的空間，尤其是在蝴蝶生活史方面。日本早在 1960 年代便出版了《原色日本蝶類幼蟲大圖鑑》，詳細介紹了大部分日本蝴蝶種類的生活史，而我們直到現在，仍然缺少有系統地介紹臺灣蝴蝶生活史的讀物，可以說是晚了日本大半個世紀，這種情形每每使蝴蝶資源的應用產生不便，例如昆蟲生態園的解說看板以及搭配生態營使用的解說手冊便常出現幼蟲與成蝶種類鑑定上出現張冠李戴的情形。呂至堅與陳建仁寫作的這本書，可以說是填補了這個缺憾。他們花了好幾年工夫，細心與耐心地爲各種蝴蝶的成蝶、卵、幼蟲、蛹各階段拍照並就特徵與習性作生動的介紹，而且將特別值得注意的形態及生態特點放大展示，方便讀者一窺蝴蝶生態的堂奧。相信這本書會成爲國內進一步推動蝴蝶資源在生態教育與環境教育運用的動力，希望國內對蝴蝶感興趣的朋友都能好好品味這本好書，倘佯在曼妙的蝴蝶世界裡。

國立臺灣師範大學生命科學系 教授

徐堉峰

於早春冷風中

2014. 2. 14.

推薦序 I

　　個人接觸蝴蝶這領域已將近四十年，幸運的是從不缺相關的參考書籍，在臺灣有關蝴蝶的出版物，一直以來就是科普讀物的主力，但早期都是以成蟲形態及生態論述為主。當我開始從事田野調查和教學推廣時，最常碰到的就是幼生期的鑑識辨別，雖然有些書上會擺一些卵、幼蟲或蛹的圖片，但不是不完整就是不夠清晰，甚至有誤植的現象，遇到這樣的狀況，只好求助於臨近國家或地區的圖鑑來拼湊，不過這又會遇到一些問題，臺灣有五十種左右的特有種，其他地區不會出現，另外有些種類與其他地區互為不同亞種，成蟲形態會有些差異，幼生期也會出現同樣問題。

　　本書作者呂至堅博士和陳建仁先生，在學期間都是臺灣師範大學徐堉峰教授實驗室的學生，我也是在那裡認識他們，時間應該超過十年，也同他們一起在野外作調查，兩位都是非常認真也戰力十足，數年前就聽聞這對師兄弟要合作寫一本蝴蝶圖鑑，本來以為無疾而終，原來他們是改變寫作方向，再加上專業的執著，為求嚴謹精準，出版時程才會一再往後延，本書內容承襲徐堉峰教授和實驗室的研究精神，以及參考許多國際最新研究的成果，讓讀者可接觸到更多更正確的知識。

　　《蝴蝶生活史圖鑑》除了完整生活史圖像外，對於近似或近緣種也會放在一起比較，讓讀者一目了然，在成蟲部分更以清楚之標本照，標示重點做比對，這在同類的書籍中不但有創意更是一項創舉。此外，個論的蝶種中，放入各時期的中文別名，事實上在我踏入這領域的數十年中，接觸過的中文別名至少有五、六個版本，許多作者也在前後的著作中，使用或混用不同的版本，個人覺得喜歡用哪個別名，純看個人喜好，讀者就自己挑著用，不必在此浪費時間討論或多作文章，臺灣蝴蝶值得深入研究探討的題目還很多，希望藉由本書的出版能將我們的觀察帶入更高的視野，更深的境界。

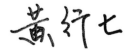

於鳥尖連峰下

2014. 2. 22.

推薦序 II

　　臺灣蝴蝶保育學會成立至今已歷 18 年，對於蝴蝶知識與保育觀念的推廣與教育一直不遺餘力。以學會之名，我們當然也進行了一些調查研究，然因參與者多半是業餘愛好者，對於蝴蝶的知識尚難達到學術研究的層次，因此，對於蝶類知識的吸收就顯得格外重要。除了野外經驗的累積及前輩們的指導外，各種蝶類相關書籍及圖鑑，更是我們這些愛蝶人渴求的甘霖。拜臺灣出版業發達之賜，市面上的蝴蝶書籍琳瑯滿目，去年更有執臺灣蝶類研究牛耳、任教於國立臺灣師範大學生命科學系的徐堉峰教授出版了一套三冊的《臺灣蝴蝶圖鑑》，彌補了 1960 年代日人白水 隆出版《原色臺灣蝶類大圖鑑》後，臺灣所缺少的一部具有學術研究基礎，完整而詳實的成蝶圖鑑的缺憾。

　　相較於醒目的成蝶總能吸引眾人目光，蝴蝶的幼生期卻甚少得到同等的關愛，原因不外乎大家心目中對「毛毛蟲」所具有的刻板印象，「有毒」、「外型恐怖」、「長有刺毛」等，而不敢碰觸。事實上，蝴蝶幼蟲在適應環境、躲避天敵上，及其生活史的型態上，都有著許多精彩有趣的適應或分化。而且不同於成蝶的敏感，幼蟲可近距離觀察欣賞，更易於讓人親近，可說是很好的解說教材，只是市面上關於蝴蝶幼生期的參考書籍不多，種類也經常局限於部分的常見種，使得許多進階知識難以跟隨學界的腳步同步獲得，令人不無遺憾。

　　如今，由徐教授所指導及訓練出來的兩位蝶類專家—至堅與建仁，接續明師步伐，再推出這本以蝴蝶幼生期為主要介紹對象的《蝴蝶生活史圖鑑》，無疑又將臺灣蝴蝶知識的推廣往前推進了一大步。細看本書所介紹的兩百多種蝶類生活史，讓人大為驚豔！種類除涵括臺灣北中南各地的特色蝶種外，許多種類更是以往圖鑑難以收錄的。在詳細說明各蝶種生活史的過程、寄主的選擇及型態的轉變之外，配上齊全又清晰的圖片，更便於讀者參考比對。其中，特別要推薦的是，在緒論中所呈現的蝴蝶相關知識，其專業、豐富及整體觀，對於愛蝶人而言，真是不可多得的參考素材。

　　整體來說，這本書不論在廣度和深度上，都有著讓人佩服的優秀水準，相信一定是目前市面上最詳盡的蝴蝶幼生期圖鑑，也會是愛蝶人人手一本的最佳工具書。

臺灣蝴蝶保育學會 理事長

卓清波　謹記

2014. 2. 21

4

作者序

　　阿堅自小即在成長求學歷程中，即有親近大自然的機會與癖好的養成，從小就跟著父親在田野或小溪間從事田獵、抓魚，就讀彰師大期間更是喜歡上八卦山尋找蝴蝶、常到彰化海岸溼地賞鳥，甚至到玉山國家公園、自然科學博物館及鳳凰谷鳥園擔任志工，更因爲如此，與多位大學同窗好友們共創「推廣教育服務社」，旨在推廣與培訓許多解說教育服務人才。大學畢業後繼續攻讀碩、博士學位，而此時就讀大學部的胖胖也進入徐教授的蝴蝶研究室。至此，兩人展開了臭味相投的一連串探索蝴蝶生態之旅。

　　一本蝴蝶幼生期與辨識特徵的科普書之誕生絕非偶然，不是筆者的粗淺學識可以成就的，這是累積許多人長期野外觀察成果、查閱相關書籍資料外，更有著許許多多蝴蝶愛好者的經驗傳承、分享、協助、鼓勵與支持。本書以淺顯易懂的圖、文、表等來呈現，希望將筆者十餘年來觀察、記錄、比較與整理的資料，以及師大蝴蝶研究室伙伴們的部分研究成果，在恩師徐堉峰教授的嚴謹審閱下，希冀能分享給社會大眾蝴蝶一生的眾多有意義、有趣的小故事。時至今日，自然觀察探究之風盛行，生態觀察與研究已非相關科系出身的專利了，本書雖力求完整與正確，但難免有疏漏之處，希望喜愛蝴蝶的各界先進、同好們不吝指正。

　　在此書問世之際，筆者由衷感謝：羅錦文夫婦（埔里蝴蝶牧場負責人）、陳常卿、牟英凡、黃行七、呂晟智提供許多建議、指導及重要訊息；蝶會卓清波理事長提筆爲本書寫序言推薦；自然科學博物館的陳志雄研究員協助寄主植物的鑑定及資訊；徐堉峰老師、黃行七、呂晟智、李惠永、王立豪、林家弘、施禮正、陳亭瑋等人提供精美照片，讓部分稀有的種類得以呈現給讀者；一起出野外考察的伙伴：洪若淵、陳世情、羅尹廷、吳立偉、黃嘉龍、蔡南益、吳錦銘、張宗婷、陳亭瑋、林育綺、林文傑、汪竹筠等；協助本書龐大的圖文初稿校對：吳立偉、蔡南益、陳亭瑋、林家弘、林郁婷、林文傑、汪竹筠。還有晨星出版社的許裕苗小姐，她不斷的催促及追稿，並細心協助圖文的修改。美編許裕偉小姐精心的編排，本書才有機會出版。最後胖胖要謝謝爸媽的包容與忍讓；阿堅要感謝親愛的老婆細心照顧兩個可愛又懂事的女兒，有她默默的支持才能夠安心出門追尋自己的興趣。

呂晟智　陳康仁　於臺中大里杙
2014 歲次甲午 / 驚蟄

如何使用本書

學名又稱種名，由兩個拉丁文組成，「屬名」為名詞在前，「種小名」為形容詞在後。不同屬的生物可能有相似的特徵，因此命名時可使用相同的種小名；分類階層從上至下主要有7個層級，分別為：界、門、綱、目、科、屬、種。有些科別的種類繁多，科學家在科級與屬級之間，以亞科、族來歸群物種間的關係。

本書使用之中文名稱的由來以及中文屬名的意義。

命名由來：曙鳳蝶屬在臺灣僅有一種固有種，曙鳳蝶這個名稱具有代表性因此沿用；臺灣還記錄過一種迷幟菲律賓曙鳳蝶，或稱白背曙鳳蝶，為本屬模式種。

曙鳳蝶

Atrophaneura horishana

特有種　保育類III

物種中文名稱，粗斜體部分為中文屬名。

別名：無尾紅紋鳳蝶、桃紅鳳蝶、紅尾仔
分布／海拔：臺灣全島／500～2600m
寄主植物：馬兜鈴科大葉馬兜鈴（主要）、異葉馬兜鈴（偶爾）
活動月分：1年1世代蝶種，4～12月可見成蝶

物種的基礎資訊，包括其他別名、成蝶活動月分、在臺灣的地理分布、海拔高度以及幼生期利用之寄主植物。

裳鳳蝶族

曙鳳蝶屬

臺灣特有的曙鳳蝶總是吸引國內外許多賞蝶人士在每年夏季上山朝聖，7～8月分山區的有骨消陸續開花，花上可見曙鳳蝶優雅的飛舞訪花。本種後翅桃紅色花紋有7個黑色斑紋，像大西瓜的果肉及種子，因此有蝶友戲稱牠為「西瓜鳳蝶」。本種1930年代在臺北市及臺中市各有一筆觀察記錄，而梨山至大禹嶺的中橫公路沿線以及南投仁愛鄉清境農場至合歡山區道路段最容易觀察。

中橫公路兩旁山坡地開墾種植溫帶果樹、蔬菜，以及道路邊砍除草行爲造成了大葉馬兜鈴棲地的破壞，影響蝴蝶族群數量，加上當過去曙鳳蝶有嚴重的獵捕壓力，因此被農委會公告爲二級的保育類動物，後來因蝴蝶標本需求減少及蝴蝶加工產業衰退，使得曙鳳蝶的獵捕壓力減低，基於牠仍需保護且經專家學者開會討論本種暫無滅絕危機，於2009年4月公告由保育類二級降爲三級。

成蝶相關生態、形態資訊或是近年最新研究及有趣的行為、小故事。

註：**休眠**是指當環境條件變差時，昆蟲停止生長，如乾旱、洪水或溫度不適，依氣溫可區分為高溫引起的夏眠（aestivation）及低溫引起的冬眠（hibernation）；依生理狀況則可分為靜止（quiescence）及滯育（diapause）。靜止是發育變慢或暫停，當環境變好就立刻恢復進行發育，像冬天日夜溫差太大則會有夜間靜止而白天活動的情形，曙鳳蝶幼蟲遇到寒流停止活動屬於「靜止」；滯育則是昆蟲體內有適應性的生理改變造成生長發育停止，其中包括滯育激素的產生，當環境變合適時，滯育的幼蟲不會立即回復，需要有正確的環境訊號並且特定的生理刺激，昆蟲才會從滯育中甦醒。部分學者則是區分成滯育與休眠，而靜止即為休眠。

▲雄蝶
後翅腹面鮮豔的桃紅色是雄蝶才有的色彩

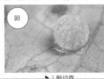

卵

▶1齡幼蟲
幼蟲孵化後會把剩下的卵殼吃光

文中出現的專有名詞解釋、補充說明資料、引用文獻或是其他有趣的例子。

100

6

是誰在森林裡的葉尖灑了糖果？精細鏤空的吊床又是誰的家？別以爲蝴蝶就只有華麗的翅膀花紋，在蛻變羽化之前的旅程更是刺激有趣。花臉譜各自透露出自己的名字和身世，不遠處蝴蝶媽媽正在精心挑選適合的地點產卵，蝴蝶幼蟲與森林裡其他動植物的攻防戰，勝利者才有機會化蛹與蛻變成蝶，別急著出遠門，在家中附近就有機會觀察到。跳脫書本裡的生命過程表吧！蝴蝶的一生可不是只有「卵—幼蟲—蛹—成蟲」四個單純的階段組成，當你把眼光從飛舞的成蝶，轉而專注在一旁努力活著吃飽躲天敵的「毛孩子」，一本豐富的生命科學正在眼前展開。作者將帶領各位探索蝴蝶幼生期的大小趣事，同時與各位分享如何找尋、觀察這群毛毛蟲的生態訣竅。

幼|生|期

雌蝶尋找產卵地點時會在山坡旁來回低飛，卵則產在寄主植株或附近的雜物，卵殼表面有雌蝶分泌物形成的顆粒狀突起，卵殼是幼蟲的第一餐。中海拔山區多季氣溫頗低，本種小幼蟲不會休眠[註]，而是持續取食緩慢生長，寒流時氣溫若低於0℃，幼蟲會停止活動，待回暖後恢復進食行為。春季之後幼蟲食量漸增，終齡幼蟲齡期最多可達6齡，4～5月分幼蟲會尋找隱蔽處化蛹。

曙鳳蝶分布於溫帶氣候，一年一世代，本屬其他種類皆分布於熱帶且多世代，多數鳳蝶以蛹態越冬而他以幼蟲。其近緣種可能在冰河期結束時因棲地環境改變而減絕，但本種退避至臺灣中海拔山區且適應環境存活下來，這種因鄰近地區的近緣種滅絕而形成的特有種，稱爲「古特有種」，拉拉山鑽灰蝶也屬於古特有種。

▲ 4齡幼蟲
幼蟲體表花紋變化不大，但隨齡期增加體型也會長大。

▲終齡幼蟲
齡期可達6齡，常停棲在葉片下表面。

▶幼蟲受驚擾時會伸出黃色的臭角

◀蝶蛹
體型碩大，常化蛹於寄主植物附近之隱蔽處。

▲雄蝶的背面觀
雄蝶的翅膀背面為單調一致的藍黑色，而雌蝶後翅不論背、腹面都有淡粉紅色花紋，因此容易區分性別。
（陳亭瑋攝）

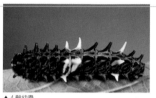
▲訪花中的雌蝶（左）
右側的多姿鳳蝶不論是成蝶或幼蟲都與曙鳳蝶有相同的資源需求，兩者間是競爭關係。

裳鳳蝶族

曙鳳蝶屬

幼生期的習性、特色以及行為表現、避敵方式等。

側欄以亞科或族搭配中文屬名呈現物種分類資訊。

圖標說明

特有種　臺灣地圖冠上特有種標示即是指臺灣特有種，此物種在全球的分布僅在臺灣（含澎湖、龜山島、綠島、蘭嶼）

特有亞種　物種族群因地理隔離或其他因素而有穩定的形態差異，分類學家會將不同族群處理成不同亞種，而臺灣特有亞種指的是此亞種僅分布在臺灣（含離島）。

外來定居種　外來物種若有合適的環境及生物條件配合，能在新環境裡自然繁衍，且族群已能持續長期存在，即可稱「外來定居種」，植物則較常使用「歸化種」。

保育類　分為三級，瀕臨絕種（Ⅰ）、珍貴稀有（Ⅱ）及其他應予保育（Ⅲ）之野生動物。2009年重新修正物種的分級。蝴蝶有5種是保育類，見第96、98、100、113、450頁。

目次 contents

蝴蝶基本介紹

　　鱗翅目過去常依觸角形狀分為錘角亞目和異角亞目，前者即為**蝴蝶**，錘角指觸角末端較粗呈棒棍狀，但現今高階分類早已不是這樣處理了[註]。蝴蝶的口器是曲管式（旋喙），只能取食液體食物，平時捲曲收起，只在攝食時伸出。蝴蝶如同一般昆蟲有 3 對足，但部分種類前足特化收縮，因此看起來只有 2 對足。鱗翅目翅表覆有細密的鱗片，鱗片是由毛特化，整齊排列在翅面，蝶翅美麗的色彩便是來自這些鱗片。

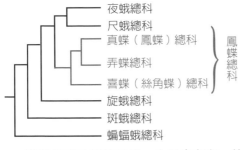

夜蛾總科
尺蛾總科
真蝶（鳳蝶）總科
弄蝶總科　｝鳳蝶總科
喜蝶（絲角蝶）總科
旋蛾總科
斑蛾總科
蝙蝠蛾總科

註：本親緣關係圖隨著更多的資訊，各類群間的位置還可能更動，但蝴蝶是蛾類的一部分，目前已是廣泛的共識，不再是過去認知的蝶、蛾互為不同的兩大類。2012 年新發表的資料則是將左圖紅色部分合併為「鳳蝶總科」。早期的資訊是弄蝶科為蝶類較原始的類群，最新研究指出最早分化的類群應為鳳蝶科。

　　蝴蝶為完全變態昆蟲，生活史有卵、幼蟲、蛹、成蟲 4 個階段。卵通常產在寄主植物上或其附近；幼蟲多為植食性，主要以被子植物為食，少數種類吃裸子植物或蕨類，部分灰蝶幼蟲與螞蟻共生或捕食介殼蟲、蚜蟲、螞蟻幼蟲而為肉食性；蝶蛹一般裸露在外，但少數會作繭，蛹的基本型式為帶蛹（縊蛹）及垂蛹（吊蛹），帶蛹除了在尾端有絲座附著外，胸部並有一條絲帶幫助固定；垂蛹只在尾端有強韌的絲座，使蛹體懸掛在物體下。成蝶取食習性依種類不同，除訪花採蜜外，也嗜食腐果、腐屍、樹液、糞便，有些種類則吸取露水、蚜蟲及介殼蟲的分泌物，許多雄蝶會為了獲得礦物質在溼地吸水。

▲體色有鮮豔的橙色斑紋，體型與灰蝶相似，但觸角呈絲狀，此為帶錨紋蛾 *Callidula attenuate*。（施禮正攝）

一般人對蛾的認知	一般人對蝶的認知	事實為…
觸角絲狀或羽毛狀	觸角為棍棒狀	喜蝶觸角似蛾類（絲狀）
翅膀平展或向下蓋住身體	停棲時翅膀向上合攏	花弄蝶亞科多平攤
夜晚活動	白天活動	也有白天活動的蛾類
色彩黯淡	色彩鮮豔	日行性蛾類翅膀鮮豔
身體肥胖	身體纖細	大弄蝶亞科身體粗壯
姿態奇怪	姿態優雅	人為喜好的觀點，可忽略
會撲火	花間仙子	少數蝶類亦會趨光
幼蟲多毛	幼蟲無毛	少數蝶類有長毛
雜食性，有什麼吃什麼	對寄主植物專一	兩者都有廣、單食性

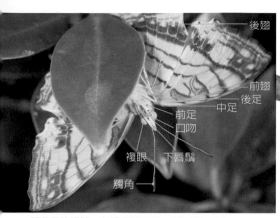

後翅
前翅
後足
中足
前足
口吻
複眼 下唇鬚
觸角

▲觸角呈棒棍狀，有捲曲的口器。（網絲蛺蝶）

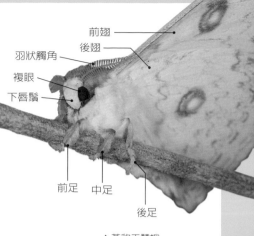

前翅
後翅
羽狀觸角
複眼
下唇鬚

前足 中足
後足

▲黃豹天蠶蛾

▶翅膀的斑紋是由許多小鱗片組成

黑丸灰蝶生活史

丸灰蝶屬 / 琉球黑星小灰蝶
（*Pithecops corvus cornix*）；豆科山
螞蝗屬多種植物；臺灣本島；多世代，
全年可見。

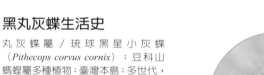

卵

小幼蟲

灰蝶科的終齡幼蟲齡期
通常為 4 齡，其他科別
通常為 5 齡；部分一年
一世代物種或以幼蟲越
冬的個體有時會超過 5
個齡期。

成蝶

終齡幼蟲

蛹

幼蟲、蛹及成蝶身體部位

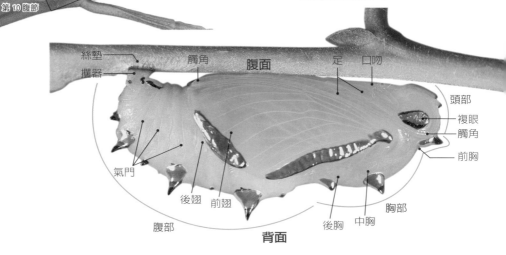

臭角位置
胸
後胸 中胸 前胸
第 1 腹節
腹
頭
第 4 腹節 第 3 腹節
氣門
第 5 腹節
第 6 腹節
前足
中足
後足
腹足
第 10 腹節

▲ 花鳳蝶
胸部分 3 節，各有一足，前胸具有氣門。
腹部分 10 節，第 3、4、5、6、10 節有腹
足（原足），第 1 ～ 8 節有氣門。（足式
表示為 30040001。）

絲墊
攜器
觸角
腹面
足
口吻
頭部
複眼
觸角
前胸
氣門
後翅
前翅
後胸 中胸
胸部
腹部
背面

▲ 琺蛺蝶垂蛹無絲帶

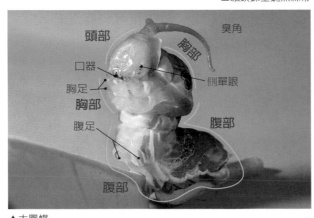

頭部
臭角
胸部
口器
側單眼
胸足
胸部
腹足
腹部
腹部

▲ 大鳳蝶
側單眼 6 枚；咀嚼式口器；胸足 3 對，具關節，單爪；
腹足 5 對，無關節，無爪，原足鉤。

複眼
觸角
足
絲帶
口吻

▶ 翠鳳蝶
為帶蛹

◀雄蝶腹部末端有抱器（把握器），此為多姿麝鳳蝶。

抱器（把握器）

前翅

觸角

頭部

後翅

翅脈

複眼

口吻

尾突

氣門

肛角

前胸

中胸　後胸

足　腹部

胸部

▲成蝶身體構造名稱（玉帶鳳蝶）

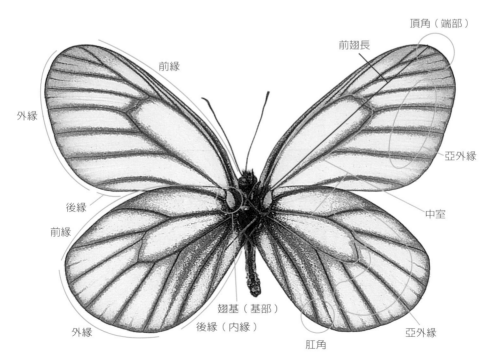

頂角（端部）

前翅長

前緣

外緣

亞外緣

中室

後緣

前緣

翅基（基部）

後緣（內緣）

外緣

肛角

亞外緣

▲翅膀各部位名稱

代	紀	世		萬年	冰期與間冰期
新生代	第四紀	全新世（Holocene）		1～現在	玉木間冰期
		更新世（Pleistocene）	冰期更新世	6～1	玉木冰期
				15～6	愛木間冰期
				24～15	利斯冰期
				⋮	
		前冰期		200～100	前冰期更新世
	第三紀	距今 200 萬～6,500 萬年			

（修改自中山自然科學大辭典，第六冊，1980 年）

　　臺灣地質年代年輕，於新生代第三紀晚期誕生，由歐亞大陸板塊與菲律賓海板塊擠壓的造山運動形成，這就是臺灣多高山的原因，時至今日臺灣還在長高。年輕且面積小的島嶼其物種多樣性不及年老且面積廣大的大陸塊，但近百萬年地球多次「冰河期（冰凍、海床淺、陸橋出現）」與「間冰期（溫暖、海床深、陸橋隱沒）」交替，物種來回於島嶼與大陸塊間，而溫帶、高山的物種能在臺灣山地庇蔭下存活，這正是臺灣蝴蝶起源最主要部分－**大陸性起源**。其次，臺灣位於世界動物地理區的東洋區，冬季有亞洲北方冷高壓吹來的東北季風，春夏季有西南氣流吹拂與熱帶氣旋（颱風）侵襲。因此，日本沖繩以及菲律賓等列嶼上的物種，有機會藉由風力來到臺灣，此為**海洋島嶼性起源**。而部分物種受瓶頸效應、創始者效應等遺傳漂變作用後，逐漸形成特有（亞）種，這屬於**在地種化性起源**。近百年來海空交通發達，其他地方的物種，或多或少被有意或無意的引入臺灣並定居，這些屬於**人為引入性起源**。

◀流星絹粉蝶呈喜馬拉雅山區－臺灣的間斷分布，臺灣的族群明顯是大陸性起源。

▼臺灣是島嶼黃蝶最北的分布地點，其他族群在東洋區及澳大拉西亞區的島嶼，明顯為海洋島嶼性起源的物種。

▲長尾麝鳳蝶為大陸性起源，僅分布在中國及臺灣。

▶珠光裳鳳蝶只分布在菲律賓及蘭嶼，與島上的球背象鼻蟲一樣，屬於新華萊士線以東的物種。

▲鑲邊尖粉蝶近年在臺灣建立穩定族群，最近的分布在菲律賓，應是西南氣流所吹來。

▲青鳳蝶及木蘭青鳳蝶都是大陸性起源，臺灣族群的外型與中國族群明顯不同。

▲臺灣琉璃翠鳳蝶的外型與琉璃翠鳳蝶相似，前者為「在地種化性起源」。

▲臺灣鳳蝶為臺灣特有種，中國及中南半島有外型相似的近緣種。

▲蕉弄蝶疑似是人為引入性起源，已造成農業經濟的損害。

▲方環蝶最先出現的地點在基隆，可能是隨著船隻偷渡到臺灣。

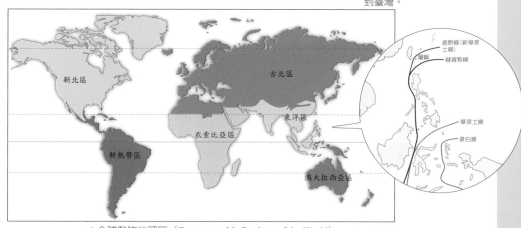
▲全球動物地理區（Zoogeographic Regions of the World）

英國博物學家－華萊士（1823～1913）於 1876 年主張將全世界劃分為六大動物地理區：

古北區（Paleoarctic region）：又稱舊北區，歐亞板塊溫帶地區為主。

新北區（the Neoarctic region）：北美為主，至墨西哥中部。

衣索比亞區（Ethiopian region）：又稱非洲區，包括非洲及阿拉伯南部之熱帶及副熱帶氣候區。

澳大拉西亞區（Australasia region）：又稱澳洲區，從紐西蘭、澳洲至新幾內亞及附近島嶼，動物具
　　　　　　　　　　　　　　　　　　獨特性。

新熱帶區（Neotropical region）：墨西哥以南及南美洲

東洋區（Oriental region）：中國長江流域經印度、中南半島至印尼，包含中間的島嶼，如：臺灣、
菲律賓。動物地理學者華萊士（Wallace）及韋伯（Weber）長期研究南亞島嶼的動物，先後畫出兩
條分界線：華萊士線及韋伯線。韋伯線以東是澳大拉西亞區，二線間為過渡區。鹿野忠雄由蘭嶼動
物相認為劃分兩區的生物地理線應向北延伸，從臺灣與蘭嶼間穿過，他將赫胥黎線修正、延伸，並
稱之為「新華萊士線」。

環境生態與幼生期之重要性

　　大型或顯眼的動物，其研究發展進程不外乎先觀察、記錄與比較成體外型，之後是分類、解剖構造、特殊行為、生態分布研究，最後才是生育期、幼體成長條件等，蝴蝶也不例外。學者取得成蝶標本後命名發表，但幼生期通常要一陣子之後才會被發現，以臺灣近 400 種成蝶為例，迄今尚有 40 餘種幼生期還不明朗，這是因為幼生期不像成蝶會飛行，且可能利用人們難接觸的微環境資源。此情況通常可以歸納為下列兩種：

1. 成蝶分布範圍＞原生寄主植物分布範圍＞**雌蝶產卵偏好範圍**≧幼生期可**發育成功範圍**。如：紅蛺蝶、尖粉蝶、各類紫斑蝶。

2. 原生寄主植物分布範圍＞成蝶分布範圍＞**雌蝶產卵偏好範圍**≧幼生期可發育成功範**圍**。如：黃星斑鳳蝶、臺灣翠蛺蝶、大紫蛺蝶。

　　由上述 2 種情形可知這是層層關卡，儘管能夠觀察、記錄到成蝶，若不知道牠們幼生期的寄主植物、雌蝶產卵位置偏好，很難突破幼生期發育成功的條件。如果我們要落實蝴蝶生態保育，或針對稀有、瀕危物種復育，若不能掌握**最關鍵**的後 2 個關卡（真正影響族群繁衍的重要條件），那許多作為可能只是徒勞無功、隔靴搔癢罷了。

▲平地的樟樹上找不到黃星斑鳳蝶的幼生期

▶筆者任教的校園裡偶爾也可觀察到尖粉蝶。本種成蝶飛行能力強，沒有寄主植物分布的地點亦有不少觀察記錄。

八〇年代以後生態保育觀念興起，現今國人幾乎或多或少有些基本認知與態度，不過卻常有矯枉過正的情況，好比修整道路邊坡的工人對著拿捕蟲網調查的學生說：「年輕人，你們在破壞生態喔！」殊不知邊坡的植物可能是曙鳳蝶、渡氏烏灰蝶、弧弄蝶、雙帶弄蝶、角翅黃蝶等的「雌蝶產卵偏好範圍」及「幼生期可發育成功範圍」，除草對當地蝴蝶族群的影響，絕對遠大於研究調查時的蟲網捕捉，在此筆者並非鼓勵採集，更不會認同非法採集、商業採集。

　　昆蟲類群龐大，多數物種的生存關鍵資訊鮮為人知，現今為「宅世代」，僅少數研究人員願意投入辛苦的野外生態研究工作，這對地球上最龐大的動物類群的資訊發現與掌握極為不利。因此，我們忍心以「破壞生態」一詞來形容好似昆蟲學者－法布爾年輕時一樣對大自然探索的學子嗎？

▲路旁邊坡不起眼的脈葉木藍上有個雙帶弄蝶的幼蟲巢

▶高山高麗菜其實都是開墾山林種植（南投翠峰）

▶山坡地開發為高山茶種植（南投杉林溪）

◀許多民宿及百合花田，所產生的廢水未經處理直接排放到河川。（南投清境）

分類有關的學科：傳統系統學（traditional systematics）、表型學（phenetics）及系統發育系統學（phylogenetis systematics）。

傳統系統學為較早的分類學，依據物種外部形態比較，常是憑直覺認為某些特徵重要或關鍵，分類結果「人為」因素偏重，其他學者若看法不同，結果也不同。此方法處理的分類結果與物種親緣關係不一定相符。

▲蛇目蝶科現在已降階為眼蝶亞科

表型學利用運算物種間的「整體相似性」，較多相似性特徵的物種被歸類在一起。但處理的結果可能包含「趨同演化」或「平行演化」的特徵，與真實情況不一定相符。

系統發育系統學濫觴於德籍學者 Willi Hennig 於 1950 年發表的著作「系統發育系統學」，對全世界生物系統學的影響甚鉅且深遠，

▲慣用的環紋蝶科現在已併入眼蝶亞科中

不亞於韋格納板塊學說對地質學的影響。**科學的價值在於依據相同條件與方法都能得到相同結果**，傳統分類學所詬病的是「結果因人而異」。Hennig 提出的理論方法，賦予分類學成為真正科學的關鍵價值，並將系統學與分類學融入達爾文的演化學說。其概念是：利用衍生的特徵（衍徵）或是近裔的特徵（祖徵），重建各分類單元彼此的親緣關係，並在共同祖先的基礎上將各分類單元歸類，在共同祖先及其所有後裔所構成的「**單系群（monophyletic group）」將是分類的基礎與重要依據**。本學門以支序學派最著名，有時親緣關係圖（樹形圖）又稱為支序圖。

M N P Q E A B C

▶ ABC 內群
E 姊妹群（第一外群）
PQ 第二外群
單系群：一個祖先及其全部後代的組合。如：ABC、ABCE、MN、PQ、PQEABC、MNPQEABC。
並系群：祖先的一個或數個子代未被包含在該分類群內。如：EAB、QEABC 等。
複系群（多系群）：分類群中包含兩個以上最近的共同祖先且無任一共同祖先可涵蓋全部使其成為並系群。如：QABC、QA、MP、NAC 等。

註：時至今日仍有少數人僅依自己的觀點，不參考充分的客觀證據，更沒清楚交代細節，草率地處理物種分類。在 20 世紀中葉以前這種僅依外部形態差異而發表新種或新亞種的做法，造成許多的同物異名，徒增後人處理分類時的困擾。

臺灣的蝴蝶研究多源自早期日本的資料，多數書裡使用 10（11）科系統，長期以來大家也用得頗習慣（筆者一開始也是看這些書籍）。舊的分科是依照「傳統系統學」，並不符合物種間的親緣關係，現在日本學者也摒棄傳統的分類，新出版的書籍改用 5 科分類。新的分類是將以往 10（11）科分類的長鬚蝶科、斑蝶科、蛇目蝶科、環紋蝶科、（狹義）蛺蝶科，通通整併成（廣義）蛺蝶科，以符合系統發育系統學的單系群概念。

▶上：雙尾蝶為螯蛺蝶亞科，與眼蝶亞科的親緣關係相近。
下：絹蛺蝶亞科是眼蝶演化支較早分化的類群。

▶蛺蝶科親緣關係圖（廣義）
外群：廣義灰蝶科。（含灰蝶科及蜆蝶科）
舊分類的長鬚蝶科、斑蝶科為單系群，理應可提升位階自成一科。環紋蝶科在圖表中是包含在眼蝶亞科裡，所以環紋蝶若自成一科時，蛇目蝶科就成為並系群；其餘種類則屬於（狹義）蛺蝶科。若再將舊分類的毒蝶科、珍蝶科考慮進來，（狹義）蛺蝶科則成為複系群，這個分類結果完全是因為傳統系統學有太多人為主觀因素所造成。按系統發育系統學的觀點，全部整合成（廣義）蛺蝶科是最好的處理方式，或是依演化支的角度，分為 4～5 科亦可。舊的分類有些科別是並系群或複系群，不符合單系群的理論基礎。

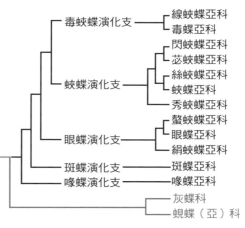

毒蛺蝶演化支 ── 線蛺蝶亞科
　　　　　　　── 毒蝶亞科
蛺蝶演化支 ── 閃蛺蝶亞科
　　　　　　── 芯蛺蝶亞科
　　　　　　── 絲蛺蝶亞科
　　　　　　── 蛺蝶亞科
　　　　　　── 秀蛺蝶亞科
眼蝶演化支 ── 螯蛺蝶亞科
　　　　　　── 眼蝶亞科
　　　　　　── 絹蛺蝶亞科
斑蝶演化支 ── 斑蝶亞科
喙蝶演化支 ── 喙蝶亞科
　　　　　　── 灰蝶科
　　　　　　── 蜆蝶（亞）科

▲ 11 或 10 科的差別在於有無銀斑小灰蝶科。日本舊的分科全是 11 科，10 科分類只有臺灣在使用，長期以來一直誤認為是「傳承」自日本的分類系統。

◀苧麻珍蝶屬於毒蝶亞科，中國使用的分類系統將牠提升成珍蝶科。

生物間的關係

生物間的交互作用（Interaction），主要可分成4大類。

1. 捕食（掠食）：蝴蝶是被天敵們捕食的對象，舉凡鳥兒、蜥蜴、蜘蛛、螳螂、蜻蜓、青蛙、螞蟻等都是大家熟悉的狠角色。但極少數蝴蝶的幼蟲也是葷食主義者，例如：蚜灰蝶幼蟲雖然爬不快，但對付蚜蟲卻游刃有餘。

▲長腳蜂「捕食」蝶蛹，咬下成肉丸狀帶回去飼養幼蟲。（細波遷粉蝶）

2. 競爭（Competition）：同種或不同種生物對有限資源，如食物、棲地等因需求相同而相互影響對方對資源的取得，常見的競爭有4種。

● 干擾型競爭：雄蝶們的領域行為會驅離其他競爭者，讓自身取得制空優勢。

● 消耗性競爭：對資源取得能力較佳的種類較有利，但資源很多時，兩物種間相互影響不明顯。

▲蚜灰蝶幼蟲「捕食」蚜蟲

● 競爭排斥：2種生態棲位相同的物種，在資源有限時，對資源利用效率高、世代短、子代多等具有生存優勢的種類較有利，且可能導致競爭力弱的物種消失，最有名的例子是科學家高斯以草履蟲所做的試驗。

● 競爭性共存：生態棲位相近物種，有時會發生棲位分化，各自使用資源的一部分而共存，兩者間雖有競爭關係卻無法讓對方消失。「競爭排斥」在穩定的生態系很少見，但有外來入侵物種時卻可能發生；部分蝴蝶幼蟲食性相同卻又能共存，彼此間常為消耗性競爭或競爭性共存。

1. 雄蝶的領域行為會驅離其他雄蝶，屬於干擾型競爭。2. 同種競爭有限的食物（金斑蝶幼蟲）。3. 竹子的葉片數量多，成群的褐翅蔭眼蝶幼蟲間無明顯的競爭狀況。4. 細波遷粉蝶幼蟲攝食葉片屬「食葉性」，成蝶轉為食蜜性。

3. 共生：兩物種間關係密切且任何一方皆未受害，由獲益可區分成 2 種。互利共生：雙方都從對方身上獲益；片利共生：其中一方獲益，但對方無害。由兩物種關係可區分成「絕對共生」與「非絕對共生」。多數灰蝶幼蟲身旁會有螞蟻照料，螞蟻從幼蟲身上取得蜜露，雙方都獲得好處，但蟻種不限定，沒螞蟻時幼蟲亦可生長，此為「非絕對共生」；虎灰蝶屬幼蟲亦與螞蟻共生，但雌蝶要有特定蟻種氣味時才會產卵，這是「絕對共生」。成蝶訪花亦屬廣義的共生關係（互利、非絕對）。

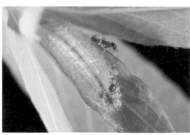

4. 寄生：特殊的共生或掠食關係，寄生生物若無寄主即無法獨立生存，但寄生關係對寄主有害。談到寄生蟲會聯想到跳蚤、頭蝨、蛔蟲、蜱等，利用動物部分組織養分維生，但危害程度通常不會讓寄主死亡，人們遭雌蚊叮咬也屬於廣義的寄生；成蝶及幼蟲則是遭小型雙翅目成蟲吸食體液。

▶上：受驚擾時螞蟻擺出防衛的動作，以大顎及腹部螫針應戰。中：體型極小的迷你藍灰蝶幼蟲身上也有螞蟻與其共生。下：幼蟲身上有雙翅目昆蟲叮咬吸食體液，屬於廣義的寄生關係。

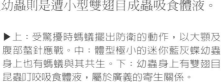

◀雙翅目昆蟲的腹部因吸食體液而呈綠色、鼓起。

▶成蝶吸食花蜜作為食物，花朵藉由蝴蝶訪花過程完成花粉的傳播，兩者均互得其利。（井上灑灰蝶）

蝴蝶幼生期的各階段幾乎都有「寄生性」天敵，小自卵蜂、繭蜂，大至姬蜂、寄生蠅、線蟲等，雖然名為「寄生」，但這類寄生生物吸取寄主營養長大後通常會導致寄主死亡，兩者間的關係以結果論反而像是捕食。這類關係有個專有名稱：擬寄生或類寄生（Parasitoidism），擬寄生生物與寄主之間大多具專一性，部分種類經嚴格試驗後可應用於農業害蟲的生物防制，如：蕉弄蝶的卵寄生蜂即是因此目的而由國外引進。

▲卵寄生蜂體型極小，不易觀察，雌蜂正產卵在蕉弄蝶的卵裡。

▲小蜂雌蜂在幼蟲體表產卵

◀繭蜂幼蟲自琉璃蛺蝶幼蟲身體鑽出後，化蛹在蛺蝶幼蟲腹部下方，此時蛺蝶幼蟲尚未死去，遇騷擾時會有防衛行為，極少數幼蟲會恢復進食並完成生活史。

▲膜翅目小蜂類幼蟲附著在蝴蝶幼蟲體表吸食其體液過活，小蜂幼蟲長大後在蝴蝶幼蟲身體下方吐絲化蛹，數日後蝴蝶幼蟲也會死亡。兩者的關係像寄生但結果卻像是捕食。

▲幼蟲頭胸部體表若有白色橢圓形物體（如箭頭），常為寄生蠅的卵。

▲寄生蠅將卵產於幼蟲體表或葉片上，產於葉片者靠蝴蝶幼蟲攝食葉片的過程進入體內，發育後幼蟲體色會不均勻。

▲蛹鑽出幾隻寄生蠅幼蟲

▲寄生蠅鑽出後就化蛹，蝴蝶幼蟲也隨即死亡。

▲繭蜂的多樣性高，部分種類會使寄主幼蟲形成「木乃伊」化。

◀小蜂在蛹裡產卵

二周後

▲蝶蛹裡的小蜂已化蛹，複眼變紅接近羽化階段。

▲線蟲寄生在鱗翅目不算常見（橙翠灰蝶）

蝴蝶的避敵方法

　　部分灰蝶幼蟲與螞蟻共生時，能藉由螞蟻提供的防衛能力避免被擬寄生生物危害，但遇上體型稍大的天敵，螞蟻們也使不上力；面對形形色色的天敵，幼蟲及成蝶則可藉由移動能力尋找合適地點躲藏，或是快速飛行、逃跑或裝死，沒有移動力能的蝶卵、蛹，要想出其他避敵方法提高生存機會。常見的避敵方式有 4 種。

1.隱藏：藉由各種隱蔽環境隱藏起來。如：臺灣灑灰蝶雌蝶將卵產在樹皮裂縫內、弄蝶幼蟲製作的蟲巢、絨弄蝶屬成蝶停棲在葉片下表面等。

◀左：臺灣灑灰蝶將卵產（藏）於樹皮裂縫內。右：弄蝶以絲及葉片構築蟲巢，藉此隱藏自己的行蹤。（鐵色絨弄蝶前蛹）

▲白弄蝶幼蟲取食結束後，會爬回精心製作的蟲巢內停棲。

◀躲藏在葉下表面的圓翅絨弄蝶

2.偽裝、模仿（Mimesis）或干擾視覺：前 2 者屬於利用環境或物體的防衛機制，即生物的外型、顏色或行為等融入周遭環境，利用保護色讓天敵不易察覺，或是模仿天敵不感興趣的物體，如：鳳蝶小幼蟲外型像鳥糞、枯葉蝶的翅紋像枯葉等；後者則有利用線條、花紋破壞樣貌，將形態分割，讓天敵難一眼認出，如：環蛺蝶屬翅膀的條紋；或灰蝶後翅肛角的假眼、細尾突，讓天敵以為是頭部而攻擊錯誤目標，藉此逃過一劫。

▶眼蝶亞科大多在林下陰暗處活動，其翅膀顏色與環境相似，充分利用保護色的偽裝效果。

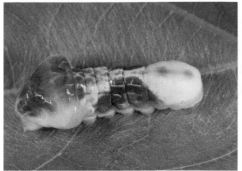

▲鳥糞狀幼蟲多見於鳳蝶科的幼蟲

▲枯葉蝶是有名的樹葉花紋模仿高手，黃帶隱蛺蝶（黃帶枯葉蝶，見P.364、438）只是利用保護色偽裝。

▲線蛺蝶亞科多數的成蝶具有破壞輪廓的線條或花紋，若被天敵拆穿就快速飛離。（小環蛺蝶）

▲灰蝶停棲時會搓動後翅，讓假眼、細尾突擺動，目地是誤導目標，避免頭部遭到致命攻擊。（燕灰蝶，後翅肛角的葉狀突已遭攻擊而不見）

3. 威嚇、警告及自我防衛：眼蛺蝶屬翅膀的大眼紋或鳳蝶屬終齡幼蟲胸部的眼斑等，都可能讓天敵誤以為是大型動物而不敢攻擊，大量的幼蟲群聚也有威嚇效果；部分蝶蛹表面具有金屬色澤，斑蝶幼蟲鮮豔、對比明顯的體色屬於警戒色；部分蝴蝶幼蟲體表有堅硬棘刺或是體表有長毛，藉以警告天敵牠們可能有毒、不可口或難以下嚥；若無法嚇阻天敵的行動，鳳蝶幼蟲的臭角具有刺激性氣味，斑蝶成蝶會用毛筆器散發出斑蝶素的味道以達到自我防衛的驅敵效果。

▲眼蛺蝶的大眼紋具有威嚇的功效（後翅外緣破損狀況相似，表示先前被攻擊時翅膀是合攏。）

▶群聚的幼蟲能威嚇天敵，而體表的硬棘刺也有保護功能。（散紋盛蛺蝶－華南亞種）

▲對比鮮明、加上體表的長毛及群聚習性，多數天敵會避免取食這種可能有毒的食物。（警戒色）

▲大白斑蝶的幼蟲為黑底、白紋配紅斑，典型的警戒色系。麝鳳蝶屬的成蝶也以相似的配色達到警戒效果。

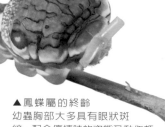

▲鳳蝶屬的終齡幼蟲胸部大多具有眼狀斑紋，配合停棲時的姿態及動作頗具威嚇性；若天敵不怕威嚇時則加上臭角的氣味及鮮豔的顏色加強效果。

▲體表的銀色小斑紋有威嚇、警告的意味。（絹斑蝶）

▲金屬色澤在自然界中並不常見，屬於威嚇或警告的防衛方法。

4. 擬態（Mimicry）：這是屬於利用其他生物的防衛機制，且生物學上對擬態有嚴格的定義，要有以下3者才成立：天敵（捕食者）、被擬態者（model）及擬態者（mimic）。捕食者在捕食過程中會被擬態者不好吃、有毒或難以捕食，由不好的經驗讓牠之後會避免捕食外型相似的物種，擬態者則因為外型像被擬態者而減少被捕食。由於要印證擬態並不容易，所以有些例子雖然符合理論卻尚未有實驗數據支持。

　　● 貝氏擬態：無威脅性、無毒者，模仿具威脅性、有毒、不好惹者的外貌，即「狐假虎威」，被擬態者的數量要夠多且兩者要共域分布才符合。例如：雌擬幻蛺蝶雌蝶外型像有毒的虎斑蝶、玉帶鳳蝶雌蝶紅紋型像有毒的紅紋鳳蝶。

　　● 穆氏擬態：兩種或兩種以上都是具威脅性、有毒、不好惹的物種，彼此外型相似互為擬態者與被擬態者，即「擺明就是一票不好惹的樣子」。體色通常為鮮豔或對比色，擬態能加強警戒色的效果。例如：以馬兜鈴為食的鳳蝶多具有白色斑紋或紅色斑紋；青斑蝶屬、絹斑蝶屬、旖斑蝶屬成蝶的外型相似、紫斑蝶屬有相似的色澤等。

　　● 速度擬態：速度慢者模仿速度快者的樣貌以欺騙天敵，做出放棄追捕的念頭。

● 攻擊擬態：屬於較特殊的擬態模式，捕食者擬態獵物（被擬態者）的樣貌、氣味或行為，藉此提高捕食成功率，如披著羊皮的狼混入羊群。

● 隱蔽式擬態：獵物（擬態者）與生活的環境或周遭物體相像（被擬態者），藉此躲避天敵的捕食。此作法乃偽裝、模仿（Mimesis）等納入的廣義擬態。

▲貝氏擬態：無毒的雌擬幻蛺蝶（左）外型與有毒的虎斑蝶（右）相似。

▲穆氏擬態：紫斑蝶屬幼蟲常以有毒的夾竹桃科或桑科榕屬的葉片為食，植物的毒性保存在蝴蝶體內作為防禦武器。各種紫斑蝶彼此有相似的色澤及斑紋，互為擬態者與被擬態者。

▲幻蛺蝶屬的雌蝶常會擬態有毒的物種，圖中為擬態紫斑蝶屬的幻蛺蝶雌蝶。（貝氏擬態）

▲枯葉蝶模仿枯葉屬於隱蔽式擬態

弄蝶科
Hesperiidae

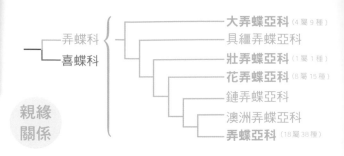

親緣關係

弄蝶科 {
喜蝶科 {
- 大弄蝶亞科 (4屬9種)
- 具韁弄蝶亞科
- 壯弄蝶亞科 (1屬1種)
- 花弄蝶亞科 (8屬15種)
- 鏈弄蝶亞科
- 澳洲弄蝶亞科
- 弄蝶亞科 (18屬38種)
}

弄蝶，90年代以前常使用「挵蝶」，現今教育部頒定常用中文字裡已不見此「挵」字，「挵」字同「弄」。

全世界弄蝶約有3500餘種，分屬7亞科，廣泛分布於全世界各地，僅紐西蘭無本科成員，多樣性最高的地方為美洲熱帶地區。臺灣產弄蝶2013年止記錄約有63種，分屬4亞科。本書介紹35種。

7亞科：**大弄蝶亞科** Coeliadinae、具韁弄蝶亞科 Euschemoninae、**壯弄蝶亞科** Eudaminae、**花弄蝶亞科** Pyrginae、鏈弄蝶亞科 Heteropterinae、澳洲弄蝶亞科 Trapezitinae、**弄蝶亞科** Hesperiinae（粗體為臺灣有分布的類群）

屬於中小型蝴蝶，因牠們色彩不鮮豔，行動快速不易觀察，有時人們並不把弄蝶視為蝴蝶。成蝶頭部寬闊，觸角基部分得很開；身軀壯碩因此飛行快速有力，「**觸角在膨大頂端較其他蝶類多了一段鈎狀尖尾，即尖頂（apiculus）**」；成蝶習性變化多，有的種類喜好訪花，有的種類嗜食腐果、腐屍，更有於薄暮時分行動，難得一窺的種類。卵像倒置的碗或近於球形，表面常有精緻的花紋，部分雌蝶會用尾端的毛覆蓋卵表保護卵粒。「**幼蟲均會製作一個筒狀或袋狀的巢**」，除了取食之外都在裡面休息。有些種類連化蛹都在巢中。蛹為帶蛹（縊蛹），形狀像個細長子彈，不少種類在頭部中央有一個圓錐狀突起。幼蟲食性複雜，取食單、雙子葉植物的種類都很多，如黃褥花科、豆科、清風藤科、蕁麻科、芸香科、樟科、薔薇科、芭蕉科、薑科、薯蕷科、禾本科、棕櫚科等。

本科特徵

尖頂　　　觸角　　　複眼

◀尖翅褐弄蝶吸食葉面的鳥類排遺物，弄蝶的口器長度會超過體長。

▲ 上：橙翅傘弄蝶的卵。右上：黑星弄蝶卵表面有細折線狀稜突。右下：白弄蝶卵表面有雌蝶腹部末端的鱗毛。

各亞科代表

花弄蝶亞科：停棲時翅膀平攤（白弄蝶）

大弄蝶亞科：停棲時翅膀合攏（鐵色絨弄蝶）

弄蝶亞科：停棲時前膀微開後翅平攤（禾弄蝶）

氣管

幼蟲

▲ 上：幼蟲正在吐絲製作蟲巢（橙翅傘弄蝶3齡）；下：終齡的頭殼花紋可用於判斷種類，表皮較透明的種類可見氣管系統，而精巢的有無可判斷性別。（袖弄蝶雌蟲）

蛹

▲上：蛹的外型像子彈，左側為頭部，有圓錐狀突起。（弧弄蝶）下：臺灣瑟弄蝶的蛹頭部前方圓錐狀突起會向上翹。

蟲巢

◀臺灣瑟弄蝶大幼蟲利用2片葉片製作蟲巢，葉片上面的缺口是幼蟲的傑作。

◀左：鐵色絨弄蝶將整片葉片的葉緣縫合做成化蛹的蟲巢。右：白裙弄蝶小幼蟲將葉片裁切再反折做成藏身的窩。

橙翅傘弄蝶 特有亞種
Burara jaina formosana

命名由來：傘弄蝶屬的蝴蝶後翅翅脈顏色鮮明，形態像雨傘的骨架，因此稱為「傘」弄蝶。本種翅膀以橙色為主，因而取名為「橙翅」傘弄蝶。

大弄蝶亞科

傘弄蝶屬

別名：鸞褐弄蝶、鳶色挵蝶
分布／海拔：臺灣全島／ 0 ～ 1000m
寄主植物：黃褥花科猿尾藤（單食性）
活動月分：多世代蝶種，3 ～ 11 月可見成蝶

橙翅傘弄蝶全身上下除了複眼為黑褐色外，其餘大多是磚紅色至橙紅色的色澤。本種又稱「鸞褐弄蝶」，「鸞」是一種赤色的神鳥，在此取其橙紅色澤之意，「褐」也是指翅膀的色澤，但這名稱可能會誤認為褐弄蝶屬，因此不建議使用。臺灣的弄蝶可分為 3 個亞科，大弄蝶亞科體型普遍較大，停棲時翅膀總是向上合攏，橙翅傘弄蝶即屬該亞科成員。本種喜歡訪花，大花咸豐草、馬纓丹等蜜源都是牠們經常造訪的對象，雄蝶會單獨在溼地上吸水。傘弄蝶屬在臺灣本島僅有橙翅傘弄蝶，金門的白傘弄蝶幼生期記錄在 2001 年時被發表。

幼 | 生 | 期

雌蝶會將卵產在猿尾藤成熟葉上，以讓幼蟲孵出後直接進食。剛產的卵呈乳白色，發育後有淡紅標靶狀的發育斑。大幼蟲會將整片老葉或是多片葉片連綴成為蟲巢，除外出進食，其餘時間都待在蟲巢內，直至幼蟲化蛹在終齡幼蟲的蟲巢中。冬季時幼蟲會將蟲巢出口處的葉肉啃光，並將葉片中肋咬傷，讓蟲巢乾枯成灰褐色，幼蟲為了避免蟲巢掉落，會在蟲巢與葉片相連處吐絲，以讓蟲巢垂掛在葉片末端。春季回暖後幼蟲會大量攝食，此時越冬蟲巢已容不下幼蟲變胖的身軀而必須重新製作新蟲巢，因此早春後的越冬蟲巢常是「蟲去巢空」。

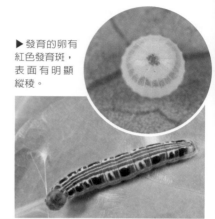
▶ 發育的卵有紅色發育斑，表面有明顯縱稜。

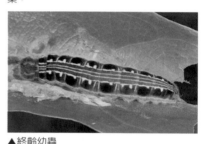
▲ 3 齡幼蟲
在葉表吐絲，將整片葉子向內對折製成蟲巢。

▲終齡幼蟲
與 4 齡幼蟲外型相近，但體型大很多，幼蟲在蟲巢底部吐滿白色的絲墊，方便停棲。

▼停棲在樹幹上的橙翅傘弄蝶

▲越冬蟲巢
蟲巢內有 3、4 齡幼蟲，冬季時幼蟲較少外出攝食，多數時間是躲在巢裡過冬。

▶蝶蛹
體表有白色蠟質，在移除蟲巢葉片時，常會將固定蛹的絲線破壞。

鐵色絨弄蝶

Hasora badra badra

命名由來：本屬稱「絨毛弄蝶屬」，依簡化原則改為「絨弄蝶屬」，因本種翅膀腹面有像剛鍛造出來的鐵器表面的藍紫光澤，所以稱為「鐵色」絨弄蝶。

別名：鐵色絨毛弄蝶、三斑趾弄蝶、豆弄蝶、鐵灰絨毛挵蝶、鐵色天鵝絨挵蝶

分布／海拔：臺灣全島／ 0 ～ 1000m

寄主植物：豆科臺灣魚藤（蔄藤）、疏花魚藤

活動月分：多世代蝶種，全年可見成蝶

大弄蝶亞科在臺灣共有9種，翅膀質感像絨布，身體及翅膀基部有明顯細長毛的絨弄蝶屬，是本亞科中種類最多的屬。本屬在臺灣地區有5種，2008年才發現的南風絨弄蝶只分布於蘭嶼（其主要分布在東南亞島嶼），其餘4種臺灣本島都有，其中鐵色絨弄蝶是本屬的模式種。本屬成蝶常在晨昏時活動，因此即便族群數量頗多、分布廣，仍不易在野外觀察到，而鐵色絨弄蝶正是其中之一。

幼｜生｜期

鐵色絨弄蝶雌蝶在臺灣魚藤剛抽出新芽時就在複葉間產下乳白色的卵，以讓幼蟲孵出後能趕上葉片生長的時機，爬到嫩葉中肋把葉緣用絲黏成水餃狀的蟲巢。臺灣魚藤的葉片生長快速，而鐵色絨弄蝶幼蟲生長速度也不慢，當葉片開始變硬時，幼蟲也長成肥胖的終齡幼蟲，不久幼蟲就把變硬的葉片黏合，自己躲在蟲巢裡化蛹。終齡幼蟲頭殼為紅色，上面有3個明顯的黑色大圓點，而終齡以前的幼蟲頭殼為黑色。在中部地區，除了臺灣魚藤上能發現鐵色絨弄蝶外，臺中、南投山區常見的疏花魚藤也是本種幼蟲的寄主植物，當植物有嫩葉時可以翻翻葉片，試試能不能發現藏身在蟲巢裡的幼蟲。

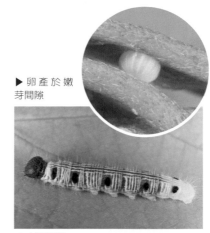

▶ 卵產於嫩芽間隙

▲ 4齡幼蟲
1 ～ 4齡幼蟲的頭殼為黑色

▲終齡幼蟲
頭殼為紅色並有數個黑色斑紋

▲終齡幼蟲蟲巢

◀成蝶訪花

蝶蛹

無尾絨弄蝶 特有亞種

Hasora anura taiwana

命名由來：絨弄蝶屬的蝴蝶在後翅肛角處常有葉狀突，但本種的葉狀突不發達，因此稱為「無尾」絨弄蝶。

大弄蝶亞科

絨弄蝶屬

別名：無尾絨毛弄蝶、無尾天鵝絨挵蝶、無趾弄蝶

分布／海拔：臺灣中部／ 600 ～ 2500m

寄主植物：豆科臺灣紅豆樹（單食性）

活動月分：1 年 1 世代蝶種，3 ～ 11 月可見成蝶

無尾絨弄蝶共區分成 4 個亞種，在徐堉峰教授等人的研究中發現，臺灣的無尾絨弄蝶雄蝶交尾器與其他地區的雄蝶有一些穩定的差異，在外型上臺灣的個體翅膀顏色較深，翅膀腹面沒有灰白色鱗，且為本種分布在最東邊的族群，因此 2005 年發表研究成果，將臺灣的族群發表為特有亞種，亞種名為「*taiwana*」。本種外型及斑紋與臺灣其他絨弄蝶差別明顯，體型也較大，辨別上並不困難。

絨弄蝶屬大多只在晨昏活動，本種更是難得一見的種類，其在臺灣主要分布於中部山區，然而曾有蝶友在南橫公路拍到本種的身影。過去的觀察記錄多在每年 3 至 7 月，8 月之後成蝶就躲起來準備越冬。為一年一世代物種，春季見到的是越冬後的個體，6、7 月分則是新羽化的個體。雄蝶有吸水行為，但每年被拍到的次數僅有個位數，本種的分布及生態習性因族群數量稀少，尚有未明之處。

幼|生|期

本種寄主植物臺灣紅豆樹為分布於中部地區的稀有植物，屬森林中層的植被，由於此樹種生長在樹林中，因此抽芽時間會因光照、海拔及植物本身的個別差異而有所不同，從 4 月至 7 月都可能有嫩葉，但本種的幼生期集中在 4、5 月分，5 月底就有當年度的成蝶羽化，植

▲停棲休息的無尾絨弄蝶

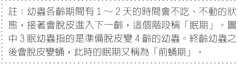

◀遭卵寄生蜂危害的卵

註：幼蟲各齡期間有 1 ～ 2 天的時間會不吃、不動的狀態，接著會脫皮進入下一齡，這個階段稱「眠期」。圖中 3 眠幼蟲指的是準備脫皮變 4 齡的幼蟲。終齡幼蟲之後會脫皮變蛹，此時的眠期又稱為「前蛹期」。

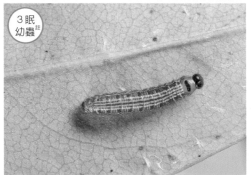

3 眠幼蟲註

▲已發育的卵呈淡粉紅色

物到 6、7 月時仍有許多嫩葉，但此時的嫩葉上面就是找不到蝶卵或幼蟲的蹤影。

　　無尾絨弄蝶雌蝶將卵產於新芽附近的老葉葉下表面，卵單產，剛產下時爲乳白色，發育後呈淡粉紅色，若是灰白色卵則是遭到卵寄生蜂危害。幼蟲在孵化後會爬至嫩葉上攝食，幼蟲蟲巢可在嫩葉或老葉，蟲巢形狀不一定。終齡幼蟲體型頗大，頭殼有黃色及黑色兩種色型，幼蟲好動頗容易受驚擾。目前在寄主植株上尙未見過包著蝶蛹或空蛹殼的蟲巢，因此研判本種終

齡幼蟲於化蛹前會爬離植株至地面落葉堆裡化蛹，臺灣的其他同屬種類則多在終齡蟲巢中化蛹。目前已知本種分布地點有臺中大雪山、南投蓮華池、南山溪等區域，而臺中近郊大坑山區的頭料山、二料山也有零星的臺灣紅豆樹，或許當地有機會發現牠的蹤影。

◀終齡幼蟲頭殼特寫
未終齡的幼蟲頭殼皆為黑色，但有部分終齡幼蟲頭殼仍為黑色，此時只能用體型來判斷是否為終齡。

◀終齡幼蟲
終齡的齡期為 5 齡，有時會 6 齡，頭殼有黑色、黃色兩型。

蝶蛹

▲幼蟲在嫩葉上築蟲巢

巢

◀築蟲巢於老葉的幼蟲，蟲巢型式不固定，會數片葉片連綴或吐絲在葉緣將葉片捲起。

33

尖翅絨弄蝶
Hasora chromus chromus

命名由來：臺灣的絨弄蝶屬成蝶中，尖翅絨弄蝶與圓翅絨弄蝶兩者的斑紋相似，外觀上只有前翅頂角的形狀較易區別，本種前翅頂角的角度較尖，因此稱為「尖翅」絨弄蝶。

別名：琉球絨毛弄蝶、沖繩絨毛弄蝶、雙斑趾弄蝶、水黃皮絨弄蝶、琉球天鵝絨拵蝶

分布／海拔：臺灣全島及離島／ 0 ～ 500m

寄主植物：豆科水黃皮（單食性）

活動月分：多世代蝶種，全年可見成蝶

成蝶偏好晨昏時的光線亮度環境，若您在公園裡的花叢看見黑褐色的大型弄蝶於天剛亮時出來活動、覓食，通常就是牠了。尖翅絨弄蝶屬於「常見」的「稀有種」蝶類，在此意指 90 年代至今的「現在」很常見，但在 70 年代以前的「過去」牠卻是罕見稀有的種類。以前尖翅絨弄蝶在臺灣只分布於恆春半島及蘭嶼[註]，且被記錄到的數量很少。在 1966 年曾有一筆來自新北市金山區的觀察記錄，後來濱野榮次先生在其著作「臺灣蝶類生態大圖鑑」中提到：「這記錄若屬實，是一筆罕見的特例。」言下之意是指這記錄有可能是鑑定錯誤的結果。因為當時即便到屏東恆春也是難得一見的尖翅絨弄蝶，怎會出現在北臺灣。但現在牠就生活在你我周遭環境，會有這變化全是因為幼蟲的寄主植物水黃皮在都市廣泛種植後，成蝶開始在這些植株上產卵繁殖，遇見到牠們已不再是遙不可及的事。

▼ 前翅頂角處的翅形較圓翅絨弄蝶尖，故稱為「尖翅」絨弄蝶。

▶ 剛產下的卵為乳白色

▼ 發育中的卵為粉紅色

3 眠幼蟲

註：本種日文名稱為「オキナワビロウドセセリ」，在日本只分布於「オキナワ」，即是指沖繩或琉球，所以本種俗名的「沖繩」絨毛弄蝶或「琉球」絨毛弄蝶都是翻譯自其日文名稱而來。

幼|生|期

　　尖翅絨弄蝶為單食性,只利用豆科的水黃皮嫩葉。原生的水黃皮只分布於恆春半島及蘭嶼,其耐強光、強風、乾旱及適應貧瘠土質的能力,加上蟲害少、易繁殖、全年常綠等優點,而被園藝業者大量栽培作為行道樹、庭林造景的植栽,因此只要有較多水黃皮種植的地點都有機會見到本種幼蟲利用過的痕跡。

　　本種雌蝶為了產卵會找尋水黃皮的新芽,像是遊牧民族一樣,有時公園或道路邊的水黃皮被修剪枝條後抽新芽,在附近活動的雌蝶就能接受到植物生長嫩葉的訊號,前來產卵。剛產下的卵為乳白色,發育後為桃紅色,卵多見於新芽、小嫩葉旁。幼蟲會吐絲將嫩葉對折做成蟲巢,其身上有白色縱貫全身的細線,小幼蟲的頭殼為黑色,終齡幼蟲頭殼為黃褐色或褐色,體色也有淺黃綠色及黑褐色兩型。幼蟲在蟲巢裡化蛹,所以在水黃皮上找到弄蝶的蟲巢或空蛹殼,就可知道先前植物抽芽時曾有雌蝶前來產卵。

◀終齡幼蟲
體色為黑褐色型

▼終齡幼蟲
體色為黃褐色型

◀蝶蛹
剛完成脫皮體表尚無白色粉狀的蠟質

▲舊蟲巢
多為空巢或只有空蛹殼

◀空蛹殼
從蛹殼開裂的方式可知牠已順利羽化離開

圓翅絨弄蝶 特有亞種

Hasora taminatus vairacana

命名由來：本種前翅頂角處較圓，因此稱為「圓翅絨弄蝶」。日本無分布而臺灣有，被日籍學者稱為「臺灣絨毛弄蝶」，但本種也分布於中國南部、東南亞至印度，以「臺灣」稱之並不合宜。

大弄蝶亞科　絨弄蝶屬

別名：臺灣絨毛弄蝶、苅藤絨弄蝶、臺灣天鵝絨捲蝶、銀針趾弄蝶

分布／海拔：臺灣全島、離島蘭嶼／200～2500m

寄主植物：豆科臺灣魚藤、疏花魚藤、水黃皮、蕗藤

活動月分：多世代蝶種，3～12月可見成蝶

圓翅絨弄蝶以成蝶越冬，冬季氣溫回暖會出來訪花補充體力，翌年寄主植物開始抽芽，雌蝶會找尋合適的新芽產卵。新個體後翅腹面白色條紋十分明顯，隨著時間流逝，白色條紋會漸漸磨損變淡，老舊個體則幾乎消失不見，易誤判其種類。本種與尖翅絨弄蝶斑紋相近，後翅肛角的葉狀突折疊在翅膀內側無法直接觀察比較；後翅腹面白色條紋會因磨損而變細、消失而不適用；前翅頂角形狀是判別種類較合適的特徵。

幼 | 生 | 期

圓翅絨弄蝶與鐵色絨弄蝶寄主植物相同，兩種雌蝶都將卵產在新芽小葉的葉隙間，但本種雌蝶會用膠狀物質將卵包埋無法直接看到卵。本屬幼蟲只攝食嫩葉，小幼蟲因爬行速度快且時常把頭、胸部抬起左右伸探，受驚擾會倒退爬行，與螟蛾幼蟲習性相似，易誤認成蛾類幼蟲。2011年10月蝶友蛛蹤在其部落格發表觀察到圓翅絨弄蝶雌蝶在水黃皮嫩葉上產卵，幼蟲會攝食且化蛹並成功羽化。本種棲息在山區森林，而水黃皮為海岸林的植物，當水黃皮植栽出現在山區道路旁做為行道樹，給了圓翅絨弄蝶與它相遇的機會，所以別以為見到水黃皮嫩葉上有弄蝶蟲巢時，一定是尖翅絨弄蝶。

▼剛羽化的成蝶

▶卵產於嫩芽隙縫，外型比鐵色絨弄蝶小很多，呈淡紅色，表面有稜紋，卵期時間很短暫。

▲3齡幼蟲及蟲巢
體背隱約可見4條淡色縱帶

▲4齡幼蟲
體背有4條明顯的黃色縱帶，1～4齡幼蟲的頭殼皆為黑色。

▶終齡幼蟲
體色有深褐色型及黃褐色型，體側有黑色圓斑。

◀蝶蛹
大弄蝶亞科的蛹體表有白色粉狀蠟質分泌物，體型比花弄蝶亞科或弄蝶亞科粗壯。

長翅弄蝶

Badamia exclamationis exclamationis

命名由來：本屬前翅比例狹長，故稱為「長翅」弄蝶屬。本種為本屬的模式種，東南亞部分地區的族群翅膀比例更狹長，而這些族群與遷移型蝗蟲相似，翅形較狹長的個體有遷移擴散傾向。

別名：淡綠弄蝶、猿尾藤挵蝶、臺灣長翅挵蝶、臺灣青翅挵蝶

分布／海拔：臺灣全島、離島蘭嶼／0～1500m

寄主植物：黃褥花科猿尾藤及栽培種的西印度櫻桃（又名大果黃褥花）

活動月分：多世代蝶種，全年可見成蝶

本種日文名爲「タイワンアオバセセリ」，日文漢字爲「台湾青翅挵」，與「アオバセセリ」的名稱相似，後者被稱爲大綠弄蝶，這就是其名稱有「綠」字的原因。陳維壽先生將本種命名爲「淡綠弄蝶」，這名稱在後來的書不斷被使用；郭玉吉先生提出「臺灣長翅弄蝶」，但沒被沿用而遭埋沒；張保信先生依食性取名爲「猿尾藤弄蝶」，但也僅出現在其著作裡。長翅弄蝶分布於全臺平地至低海拔山區，南臺灣的數量較多，而北部除冬季外均可見到。成蝶飛行速度快，喜歡訪花，大花咸豐草、馬纓丹花叢都是牠常出現的地點。

幼｜生｜期

本種雌蝶偏好在明亮的陽性環境產卵，如山頂稜線、樹梢、林緣或道路旁，卵產於即將長出新芽的枝條生長點附近，雌蝶準確知道何處會長出嫩葉，當枝條已長出嫩葉，就只會有空卵殼及小幼蟲，幼蟲則利用嫩葉製作蟲巢。猿尾藤的葉片上除本種外還有橙翅傘弄蝶，其幼生期卻要翻找遮蔭處的成熟葉，雖然兩者的幼蟲攝食相同植物，但雌蝶產卵偏好的環境亮度及幼蟲取食葉片的選擇上都有差異，巧妙的避開物種間的競爭關係。

▶卵產在莖的生長點附近，如芽點、莖頂、枝條節的位置。

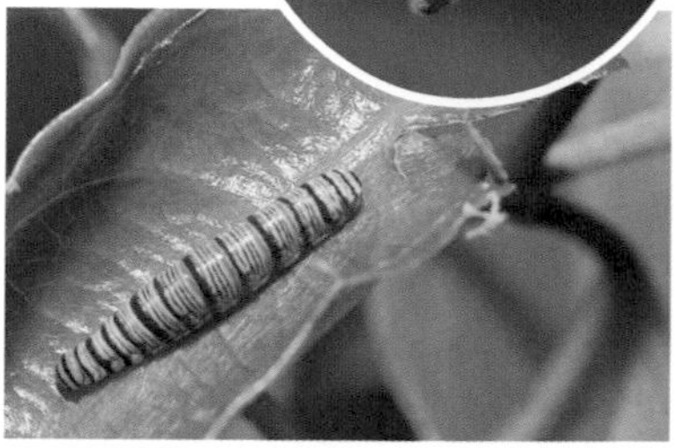

▲3齡幼蟲

▲4齡幼蟲

▲被寄生的終齡幼蟲
身體前方白色物是寄生弄蝶幼蟲的繭蜂幼蟲鑽出弄蝶身體後所製作的繭

◀成蝶前翅的形狀狹長，容易與其他弄蝶區分。

▶蛹化於蟲巢內，蛹體表面的蠟質較少。

褐翅綠弄蝶 特有亞種

Choaspes xanthopogon chrysopterus

命名由來：本種後翅在特定角度下會泛出黃褐色光澤，因此稱為「褐翅」綠弄蝶。

別名：清風藤綠弄蝶、黃毛綠弄蝶、黃色綠弄蝶
分布／海拔：臺灣全島／ 300 ～ 2500m
寄主植物：清風藤科臺灣清風藤、阿里山清風藤
活動月分：多世代蝶種，4 ～ 10 月可見成蝶，冬季為幼蟲形態

褐翅綠弄蝶習性與綠弄蝶相同，喜歡在晨昏活動、飛行快速不易觀察，且本種分布較局限，因此野外不容易見到成蝶。本種在臺灣的族群直到 1988 年才由徐教授發現並發表，但在國外早已有分布記錄的資料，像中國華西、中南半島北部並向西延伸至印度北部。當時還在加州攻讀博士學位的徐教授一直覺得臺灣的綠弄蝶屬不應只有綠弄蝶一種，因此回國時在全臺各地山區找尋第 2 種的綠弄蝶屬物種，最後在臺灣清風藤上找到本種幼蟲，發現後徐教授將臺灣產的個體與國外族群進行交尾器比對，因交尾器有穩定差異存在，而將臺灣的族群發表為新亞種。

徐教授發表褐翅綠弄蝶時，恰巧日籍學者千葉秀幸[註1] 正在進行綠弄蝶屬研究，他從寄主植物分布及相關生物地理條件推測臺灣應該有本種，當他完成文章後指導教授說這個推論剛被證實。他與徐教授是不打不相識，兩人後來聯手發表無尾絨弄蝶臺灣亞種、蓬萊黃斑弄蝶，而臺灣的無尾絨弄蝶學名中命名者「Chiba」就是「千葉」秀幸的英文名。

幼 | 生 | 期

褐翅綠弄蝶只分布於臺灣中部及北部，中部分布於海拔 1500 ～ 2000 公尺原始森林，愈向北走分布高度隨之下降，到了新北市坪林、石碇周邊山區分布就降至海拔 600 公尺。

註 1：千葉秀幸博士認為依生物地理學的角度推測，臺灣應該會有第 3 種綠弄蝶屬的蝴蝶分布。

註 2：北降現象是指植物群落的海拔分布因緯度增加（往北方前進），使得其分布範圍逐漸下降至較低海拔的現象，這狀況僅適用於北半球，南半球則為南降現象。北部陽明山、唭哩岸山或二格山等地迎東北季風面的山坡，生長的部分植物種類於中、南部得在中海拔山區才能見到。

▲成蝶停棲在葉片下表面，可藉由葉片隱藏自己，避免被天敵發現。（呂晟智攝）

各海拔的幼蟲期發生時間也有差別，坪林、石碇一帶在每年 3 月就能在寄主植物上見到蝶卵，而中部山區大概要到 5、6 月才見得到，本種愈往北分布愈低的情況，應該與其寄主植物分布海拔降低有關，植物這種分布狀況改變又稱「**北降現象**」註2。北部在每年 4 月底有新成蝶羽化，中部族群狀況較不穩定，有時空有寄主植物但找不到幼生期。

本種成蝶外觀與綠弄蝶十分相似，但是兩種幼蟲身上斑紋卻差別明顯，目前僅知本種幼蟲攝食清風藤屬植物，泡花樹屬植物上找到的都是綠弄蝶幼蟲。綠弄蝶雌蝶產卵時明亮或遮蔭的環境都會利用，但褐翅綠弄蝶雌蝶偏好選遮蔭的低處環境產卵，因此森林下層的清風藤屬嫩葉比較容易發現本種蝶卵及小幼蟲。

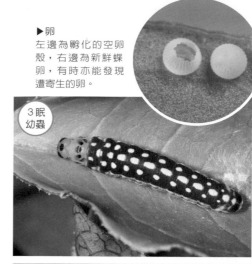

▶卵
左邊為孵化的空卵殼，右邊為新鮮蝶卵，有時亦能發現遭寄生的卵。

3眠幼蟲

4眠幼蟲

蝶蛹

▲終齡幼蟲
幼蟲從 3 齡至終齡體表花紋相似，終齡幼蟲體色會稍鮮豔，但體型差異較明顯。

▶1、2 齡幼蟲的蟲巢
植株上能觀察到幼蟲在各齡時製作的蟲巢。

1齡蟲巢

2齡蟲巢

綠弄蝶

Choaspes benjaminii formosanus

命名由來：本屬物種翅膀有綠色或黃綠色等金屬色澤，因此取名為綠弄蝶屬。本種為綠弄蝶屬的模式種，因此以屬的中文名稱命名為綠弄蝶。

別名：大綠弄蝶、青翅拚蝶

分布／海拔：臺灣全島／0～2500m

寄主植物：清風藤科之山豬肉、臺灣清風藤、阿里山清風藤、綠樟、紫珠葉泡花樹、筆羅子

活動月分：多世代蝶種，2～10月可見成蝶

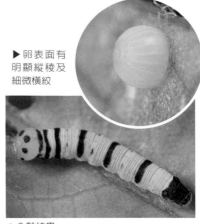

▶卵表面有明顯縱稜及細微橫紋

綠弄蝶屬物種翅膀常泛著金屬光澤的綠色，後翅肛角處有橙紅色或黃色斑紋，本屬在臺灣有綠弄蝶與褐翅綠弄蝶兩種，但兩種成蝶外型相似不易分辨。綠弄蝶分布廣，數量較多，活動時間偏好晨昏或陰天，陽光較強時會停棲在植物葉片下方。成蝶會訪花，但訪花時間短且飛行速度快，偶可見在溼地吸水的雄性個體。

幼｜生｜期

雌蝶常將卵產於嫩葉，小幼蟲偏好攝食嫩葉，長大後可以吃成熟葉。幼蟲體色及斑紋會隨齡期改變，但頭殼上都有明顯的黑色圓斑。剛孵化的幼蟲會在葉緣切下一個與自己體長差不多的橢圓形葉片，並吐絲將葉片捲向葉上表面，幼蟲停棲在切下的葉片；2齡幼蟲則在葉尖處製作餃子狀蟲巢，蟲巢具有可通行的前門、供尾部排便的後門及讓巢內空氣流通的通氣孔（氣窗）。4齡及終齡幼蟲體型頗大，所以會在成熟葉片上築巢，新蟲巢結構較長，沒有通氣孔，大幼蟲會將蟲巢與葉片連接處的葉片中肋咬傷，使得蟲巢乾枯下垂，幼蟲在蟲巢內部、中肋咬傷處及葉柄上吐絲，加強巢的強度及耐用性。終齡蟲會在蟲巢內化蛹，有時則是爬離寄主至地面落葉中找尋化蛹處，冬季以大幼蟲形態越冬，翌年春季吃胖後才化蛹。

▲3齡幼蟲
頭殼有黑色斑點，體色以黃綠色為主，中間鑲嵌紅棕色橫紋。

▲左：小幼蟲在嫩葉製作餃子狀蟲巢。右：大幼蟲為乾枯、下垂的管狀蟲巢。

▲終齡幼蟲
受驚擾時會將身體捲曲，將頭部緊貼在體側。

◀休息時會選擇樹林陰暗處，停棲在葉下表面，並將翅膀併攏。

◀蝶蛹
剛蛻皮的蛹仍可見到終齡幼蟲時花紋，此時蛹體表面已有白色蠟質（wax）。

雙帶弄蝶

特有亞種

Lobocla bifasciata kodairai

命名由來：前翅左右各一條由白斑組成的斜向帶狀斑紋，因此取名為「雙」帶弄蝶。

別名：白紋挵（弄）蝶、前黃挵蝶、深山黑弄蝶
分布 / 海拔：臺灣全島 / 500 ～ 2500m
寄主植物：豆科脈葉木藍、臺灣山黑扁豆、苗栗野紅豆、細花乳豆
活動月分：1 年 1 世代蝶種，6 ～ 8 月可見成蝶

本種又稱白紋弄蝶，這名稱與弄蝶亞科的大白紋弄蝶相似，但翅膀斑紋卻不相同，早年龜山島蝴蝶調查曾有不少白紋弄蝶的紀錄，但實為大白紋弄蝶的筆誤。臺灣的雙帶弄蝶族群數量稀少，全臺中海拔山區都曾有零星記錄，在中部山區有穩定的族群，分布在小區域偏乾的森林棲地。成蝶會訪花，也會在潮溼的山壁吸水，一年一世代，發生期集中在盛夏。本種飛行速度快，外型與袖弄蝶或連紋袖弄蝶相似，停棲時習慣將翅膀展開，可由前翅白色斜向帶狀斑紋判別是否為本種。

幼 | 生 | 期

雙帶弄蝶剛產下的蝶卵為淡藍色，發育的蝶卵頂部為桃紅色，本種幼蟲階段從 7 月至隔年 3 月。幼蟲食量不大，緩慢進食、成長，冬季時為非休眠態幼蟲。本種幼蟲常遭到小繭蜂等寄生蜂危害，野外尋獲的 4 齡幼蟲常觀察到腹部下方有繭蜂的蟲繭。小幼蟲會啃咬寄主葉片再製作為蟲巢，大幼蟲將數片葉片連綴成巢，冬季時寄主葉片較少，此時製作蟲巢的材料也會改用枯葉。本種在臺灣的族群被視為特有亞種，中國沿海省分有另一亞種分布，其幼蟲寄主為毛胡枝子，但臺灣的亞種目前尚未發現幼蟲會利用毛胡枝子。

▲色澤特殊，卵期時間短，發育時頂部呈桃紅色（右）。

▲ 2 齡幼蟲

▲遭寄生的 4 齡幼蟲

▲ 5 齡幼蟲

▲化於枯葉中的蛹

▼本種幼蟲製作的各種型式蟲巢

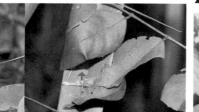

▲晒太陽的成蝶（呂晟智攝）

41

黃襟弄蝶

Pseudocoladenia dan sadakoe

特有亞種

命名由來：本種前翅有數個黃褐色斑紋，因此稱為「黃」襟弄蝶。本種非臺灣特有種，模式產地、命名的學名裡都沒提到八仙山等地名，因此不宜使用「八仙山」作為其中文名稱。

花弄蝶亞科

襟弄蝶屬

別名：八仙山弄蝶、八仙山褐弄蝶、汙星挵蝶、丹黃斑弄蝶
分布／海拔：臺灣全島／ 900 ～ 1500m
寄主植物：莧科日本牛膝、牛膝
活動月分：臺灣族群 1 年至少 2 代，5 ～ 6 月、8 ～ 10 月可見成蝶

本種又稱八仙山弄蝶，取名為「八仙山」是因為臺灣首隻黃襟弄蝶是水戶野武夫於 1930 年 10 月採自佳保臺，即現今臺中和平區八仙山。除佳保臺外，南投仁愛鄉的力行產業道路、臺東太麻里山區、苗栗泰安鄉及屏東大漢山都有成蝶觀察記錄。本種近年仍有蝶友在八仙山附近拍到成蝶，但因成蝶發生期短、飛行迅速、族群數量少且多在森林底層昏暗的環境活動，因此觀察記錄極少。

2005 年 11 月林試所范義彬研究員在臺東太麻里採到成蝶，隔年還登上報紙，標題為「消失 40 年黃襟弄蝶太麻里重現芳蹤」[註1]。本種自 1966 年濱野榮次採獲雄蝶後，近 40 年間無其他觀察記錄，只因本種習性、棲地及生活史特殊，讓人們不斷撲空。黃襟弄蝶常停棲在葉下表面，只有覓食時會出現在森林邊緣的花朵上吸蜜，中南部山區是其主要棲息地。

幼 | 生 | 期

臺灣的黃襟弄蝶極為罕見，但馬祖（連江縣）的族群就在居家周遭，路旁的土牛膝就能發現幼生期。臺灣族群的幼生期在 2002 年秋末由陳世情老師於苗栗縣泰安鄉登山時

停棲在葉下表面的成蝶

註 1：保育季刊 2006 年夏季刊（第 54 期）有篇「黃襟弄蝶再發現記錄」，即是 2005 年臺東太麻里再發現的過程及探討。

註 2：徐教授的研究成果可參考蝶會季刊 2007 年秋季刊，篇名：稀有的黃襟弄蝶臺灣亞種之幼期生物學及分類檢討。

首先發現，陳老師將寄主植物及幼蟲訊息轉知給大學時的指導教授徐堉峰。之後陳老師及筆者在 2003 ～ 04 年進行每月生活史及習性調查，徐教授將生態調查結果以及國內外各亞種成蝶形態、交尾器比對，研究成果於 2007 年 3 月刊出[註2]，臺灣族群的翅膀斑紋、交尾器形態與其他地區的族群有穩定差異，因此將臺灣族群處理為特有亞種，而馬祖族群屬於分布在中國福建、貴州南部、中南半島至印度的亞種，學名為 *P. d. fabia*。

　　臺灣族群一年兩個世代，5 ～ 6 月羽化的雌蝶偏好將卵產於一種分類尚不明確的牛膝植物上，8 ～ 10 月羽化的雌蝶則偏好產卵於日本牛膝。小幼蟲將葉片咬開反折做成蟲巢，大幼蟲則將葉柄咬傷躲在枯葉做的巢裡，冬季時越冬幼蟲仍會進食，蝶蛹化於蟲巢中，蛹色為淡綠色或綠褐色，快羽化時蛹的複眼會變桃紅色。

▲ 蝶卵
發育後為粉紅色，孵化前呈淡粉紅色，右圖即幼蟲正在咬破卵殼。

▲ 3 眠幼蟲

▲ 躲在乾枯蟲巢內的終齡幼蟲

蝶蛹

▼黃襟弄蝶背面的斑紋

◀寄主植物上有黃襟弄蝶不同齡期的蟲巢，左後方反折的為小幼蟲蟲巢，右前方乾枯下垂的為終齡幼蟲蟲巢。

臺灣颯弄蝶 特有種

Satarupa formosibia

命名由來：本種的種小名「*formosibia*」即是指臺灣，且本種為臺灣特有種，因而稱之為「臺灣」颯弄蝶。

別名：臺灣大白裙弄蝶、臺灣大環挵蝶、臺灣大白底挵蝶
分布／海拔：臺灣全島／1000～2000m
寄主植物：芸香科食茱萸、吳茱萸、賊仔樹
活動月分：1年1世代蝶種，5～8月可見成蝶

颯弄蝶屬在臺灣有小紋颯弄蝶及臺灣颯弄蝶兩種，這兩種以往被稱為大白裙弄蝶及臺灣大白裙弄蝶。臺灣產弄蝶科中文名稱裡有「白裙」二字的有4種，除了前述兩種外還有白裙弄蝶屬的白裙弄蝶、熱帶白裙弄蝶，「白裙」是源自於日文蝶名習慣用蝴蝶外型特徵命名，這4種在後翅都有大面積白色斑塊，但分類上為不同屬別。颯弄蝶屬的「颯」是來自屬名 *Satarupa* 的發音，「颯」是形容風的聲音，正符合本屬成蝶飛行快速像疾風一樣。每年6～8月是颯弄蝶屬成蝶出現時期，除了訪花外，也會在地面上吸水或動物排遺物。雄蝶有領域行為，會在制高處停棲，當其他蝶種接近時會起飛驅趕，但遇到同種雄蝶時則會互相追逐，急速的繞圈，忽上忽下，直到其中一隻放棄逃走，才結束這場爭鬥。兩種颯弄蝶的體型都不小，目前臺灣地區除了入侵種蕉弄蝶外，就屬這2種弄蝶體型最大，兩種成蝶會混棲，習性也相似，可由前翅斑紋來區分種類。

▲本種為一年一世代的種類，春末至夏末為其成蝶發生期。

▼卵產在寄主植物葉片上表面的葉尖處，照片中的幼蟲正在啃食卵殼，當咬出一個比頭殼大的洞時，就會爬出蝶卵。

▲枯葉為越冬蟲巢內有越冬的3齡幼蟲　　　　▲蟲巢洞口為幼蟲黑色頭殼

幼|生|期

　　臺灣颯弄蝶的幼生期比小紋颯弄蝶常見，雌蝶產卵時偏好半遮蔭環境的低矮植株，雌蝶將卵以數顆至十數顆緊密排列聚產於葉上表面尖端。卵孵化後小幼蟲會分散至複葉的各個小葉上，將葉片切開向上反折成蟲巢，平時躲在蟲巢內側上方，每次脫皮長大後會重新再做一個更大的蟲巢。3齡幼蟲會吐絲加強蟲巢、小葉柄及複葉與莖的連接處，因為冬季時寄主植物會落葉，此時樹上見到的乾枯葉片其實就是3齡幼蟲的蟲巢，幼蟲吐絲是為了避免葉片掉落，在沒有葉片可食用時期，幼蟲以滯育（見100頁）狀態進行越冬，而山區的氣溫較低能降低幼蟲的生理代謝速度，待隔年春天植物長新葉時幼蟲再醒來。大幼蟲體表有黃、白色斑紋，可由此判別為何種颯弄蝶，每年5月時，幼蟲會在終齡幼蟲的蟲巢中化蛹。

　　幼蟲遭寄生性昆蟲寄生後通常無法順利長大，但也有例外的案例，先前有隻4齡幼蟲腹部體色不均，依經驗判斷體內乳白色物體就是寄生性昆蟲的幼蟲，不久幼蟲體內確實鑽出寄生蜂幼蟲，但表皮傷口結痂後，幼蟲仍繼續進食，雖然比健康的幼蟲多花半個月的時間生長，最後仍順利化蛹且羽化。應該是寄生蜂幼蟲攝食時未破壞到蝴蝶幼蟲重要的臟器及將來要發育為成蝶身體構造的細胞，才使這隻幼蟲能大難不死。

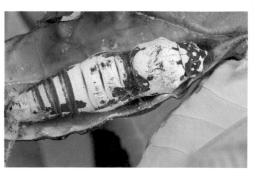

4齡幼蟲

▲遭寄生的4齡幼蟲
幼蟲攝食葉片後體色呈黃綠色，腹部體色較黃是因為裡面有寄生生物。

終齡幼蟲

▲大幼蟲蟲巢
當蟲巢被打擾，幼蟲會探出頭或修補蟲巢。

◀蝶蛹
表面特定部位有白色蠟質，其餘部位為褐色或是黑色斑紋。

臺灣瑟弄蝶

Seseria formosana

特有種

命名由來：由屬名「*Seseria*」的諧音稱為「瑟」弄蝶屬，本種是臺灣特有種且種小名為「*formosana*」，因此命名為「臺灣」瑟弄蝶。

別名：大黑星弄蝶、臺灣黑星挵蝶
分布／海拔：臺灣全島／0～1000m
寄主植物：樟科樟樹、肉桂、山胡椒、臺灣擦樹等多種樟科植物
活動月分：多世代蝶種，3～12月可見成蝶

臺灣瑟弄蝶外型和黑星弄蝶（57頁）一樣後翅有黑色斑點，又因體型較大而稱為「大黑星弄蝶」，然而兩種親緣關係為不同亞科，「大黑星」這個名稱反而容易讓人誤會兩者關係相近。本種喜歡在花叢間訪花，溪邊、溼地上也常見到吸水的雄蝶，牠習慣將翅膀平展，因此腹面的斑紋只能等牠訪花時從側面觀察。本種振翅有力飛行快速，所以翅膀多半有破損或鱗片掉落。

本種一年有多個世代，雌蝶將卵產在尚未革質化的新葉，葉片兩面都可能見到蝶卵，卵的表面會沾黏雌蝶腹部末端的鱗毛，鱗毛能讓卵寄生蜂不容易接近蝶卵而降低卵的寄生率。幼蟲會利用樟樹葉片為食，近郊、淺山至低海拔山區是本種主要的分布範圍，平地、都會區裡不易見。

幼｜生｜期

臺灣瑟弄蝶是臺灣地區唯一會利用樟科植物作為寄主的弄蝶，在樟科植物上發現有

▲訪花的臺灣瑟弄蝶

▲孵化後的卵
卵表面有乳白色絨毛

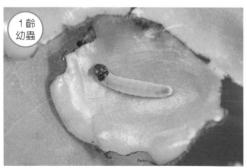

1齡
幼蟲

▶3齡幼蟲
幼蟲亦會將數片葉片連綴製成蟲巢

蟲巢時多半是牠的幼蟲或蛹，雌蝶產卵時偏好半陽性環境，有時在不到一個人高的植栽上也能見到幼蟲或卵。1齡幼蟲孵化後會在卵殼旁咬一個比體長略大些的圓形葉片並將葉片反折成蟲巢，2齡的蟲巢都是從葉片邊緣咬一個長橢圓形的葉片來做蟲巢，大幼蟲的蟲巢則是將數片葉片連綴在一起，幼蟲平時停棲在上蓋那個葉片的下方，幼蟲會在上蓋的葉片邊緣咬出一些缺口，其目的可能是為了讓空氣流通，因為形狀特殊所以頗為醒目。

臺灣瑟弄蝶的1齡幼蟲頭殼為黑色，2至終齡則為棕色並有許多細毛，形態像是打掃用的棕刷，由於頭殼沒有花紋的變化，因此要判別幼蟲齡期只能從體型及頭殼大小。蝶蛹化於終齡幼蟲蟲巢中，蛹的前端有鼻狀突起，而頭部上方還有個像耳朵形狀突起，這些突起就目前資料並未提到有什麼特殊功用。

終齡
幼蟲

4齡
頭殼

▲終齡幼蟲頭殼
剛蛻皮的幼蟲，口器前面為4齡的舊頭殼，剛蛻皮時頭殼的顏色較淡。

▲蛹化於蟲巢裡

▲蛹的頭部
頭部前方有鼻狀突起，上方有耳狀突起。

◀終齡幼蟲的蟲巢
可能有幼蟲、蛹，運氣差一點可能是空蛹殼，但也可能什麼都沒有。

47

白弄蝶

特有亞種

Abraximorpha davidii ermasis

命名由來：白弄蝶屬全世界僅 3 種，本種為白弄蝶屬的模式種，因此以屬的中文名稱命名為「白弄蝶」。

別名：夕斑弄蝶、白花斑弄蝶
分布／海拔：臺灣全島／ 100 ～ 2500m
寄主植物：薔薇科多種懸鉤子屬植物
活動月分：多世代蝶種，3 ～ 11 月可見成蝶

白弄蝶棲息在中、低海拔山區林緣環境，喜歡在多雲至陰天的天氣訪花，陽光較強時則停棲在葉下表面遮蔭處休息，本種飛行速度較慢，訪花時容易追蹤觀察。爲一年多世代但野外並不常見，冬季無成蝶以非休眠幼蟲越冬。花弄蝶亞科蝴蝶常停棲於葉下表面，停棲時將翅膀平展的姿態與印象中多數的蝴蝶不相同，反而與部分蛾類相似，也難怪會被誤認。白弄蝶屬在臺灣只有 1 種，白色翅膀配上灰黑色斑紋常讓人聯想到斑紋相近的粉弄燈蛾。燈蛾科因體內具有毒性，即便飛行緩慢也不怕被捕食，若白弄蝶也有毒性，則翅膀灰、白交錯斑紋是一種警戒色；若無毒性，就得探討是否與蛾類間有貝氏擬態（見 26 頁）的關係，但目前仍無相關研究。

幼｜生｜期

薔薇科懸鉤子屬植物的枝條或葉脈有尖銳的「鉤」，它酸甜的果實會吸引動物前來覓食，當聚合果[註]由綠轉爲紅色或橙色時即表示果實成熟。白弄蝶雌蝶將卵產在葉片的葉下表，幼蟲取食葉片，2 齡以上幼蟲會製作具有進出通行通道、防水通風氣窗及專屬停棲位的豪宅版蟲巢，幼蟲由蟲巢前方的進出口按固定路線爬行。終齡幼蟲會待在蟲巢裡化蛹，蛹的體色爲淡綠色，羽化前會顯現出翅膀白底灰斑的花紋。

▲蝶卵
表面沾黏雌蝶腹部末端的鱗毛，但鱗毛只能阻礙，不能完全抵擋卵寄生蜂的危害。

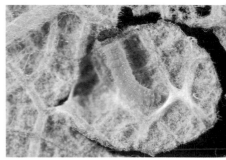
▲ 1 齡幼蟲及蟲巢
在卵殼旁像用開罐器切出一個圓形的葉片，吐絲使其向葉下表面反折形成蟲巢。

◀停棲在葉下表面的成蝶

通氣孔

出入口

幼蟲停棲位

3齡
幼蟲

▲ 3齡幼蟲及蟲巢
左圖為3齡幼蟲正要回到蟲巢的模樣。
右圖為蟲巢形式，葉片上較大的洞是出
入口，其他小孔為通氣孔（氣窗）。

▼終齡幼蟲蟲巢
蟲巢上蓋葉片完整的區域即為幼蟲平
時停棲的位置，隔著葉片隱約可見停
棲於蟲巢上蓋葉下表面的幼蟲。

終齡
幼蟲

蝶蛹

◀終齡幼蟲的
頭部特寫

註：**聚合果**是由「一朵」花的許多雌蕊（心皮）發
育而成的小果實聚集成的大果實，草莓、釋迦都是
聚合果；聚合果易與「多花果（複果）」混淆，多
花果是由花序上「許多」花朵發育的小果實集合而
成，鳳梨、桑葚為代表。

白裙弄蝶

特有亞種

Tagiades cohaerens cohaerens

命名由來：本屬中文屬名依後翅白色斑紋位於後翅外緣、後緣的特徵，取名為「裙弄蝶屬」，本種後翅有大塊白色斑紋，取名為「白裙弄蝶」這名稱與其形態相符。

別名：渡邊裙弄蝶、白底挵蝶、滾邊裙弄蝶
分布／海拔：臺灣全島、離島龜山島／0～2500m
寄主植物：薯蕷科薯蕷屬多種原生或栽培種植物，家山藥、裡白葉薯榔、日本薯蕷、華南薯蕷等
活動月分：多世代蝶種，2～11月可見成蝶

　　白裙弄蝶喜好訪花，雄蝶會在溼地上吸水，亦會飛到樹梢的制高處展現領域行為。本種後翅背面在後緣處有雙排的黑色斑點，但第二排亞外緣的斑點會因個體差異而不同，斑紋不明顯者會與熱帶白裙弄蝶的後翅斑紋相似。本種身體的腹部在體節與體節之間有白色毛，使得腹部呈現黑褐色與白色相間的斑紋，這斑紋是辨別本種與熱帶白裙弄蝶的重要特徵之一。

幼 | 生 | 期

　　雌蝶將卵單產於寄主植物葉片上，並在卵的表面沾附一些腹部的毛。幼蟲孵化後即在葉片邊緣做巢，循著寄主植物的莖所著生的葉片上，能發現不同齡期的蟲巢，通常在最大齡期的蟲巢中總是能見到幼蟲或蛹。本種雖然會利用多種薯蕷科植物，但雌蝶似乎比較偏好將卵產於裡白葉薯榔上，在薯榔上的白裙弄蝶蟲巢總是比山藥上多些。

　　白裙弄蝶1～4齡幼蟲頭殼為黑色，體色也較偏綠色，脫皮成為終齡幼蟲後，頭殼變為黃褐色且體色轉為綠白色。蝶蛹常化於終齡幼蟲的蟲巢中，但偶爾也會爬至寄主附近的其他植物葉片上築巢化蛹，蛹的外觀與熱帶白裙弄蝶、玉帶弄蝶的蛹型、體色、斑紋都很相似，仔細比較細部特徵還是可以辨識出種類（見79頁）。

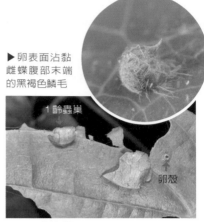

▶卵表面沾黏雌蝶腹部末端的黑褐色鱗毛

1齡蟲巢

卵殼

▲1、2齡蟲巢
通常1齡蟲巢旁能發現舊卵殼

▲3齡幼蟲
1～4齡幼蟲的頭殼皆為黑色

▲終齡幼蟲

蝶蛹

◀訪花的白裙弄蝶成蝶

花弄蝶亞科臺灣共有19種，有7種特有種，特有種比例高。珠弄蝶屬、窗弄蝶屬除了模式標本外無其他記錄；星弄蝶屬種類最多，其與帶弄蝶屬、颯弄蝶屬皆為一年一世代；帶弄蝶屬、星弄蝶屬及襟弄蝶屬是偏好在森林底層活動；颯、瑟、裙、玉帶、白裙弄蝶屬這5屬共計7種喜歡林緣明亮環境，其中白裙弄蝶及玉帶弄蝶最容易觀察。

熱帶白裙弄蝶

Tagiades trebellius martinus

命名由來：本種外型與白裙弄蝶相似，但分布區域在屏東、臺東及外島的綠島及蘭嶼，由於本種主要分布於熱帶氣候區，因此稱為「熱帶」白裙弄蝶。

別名：蘭嶼白裙弄蝶、蘭嶼白底挵蝶、南洋白裙弄蝶
分布／海拔：臺灣南部、離島綠島、蘭嶼／0～200m
寄主植物：薯蕷科薯蕷屬多種原生植物
活動月分：多世代蝶種，1～10月可見成蝶

熱帶白裙弄蝶雖然分布較白裙弄蝶局限，但在分布區域內並不難見到，成蝶喜歡在森林步道旁的花叢上訪花，也會吸食動物糞便裡的礦物鹽。本種外觀與同屬的白裙弄蝶相似，兩者在南臺灣的分布區域有重疊。熱帶白裙弄蝶的後翅背面後緣僅有一列黑色斑紋，且這些黑色斑紋沒有分布到肛角，此外，後翅的白色斑紋面積較大些，身體的腹部全為黑褐色無白色環紋，由這3個部位的形態特徵可以與白裙弄蝶區別。

幼 | 生 | 期

南部山區見到薯蕷科山藥屬植物時，很容易在葉片上見到弄蝶蟲巢，不過巢的主人除了白裙弄蝶及熱帶白裙弄蝶外，也有可能是玉帶弄蝶，而這3種蝶卵表面都黏有雌蝶腹部的毛，裙弄蝶屬卵殼表面的毛偏黑褐色，玉帶弄蝶偏黃褐色；幼蟲的習性及外型相似，但體表白色斑紋分布及體色略有差異，熱帶白裙弄蝶大幼蟲體側帶有黃色色澤；蝶蛹表面白色斑紋有少許差異，仔細比較仍可判別種類。若是不敢確定判斷是否正確，最好還是等蝶蛹羽化後再來鑑定種類比較妥當。

▶卵表面的鱗毛被雨沖散，保護力就減弱。

▲3齡幼蟲
身體背上無斑紋

▲4齡幼蟲
體側出現淡黃色的色澤

▲終齡幼蟲

蝶蛹

▲停棲休息的成蝶

51

玉帶弄蝶

Daimio tethys moori

命名由來：本屬後翅有一橫向的白色帶狀斑紋，因此取名為「玉帶」弄蝶屬，本種為玉帶弄蝶屬的模式種，因此以屬的中文名稱命名。

別名：帶弄蝶、白帶弄蝶、小環挵蝶、黑挵蝶、大名挵蝶
分布／海拔：臺灣全島／0～2500m
寄主植物：薯蕷科薯蕷屬的多種原生或栽培種
活動月分：多世代蝶種，1～11月可見成蝶

玉帶弄蝶雌蝶觸角的嗅覺感受器可探測到空氣中微弱的寄主植物味道[註1]，飛近時會來回慢飛並用前腳碰觸葉片或短暫停於葉片上，此時前足跗節的味覺受器確認是幼蟲的寄主植物時，會誘發產卵行為。雌蝶先停棲到葉面上並拱起腹部探尋葉面位置，確定後將卵產出，然後在卵的表面沾黏上產卵孔旁的黃褐色鱗毛[註2]。

▲左圖為剛產下的卵，右圖為清除卵表面鱗毛後的模樣。

幼｜生｜期

卵殼表面的鱗毛若被雨水沖掉會露出蝶卵外觀，卵頂部為下凹的受精孔，周圍有十幾條粗稜。幼蟲、蛹的外觀及習性均與裙弄蝶屬相似。蛹為淡黃褐色，發育後體色漸漸變深，之後變成黑褐色並維特約1～2天成蝶即羽化。若黑褐色的時間超過2天就可能是被寄生的死蛹，死蛹重量較輕，蛹殼會有寄生昆蟲鑽出時造成的孔洞。

▲3齡幼蟲

▲終齡幼蟲

（蝶蛹）

◀即將羽化的蛹呈黑褐色

◀停棲休息的成蝶

註1：味道包括味覺（酸、甜、苦、鹹）及嗅覺（氣味的香、臭），人類的感覺受器分布在舌頭（味覺）及鼻腔內（嗅覺）。昆蟲的嗅覺感受器依照氣味分子的距離遠近與強度而有不同接受部位，遠距低濃度揮發性的化學分子以觸角的嗅覺感受器接收，可指引產卵場所或異性位置；味覺感受器受高濃度潮溼的化學刺激，分布於觸角、口器、體表、足、尾毛以及雌蟲產卵管等部位，雌蝶用前足跗節和產卵管接觸葉片之動作是要確定是不是寄主植物。

註2：臺灣產弄蝶科的雌蝶在產卵時會在卵殼表面沾黏鱗毛的種類計有：玉帶弄蝶、白裙弄蝶、熱帶白裙弄蝶、臺灣瑟弄蝶、白弄蝶，以上5種皆為花弄蝶亞科成員。

弧弄蝶

特有亞種

Aeromachus inachus formosana

命名由來：本屬蝴蝶的前翅有一列排成弧形的細斑，因此稱為弧弄蝶屬。本種雖然稱為弧弄蝶，但並非為本屬的模式種，模式種為 *A. stigmata* 具標弧弄蝶。

別名：星褐弄蝶、茶星翅挵蝶、星茶翅挵蝶、河伯鍔弄蝶、星點小弄蝶

分布／海拔：臺灣全島／ 300 ～ 2500m

寄主植物：禾本科臺南大油芒（單食性）

活動月分：多世代蝶種，4 ～ 10 月可見成蝶

弧弄蝶屬的蝴蝶幾乎是臺灣產最小型的弄蝶，在臺灣共有 3 種，都不常見。一年一世代的萬大弧弄蝶、霧社弧弄蝶皆為特有種，族群數量不多且分布海拔較高；多世代的弧弄蝶族群數量稍多，分布的海拔也較低，成蝶喜好在花叢間活動。弧弄蝶常出現在寄主植物附近，地點多是乾燥、明亮的森林邊緣或崩地，本屬 3 種蝴蝶中以弧弄蝶的外型最特別。

幼｜生｜期

卵為白色半球型且有明顯的稜突。從寄主植物葉片邊緣遭幼蟲啃食後留下的食痕可找尋小幼蟲的蹤影，大幼蟲會把整片葉片捲成蟲巢，有時幼蟲會把葉片中段的葉子吃掉留下中肋及葉片末端的蟲巢。3 齡幼蟲的頭殼為黃褐色，兩側及正面各有兩道黑色線條，終齡幼蟲頭殼為綠白色無斑紋；3 齡幼蟲身體背面有 4 條縱向的白線，終齡幼蟲時白線暈開而較模糊。當幼蟲體色變得有些透明感時即是準備要化蛹。化蛹前幼蟲在葉下表面吐絲將葉片向下反折。蝶蛹體型不大但外型粗壯，蛹頭部前端突起也較為粗短。

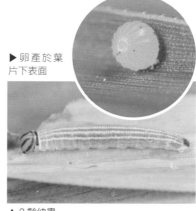
▶ 卵產於葉片下表面

▲ 3 齡幼蟲

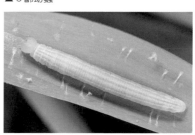
▲終齡幼蟲

▲左邊橙色底色的是 3 齡幼蟲，右邊綠白色底色的是終齡幼蟲，1、2 齡幼蟲的頭殼則為黑色。

◀在葉片上休息時習慣將前翅展開成「V」字形，此時能清楚見到前翅排列成一列弧形的小白斑。前後翅的腹面都有白色斑紋，但翅膀背面只有前翅有白斑。

▲蝶蛹
綠色蛹化於寄主葉片下表面，在腹部背上有 4 道白色縱線。

黃星弄蝶

Ampittia virgata myakei

特有亞種

命名由來：本種後翅腹面有一列黃色點狀斑紋，翅膀上也全為黃色斑紋，但本種前翅的長寬比例並非特別狹長，因此將狹翅黃星弄蝶的「狹翅」省略，稱為「黃星弄蝶」。

別名：狹翅黃星弄蝶、鉤形黃斑弄蝶、細翅黃星弄蝶、阿里山細翅弄蝶

分布／海拔：臺灣全島／0～2800m

寄主植物：禾本科芒屬多種植物

活動月分：多世代蝶種，3～12月可見成蝶

黃星弄蝶屬在臺灣有兩種，其中的黃星弄蝶分布廣，從平地至海拔2800公尺都有。雄蝶有吸水行為，在前翅背面下方有一列黑褐色性標，翅膀斑紋呈濃黃色；雌蝶前翅背面的斑紋為淡黃色，斑紋分布與雄蝶不同。

本種後翅腹面有一列排列成弧形的黃色點狀斑紋，中、高海拔個體這列黃色斑紋會暈開，而低海拔及平地的黃星弄蝶則無此現象。

幼｜生｜期

黃星弄蝶雌蝶將卵產於新葉的葉表，孵化的幼蟲會從葉尖處開始製作蟲巢。蟲巢型態是將中肋兩側的葉片向葉上表面方向吐絲縫合，幼蟲則停棲在葉片中肋處，隨著齡期增長，巢的長度也會增加，終齡幼蟲的蟲巢長度有時會超過葉片總長度的一半。蝶蛹化於蟲巢內，蛹頭部前方有一對彎曲的「指狀突起」，此構造功用尚未明晰，在臺灣只見於黃星弄蝶屬。本種1、2齡幼蟲頭殼為黑色，3齡時頭殼變為黃褐色且左右各有1個黑色圓點，隨齡期增加頭殼底色變為橙色，而黑色圓點也更明顯。幼蟲體色為綠黃色或綠白色，部分個體肛上背板上有黑色斑紋，大幼蟲可由頭殼特徵判別是否為本種。

▶卵產於芒草
（徐堉峰攝）

▲2齡幼蟲
頭殼為黑色

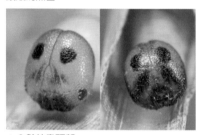

▲3齡幼蟲頭部
頭殼的底色為橙色，少數個體頭殼色澤偏深。

▲終齡幼蟲

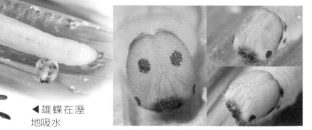

▲終齡幼蟲頭部
頭殼那對黑色圓斑有時會不明顯或消失

▶蝶蛹
體色呈淡黃色，頭部前方有1對指狀突起。

◀雄蝶在溼地吸水

小黃星弄蝶
Ampittia dioscorides etura

命名由來：臺灣產黃星弄蝶屬只有兩種，本種的體型頗小，因此稱為「小」黃星弄蝶。本種為黃星弄蝶屬的模式種。

別名：小黃斑弄蝶、幻黃斑弄蝶、黃斑弄蝶
分布／海拔：臺灣全島、離島金門／0～800m
寄主植物：禾本科李氏禾（單食性）
活動月分：多世代蝶種，全年可見成蝶

小黃星弄蝶的寄主李氏禾是生長在平地及淺山區溼地的挺水物種，這類溼地常因開發建設或屯墾農用而消失，或因雜草叢生、滋生蚊蠅的疑慮而噴撒除草劑「整治美化」。而溼地淤積、乾季變長都可能使溼地陸地化，導致水生植物因其他植物入侵、生長而被演替[註]消失，如此將影響牠的族群數量。小黃斑弄蝶的命名是因體型小且翅膀有黃色斑紋，外型雖與黃斑弄蝶屬相似，卻是不同屬，此名稱易誤導親緣關係，不建議使用。

幼｜生｜期

蝶卵很小，小幼蟲在葉尖造巢，但其他弄蝶或蛾類幼蟲也會攝食李氏禾葉片，亦有造蟲巢的行為。2齡幼蟲體表有縱向線條，3齡頭部有淡紅褐色及白色「ノ八」字狀花紋，可用於判別本種。終齡幼蟲棲息於植株中下層並化蛹於葉片下表面，頭部前方有指向兩側的小突起，而黃星弄蝶的突起較明顯。

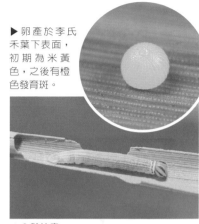

▶卵產於李氏禾葉下表面，初期為米黃色，之後有橙色發育斑。

▲3齡幼蟲

▲4齡幼蟲

▲終齡幼蟲
各齡期幼蟲頭殼的花紋有些許差異

▼雄蝶
前翅背面中室黃色斑紋較大者為雄蝶，此方法亦適用橙斑及黃斑弄蝶屬的雌雄判別。

▲蝶蛹
化蛹於李氏禾葉下表面，體色翠綠。

註｜演替（succession）又稱消長，是指植物群落有規律及順序的變化。文章的例子是溼地消長中間的一個過程，當水域環境漸漸變乾，水生植物將被陸生草本植物給取代，接著灌木、陽性樹種出現，林下則被耐蔭的樹種及蕨類取代，最後形成茂密森林。若發生山崩、火災或是森林砍伐，演替將重新來過。

白斑弄蝶

Isoteinon lamprospilus formosanus

命名由來：後翅腹面白斑明顯故稱白斑弄蝶屬。本屬為單種屬，本種即為屬的模式種，因此以中文屬名命名。「狹翅」弄蝶源自日文名翻譯，但本種不論前、後翅的翅形並無特別狹長。

弄蝶亞科

白斑弄蝶屬

別名：狹翅弄蝶、細翅弄蝶、旖弄蝶、白星弄蝶
分布／海拔：臺灣全島／ 0 ～ 1500m
寄主植物：禾本科的芒、五節芒、甘蔗、臺灣蘆竹、白茅等中大型禾草
活動月分：多世代蝶種，3 ～ 11 月可見成蝶

▶ 雌蝶偏好將卵產於葉上表面先端

斑弄蝶是山區常見的弄蝶，數量比黃星弄蝶多，但海拔分布不若黃星弄蝶廣泛，海拔超過 1200 公尺就較少見。白斑弄蝶喜好在花叢間訪花，其後翅腹面有明顯白色斑點，但牠展翅晒太陽時看不到白斑特徵，此時要由前翅背面的斑點來判斷種類。本種多在樹林周邊活動，生長在林緣的禾草是其幼蟲的寄主植物，上午時牠多在花叢活動，下午偶爾會見到雄蝶對雌蝶進行求偶，有時還能見到雌蝶在禾草附近飛舞找尋產卵位置。

▲ 3 齡幼蟲
頭殼在 3 齡之後會有橙色斑紋

幼 | 生 | 期

雌蝶偏好將卵產於芒屬或臺灣蘆竹這類葉片質地較硬的植物上。雌蝶在寄主葉片附近飛舞，選好葉片後停棲在葉上表面，然後倒退到葉尖，接著拱起腹部在葉尖產下乳白色的卵。小幼蟲頭殼為黑色，部分 3 齡幼蟲頭殼開始有 2 條縱向橙色帶，隨齡期的增加橙色帶的寬度也增加，幼蟲腹末肛上背板的黑色斑紋不穩定，有些個體會較小或消失。終齡幼蟲化蛹前會從身體分泌出白色粉狀的蠟質，蠟質布滿蟲巢內壁，化蛹後蛹體表面光滑。

▲ 終齡幼蟲
幼蟲停棲在葉上表面，並將葉片左右兩側吐絲向葉上表面方向連綴成蟲巢。

▲ 上面 2 張圖片都是 3 齡幼蟲，左上黑褐色斑紋不發達就不容易判斷；左下圖為 4 齡幼蟲，頭殼中間的黑褐色斑有時顏色會較淡；右下圖為終齡幼蟲，這張的頭殼斑紋符合多數幼蟲的樣貌。

▶化蛹於蟲巢中

◀訪花的成蝶

黑星弄蝶
Suastus gremius gremius

命名由來：本種為黑星弄蝶屬的模式種，因此以屬的中文名稱來命名；「黑星」是指其後翅腹面那些黑色的點狀斑紋。

別名：素弄蝶
分布／海拔：臺灣全島／0～1000m
寄主植物：山棕、黃椰子、觀音棕竹等多種棕櫚科植物
活動月分：多世代蝶種，全年可見成蝶

黑星弄蝶後翅腹面的黑色斑點正是辨識牠的最佳特徵，正因為有黑星弄蝶這名稱，才會衍生出「大黑星弄蝶」這個稱呼，「大」是指體型較大，後面的「黑星弄蝶」則是形容其外型與本種相似，以外型特徵來命名常用的是第一印象，但兩者親緣關係並非如名稱那麼相近，鳳蝶科的紅紋鳳蝶及大紅紋鳳蝶是另一個案例。本種喜好在明亮環境下活動且在都市裡有不錯適應力，是除了禾弄蝶外另一種都會區常見弄蝶。

幼｜生｜期

臺灣產弄蝶亞科都以單子葉植物葉片為食，而黑星弄蝶以葉片較厚、質地較硬的棕櫚科為食，山區森林底層生長的山棕與黃藤不容易找到本種，反而能遇到蛺蝶科的藍紋鋸眼蝶或箭環蝶幼蟲。棕櫚科植物常用於園藝造景，其中以黃椰子、羅比親王海棗等最為常見，仔細尋找能發現本種各階段的幼生期，其中以新鮮蝶卵最具特色，像是裝飾著鮮奶油的華麗小蛋糕，但遭寄生的蝶卵為灰黑色像是過期發霉。1齡幼蟲體色為黃褐色，幼蟲從3齡至終齡體型不斷長大，但體色與頭殼花紋變化不大，蛹化於蟲巢裡。黑星弄蝶幼生期頗為常見，寄主植物也容易取得，因此頗適合中小學教師做為自然觀察的題材。

▲左邊紅色的是新鮮卵，右邊為遭寄生的卵。

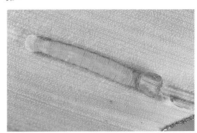
▲1齡幼蟲

▲3齡幼蟲

▲終齡幼蟲

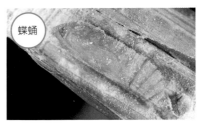
蝶蛹

◀在溼地吸水的成蝶

57

薑弄蝶
Udaspes folus folus

命名由來：本屬幼生期皆以薑科植物葉片為食，因此稱為「薑」弄蝶屬，本種為屬的模式種，因此以屬的中文名稱命名。本種又稱為大白紋弄蝶，與白紋弄蝶分屬不同亞科，但兩者間常因名稱相似而誤認為親緣關係相近。

別名：大白紋弄蝶、羌弄蝶、姜弄蝶
分布／海拔：臺灣全島、離島龜山島、綠島、蘭嶼、馬祖／0～1000m
寄主植物：薑科的月桃、穗花山奈（野薑花）、薑黃等多種植物
活動月分：多世代蝶種，全年可見成蝶

薑弄蝶與袖弄蝶屬的幼蟲都是以薑科多種植物作為寄主，薑弄蝶的翅膀色澤較淡，翅膀上也有較多白色的斑紋，整體外觀較袖弄蝶白，因此又稱為「大白紋弄蝶」，本種活動地點偏好在明亮的陽性環境。兩者可能會在同一地點出現，但薑弄蝶多的地點卻比較難見到袖弄蝶身影。薑弄蝶喜好訪花，通常天氣晴朗的上午較容易觀察到牠，本種外型獨特無其他種類與其相似，相當容易辨識。

幼｜生｜期

　　薑弄蝶與袖弄蝶屬親緣關係較近，所以卵、幼蟲及蛹的外型都很相似，可先從發現的環境做初步判斷，陽性環境下多為薑弄蝶所利用。薑弄蝶剛產下的卵為紫紅色，發育後會出現白色的斑紋。兩種的1～4齡幼蟲頭殼都是黑色，但表皮光澤不同，薑弄蝶的幼蟲透過光線的反射會覺得表皮為霧面，而袖弄蝶為亮面，但這個識別方法不適用於終齡幼蟲，終齡幼蟲最佳區分方法是：薑弄蝶的終齡幼蟲頭殼全為黑色，而袖弄蝶頭殼正面為黃褐色。兩者蛹的外型相似不易區別。弄蝶亞科部分種類的幼蟲表皮較透明，身體後段背面如果有「精巢」這個構造將來就會羽化為雄蝶，但通常要3齡以上的幼蟲較容易觀察到精巢的構造。

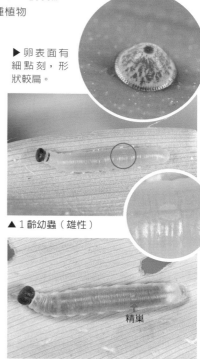

▶卵表面有細點刻，形狀較扁。

▲1齡幼蟲（雄性）

▲3齡幼蟲（雄性）

精巢

▲終齡幼蟲

蝶蛹

◀休息的成蝶

▶剛脫皮成終齡幼蟲時頭殼顏色為白色，此時頭部口器尚未硬化不能用於攝食，需等待表皮裡的幾丁質與骨質結合使各構造變硬的「骨化作用」完成後，幼蟲才會開始進食。

袖弄蝶
Notocrypta curvifascia curvifascia

命名由來：前翅白斑相當於衣袖的位置而稱為「袖」弄蝶屬，本種為本屬的模式種，因此以屬的中文名稱命名；本種過去習慣稱為「黑弄蝶」，但前翅明顯的白斑使得外型與名稱間產生困擾。

別名：黑弄蝶、羌黃蝶、曲紋袖弄蝶、阿里山黑弄蝶（誤稱）
分布／海拔：臺灣全島、離島龜山島、馬祖／ 0 ～ 1000m
寄主植物：薑科的多種植物，月桃、穗花山奈（野薑花）、山薑、三奈等
活動月分：多世代蝶種，全年可見成蝶

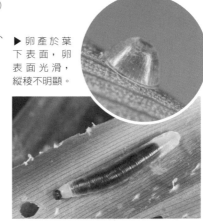

▶ 卵產於葉下表面，卵表面光滑，縱稜不明顯。

袖弄蝶的翅膀有大塊白色斑紋但為何被稱為「黑」弄蝶？「黑」是指其翅膀的底色為黑褐色，但翅膀同為深褐色的玉帶弄蝶在某些文獻資料中也被稱為「黑弄蝶」。袖弄蝶屬在臺灣有 2 種，分屬於 3 個亞種，其中袖弄蝶的數量最多分布也最廣；連紋袖弄蝶則區分成 2 個地理亞種，臺灣本島的屬大陸系亞種，蘭嶼島上的為島嶼系亞種，這 2 個亞種皆為同一物種，但是過去將這 2 個亞種分別稱為「阿里山黑弄蝶」、「熱帶黑弄蝶」或「蘭嶼黑弄蝶」，容易誤導成 2 個不同物種，將 2 個亞種稱為連紋袖弄蝶「臺灣亞種」、「菲律賓亞種」比較符合分類學邏輯。

▲ 3 眠幼蟲，體表色澤呈亮面。

幼|生|期

袖弄蝶的卵外型像倒蓋的碗公，淡紫紅色的色澤像是葡萄果凍，卵單產於寄主植物葉下表面，雌蝶喜好產卵的環境是樹林下光線昏暗處，所以不易發現卵蹤。小幼蟲會在葉緣啃食，然後把食痕旁的葉片吐絲黏合成蟲巢，大幼蟲則是直接利用一整片月桃葉造蟲巢。1 ～ 4 齡幼蟲的頭殼為黑色，終齡幼蟲頭殼正面會變成黃褐色，此時頭殼與碩大的身軀比例差別頗大，幼蟲會爬至月桃葉下表面並吐絲將葉片向下折彎，蛹即化於葉片下表面的折彎處。

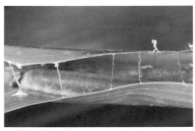

▲終齡幼蟲蟲巢
幼蟲在葉緣兩側吐絲讓葉片捲曲

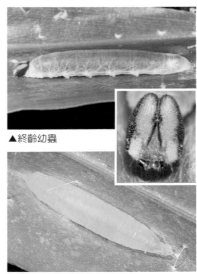

▲終齡幼蟲

◀展翅晒太陽的袖弄蝶

▲蝶蛹
蛹體表面有蠟質，蛹附近的葉片也有白色蠟質，蠟質助於排水，避免水分附著。

禾弄蝶
Borbo cinnara cinnara

命名由來：本屬能利用多種禾本科植物，因此稱為「禾弄蝶屬」。本種廣泛分布於熱帶亞洲、印尼、澳洲北部及部分大洋洲地區，可稱得上是本屬的代表種（非本屬模式種），因此稱為「禾弄蝶」。

別名：臺灣單帶弄蝶、幽靈弄蝶、臺灣一（文）字弄蝶、臺灣稻弄蝶、秈弄蝶、山弄蝶

分布／海拔：臺灣全島、離島、金門、馬祖／0～1000m

寄主植物：禾本科柳葉箬、大黍、兩耳草、象草、牧地狼尾草等多種植物

活動月分：多世代蝶種，全年可見成蝶

禾弄蝶較常見到的中文名稱爲「臺灣單帶弄蝶」，但牠的分布頗廣，名稱加上「臺灣」並不合適。名稱有「臺灣」是因爲早年本種的分布包括臺灣但不包括日本，而後翅腹面一列白斑的外型與小稻弄蝶相似，而有「臺灣一文字弄蝶」之稱，後來名稱雖有更變，但「臺灣」之名仍保留（請參考 63 頁比較表）。禾弄蝶有個奇怪名稱：「幽靈弄蝶」，此名源於日文名「ユウレイセセリ」，本種於 1950 年之後入侵日本，並在沖繩以南的島嶼上繁衍。「幽靈」之名是形容入侵初期數量不穩像幽靈般突然出現或消失，無法掌握其族群狀況及分布。禾弄蝶是平地常見的弄蝶，在都市裡牠的數量遠比尖翅褐弄蝶、小稻弄蝶還多，然而這 3 種仍是翅膀褐色弄蝶中較容易遇到的種類。

幼｜生｜期

禾弄蝶的卵表面光滑，雖然很容易見到本種的卵，但多已遭卵寄生蜂危害而呈黑灰色，新鮮的卵應爲乳白色。本種終齡幼蟲頭殼斑紋變化很大，除了穩定出現的一對白線外，淡綠色底色上的黑色斑紋從無至占滿底色者都有。幼蟲身背有兩粗兩細的縱向白線，蛹化於葉片下表面，蛹體背面也有 4 道白線，但蛹有相似斑紋的種類不少，因此不易從蝶蛹外型及白線分辨種類。

▲蝶卵

▲ 3 齡幼蟲
1～3 齡頭殼以黑色爲主

▲終齡幼蟲
背面有 2 對白色縱線，中間的較粗。

▲蝶蛹
背上有 4 條白色縱線，但其他種類也有相似特徵。

◀後翅背面的斑紋數量不穩定，部分個體會消失不見；前翅後緣處有個不透明的黃白色小斑（見標示），此斑是穩定的特徵，但會因爲拍攝時的角度或是成蝶未將前、後翅展開而未能拍到。

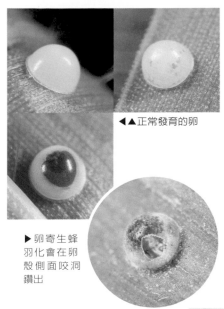

◀▲正常發育的卵

▲終齡幼蟲頭殼
花紋變化大，黑色斑紋不是辨認重點，白色斑紋才是穩定特徵。

▶卵寄生蜂
羽化會在卵
殼側面咬洞
鑽出

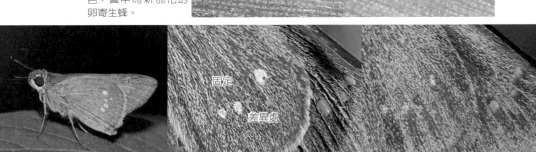

▶遭卵寄生蜂危害的蝶
卵色澤為黑灰色或褐
色，圖中為新羽化的
卵寄生蜂。

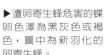

▲禾弄蝶下翅腹面的斑紋變化
藍色箭頭的斑紋會有 0 ～ 2 個的差別，其餘的斑紋數量穩定，但也會有斑紋不發達的情況。

▲禾弄蝶前翅背面的斑紋變化
中室的斑紋會有 0 ～ 2 個的差異，其餘斑紋會穩定出現，但大小及形狀會稍有不同。

61

小稻弄蝶

Parnara bada bada

命名由來：本屬是著名的水稻害蟲，因此稱為「稻弄蝶屬」，因本種體型較小而命名為「小稻弄蝶」。

弄蝶亞科

稻弄蝶屬

別名：姬單帶弄蝶、姬一（文）字弄蝶、小型一文字弄蝶、姬稻弄蝶、么紋稻弄蝶、秋弄蝶、稻苞蟲

分布／海拔：臺灣全島、離島龜山島、綠島、蘭嶼、澎湖、金門、馬祖／0～2500m

寄主植物：禾本科柳葉箬、芒、水禾、水稻、李氏禾、菰等多種植物

活動月分：多世代蝶種，2～11月可見成蝶

小稻弄蝶是平地常見弄蝶種類，外型與禾弄蝶相似，常出現在明亮開闊的農墾區、荒地，成蝶喜好訪花，雄蝶有領域行為，見到外型相似的種類會起飛驅趕。稻弄蝶屬的識別特徵在前翅靠近頂角處的小斑紋排成直線，連線後與前翅前緣呈垂直，本屬有2種，但稻弄蝶不常見。小稻弄蝶後翅腹面有一列白斑，但白斑的個體差異不小，因此清楚拍攝到前翅背面斑紋數量及排列方式能提高判別本種的正確率，若是調查研究之需，最好是做成標本來鑑定、比對。

幼｜生｜期

過去常將危害水稻植栽的鱗翅目幼蟲統稱為「稻苞蟲」，而稻苞蟲的「苞」是指幼蟲用稻葉做巢將身體包裹的模樣，包括了弄蝶、螟蛾的幼蟲。其中弄蝶科稻弄蝶屬的小稻弄蝶、稻弄蝶；禾弄蝶屬的禾弄蝶；褐弄蝶屬的尖翅褐弄蝶、褐弄蝶等都屬稻苞蟲，但並非所有種類都會造成嚴重危害。褐弄蝶及稻弄蝶在臺灣並不多見；禾弄蝶偏好葉片質地較軟的小型禾草，相對是小稻弄蝶及尖翅褐弄蝶較常在稻葉上發現，但牠們也會吃其他禾本科植物，對稻作的危害不如稻飛蝨、二化螟、三化螟等嚴重。蝶卵表面有細密網紋，體型比禾弄蝶的卵小，大幼蟲視葉片大小製作不同形態的蟲巢，葉片較小時將數片葉片黏合成蟲巢；芒草、菰則是將葉片兩側縫合成管狀，終齡幼蟲頭殼有一個「山」字型的黑色斑紋，幼蟲化蛹前會在蟲巢內吐較多的絲線，將蛹包在用類似蟲繭的構造裡。

後翅腹面有一列灰白色斑紋，部分個體的斑紋會不明顯。

加入「屬級」概念 （臺灣蝶圖鑑）	小稻弄蝶 （稻弄蝶屬）	稻弄蝶 （稻弄蝶屬）	禾弄蝶 （禾弄蝶屬）
學名（種名）	*Parnara bada*	*Parnara guttata*	*Borbo cinnarra*
日文名稱 （日文翻中文）	ヒメイチモンジセセリ （姬一文字弄）	イチモンジセセリ （一文字弄）	ユウレイセセリ （幽靈弄）
第一代中文名 （臺灣區蝶類大圖鑑）	姬一文字弄蝶	一文字弄蝶	臺灣一文字弄蝶
簡化版 （台灣的蝴蝶）	姬一字弄蝶	一字弄蝶	臺灣一字弄蝶
郭玉吉提出	小型一文字弄蝶		
加入食性待徵 （臺灣蝶類鑑定指南）	姬稻弄蝶	直紋稻弄蝶	臺灣稻弄蝶
常用名稱 （出自中文版的 「臺灣蝶類生態大圖鑑」）	姬單帶弄蝶	單帶弄蝶	臺灣單帶弄蝶
其他名稱	小單帶弄蝶		幽靈弄蝶
香港用名 （參考「郊野情報－蝴蝶篇」）	么紋稻弄蝶	直紋稻弄蝶	秈弄蝶
香港其他名稱	秋弄蝶	稻弄蝶	山弄蝶

▲卵呈紅褐色

▲3齡幼蟲

▲終齡幼蟲

▲幼蟲頭殼
終齡幼蟲的黑色花紋像「山」；右圖
4齡幼蟲也已出現相似的花紋。

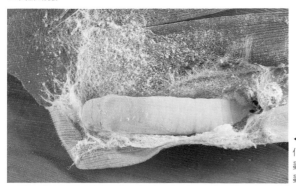

◄蝶蛹
化蛹於枯葉裡，化蛹前幼蟲會把
蟲巢補強，吐較多的絲形成類似
蟲繭的構造，蛹體為乳黃色。

黃斑弄蝶

特有亞種

Potanthus confucius angustatus

命名由來：本屬翅膀上有許多黃色斑紋，因此稱為黃斑弄蝶屬。本種常稱為「臺灣黃斑弄蝶」，但並非臺灣特有種，因此建議刪去「臺灣」改稱「黃斑弄蝶」。

別名：臺灣黃斑弄蝶、孔子黃室弄蝶、黃挵蝶、小黃斑弄蝶
分布／海拔：臺灣全島、離島龜山島、綠島、蘭嶼；離島金門、馬祖為指名亞種／ 0 ～ 1000m
寄主植物：禾本科，兩耳草、芒草等
活動月分：多世代蝶種，全年可見成蝶

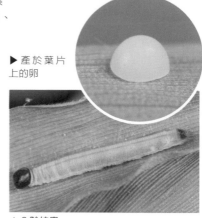

▶ 產於葉片上的卵

▲ 3 齡幼蟲

弄蝶亞科中黃星、黃斑及橙斑弄蝶屬翅膀上都具有橙黃色斑紋，後 2 屬橙黃色斑紋在翅膀分布位置相似，實地到野外觀察會發現黃斑弄蝶屬體長大概只有橙斑弄蝶屬的 2 / 3 大；橙斑弄蝶屬的翅形感覺較為狹長。本屬常見的種類為黃斑弄蝶，通常出現於市區或近郊的綠地、樹木遮蔭的半陽性環境，而本種就是偏好在這樣的環境下活動。但是公園、學校定期的除草行為，使得以禾本科植物為食的弄蝶族群數量較不穩定。

▲ 4 齡幼蟲
部分個體頭殼白色斑紋仍不明顯

幼 | 生 | 期

黃斑弄蝶幼生期的寄主種類多，無法從雌蝶偏好產卵的植物尋找，多是尋找吃禾本科的蝴蝶幼生期時，巧遇本種幼蟲。本種蝶卵表面有細微稜紋及網紋，卵體型頗小，雌蝶把卵產於寄主葉片上，幼蟲孵化會在葉尖處做巢。本種小幼蟲外型與白斑弄蝶相似，頭殼黑色，尾部末端也有黑斑，兩者的終齡幼蟲頭殼都以黑色為底色，本種有一對白色直條紋；白斑弄蝶頭殼斑紋「形狀」與本種相同，但斑紋「顏色」為黃色，頭殼斑紋與翅膀斑紋的顏色相反。當蟲巢裡出現白色粉狀蠟質且幼蟲皮膚有透明感時，幼蟲即將進入前蛹期，蛹化於蟲巢內。

▲終齡幼蟲

▼蝶蛹
幼蟲化蛹前會在蟲巢內側吐絲，用以加強巢的強度及固定蝶蛹。

◀雌蝶
前翅背面中室內黃色斑紋一短一長為雌蝶；兩長為雄蝶。（見次頁圖示）

墨子黃斑弄蝶 特有種

Potanthus motzui

命名由來：本種學名的種小名「*motzui*」即是指春秋戰國時期的思想家「墨子」[註]，因此稱為「墨子」黃斑弄蝶。

別名：細帶黃斑弄蝶、臺灣黃室弄蝶
分布／海拔：臺灣全島／ 100 ～ 1200m
寄主植物：禾本科五節芒、象草、棕葉狗尾草等多種植物
活動月分：多世代蝶種，全年可見成蝶

弄蝶亞科

黃斑弄蝶屬

黃斑弄蝶屬在臺灣共有 5 種：韋氏黃斑弄蝶除模式標本外，其他記錄都是誤認，其模式產地臺南關仔嶺環境不復當年，模式標本的腹部也因損壞無法做交尾器比對；淡黃斑弄蝶在東部、南部及離島較易見到，其他地點數量極少： 2005 年發表的蓬萊黃斑弄蝶主要棲息在中、低海拔山林，體型比其他 4 種大：墨子黃斑弄蝶及黃斑弄蝶最常見，兩者分布重疊、外型相似，因此易誤認。90 年代以前本屬只有淡色、臺灣及韋氏黃斑弄蝶，小黃斑弄蝶其實屬於黃星弄蝶屬。

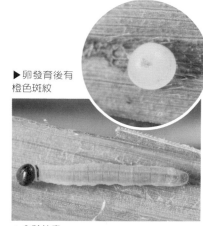

▶卵發育後有橙色斑紋

▲ 2 齡幼蟲
部分個體腹末肛上背板有黑色斑紋

幼｜生｜期

本種雌蝶偏好在遮蔭處的寄主產卵，而黃斑弄蝶喜歡稍亮的環境，兩者利用的植物種類差不多。兩者不僅成蝶相似，幼生期也不易區別。本種蝶卵頂部受精孔周邊的網狀刻痕稍微不完整；終齡幼蟲頭殼 2 條淺色斑紋的內緣呈波浪狀，而黃斑弄蝶的斑紋內緣平直，蝶蛹無明顯斑紋及突起可供辨識，只能由發現地點亮度來判別。

▲終齡幼蟲

蝶蛹

長（雄）短（雌）

長（固定）

性標

▲雄蝶前翅後緣處有性標，但性標顏色不明顯且不易拍到；亦可由前翅背面中室有 2 個長斑紋判別。

▶訪花的墨子黃斑弄蝶

註：1990 年發表的墨子黃斑弄蝶，命名者的 Hsu 即為徐堉峰教授。黃斑弄蝶（*P. confucius*）的種小名是指孔子；徐教授就以同為春秋戰國時期的思想家－墨子「motzui」做為本種的種小名。

寬邊橙斑弄蝶

Telicota ohara formosana

命名由來：寬邊橙斑弄蝶的「寬邊」是指前翅背面外緣有同屬蝴蝶中最寬的褐色邊。

別名：竹紅弄蝶、黃紋長標弄蝶、大黃斑弄蝶
分布／海拔：臺灣、金門、馬祖／0～2000m
寄主植物：禾本科棕葉狗尾草（颱風草）、象草、舖地黍等多種黍亞科植物
活動月分：多世代蝶種，全年可見成蝶

臺灣有 3 種橙斑弄蝶屬蝴蝶，過去本屬稱為「XX 紅弄蝶」，其中「竹紅弄蝶」這名稱是翻譯自「タケアカセセリ（竹赤挵）」，日文名稱源自 Fruhstorfer 當初發表亞種的錯誤學名「T. bambusae」，錯誤的學名之後被修正，但日文、中文名卻未更正。名稱有「竹」會誤解竹子上找到的是牠，早年成蝶與幼生期資訊不明朗，本種寄主記錄就意外多了桂竹、綠竹等，還有棕櫚科羅比親王海棗之謬誤記錄。本屬以寬邊橙斑弄蝶及竹橙斑弄蝶最常見，兩者分布重疊，寬邊橙斑弄蝶的「寬邊」特徵明顯，不難區分，此外本屬雄蝶前翅背面有性標，性標大小、形狀及位置可做為種類區分的特徵；雌蝶雖無性標，但前後翅斑紋仍可判別種類。

幼|生|期

本種雌蝶偏好產卵於棕葉狗尾草葉片上，且根本不會利用棕櫚科及禾本科竹亞科的植物。小幼蟲在葉緣咬出缺口並在葉下表面吐絲使葉片向下捲曲，吐絲將葉緣縫合形成蟲巢，隨齡期增加，所做蟲巢也愈大，當幼蟲將葉片一側從葉緣咬到中肋做巢，大概是 3、4 齡幼蟲；終齡幼蟲則將兩側葉緣至中肋都咬出缺口捲起做蟲巢。

註：關於本種為何稱為「竹紅弄蝶」，可參考 Facebook 社團「台灣蝴蝶攝」，搜尋關鍵字：「蝴蝶的名字」，文章日期為 2013/05/22。

▶ 產於葉下表面的卵

▲ 4 齡幼蟲
打開蟲巢有時會發現遭寄生的幼蟲

▲ 終齡幼蟲體色為灰綠色

▲ 終齡幼蟲頭殼
橙色斑紋變化大，甚至會正面全為橙色。

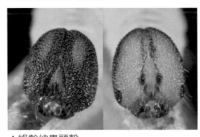

▲ 蛹化於棕葉狗尾草蟲巢內

◀ 雌蝶
除了無性標外，斑紋也與雄蝶有差異。

竹橙斑弄蝶

Telicota bambusae horisha

命名由來：本種的幼生期只會利用禾本科的竹亞科植物，因此命名為「竹」橙斑弄蝶，這個名稱是在屬名前加上幼蟲食性特色作為物種的中文名稱。

別名：埔里紅弄蝶、紅弄蝶、紅翅長標弄蝶、夏黃斑弄蝶
分布／海拔：臺灣全島、離島龜山島、綠島、蘭嶼、金門／0～1200m
寄主植物：禾本科竹亞科多種竹子
活動月分：多世代蝶種，全年可見成蝶

竹橙斑弄蝶的「竹」源自於學名之種小名「*bambusae*」，意思是竹子，因本種幼生期只吃竹葉。以往本種被稱為「埔里」紅弄蝶是源於亞種名「*horisha*」，即為南投縣埔里鎮。以亞種名做為物種中文名合適嗎？使用中文俗名的目地是方便溝通交流，以亞種名命名不合適卻不影響溝通，但不同亞種則需另外命名反而容易混淆；若分類有更動時，舊有俗名雖不影響溝通，卻不適合再用（指竹紅弄蝶）。竹橙斑弄蝶棲息在近郊淺山、丘陵或低海拔山區有竹子的環境，本種與寬邊橙斑弄蝶常共域混棲，兩者雄蝶都有領域性，對於翅膀顏色為橙色系的蝴蝶有驅趕行為。

幼 | 生 | 期

本種雌蝶偏好將卵產於葉片較小的竹子上，常用於製作粽葉的麻竹、綠竹葉片雖大，但莖部節處萌發細枝的小葉片通常寬度不超過4公分，也能找到牠。1～2齡小幼蟲會爬至葉尖，從葉緣咬出一道橫向傷口，再將葉片向葉下表面反折做巢；3～4齡幼蟲則爬至葉上表面咬出缺口造巢；終齡幼蟲在葉面及葉片的邊緣吐絲將整片葉子製成蟲巢，終齡蟲巢雖然較大卻反而不易被發現。幼蟲不在蟲巢裡化蛹，而是爬至地面竹葉落葉堆裡找尋隱蔽處化蛹，化蛹前會吐絲將落葉黏合成巢，因此較難發現。

▶卵內幼蟲發育完成即將孵化

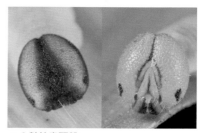
▲3齡幼蟲

▲3齡幼蟲頭殼
花紋變化大，全為黑色至全為橙色。

▲終齡幼蟲體色為黃綠色

◀雄蝶
展翅時可以從性標判斷

▲化蛹於枯葉內的蛹

熱帶橙斑弄蝶

Telicota colon hayashikeii

命名由來：本種主要分布於亞熱帶或熱帶氣候的印度、東南亞及南亞，因此命名為「熱帶」橙斑弄蝶。

別名：熱帶紅弄蝶、長標弄蝶、橙黃斑弄蝶
分布／海拔：臺灣中、南部、離島綠島、澎湖、金門／0～600m
寄主植物：禾本科五節芒、象草、臺灣蘆竹等多種大型禾草
活動月分：多世代蝶種，全年可見成蝶

臺灣 3 種橙斑弄蝶中以熱帶橙斑弄蝶的數量最少，分布在中南部開闊平原環境，最北至彰化濁水溪流域。熱帶橙斑弄蝶與寬邊橙斑弄蝶幼蟲寄主植物有部分種類相同，但 2 種成蝶偏好的環境類型不同，因此少有共域分布。橙斑弄蝶屬的雄蝶可由前翅性標的大小及位置來判別種類；雌蝶翅膀斑紋與雄蝶有些不同，但仍可由翅膀斑紋大小及相對位置判別種類，多數雌蝶的辨識特徵也適用於雄蝶。本種前翅翅形較狹長，頂角也較尖，這外型使牠的飛行速度比同屬另兩種快。

幼 | 生 | 期

本種終齡幼蟲頭殼花紋及腹部末端的肛上背板從沒有黑色斑紋至有黑色斑紋等均有，另外頭殼顏色也有淡黃褐色至橙黃色的變化。幼蟲化蛹前會在巢裡吐上一層絲，並分泌白色粉狀蠟質，蛹體的顏色比另兩種橙斑弄蝶的顏色淺。若到了臺東的綠島，除了熟知的大白斑蝶綠島亞種值得注目外，當地熱帶橙斑弄蝶的族群數量比另兩種橙斑弄蝶多，所以別把花叢上的熱帶橙斑弄蝶當成是常見的寬邊橙斑弄蝶或是竹橙斑弄蝶。

▼休息的熱帶橙斑弄蝶

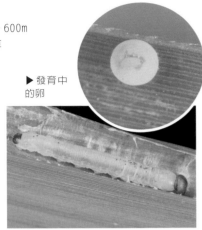

▶發育中的卵

▲3 眠幼蟲
體表黑色斑點是排遺殘渣

▲3 齡幼蟲頭殼

▲終齡幼蟲
頭殼及肛上背板花紋有個體差異

▲化蛹於蟲巢裡

蕉弄蝶

Erionota torus torus

外來定居種

命名由來：本屬以芭蕉科植物葉片為食，因此取名為「蕉」弄蝶屬，而本種為蕉弄蝶屬的模式種，因此以屬的中文名稱來命名。

別名：香蕉弄蝶、黃斑蕉弄蝶
分布／海拔：臺灣全島／0～1000m
寄主植物：芭蕉科臺灣芭蕉及多種栽培品系的香蕉
活動月分：多世代蝶種，全年可見成蝶

蕉弄蝶成蝶不易見，成蝶於快天黑時會訪香蕉花，白天則留意植株枯葉、遮蔭處是否有成蝶躲藏。60年代香蕉外銷能賺取許多外匯，但國內香蕉卻被黃葉病危害影響收成，在無健康蕉苗可種植下，可能是非法從東南亞或中南半島引進蕉苗，在未經檢疫下蕉弄蝶的幼生期被帶入，在1986年9月屏東縣九如採獲蕉弄蝶。入侵初期因香蕉植株多且整年氣候合宜可繁殖，而對牠有專一性的寄生天敵未隨香蕉來到臺灣，在資源多而天敵少的狀況下本種族群快速增加，不到2年就擴散至整個南臺灣，如今廣布全臺低海拔以下區域。

幼｜生｜期

蕉弄蝶體型大，雌蝶常產十數顆以上的卵，孵化的幼蟲分散爬至蕉葉葉緣將葉片捲曲成巢，隨齡期增加捲入的葉片愈多，幼蟲啃食蟲巢內部葉片，糞便則堆積於巢內。採取抑制蝶卵孵化的手段對蕉葉影響最少，其次是寄生幼蟲的寄生蜂，也能降低蕉弄蝶族群數量，但臺灣原生的寄生蜂不會寄生牠，因此農政單位於1987年從國外引進卵寄生蜂：跳小蜂（*Ooencyrtus erionotae*）與幼蟲寄生蜂：絨繭蜂（*Apanteles erionotae*）進行生物防治，本種的危害漸受控制，但已無法完全撲滅。

▲新鮮卵為黃色，發育的卵呈桃紅色。

▲2齡幼蟲

▲終齡幼蟲
自3齡起，幼蟲體表會有白色蠟質。

▲蝶蛹
化蛹於終齡幼蟲蟲巢裡

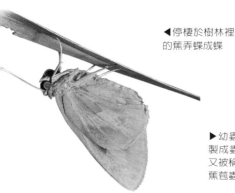
◀停棲於樹林裡的蕉弄蝶成蝶

▶幼蟲將香蕉葉片捲起製成蟲巢的習性，使牠又被稱為：香蕉捲葉蟲、蕉苞蟲。

弄蝶亞科

蕉弄蝶屬

69

尖翅褐弄蝶

Pelopidas agna agna

命名由來：本種常用名稱「尖翅褐弄蝶」，「尖翅」是指本種在褐弄蝶屬蝴蝶中前翅的長寬比例較狹長。

別名：尖翅谷挵蝶、尖茶翅弄蝶、南亞穀弄蝶、畦弄蝶、裏一文字弄蝶、眉原弄蝶、南亞谷弄蝶

分布／海拔：臺灣全島、離島龜山島、綠島、澎湖、馬祖／ 0 ～ 2000m

寄主植物：禾本科芒、兩耳草、大黍、稻等多種植物，亦曾在竹亞科唐竹上發現幼蟲。

活動月分：多世代蝶種，全年可見成蝶

▶卵產於芒草上，卵表面有網狀細紋。

臺灣產褐弄蝶屬共 4 種，尖翅褐弄蝶與巨褐弄蝶較常見，褐弄蝶與中華褐弄蝶的數量較稀少，本屬後翅腹面中室位置常會有一個白色小斑紋，其他褐色系弄蝶則無。尖翅褐弄蝶與褐弄蝶外型最為相似，但尖翅褐弄蝶數量遠多於褐弄蝶，許多褐弄蝶的照片多為尖翅褐弄蝶的誤認。已知可靠的分辨方法是由前翅背面中室上下排列的 2 個黃白點與性標判斷，尖翅褐弄蝶性標較短，下側黃白斑位置較接近翅膀基部，因此 2 個斑紋的連線延伸不會貫穿性標；而褐弄蝶兩個白斑連線延伸會貫穿性標，但雌蝶無性標因此較難判別種類。

▲ 3 齡幼蟲

幼 | 生 | 期

尖翅褐弄蝶將白色的卵產於成熟葉的葉下表，幼蟲以往認知是以禾本科黍亞科的禾草為寄主，但筆者曾在竹亞科的唐竹上找過 2 次幼蟲，起初以為是同屬的褐弄蝶，但羽化後仍只是常見的尖翅褐弄蝶。終齡幼蟲頭部有紅色「∧」字形斑紋，紅色斑紋旁鑲有白邊，部分個體紅色斑紋較發達。以芒草為寄主的弄蝶種類頗多，終齡幼蟲頭殼斑紋是研判種類的方法之一[註]。

▲終齡幼蟲
下圖幼蟲以竹葉為食

註：要確定物種種類，最終還是要以成蝶特徵為依歸，但翅膀上的斑紋若變化較大導致難以判別時，解剖雄蝶交尾器是分類學家常使用的鑑定種類方法。

▶雄蝶
前翅背面有性標，中室附近黃白色小斑連線的延伸不會穿過性標即為尖翅褐弄蝶，反之則為褐弄蝶。

▲幼蟲頭殼花紋：3 齡幼蟲（左）；終齡幼蟲（右），此為紅色斑紋發達個體，多數個體頭殼中間無「山」字形紅斑。

▲尖翅褐弄蝶的蛹

巨褐弄蝶

Pelopidas conjuncta conjuncta

命名由來：本種體型比同屬的其他種類大很多，因此稱為「巨」褐弄蝶。

別名：臺灣大褐弄蝶、臺灣大茶翅弄蝶、大谷弄蝶、古銅穀弄蝶、古銅谷弄蝶
分布／海拔：臺灣全島、離島金門／ 0 ～ 1000m
寄主植物：禾本科芒、象草、菰、甘蔗、玉米等大型禾草
活動月分：多世代蝶種，3 ～ 11 月可見成蝶

▶蝶卵

巨褐弄蝶有許多別名，其中比較常見的是「臺灣大褐弄蝶」，但本種廣泛分布於印度、中南半島至南亞，非臺灣特有種，刪去「臺灣」稱為「大褐弄蝶」理應合適，但孔弄蝶屬的短紋孔弄蝶也稱為「大褐弄蝶」，為了避免混淆，改稱「巨」褐弄蝶。巨褐弄蝶曾是臺灣弄蝶亞科中體型最大的種類，但外來種蕉弄蝶現已取而代之。本種全臺各地都有記錄，但並不多見，花蓮鯉魚潭周邊本種族群數量穩定且較為常見，發現本種的地點附近常有山凹、溪流、溝渠或水田等有水或是較潮溼的環境。

幼｜生｜期

巨褐弄蝶的卵及幼蟲體型大，只有大型禾草的葉片才夠本種幼蟲食用，其 3 齡幼蟲的體型及頭殼大小卻與黃星弄蝶終齡幼蟲相當。4 齡幼蟲的頭殼左右各有一個大型黑色的橢圓斑紋，此時頭殼黑色部位比例仍高，臉頰部分也有明顯的黑斑；終齡頭殼的白色部分比例較高。化蛹前幼蟲會爬到葉下表面吐絲，將葉片邊緣至中肋處的部位稍弄捲曲，蛹直接化於葉下表面。

▶巨褐弄蝶前翅腹面常有兩段色澤，展翅時較明顯，圖中的成蝶正在整理其口器。

▲ 3 齡幼蟲
頭殼色澤以黑色為主

▲ 4 齡幼蟲
頭殼開始出現花紋

▲終齡幼蟲

▲化蛹於葉的下表面

黯弄蝶

Caltoris cahira austeni

命名由來：本屬翅膀底色為深褐色，整體的色澤比其他屬別來得深色，因此取名為「黯」弄蝶屬。本種數量較多，可當成黯弄蝶屬的代表種（非本屬模式種），因此取名為黯弄蝶。

別名：黑紋弄蝶、前竹褐裙弄蝶、放腫珂弄蝶、人倫弄蝶
分布／海拔：臺灣全島／0～1000m
寄主植物：禾本科竹亞科多種竹子以及臺灣蘆竹
活動月分：多世代蝶種，全年可見成蝶

黯弄蝶的「黯」除了指本屬翅膀色澤顏色較深外，同時也與其活動環境偏好光線較昏暗的森林、樹林遮蔭處或與其喜歡在陰天及晨昏時刻出來活動有相關。本種的族群數量雖然不多，但只要常外出賞蝶，多半還是有機會遇到，不過本種的後翅大多無斑紋，外型及體色也不顯眼，喜歡活動的時段及偏好的環境都是蝶友較少出現或留意的狀況，所以即便遇到了也常把牠給忽略。本種喜好訪花，也會吸食鳥類的排遺。

▶產於竹葉葉上表面的卵

▲2齡幼蟲

幼∣生∣期

茂密的竹林或是生長在森林底層的竹子，都是本種幼生期賴以維生的生態環境，但想在竹林中找到牠還真不是件容易的事，筆者大多是在尋找其他以竹葉為食的眼蝶亞科物種時意外遇見牠。本種幼蟲頭殼從3齡開始出現斑紋，各齡期的頭殼斑紋會有些差異，終齡幼蟲的體型碩大，由體型及頭殼花紋可輕易的與竹橙斑弄蝶幼蟲區別。蝶蛹化於竹葉的葉下表面，蛹的背部只有兩條白色縱向條紋，先前介紹的尖翅褐弄蝶則是有4條白色條紋。

▲3齡幼蟲頭殼

▲終齡幼蟲

▲蝶蛹
化蛹於竹葉下表面

◀訪花的黯弄蝶

變紋黯弄蝶 特有亞種

Caltoris bromus yanuca

命名由來：臺灣族群翅膀斑紋變化大，前翅從無斑紋至斑紋明顯均有，因此取名為「變紋」黯弄蝶。

別名：無紋弄蝶、戊乾無紋弄蝶、無斑珂弄蝶、灌弄蝶
分布 / 海拔：臺灣全島 / 0 ～ 1000m
寄主植物：禾本科開卡蘆、蘆竹
活動月分：多世代蝶種，3 ～ 10月可見成蝶

變紋黯弄蝶過去習慣稱為「無紋」弄蝶，圖鑑裡呈現的標本前翅無斑紋，同屬的黯弄蝶則是前翅有明顯斑紋，因此前翅有斑紋的「無紋弄蝶」都被錯誤鑑定為黯弄蝶。當年無紋弄蝶被視為分布於中南部平原的稀有物種，但本種前翅無斑紋的個體僅是族群裡的少數，多數個體有程度不一的斑紋，斑紋發達者甚至比黯弄蝶更多。以往錯誤的認知，加上本種活動時間多為晨昏或陰天，讓牠成了稀有種，實際上本種族群穩定且數量不少，偏好棲息於淡水靜止水域或河川下游行水區。

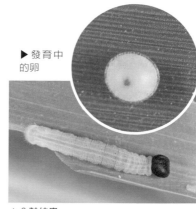

▶ 發育中的卵

▲ 2齡幼蟲

幼 | 生 | 期

變紋黯弄蝶棲息於全臺平地及低海拔山區的開闊水域環境，這與幼蟲寄主是溼地挺水植物開卡蘆及蘆竹有關。雌蝶將卵產在寄主葉片上，幼蟲及蛹都在寄主植物上度過。本種最佳觀察地點首推高雄市的鳥松溼地公園，步道旁的蜜源植物是等待變紋黯弄蝶覓食的最佳地點，許多平地常見的蝴蝶也能在當地觀察到。

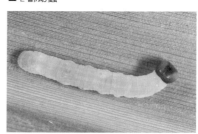

▲ 3齡幼蟲

▲終齡幼蟲

▶化於寄主葉下表面的蛹

▲幼蟲頭殼花紋
4齡幼蟲（左）；終齡幼蟲（右）。

◀停棲休息的變紋黯弄蝶

綠弄蝶 ・ 褐翅綠弄蝶

・ 褐翅綠弄蝶底色偏黑褐色，a－長毛淺藍色；b－黑色條紋較細

小紋颯弄蝶 ・ 臺灣颯弄蝶

袖弄蝶 ・ 連紋袖弄蝶

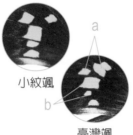

小紋颯

臺灣颯

・ 臺灣颯弄蝶 a－兩斑距離近；b－兩斑大小差異明顯

・a－白斑延伸至前翅前緣

熱帶白裙弄蝶 ・ 白裙弄蝶 ・ 玉帶弄蝶

・a－肛角無黑斑；b－腹部黑白相間；c－斑紋大；d－黑斑1列；e－黑斑2列；f－寬黑色帶

黃星弄蝶 ・ 黃點弄蝶 ・ 昏列弄蝶

・ 昏列弄蝶體型較大，a－前翅後緣有黃斑；b－後翅有黃斑；c－斑紋白色；臺灣脈弄蝶似昏列弄蝶

黃斑弄蝶 · 墨子黃斑弄蝶 · 蓬萊黃斑弄蝶 · 淡黃斑弄蝶

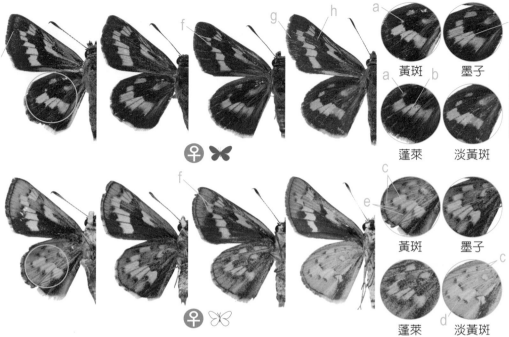

黃斑　墨子

蓬萊　淡黃斑

黃斑　墨子

蓬萊　淡黃斑

· 蓬萊黃斑弄蝶體型較大，a－斑紋小；b－斑紋間翅脈明顯；c－斑紋顏色與底色相近；
d－黑褐色呈線狀；e－黑褐色呈點狀；f－2個斑紋較小且偏外；g- 有黃色鱗：黃斑、淡黃斑；h- 有黃色鱗：淡黃斑

寬邊橙斑弄蝶 · 竹橙斑弄蝶 · 熱帶橙斑弄蝶

寬邊橙　竹橙　熱帶橙

· a－性標偏外；b－性標填滿；c－性標偏內；d－外緣寬黑邊；e－斑紋前後錯開；f－橙色鱗片少；
g－橙色斜條紋（f、g 為雌蝶間比較）；h－斑紋顏色與底色相差明顯

鐵色絨弄蝶 · 南風絨弄蝶 · 無尾絨弄蝶 · 尖翅絨弄蝶 · 圓翅絨弄蝶（雄、雌）

· a－白點或黃點；b－無葉狀突；c－白色條紋；d－翅頂較尖；e－翅頂較圓；f－呈淺黃綠色澤；
g－本屬雌蝶前翅有斑紋

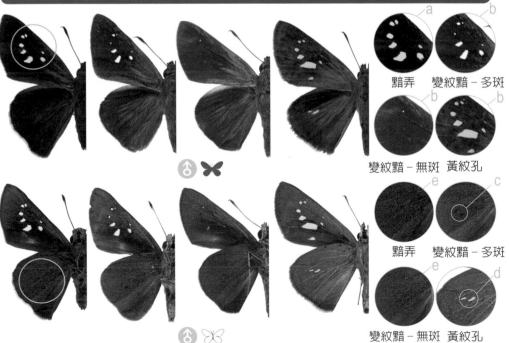

黯弄蝶 · 變紋黯弄蝶（多斑型、無斑型）· 黃紋孔弄蝶

黯弄　變紋黯－多斑

變紋黯－無斑　黃紋孔

黯弄　變紋黯－多斑

變紋黯－無斑　黃紋孔

· 黯弄蝶屬翅膀顏色較深；a－斑紋明顯且穩定；b－斑紋型式多變；c－變紋黯弄蝶多斑型有小白斑或黑斑在不同翅室；
76　d－必有1大1小斑點，其他翅室斑紋多變；e－變紋黯弄蝶無斑型及黯弄蝶後翅腹面無斑紋

稻弄蝶 · 小稻弄蝶 · 禾弄蝶 · 假禾弄蝶

稻弄 小稻

禾弄 假禾

稻弄 小稻

禾弄 假禾

· 4種體型相近，不大；a－固定2個斑；b－固定無斑；c－0～2個不定；d－常1個斑；e－2～3斑呈直排；
f－3斑且常交錯；g－4個銀白斑直排，另3種變化大；h－底色黃綠色澤；i－葉狀突；j－1枚不透明的黃白色斑

褐弄蝶 · 尖翅褐弄蝶 · 中華褐弄蝶 · 巨褐弄蝶

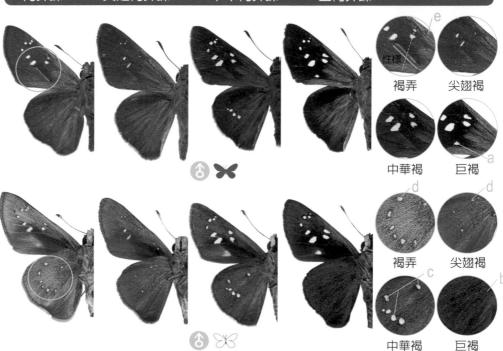

褐弄 尖翅褐

中華褐 巨褐

褐弄 尖翅褐

中華褐 巨褐

· 本屬體型較大，後翅中室常有白斑；a－1個白斑，另3種為性標或2個斑；b－底色深，斑紋少或無；
c－底色黃褐，斑紋明顯；d－底色綠褐，斑紋常細小；e－性標較長，2白斑連線會貫穿

77

以猿尾藤為寄主的弄蝶 橙翅傘弄蝶及長翅弄蝶幼蟲都以猿尾藤葉片為食，前者吃成

幼蟲比較圖

橙翅傘弄蝶
P.30

縱稜較多，突起不明顯

2齡

3齡

體表有縱向淺色條紋，頭殼橙色

長翅弄蝶
P.37

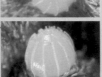

縱稜較少，突起明顯

3眠

4齡

體表有黃色及褐色橫紋，頭殼黃色

以薯蕷科為寄主的弄蝶 包括2種裙弄蝶及玉帶弄蝶，3種幼蟲形態及行為相近，野

玉帶弄蝶
P.52

表面沾附有黃褐色鱗毛

2齡

3齡

2～4齡體表有淡黃色小斑點

白裙弄蝶
P.50

黑褐色鱗毛，卵型較高

2齡

3齡

表皮較光滑，兩側有黃白色斑點

熱帶白裙弄蝶
P.51

灰褐色鱗毛，卵型較扁

3齡

4齡

表皮偏霧面，兩側有黃白色斑點

終齡幼蟲	蛹

熟葉，後者吃嫩葉，外型差異明顯，不難判別種類

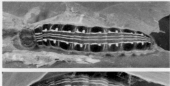
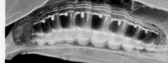

體色黑色，背部有成對白色及黃色縱向條紋

橙紅色，表面有白色蠟質及黑色斑紋

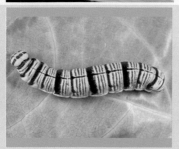

體表有黃色、黑色橫紋，頭殼黃色並有黑色橫斑

黃褐色，白色蠟質及黑斑位置不同

外觀察時需考慮所在地理位置是否有熱帶白裙弄蝶分布（高屏、臺東、蘭嶼、綠島）

體表有淡黃色小斑點，頭殼紅褐色

白色分布廣，前端向前延伸較短

體表兩側黃色不明顯，斑點偏白色，頭殼橘褐色

白色呈三角形，前端向前延伸較短

體表兩側有黃色，斑紋偏黃色，頭殼為黃褐色

白色呈鈍三角形，前端向前延伸較長

幼蟲比較圖

絨弄蝶屬幼生期形態比較　南風絨弄蝶僅分布在蘭嶼，幼生期形態與鐵色絨弄蝶相似，

幼蟲比較圖

鐵色絨弄蝶
P.31

3齡

4齡

乳白色，體積大有稜突　體背4條白線，體側5對黑斑

圓翅絨弄蝶
P.36

1齡

3齡

有泡狀物質包覆，粉紅色，體積小　體背4條黃白線，體側4對黑斑

尖翅絨弄蝶
P.34

1齡

3眠

粉紅色，表面有稜突　體背4條白線，體側無黑斑

無尾絨弄蝶
P.32

1齡

2眠

乳白或粉紅色，有稜突　體背4條黃白線，體側4對黑斑

但食性不同；其餘4種絨弄蝶食性有部分重疊，棲息環境及分布因種類而異，詳見個論介紹

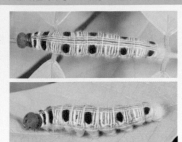

體色黃褐色，頭殼桃紅色，正面3個黑斑

頭部前面有發達的鼻狀突起，氣門黑褐色

體表白色小斑點，背面4條黃白線，體側有4～5枚黑斑

短的鼻狀突起，體色褐色，氣門淺褐色

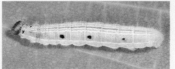

體表白色小斑點，背面4條白線，體側有黑斑

短錐狀突起，體色黃綠褐色，氣門黃色

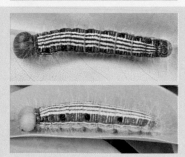

體側2條、背面4條黃色縱線，體側有黑斑

鼻狀突起發達，末端膨大呈「T」字形

幼蟲比較圖

綠弄蝶屬幼生期形態比較　　綠弄蝶屬有 2 種，皆以清風藤科為寄主，其中褐翅綠弄蝶

綠弄蝶
P.40

表面縱稜較少

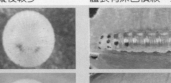
3齡
4齡
體表有深色橫紋，頭殼為黃、橘色

褐翅綠弄蝶
P.38

呂晟智攝

表面縱稜較多

2齡
3眠
體表有縱向排列斑點，頭殼橙黃色

以薑科為寄主的弄蝶　　袖弄蝶屬與薑弄蝶屬成蝶差別明顯，但幼生期外型相似；蘭嶼

薑弄蝶
P.58

縱列細微突起，卵型扁

3齡
4齡
表皮略呈霧面，頭殼黑色

袖弄蝶
P.59

縱列細微突起，卵型高

3齡
4眠
表皮較光滑，頭殼黑色

連紋袖弄蝶（菲律賓亞種）

特有亞種

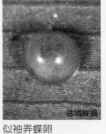
徐堉峰攝
似袖弄蝶卵

4齡
4齡
表皮霧面，頭 3 齡黑色 4 齡褐斑

只以清風藤屬植物為食；綠弄蝶食性較廣，且包括清風藤屬植物

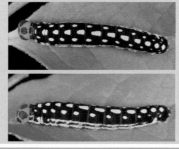

體表有黑、黃相間橫帶，尾部暗紅色；頭殼橘紅色

前翅黑斑橢圓，鼻狀突粗短、末端較鈍

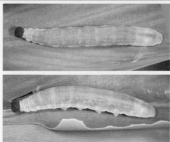

體表黑色，背中線一列黃斑，兩側有淡藍白色斑紋；頭殼黃色

前翅黑斑長橢圓，鼻狀突前端尖而上翹

只有連紋袖弄蝶一種，但臺灣本島兩種袖弄蝶的分布有重疊

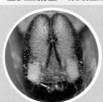

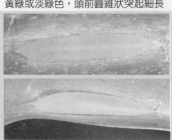

體表呈霧面；頭殼全黑　黃綠或淡綠色，頭前圓錐狀突起細長

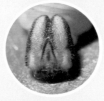

體表光滑有綠色小斑紋；頭殼淡黃褐色，頰部有黃斑

淡綠色，頭部前方圓錐狀突起略短

體表光滑有綠色小斑紋；頭殼乳白色，頰部有白斑

淡綠色，似袖弄蝶不易區別

吃大型禾本科的大型弄蝶　　吃芒草、象草、蘆竹這類大型禾草的弄蝶有 15 種，褐弄

幼蟲比較圖

巨褐弄蝶
P.71

3齡

4齡

表面有細網紋，體積大　　體表有淡綠色點，背面有白色縱線

中華褐弄蝶

徐堉峰攝
4齡

徐堉峰攝
4齡　　　4齡

表面有細網紋　　　體色淡黃白色，淡綠色點不明顯

尖翅褐弄蝶
P.70

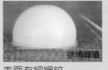

2齡

3齡

表面有細網紋　　　體色黃綠色，體背 4 條淡黃色縱線

變紋黯弄蝶
P.73

2齡

3齡

卵型扁、淡墨綠色　　2齡體背 4 條灰白縱線，3齡剩 2 條

黃紋孔弄蝶

3齡

3齡

3齡體表偏透明，頭殼黑色

蝶、孔弄蝶及黯弄蝶這3屬體型較大，幼生期不易區分，少數種類數量少或分布狹窄

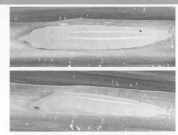

體背1對白色縱線；
頭殼有2對黑色圓斑，
體型碩大

腹背1對白線，頭前突起短圓，體型大

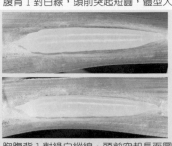

體背有黃白色縱線；
頭殼側單眼旁有黑斑，
正面黑斑會消失

胸腹背1對綠白縱線，頭前突起長而圓

體側背有黃色細線；
頭殼有紅色「／＼」字
形條紋

腹背2對白線，頭前突起長而尖

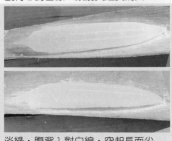

體側背有淡綠色縱線；
頭殼乳白色，側單眼
處無黑斑

淡綠，腹背1對白線，突起長而尖

體色白綠色，體側背
有2對白色縱線；頭
殼後緣為褐色

腹背2對白線，中間2條延伸至胸部

幼蟲比較圖

以大型禾本科為寄主的小型弄蝶

延續前頁，幼蟲以大型禾草為食但成蝶體型小，其小型禾草，同屬的淡黃斑弄蝶及蓬萊黃斑弄蝶狀況

白斑弄蝶
P.56

3 齡

4 齡

白色，表面微細花紋使其呈霧面

1、2 齡難區分，綠色背中線，肛上背板黑斑不穩定

黃斑弄蝶
P.64

2 齡

3 齡

黃白色，表面有細網紋及不明顯縱稜

1、2 齡難區分，3、4 齡由頭殼勉強可分

墨子黃斑弄蝶
P.65

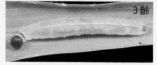

2 齡

3 齡

似黃斑弄蝶，受精孔旁網狀刻痕稍不完整

1、2 齡難區分，3、4 齡由頭殼勉強可分

黃星弄蝶
P.54

徐堉峰攝

徐堉峰攝

2 齡

3 齡

淡黃色，有縱稜及不明顯的橫稜

1、2 齡難區分，3、4 齡由頭殼可分辨

中白斑弄蝶及黃星弄蝶只吃大型禾草；黃斑弄蝶、墨子黃斑弄蝶幼蟲偏好吃質地較軟的雷同

頭殼中間、後緣黑褐色，底色為橙色；氣門淡橙色

黃褐色，體型略大於黃斑弄蝶及墨子黃斑弄蝶

頭殼兩側白色條紋與黑褐色交界處呈平順的弧線

黃褐色，體型略小於白斑弄蝶

白色或黃白色條紋內緣與黑褐色交界處為曲線

體型略小於白斑弄蝶，與黃斑弄蝶相似不易區分

頭殼底色橙色，正面有1對黑色圓斑，少數個體退化

蛹淡橙色或乳黃色，頭部前面有1對指狀突起

吃小型禾本科的弄蝶　部分幼蟲雖然會吃大型禾草，但雌蝶偏好產卵於葉片較軟的小

幼蟲比較圖

小稻弄蝶 P.62

 2齡

 3齡

暗紅色，有網紋，稍扁　體色偏灰綠色，體表有綠色小斑紋

禾弄蝶 P.60

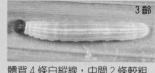 2齡

 3齡

白色，表面光滑無突起　體背4條白縱線，中間2條較粗

寬邊橙斑弄蝶 P.66

 2齡

 4齡

乳白色，有縱向細網紋　體色為灰綠色或灰色，表皮呈霧面

熱帶橙斑弄蝶 P.68

3眠

3齡　終齡

與寬邊橙斑弄蝶相似　肛上背板有黑色短縱斑，偶消失

小黃星弄蝶 P.55

 2齡

3齡

淡黃色，小，有縱稜突　2齡起體背有7條淡黃綠色縱紋

型禾草。小黃星弄蝶只吃李氏禾，但李氏禾有小稻弄蝶、禾弄蝶及其他種利用

體色偏綠黃色：頭殼中間有「山」形狀的黑褐色斑紋

體色淡黃褐色，蛹被巢內絲繭包覆

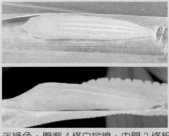

體色為白綠色，體背有 4 條白色縱線，中間 2 條較粗

淡綠色，腹背 4 條白縱線，中間 2 條粗

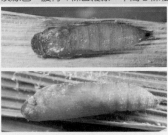

頭殼正面有橙色斑，從小橢圓斑至整個正面橙色不等

黃褐色，外型似黃斑弄蝶屬，但較大

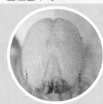

體色黃綠色：頭殼米色，頭殼縫線有黑色縱斑或消失

外型似前者，但體色較淡且有綠色色澤

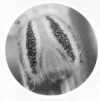

頭殼有紅褐色鑲白邊縱紋：體型小，體背有 7 條淡黃綠色縱線

腹背 3 對白色線，頭部前方有指狀突起

以竹亞科為寄主的弄蝶　黃點弄蝶（少見）、昏列弄蝶（少見）、菩提赭弄蝶（不多尖翅褐弄蝶；弧弄蝶雖然不以竹葉為食，但幼蟲外型與黯弄

幼蟲比較圖

竹橙斑弄蝶 P.67

白色，表面細網紋排列後呈縱向稜突

3齡

4齡

肛上背板黑色短橫斑，或全黑或消失

黯弄蝶 P.72

白色，表面細網紋排列後呈縱向稜突

2齡

3齡

自3齡體背有2條灰或白色縱線

昏列弄蝶

白色有透明感，表面有縱稜，體積大

2齡

3齡

頭殼從3齡至終齡有2個黑褐色斑

弧弄蝶 P.53

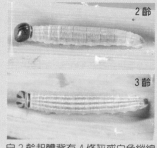

乳白色，表面縱稜明顯但體積小

2齡

3齡

自2齡起體背有4條灰或白色縱線

見）、 竹橙斑弄蝶（常見）、黯弄蝶（常見）的幼蟲以竹葉為食，唐竹上亦曾觀察到
蝶相似，因此一併比較

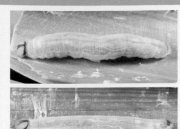  

頭殼為橙黃色，中間
縫線有黑色縱向斑紋；
幼蟲體色偏黃綠

黃褐色，形狀及大小與寬邊橙斑弄蝶相
似，化於枯葉

   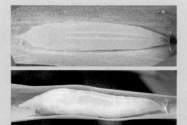

頭殼為白色或乳白色；
體背有 2 條白色的淺
色縱線

淡綠色，腹背有 2 條白色縱線，頭部圓
錐狀突起較長

頭殼正面有個略呈「W」
形的黑褐色斑紋

黃褐色，似竹橙斑弄蝶，但頭、尾形狀
較細長（黃行七攝）

體背 4 條白色縱線，
中間 2 條較粗；頭殼
白色有透明感

淡綠色，體小，胸、腹背 4 條白縱線，
頭部突起短而粗

黃褥花科　猿尾藤

清風藤科　臺灣清風藤

豆科　紅豆樹

豆科　水黃皮

豆科　疏花魚藤

豆科　脈葉木藍

芸香科　賊仔樹

薯蕷科　華南薯蕷

薯蕷科　裡白葉薯榔

樟科　樟樹

92

薔薇科　變葉懸鉤子

芭蕉科　香蕉

棕櫚科　觀音棕竹

薑科　月桃

禾本科　大黍

禾本科　竹亞科（刺竹）

禾本科　李氏禾

禾本科　菰（茭白筍）

禾本科　開卡蘆

禾本科　棕葉狗尾草（颱風草）

鳳蝶科
Papilionidae

親緣
關係

墨西哥鳳蝶亞科
絹蝶亞科
鳳蝶亞科 ┤ 燕鳳蝶族（2屬6種）
　　　　　 喙鳳蝶族
　　　　　 裳鳳蝶族（4屬7種）
　　　　　 鳳蝶族（3屬18種）

鳳蝶是古今中外最關注的昆蟲之一，許多種類後翅具有尾突，英文稱之 swallowtail（燕尾）。全世界鳳蝶約有 600 餘種，分屬 3 亞科，熱帶、溫帶及寒帶均有分布，多樣性最高的地方為美洲熱帶地區，其次為印度及澳洲地區最早分化的蝴蝶類群為本科。臺灣產鳳蝶 2013 年止記錄約有 31 種，分別屬於鳳蝶亞科其中的 3 族。本書介紹 28 種。

3 亞科：墨西哥鳳蝶亞科 Baroniinae(1 屬 1 種)、絹蝶亞科 Parnassinae、鳳蝶亞科 Papilioninae。鳳蝶亞科區分 4 族註：燕鳳蝶族 Leptocircini、喙鳳蝶族 Teinopalpini、裳鳳蝶族 Troidini、鳳蝶族 Papilionini。

註：「族」是物種分類的位階，介於「科」與「屬」之間，位於亞科之下

▶雄蝶在溼地吸水時喜歡與翅膀顏色相近的種類聚集（木蘭青鳳蝶）

鳳蝶科多為中大型**蝴蝶**，成蝶喜好訪花，雄蝶會聚集在溪邊或溼地吸水。鳳蝶外觀華美、舞姿優雅，傳說的梁祝殉情死後化做玉帶鳳蝶（第 118 頁）。本科因後翅只有一條臀脈，因此「**雙翅閉合時腹部外露**」是主要特徵，且後翅外緣常有一對尾突（鳳尾）。幼蟲在頭胸之間有一對叉狀肉突，即「**臭角 osmeterium**」，受驚時會翻出並釋放刺激性氣味驅敵，其顏色鮮豔醒目，可能有加強刺激的作用，部分種類胸部有眼狀斑紋，此時的臭角就像是蛇的叉狀舌頭，其形態也許有助於嚇走敵人。無毒性的種類在小幼蟲時常偽裝成鳥糞躲避捕食者，有毒性的種類則色彩對比鮮明藉此警告天敵勿近。蛹為縊蛹，常偽裝成枯枝、葉片等形狀，許多種類可以依化蛹背景色彩而呈褐色或綠色型。臺灣的鳳蝶幼蟲以馬兜鈴科、木蘭科、番荔枝科、樟科、芸香科及繖形科等雙子葉植物為寄主。

註 1：歐美學者將曙鳳蝶屬併入麝鳳蝶屬；劍鳳蝶屬併入青鳳蝶屬；斑鳳蝶屬及寬尾鳳蝶屬併入鳳蝶屬。原為燕鳳蝶族的斑鳳蝶屬，合併後調整為鳳蝶族。註 2：鳳蝶屬的分類東、西方學者看法不同，西方學者傾向是廣義的定義；東方學者將斑鳳蝶屬及寬尾鳳蝶屬獨立出來，部分學者再細分出 Menelaides（美鳳蝶屬）；Achillides（翠鳳蝶屬）等。

本科特徵

第 1、2 臀脈
腹部
第 3 臀脈
第 1、2 臀脈

▲鳳蝶科只有 1 條臀脈，翅膀合攏時會露出腹部；其他科的蝴蝶有 2 或 3 條臀脈，停棲時翅膀會蓋住腹部。（黑脈粉蝶）

▼裳鳳蝶族的卵表面常有雌蝶分泌物；燕鳳蝶族、鳳蝶族的卵大多較光滑。（由左至右：紅珠鳳蝶、青鳳蝶、花鳳蝶）

裳　　　　燕　　　　鳳

各族代表

裳鳳蝶族：翅膀常有鮮豔色彩（黃裳鳳蝶）

燕鳳蝶族：前翅較細長，飛行速度快。（青鳳蝶）

鳳蝶族：種類數最多（柑橘鳳蝶）

幼蟲

▲ 上：幼蟲身上斑紋像鳥糞可躲避天敵。（白紋鳳蝶 4 齡）下：以馬兜鈴為食的幼蟲，體表會有對比明顯斑塊或條紋。（黃裳鳳蝶 3 齡）

蛹

▲左：裳鳳蝶族蛹的體色與背景顏色差別較大。（長尾麝鳳蝶）。右：蛹身上的黃綠色線條，樣式像樹葉的葉脈。（青鳳蝶）

幼蟲的臭角

◀裳鳳蝶族的臭角大多為黃橙色且長度較短（黃裳鳳蝶）

絲帶 ➡

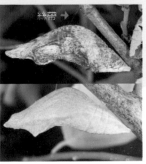

▲繪蛹在胸部位置有絲帶，蛹會偽裝成枯枝，顏色多為褐或綠色。（上：大鳳蝶；下：花鳳蝶）

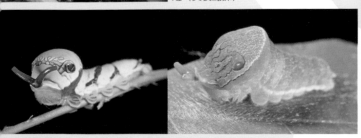

▲受驚擾時幼蟲以臭角驅敵，鳳蝶族的終齡幼蟲胸部常有眼狀斑紋。（左：黑鳳蝶；右：琉璃翠鳳蝶）

黃裳鳳蝶

特有亞種 保育類Ⅲ

Troides aeacus formosanus

命名由來：衣裳是身上的服裝，上半身為「衣」，「裳」是下半身的長裙，本屬後翅斑紋鮮豔華麗而取名為「裳」鳳蝶屬，本種後翅有大塊耀眼的黃色斑紋，因此取名為「黃」裳鳳蝶。

別名：金裳鳳蝶、金鳳蝶、黃裙鳳蝶、恆春（金）鳳蝶、黃下鳳蝶、金鳥蝶、
金（裳）翼鳳蝶、鳥鳳蝶、恆春大黑

分布／海拔：臺灣全島，中、南部較多／0～1000m

寄主植物：馬兜鈴科馬兜鈴屬的多種馬兜鈴植物。其中大葉馬兜鈴分布海
拔較高，幼蟲雖可食用但無穩定的成蝶分布，故無幼蟲利用。

活動月分：多世代蝶種，全年可見成蝶

裳鳳蝶族

裳鳳蝶屬

臺灣有兩種裳鳳蝶屬物種分布，其中黃裳鳳蝶是臺灣本島唯一能見得到的物種，在臺東蘭嶼才見得到珠光裳鳳蝶。裳鳳蝶屬主要分布於東南亞及南亞的熱帶地區，幼蟲以馬兜鈴屬各類植物爲食，本屬中以黃裳鳳蝶的分布最廣，雖然90年代以前的資料都描述本種爲熱帶性物種，以恆春半島及臺東較常見，不過近10年來在臺灣中北部，甚至中、高海拔山區等都還是有觀察記錄。中國的蝶類圖鑑稱牠爲「金（裳）鳳蝶」，在中國的華南、華中、四川、青海及甘肅也都有機會見到，可見本種的分布可從熱帶至溫帶地區。全世界的裳鳳蝶屬物種都是華盛頓公約（CITES）所列附錄Ⅱ裡的物種，屬於目前無滅絕危機，但管制其國際貿易的物種。我國最新的野生動物保育法將黃裳鳳蝶列爲第Ⅲ級保育物種，屬「其他應予保育之野生動物」。近年來許多地方種植馬兜鈴後，本種觀察到的次數明顯變多，族群也相對較以往穩定許多。

黃裳鳳蝶成蝶的雌雄外觀差異頗大，是典型的**雌雄二型性**物種[註]，雌蝶後翅的黑色斑紋像英文字母大寫的「A」，也曾聽過有人稱牠爲「小玉」（小玉西瓜），後翅的黑色斑紋就像剖開西瓜後包覆在果肉裡頭的種子。

▼蝶卵

卵殼表面有雌蝶分泌物，但外表光滑，不像94頁卵表面的分泌物呈顆粒狀。

▲雄蝶

後翅大塊的黃色斑紋十分醒目，狹長的前翅有助於飛行時能以滑翔方式前進或盤旋。

註：**雌雄二型性**（sexual dimorphism）或稱性（別）二型，是指同種生物的雌性與雄性除了外生殖器的差異外，外表型態上有明顯差別，像是獨角仙、鍬形蟲就是其中代表；公雞的雞冠、雄鹿的鹿角（500元背面）、孔雀的尾羽、帝雉（黑長尾雉，1000元背面）的體色及尾羽都是大家熟悉的例子。

1齡
幼蟲

幼|生|期

　　體型碩大的黃裳鳳蝶，卵也特別巨大，在臺灣只有珠光裳鳳蝶可一較高下。卵外觀就像「蛋黃酥」，雌蝶在卵表面的分泌物就像是餅皮一樣油亮。雌蝶喜歡選擇向上攀爬在其他植物上的馬兜鈴植株產卵，所以即便地上長了鋪滿地表的馬兜鈴，也不曾見到有本種幼蟲利用或是雌蝶來產卵。許多種類的蝶卵都有被卵寄生蜂寄生的狀況，但是黃裳鳳蝶的卵因卵殼厚，所以幾乎不曾見過遭到寄生的卵，但是幼蟲和蛹都有觀察到被寄生蜂或寄生蠅寄生的情況。

　　黃裳鳳蝶的終齡幼蟲稱得上是蝶類幼蟲中的巨無霸，牠的食量也相當驚人，只要雌蝶在寄主植物附近產下數顆卵，孵化的幼蟲就會像是蝗蟲過境般地把馬兜鈴的葉片全部吃光，且幼蟲在化蛹前還會將馬兜鈴木質化的莖「環狀剝皮」，讓植株上的葉片通通脫水凋萎，因而曾有書裡把幼蟲這個行為形容是在自取滅亡…（待續下一種）。本種目前最大的生存威脅來自於環境破壞及棲息地的零碎化。

▲雌蝶
體型比雄蝶大很多，飛行時振翅的頻率較慢，後翅黃色斑紋與雄蝶差別明顯，黑、黃兩色斑紋排列的花紋讓牠有「小玉」的別稱。

裳鳳蝶族

裳鳳蝶屬

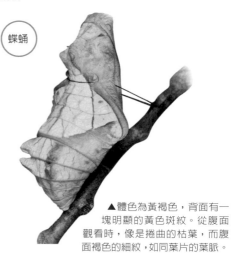

蝶蛹

▲體色為黃褐色，背面有一塊明顯的黃色斑紋。從腹面觀看時，像是捲曲的枯葉，而腹面褐色的細紋，如同葉片的葉脈。

◀終齡幼蟲頭部正面觀：頭部上方的黃色「V」形構造為臭角。

◀終齡幼蟲
體型碩大，但齡期與一般的鳳蝶相同皆為 5 齡。

▲前蛹
外型比終齡幼蟲短胖，身上有一條黑褐色的絲帶。

珠光裳鳳蝶

Troides magellanus sonani

 特有亞種 保育類 II

命名由來：雄蝶後翅在不同角度下呈現藍、綠、青等如貝殼般的珍珠光澤，因此取名為「珠光」裳鳳蝶，學名的種小名「*magellanus*」是指率領西班牙艦隊繞地球航行一圈的葡萄牙偉大航海家麥哲倫。

別名：珠光鳳蝶、蘭嶼（藍與）黃裙鳳蝶、蘭嶼（黃裳）鳳蝶、紅頭黃下鳳蝶、
珠光黃裳鳳蝶、蘭嶼金鳳蝶、螢光翼鳳蝶、螢光裳鳳蝶、紅頭大黑
分布／海拔：臺東縣蘭嶼／0～550m
寄主植物：馬兜鈴科港口馬兜鈴
活動月分：多世代蝶種，全年可見成蝶

裳鳳蝶族

裳鳳蝶屬

蘭嶼昆蟲有三寶，珠光裳鳳蝶、蘭嶼大葉螽蟴與球背象鼻蟲，皆為保育類。其中最醒目的即為後翅有著金黃色斑紋的珠光裳鳳蝶。蘭嶼與綠島在生物地理的研究上有著重要地位，島上的許多生物臺灣本島沒有分布，而是與南方的菲律賓島嶼系較相似的物種。本種除蘭嶼外也分布於菲律賓多個島嶼，蘭嶼族群是其分布的最北界。本種的分類因學者見解不同而區分為 3 個亞種或者全部皆為原名亞種，主因是菲律賓各島嶼成蝶外觀的差異都視為原名亞種的種內變異範圍。蘭嶼島上的族群外觀形態穩定，部分學者主張蘭嶼的族群可視為特有亞種。

蘭嶼的海檬果開花時，會吸引珠光裳鳳蝶前來訪花吸蜜。本種外表華麗、數量稀有，因標本價格極高而引來盜獵的危機，族群數量一度瀕臨滅絕。特有生物研究保育中心從 1992 年起投入 10 年時間於當地調查、研究本種的生態需求，在棲地廣植寄主港口馬兜鈴後，族群數量已略有恢復。

▶ 蝶卵
外表光滑，
像是剛出爐
的蛋黃酥。

幼 | 生 | 期

珠光裳鳳蝶的幼生期習性及外型與黃裳鳳蝶相似，小幼蟲停棲於寄主的葉下表面，

▲ 1 齡幼蟲
肉棘末梢有毛叢

▲ 剛羽化的雌蝶

▶ 2 齡幼蟲
身體出現白色斑紋，
肉棘末梢光滑。

大幼蟲則於蔓藤上，化蛹前幼蟲會爬往他處，終齡幼蟲有時會將馬兜鈴的莖環狀剝皮，使枝條的葉片凋萎，這種行為看似自斷前途，其實有特殊的生態意義。

　　本種與相同食性的小型種鳳蝶之間有不小的競爭壓力，這些小型鳳蝶因體型小，幼生期發育所需時間短，在本種從卵發育至成蝶的時間內，小型種通常能多完成1～2個世代，若無其他抑制因素存在下，數量龐大的小型種鳳蝶幼蟲會將此地區的寄主植物消耗一空，而本種終齡幼蟲將寄主植株環狀剝皮的行為，可造成植株上其他小型種幼蟲無法完成生活史，進而抑制小型種的數量。由於本種的蛹期時間較長，羽化後雌蝶也不會很快就開始產卵，而遭環剝的植株會在這段時間內長出新葉，因此這行為反而能保留較多生存資源給自己的下一代利用。

　　雌蝶每次僅產下一粒卵，且甚少將第二粒卵產在鄰近的寄主植物上。蘭嶼野外的馬兜鈴植株不足，使得本種雌蝶常將卵產於復育區的小苗上，而復育區新種植的馬兜鈴植株尚未長大，經不起終齡幼蟲的環剝，因此才會觀察到終齡幼蟲將植株莖部環剝讓其他尚未長大的同種幼蟲餓死，引發人們認為「牠會絕種是自身造成的」這個謬誤聯想。

4齡幼蟲

▲終齡幼蟲
體型碩大，身上肉棘為橙紅色。

▲蝶蛹
整體色澤較深，背部有大塊黃色斑紋。

▲ 羽化失敗的雌蝶，前翅後緣處有折痕，本種羽化時需要較大的空間，若空間不足翅膀無法完全伸展。

◀訪花的雄蝶，蘭嶼復育區種植許多海檬果，海檬果樹梢的花常吸引本種前來吸食。

裳鳳蝶族

裳鳳蝶屬

99

曙鳳蝶

Atrophaneura horishana

特有種　保育類Ⅲ

命名由來： 曙鳳蝶屬在臺灣僅有一種固有種，曙鳳蝶這個名稱具有代表性因此延用；臺灣還記錄過一種迷蝶菲律賓曙鳳蝶，或稱白背曙鳳蝶，為本屬模式種。

裳鳳蝶族

曙鳳蝶屬

別名：無尾紅紋鳳蝶、桃紅鳳蝶、紅尾仔
分布／海拔：臺灣全島／ 500 ～ 2600m
寄主植物：馬兜鈴科大葉馬兜鈴（主要）、異葉馬兜鈴（偶爾）
活動月分：1 年 1 世代蝶種，4 ～ 12 月可見成蝶

臺灣特有的曙鳳蝶總是吸引國內外許多賞蝶人士在每年夏季上山朝聖，7 ～ 8 月分山區的冇骨消陸續開花，花上可見曙鳳蝶優雅的飛舞訪花。本種後翅桃紅色花紋有 7 個黑色斑紋，像大西瓜的果肉及種子，因此有蝶友諧稱牠為「西瓜鳳蝶」。本種 1930 年代在臺北市及臺中市各有一筆觀察記錄，而梨山至大禹嶺的中橫公路沿線以及南投仁愛鄉清境農場至合歡山區這路段最容易觀察。

中橫公路兩旁山坡地開墾種植溫帶果樹、蔬菜，以及道路邊坡除草行為造成了大葉馬兜鈴棲地的破壞，影響蝴蝶族群數量，加上當過去曙鳳蝶有嚴重的獵捕壓力，因此被農委會公告為二級的保育類動物，後來因蝴蝶標本需求減少及蝴蝶加工產業衰退，使得曙鳳蝶的獵捕壓力減低，基於牠仍需保護且經專家學者開會討論本種暫無滅絕危機，於 2009 年 4 月公告由保育類二級降為三級。

註：**休眠**是指當環境條件變差時，昆蟲停止生長，如乾旱、淹水或溫度不適，依氣溫可區分為高溫引起的夏眠（aestivation）及低溫引起的冬眠（hibernation）；依幼蟲生理狀況則可分為靜止（quiescence）及滯育（diapause）。靜止是發育變慢或暫停，當環境變好就立刻恢復進行發育，像冬天日夜溫差大即會有夜間靜止而白天活動的情形，曙鳳蝶幼蟲遇到寒流停止活動屬於「靜止」；滯育則是昆蟲體內有適應性的生理改變造成生長發育停止，其中包括滯育激素的產生，當環境變合適時，滯育的幼蟲不會立即回復，需要有正確的環境訊號並且有特定的生理刺激，昆蟲才會從滯育中甦醒。部分學者則是區分成滯育與休眠，而靜止即為休眠。

▲雄蝶
後翅腹面鮮豔的桃紅色是雄蝶才有的色彩

卵

▶ 1 齡幼蟲
幼蟲孵化後會把剩下的卵殼吃光

幼｜生｜期

雌蝶尋找產卵地點時會在山坡旁來回低飛，卵則產在寄主植株或附近的雜物，卵殼表面有雌蝶分泌物形成的顆粒狀突起，卵殼是幼蟲的第一餐。中海拔山區冬季氣溫頗低，本種小幼蟲不會休眠[註]，而是持續取食緩慢生長，寒流時氣溫若低於0℃，幼蟲會停止活動，待回暖後恢復進食行為。春季之後幼蟲食量漸增，終齡幼蟲齡期最多可達6齡，4～5月分幼蟲會尋找隱蔽處化蛹。

曙鳳蝶分布於溫帶氣候，一年一世代，本屬其他種類皆分布於熱帶且多世代，多數鳳蝶以蛹態越冬而牠以幼蟲。其近緣種可能在冰河期結束時因棲地環境改變而滅絕，但本種退避至臺灣中海拔山區且適應環境存活下來，這種因鄰近地區的近緣種滅絕而形成的特有種，稱為「古特有種」，拉拉山鑽灰蝶也屬於古特有種。

▲4齡幼蟲
幼蟲體表花紋變化不大，但隨齡期增加體型也會長大。

▲終齡幼蟲
齡期可達6齡，常停棲在葉片下表面。

▶幼蟲受驚擾時會伸出黃色的臭角

◀蝶蛹
體型碩大，常化蛹於寄主植物附近之隱蔽處。

▲訪花中的雌蝶（左）
右側的多姿麝鳳蝶不論是成蝶或幼蟲都與曙鳳蝶有相同的資源需求，兩者間是競爭關係。

▲雄蝶的背面觀
雄蝶的翅膀背面為單調一致的藍黑色，而雌蝶後翅不論背、腹面都有淡粉紅色花紋，因此容易區分性別。（陳亭瑋攝）

101

麝鳳蝶

Byasa alcinous mansonensis

命名由來：麝香或麝馨已能呈現本種的特色，再依簡約原則將本種命名為麝鳳蝶，但本種不是屬的模式種。

別名：麝香鳳蝶、麝馨鳳蝶、麝蝶、園君鳳蝶、馨香鳳蝶、中華麝鳳蝶、高砂麝香鳳蝶
分布／海拔：臺灣北、中部及東部、離島金門／0～500m
寄主植物：自然條件下以馬兜鈴科的異葉馬兜鈴為食
活動月分：多世代蝶種，全年可見成蝶

▶卵聚產於異葉馬兜鈴葉下表面，下方有隻剛孵化的1齡幼蟲正在啃食卵殼。

麝鳳蝶分布局限在臺南以北，但異葉馬兜鈴廣布全臺丘陵及低海拔山區，人為營造的棲地裡地也會利用其他種類的馬兜鈴，其分布受限制的原因仍不清楚。裳鳳蝶族成蝶區分性別有以下幾種方式：雄蝶體型略小於雌蝶；雄蝶翅背色澤偏黑，雌蝶為黑灰色；雄蝶後翅靠近腹部處會反捲，裡面特化的灰白色長毛是吸引雌蝶的「香水」，屬於**發香鱗**註；由腹末的外生殖器構造判斷是最保險。

▲2齡幼蟲

幼 | 生 | 期

麝鳳蝶的卵聚產成群，幼蟲會群聚在葉下表面，蝶蛹羽化時間也差不多，但雌蝶蛹期會比雄蝶多幾天。有時會聽到以「海參」形容裳鳳蝶族的幼蟲形態，但牠們並不是「擬態」或「偽裝」成海參，捕食性天敵如蜥蜴、鳥類是不可能吃到海參，更不會因為看到這些幼蟲長得像海參而覺得噁心或害怕而不敢吃牠。之所以能不被捕食，是體表警戒色的斑紋及體內散發的馬兜鈴植物鹼氣味有關，但幼蟲仍會被寄生蜂、寄生蠅或蜘蛛等危害。

▲群聚在葉下表面的終齡幼蟲

▲遭繭蜂寄生的大幼蟲

註：**發香鱗**是一種特化的鱗片且只出現於雄蝶身上，當雄蝶接近雌蝶時會以發香鱗的氣味吸引雌蝶接受其求偶。不同類群的雄蝶，發香鱗的形態及位置也不同，因此可以作為種類辨識的特徵，當發香鱗集中於一處並與翅膀底色不同時，即為「性標」。

▲成蝶
後翅斑紋色澤為桃紅色

蝶蛹

裳鳳蝶族

麝鳳蝶屬

長尾麝鳳蝶 特有亞種

Byasa impediens febanus

命名由來：尾突較同屬其他種類細長，因此稱為「長尾」麝鳳蝶；當時日本統治範圍裡本種只分布於臺灣且被視為臺灣特有種，因而稱之為「臺灣麝香鳳蝶」。

別名：臺灣麝香（馨香）鳳蝶、臺灣麝馨鳳蝶、臺灣麝（鳳）蝶、
米黃斑麝鳳蝶
分布／海拔：臺灣全島／ 0 ～ 2500m
寄主植物：馬兜鈴科大葉馬兜鈴、瓜葉馬兜鈴、異葉馬兜鈴等
馬兜鈴屬植物。
活動月分：多世代蝶種，3 ～ 10 月可見成蝶

　　本種在臺灣的分布狀況與多姿麝鳳蝶差不多，但族群量不如牠。近年研究認爲本種與分布於中國華中、華南各省的長尾麝鳳蝶雄蝶交尾器形狀相同，不是臺灣特有種，但臺灣族群翅膀斑紋有差別，因而處理成臺灣特有亞種，而中國的指名亞種[註]翅膀斑紋與臺灣的麝鳳蝶較相似。

幼｜生｜期

　　卵單產，幼蟲孵化後會停棲在葉下表面，此習性至終齡幼蟲都還在，大幼蟲會往較暗的低處躲藏，幼蟲受驚擾刺激會翻出臭角。臭角味道與攝食的寄主植物有關，裳鳳蝶族幼蟲臭角爲橙黃色、形狀呈粗短的二叉狀。

　　自然界中若想讓天敵記住教訓，就要讓牠痛不欲生。這些以馬兜鈴爲食的蝴蝶幼蟲，體內累積不少馬兜鈴酸，若是天敵不識相，後果就是腎功能損壞。不過並非所有的天敵都有「腎臟」這個器官，脊椎動物用腎臟過濾血液裡含氮廢物，節肢動物則是利用「馬氏管」進行含氮廢物的排泄，馬氏管不受馬兜鈴酸影響，因此在野外仍會發現幼蟲或蛹遭到寄生蜂危害，成蝶被蜘蛛捕食的情況。

註：**指名亞種**又稱為「原名亞種」。新物種被發現並命名後，種名只有屬名及種小名，各地族群若有差異再區分亞種，最早命名的族群則重複種小名做為亞種名，藉此與其他亞種區別。

▶ 產於葉下表面的卵

▲ 1 齡幼蟲

▲ 終齡幼蟲

▲幼蟲受驚擾時會以臭角警示

▶休息的成蝶

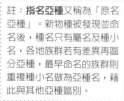

▶蝶蛹
蛹身上的突起可作為種類辨識

裳鳳蝶族

麝鳳蝶屬

多姿麝鳳蝶 特有亞種

Byasa polyeuctes termessus

命名由來：本種分布在亞洲各地的族群外觀形態多樣，雖然都是同一種類但外觀斑紋卻是「多」朵多「姿」，因此稱為「多姿」麝鳳蝶，本種為麝鳳蝶屬的模式種。

別名：大紅紋鳳蝶、紅裙鳳蝶、大紅的
分布／海拔：臺灣全島／0～2500m
寄主植物：馬兜鈴科多種馬兜鈴
活動月分：多世代蝶種，2～11月可見成蝶

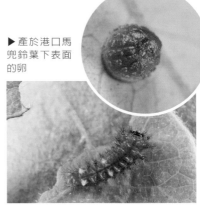

▶產於港口馬兜鈴葉下表面的卵

裳鳳蝶「族」註在臺灣有4屬共7種，皆以馬兜鈴為食，前3種大型種都是保育類，而麝鳳蝶屬種類最多，分別為多姿、長尾及麝鳳蝶，其中又以多姿麝鳳蝶的分布最廣，平地至合歡山區都能見到。本屬成蝶身上有像「麝香」的味道，故稱為「麝」鳳蝶屬，這氣味與幼蟲臭角相似，能讓捕食性天敵厭惡而避免被吃。

▲1齡幼蟲

幼｜生｜期

麝鳳蝶屬、曙鳳蝶及紅珠鳳蝶的卵外觀相似，只能由其他輔助資訊來判斷種類；幼蟲及蛹的外觀雖然也相似，但仍有差異處可供辨認，幼生期的分辨方法請參考第140頁。雌蝶將卵單產於馬兜鈴植株或鄰近雜物，產卵偏好選擇半遮蔭較低的位置。幼蟲孵化後會循著氣味找到寄主，不斷進食後幼蟲漸漸長大，此時若受到驚擾會翻出橙黃色的臭角，幼蟲化蛹前會爬行至隱蔽環境，有時會在離寄主一段距離處發現蛹，本種在中海拔山區是以蛹態越冬。

▲4齡幼蟲
幼蟲大多以葉片、嫩芽或質地柔軟的花朵為食，必要時大幼蟲也會攝食馬兜鈴果實，此為異葉馬兜鈴。

註：「族」是物種分類的位階，介於「科」與「屬」中間。臺灣產鳳蝶可區分成3個族：裳鳳蝶族、燕鳳蝶族及鳳蝶族，但燕鳳蝶族及鳳蝶族所屬的種類因學者們看法不同目前仍未定論，相關資料請見94頁註1及111頁。

▼剛羽化的雄蝶
雄蝶後翅肛角處的翅膀會反折，裡面有灰白色長毛，是雄蝶的性標及發香鱗，雄蝶腹部形狀比雌蝶修長。

◀雌蝶腹部形狀較短胖

▲終齡幼蟲

蝶蛹

紅珠鳳蝶

Pachliopta aristolochiae interposita

命名由來：由後翅桃紅色圓形斑紋的外觀，稱呼為「紅珠鳳蝶」；過去使用的「紅紋鳳蝶」之名稱容易與「大紅紋鳳蝶」誤以為關係相近，不建議使用。

別名：紅紋鳳蝶、七星蝶、紅腹鳳蝶
分布 / 海拔：臺灣全島、離島蘭嶼、綠島、澎湖 / 0～1000m
寄主植物：馬兜鈴科多種馬兜鈴，以異葉馬兜鈴、港口馬兜鈴為主
活動月分：多世代蝶種，2～12月可見成蝶

紅珠鳳蝶為臺灣體型最小的裳鳳蝶族成員，其後翅中間有白色斑塊、外緣有桃紅色圓斑，在臺灣尚有多姿麝鳳蝶、玉帶鳳蝶紅斑型、白紋鳳蝶這 3 種與其相似[註]。其中玉帶鳳蝶紅斑型常被認為牠的外型是「擬態」紅珠鳳蝶，此假說是因本種幼蟲以馬兜鈴為食，天敵較不會攻擊紅珠鳳蝶，而玉帶鳳蝶紅斑型模仿紅珠鳳蝶後，會混淆以視覺來覓食的捕食者誤以為是紅珠鳳蝶，進而減少被捕食的機會，然而兩者是否為模仿者及被模仿者的關係仍未經實驗驗證。

幼 | 生 | 期

紅珠鳳蝶雌蝶將卵單產在寄主植株或附近的雜物，剛孵化的幼蟲活動能力不錯，會爬到牠偏好攝食的新芽及嫩葉上，3 齡以上的幼蟲口器才有能力咬得下成熟葉。本種幼蟲身上只有一條白色帶，其他部位為均勻的黑褐或紅褐色，而麝鳳蝶屬幼蟲有深淺不一的黑褐色交錯花紋；兩者的蛹外型雖然相似但不難區別，反而是 3 種麝鳳蝶屬的蛹要由體表突起的細微差別才能確定種類。

> 註：鳳蝶成蝶身體底色為黑色，體表有黃、紅或灰色的斑紋，斑紋的形狀及排列方式可作為種類鑑定特徵，如：紅珠鳳蝶身體有紅色斑而玉帶鳳蝶身體無紅斑。

▶ 卵單產，體積為裳鳳蝶族最小。

▲ 2 齡幼蟲

▲ 終齡幼蟲

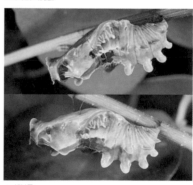

▲ 蝶蛹
背上紅色斑紋是脫皮時殘留的體液乾燥後所形成，淋雨後背上的紅色斑紋會消失。

◀ 繁星花的花筒比馬纓丹長，成蝶訪花時需將頭部貼近花瓣才吸得到蜜。

▶ 蝶蛹
當「蛹的」頭、胸部體色變為黑灰色表示再過一天成蝶就會羽化。

105

寬帶青鳳蝶
Graphium cloanthus kuge

命名由來：本種翅膀上有大塊的青色斑紋串連成帶狀，比起青鳳蝶的青色帶紋來得寬，因此稱為「寬帶」青鳳蝶。

別名：寬（青）帶鳳蝶、臺灣青條鳳蝶、臺灣長尾青（斑）鳳蝶、
長尾青（斑）鳳蝶、鳳尾青鳳蝶、臺灣瑪（玳）瑁、有尾青蝶
分布／海拔：臺灣全島／50～2000m
寄主植物：樟科樟樹、牛樟、土肉桂等
活動月分：多世代蝶種，3～10月可見成蝶

燕鳳蝶族　青鳳蝶屬

　寬帶青鳳蝶的族群數量在同屬中相對較少，平常大多單獨活動，只有吸水時會幾隻個體聚集，但同屬的青鳳蝶或是木蘭青鳳蝶常有數十隻群聚的畫面。本種後翅尾突細長如劍，形狀與劍鳳蝶屬的黑尾劍鳳蝶、劍鳳蝶相似，因此蝶友間謔稱牠們為蝶界「三劍客」[註1]。

　　國外學者 Stavenga 在 2010 年研究發現，青鳳蝶翅膀水青色斑紋的鱗片組成及結構與外圍黑色區域不同，水青色區域在翅背以細毛為主，而水青色為翅膜內的色素，翅腹除了細毛外，另有透明及白色的鱗片，透明鱗片又稱為琉璃狀鱗片，白色鱗片可增強光線的反射，從翅背觀看水青色斑紋會比腹面更藍。其翅膀鱗片若遭磨損，水青色也不會消失，但黑色或紅色斑紋則是鱗片的顏色，這部分若遭磨損就剩下透明的翅膜。本種逆光拍攝時，翅膀水青色區域能透光，與上述研究的狀況相同。

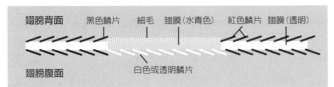

翅膀背面　黑色鱗片　細毛　翅膜(水青色)　紅色鱗片　翅膜(透明)
翅膀腹面　白色或透明鱗片

▲寬帶青鳳蝶翅膀剖面示意圖

註1：「蝶界三劍客」確有其人，臺灣省立博物館出版的臺灣蝶類圖說（四）書中王效岳、李俊延及林春吉三位作者（按年齡）曾以此自稱。

群聚吸水的個體

幼|生|期

國內的蝴蝶書籍有寬帶青鳳蝶幼生期照片的並不多，只有「南瀛彩蝶」及 2012 年出版的「西拉雅蝴蝶誌」，可見其幼生期並不多見。在此提及兩個關於牠的趣聞：其一，師大分部校園周邊有不少樟樹，有一天蝴蝶實驗室的研究生在地上拾獲一隻從樹上掉落的青鳳蝶屬終齡幼蟲，大夥覺得牠的外型與青鳳蝶相同而不以為意，蛹亦無差別，但羽化後卻是本種，大家都覺得惋惜與驚訝；另一次是中興昆蟲系的蝶友告訴筆者，學校宿舍窗外樟樹有本種雌蝶在嫩芽上產卵，詳細詢問雌蝶產卵的位置後，就放棄找尋蝶卵的念頭，因為卵產在離地超過 10 公尺的頂芽，滿樹的嫩芽也不知從何下手。本種幼生期照片全是埔里蝴蝶牧場 註2 的羅錦文先生熱心支持與協助，筆者才有機會向讀者介紹牠神祕的生活史。

▲產於嫩葉的卵

註2：埔里蝴蝶牧場 2013 年起已不再培育蝴蝶及寄主植物了。前幾年羅先生面對曾經相助提攜的年輕友人，於公開場合對其矯枉過正的批評及指責，讓他覺得心寒，因此決心放棄這個需要耗費大量人力物力，卻僅能勉強餬口度日的產業。中臺灣頓失了一處蝴蝶飼育與推廣的重要基地，蝶界摯友們曾在臉書上紛紛為他鼓勵與打抱不平。

▶化於樟樹葉片的蛹

3齡幼蟲

▲終齡幼蟲

▶在溪床吸水的雄蝶，翅膀水藍色部分有透光的質感。

燕鳳蝶族

青鳳蝶屬

青鳳蝶

特有亞種

Graphium sarpedon connectens

命名由來：本種為青鳳蝶屬的模式種，因此以屬的中文名稱命名。

別名：青帶（樟）鳳蝶、青條鳳蝶、青線鳳蝶、青斑鳳蝶、竹鳳蝶、藍帶青鳳蝶、黑玳（瑇）瑁鳳蝶、青蝶

分布／海拔：臺灣全島；離島金門、馬祖為指名亞種／0～2000m

寄主植物：樟科的多種植物，常見的有樟樹、紅楠、肉桂等

活動月分：多世代蝶種，全年可見成蝶

▶ 發育中的卵

1齡幼蟲

青鳳蝶在不同季節外觀略有差別，早春個體的體型稍小，翅膀藍色帶狀斑紋略寬。本種共區分成 21 個亞種，臺灣亞種的藍色帶形態穩定，符合生物學的「創始者效應」[註]；金門、馬祖的為另一個亞種，部分書裡稱「半帶型」或「斑帶亞種」，學名為 *G. s. semifasciatum*，這亞種分布在中國南部，其後翅的藍色斑紋只分布於前端部位，遠看藍色帶少半截。

3齡幼蟲

幼│生│期

本屬在臺灣共 4 種，幼蟲以樟科、木蘭科及番荔枝科為寄主；能以樟科植物為食的蝴蝶幼蟲有 7 種：5 種鳳蝶、1 種蛺蝶及 1 種弄蝶。青鳳蝶偏好把卵產在遮蔭處的新芽或嫩葉，且生長在林緣的寄主較容易發現幼生期。卵的表面光滑，孵化前裡面有幼蟲體節的黃褐色斑紋。1～4 齡幼蟲尾部白色，隨著齡期增加體色也由黑褐色轉為綠或黃綠色；終齡幼蟲胸部背面有一條黃色橫紋。幼蟲會化蛹在成熟葉，但偶爾也會爬離寄主，蛹有綠及褐色兩型，綠色型體表的線條及顏色與樟樹葉脈相似。

終齡幼蟲

註：**創始者效應**（Founder effect）是指物種分布區域邊緣的族群經常是由少數個體遷入後所繁衍而來，所以當地族群的基因組成與比例，與原本的族群略有不同。通常邊緣族群的基因多樣性較低，相對的外表型態就較穩定、少變化。

▲蝶蛹
化蛹於牆角磁磚的蛹，體色與牆面相似。

◀吸水的雄蝶

▶即將羽化的蛹
隔著蛹殼可以見到前翅背面的花紋，額部突起朝上，此時裡頭只剩空氣。

木蘭青鳳蝶 特有亞種

Graphium doson postianus

命名由來：本種的幼生期以木蘭科植物為食，因此稱為「木蘭」青鳳蝶。

別名：（臺灣）青斑鳳蝶、小青鳳蝶、瑤鳳蝶、帝鳳蝶、御門鳳蝶、多斑青鳳蝶、木蘭（青斑 or 樟）鳳蝶
分布／海拔：臺灣全島／0～2000m
寄主植物：木蘭科烏心石、蘭嶼烏心石、含笑、玉蘭花
活動月分：多世代蝶種，3～12月可見成蝶

燕鳳蝶族

青鳳蝶屬

木蘭青鳳蝶全臺分布，但愈往南部其活動範圍就愈山區。雄蝶群聚吸水時較易接近，平常則飛行迅速敏捷不易觀察。新北市烏來區在春、夏季常有青鳳蝶、木蘭青鳳蝶大發生，此時溪谷裡有群聚吸水的本屬蝴蝶，其中又以本種的數量最多。當牠見到同類吸水時會紛紛加入，有時聚集達上百隻。這些雄蝶在溪谷裡來回飛翔，而飛行路線就是沿著溪谷、河道。陳維壽先生將此種特殊行為景觀稱為「蝶道型蝴蝶谷」。

▶蝶卵

幼｜生｜期

蝶卵剛產下為淡藍綠色，之後變米黃色，發育後透過卵殼可以見到橘色平行的斑紋，每個斑紋代表幼蟲一個體節，轉到卵的另一面能見到幼蟲頭殼及大顎。幼蟲體表有許多細毛，1齡幼蟲身上的毛，形狀及分布排列可提供分類參考，而脫皮至2齡時，身上毛的排列就與1齡幼蟲時不同，2齡至終齡幼蟲身上的棘或毛排列還會改變。剛孵化的幼蟲體色偏灰，稍後會轉變成黑褐色，3齡以前的幼蟲體色多以黑褐色為主，4齡幼蟲體色有綠、褐或黑褐色，終齡幼蟲的體色為綠或黃綠色，蛹會化於寄主植物隱蔽處，冬季以蛹態越冬。

▲剛孵化的幼蟲

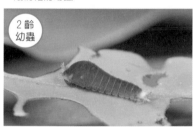
2齡幼蟲

▲ 4齡幼蟲
幼蟲會因生長環境而有不同體色（個體差異）：綠色、褐色、黑褐色。

（蝶蛹）
▶吸水中的木蘭青鳳蝶

▶終齡幼蟲
後胸背面兩側棘突外圍有黑色環紋

翠斑青鳳蝶

Graphium agamemnon agamemnon

命名由來：本種翅膀斑紋為翠綠色，因此稱為「翠斑」青鳳蝶。

別名：綠斑（青）鳳蝶、統帥青鳳蝶、短尾（青）鳳蝶、小紋青帶（青紋）鳳蝶、黃蘭蝶、黃蘭（樟）鳳蝶、小紋玳（瑇）瑁
分布／海拔：臺灣中、南部及東部／0～700m
寄主植物：木蘭科、番荔枝科、胡椒科的多種原生種及引進種。如烏心石、玉蘭花；恒春哥納香、釋迦、鷹爪花；荖藤、蘭嶼風藤
活動月分：全年

▶產於含笑嫩葉的卵

翠斑青鳳蝶在80年代以前只分布於臺南以南的平地、淺山區，雲林以北不易見，當時蝶友交流標本時牠是南部的代表性蝶種。90年代以後，中部全年能觀察到牠，夏季時新竹地區的寄主植物上也能發現牠的幼蟲期，但尚未有在新竹越冬的記錄。近年的年均溫略有上升，或許臺北盆地也能見到牠的身影。本種雌雄可由翅膀形狀及顏色判別，雄蝶後翅尾突較短，翅膀翠綠色斑紋較鮮豔。

1眠幼蟲

幼｜生｜期

翠斑青鳳蝶是臺灣產鳳蝶中，唯二可利用兩種科別的植物作為幼蟲寄主，本種幼蟲會吃木蘭科、番荔枝科及胡椒科，雖然本種會以釋迦葉片為食，但危害不明顯。限制物種分布範圍的因素很多，而氣溫可能是影響翠斑青鳳蝶與木蘭青鳳蝶兩者在臺灣分布差異的主因，北部冬季氣溫較低，連平地也見不到翠斑青鳳蝶；而南部夏季氣溫高，木蘭青鳳蝶只分布於氣溫較涼爽的山區；中部淺山區則會共域分布，南投中寮、埔里的玉蘭花或烏心石嫩葉上同時有兩者幼蟲。

▲4齡（左）及3齡幼蟲（右）
這兩個齡期的體色及體表斑紋變化最大

◀剛羽化的雄蝶

▲終齡幼蟲
停棲時常將頭胸部抬起，氣門兩側有藍色。

▲蝶蛹

斑鳳蝶

特有亞種

Chilasa agestor matsumurae

命名由來：斑鳳蝶外型似絹斑蝶，因體型大、數量多，足以作為本屬的代表種，因此取名為斑鳳蝶；本屬多數物種外型「擬態」斑蝶。本屬的模式種為大斑鳳蝶。

別名：褐（擬）斑鳳蝶、樺色鳳蝶、茶褐斑鳳蝶、下樺（樺下）鳳蝶、搖頭仔、茶蝶

分布／海拔：臺灣全島／200～2500m

寄主植物：以樟科紅楠、大葉楠為主

活動月分：1年1世代蝶種，3～7月可見成蝶

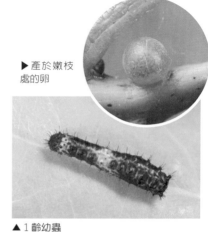

▶產於嫩枝處的卵

臺灣的鳳蝶科可分成3個「族」，幼蟲利用的寄主植物也各自不同：裳鳳蝶族以馬兜鈴屬植物為食；燕鳳蝶族吃樟科、木蘭科植物；鳳蝶族多數種類則以芸香科植物為寄主。臺灣的燕鳳蝶族有青鳳蝶、劍鳳蝶兩屬，因幼蟲形態、成蝶習性相似，歐美學者合併為青鳳蝶屬。斑鳳蝶屬以往歸類為燕鳳蝶族，但歐美學者將斑鳳蝶屬及寬尾鳳蝶屬併入鳳蝶屬裡，族的分類則調整為鳳蝶族。

▲1齡幼蟲
1～4齡幼蟲常停棲在葉片上表面，黑底白斑的體色像鳥糞。

幼｜生｜期

卵單產於遮蔭處的嫩葉，卵期約一周。終齡幼蟲的斑紋似迷彩裝，綠色部位像陽光透過葉隙照到樹葉，褐色斑紋將身體外型分割、破壞以達欺敵之效。幼蟲化蛹前會往低處移動，蛹外觀像折斷的枯枝。其一生至少有8個月是蛹期，因此找尋理想的化蛹地點很重要，化蛹處的**微環境**[註]將影響蛹是否能順利越冬並於隔年春天羽化。蛹的羽化時間不一定，3月分在低海拔山區可見到本種活動，而中海拔如南投清境、翠峰要5、6月時才出現。

▲3齡幼蟲體表肉質突起較短

▲終齡幼蟲身上肉質棘突稍長

▲停棲在樹梢的雌蝶

▶蛹頭部特寫

▲蛹像枯枝（呂晟智攝）

註：微環境（Microenviroment）是指小區域的環境，包含非生物及生物因子。以房屋為例，同一層樓的房間，亦會因為所面對的方位不同，而有不同的微環境；以葉片為例：上表面較乾燥，下表面有氣孔蒸散會有水氣，兩側的溼度不同。

黃星斑鳳蝶 特有亞種
Chilasa epycides melanoleucus

命名由來：本種在後翅的肛角處有一個黃色圓斑，因此稱為「黃星」斑鳳蝶。

別名：黃星鳳蝶、星斑鳳蝶、小黑斑鳳蝶、小褐斑鳳蝶、黑茶蝶

分布／海拔：臺灣全島／ 0 ～ 1500m

寄主植物：樟科的樟樹、大香葉樹、山胡椒等

活動月分：1 年 1 世代蝶種，3 ～ 6 月可見成蝶

黃星斑鳳蝶與其他 4 種同為一年一世代早春出現的蝴蝶合稱「早春五寶」[註]，農曆一月「驚蟄」過後，早春五寶陸續自長眠 8 個月的越冬蛹中羽化，牠們的出現代表當年蝶季開始了。本種會訪花吸蜜也會在溼地吸水，雄蝶的領域行為不如斑鳳蝶那麼明顯。本屬不只翅膀紋路像斑蝶，身體胸部黑底白斑也與斑蝶相似；但斑蝶的腹部並無白色斑紋，而本屬腹部斑紋與胸部相同。

幼 | 生 | 期

臺灣的鳳蝶科中只有麝鳳蝶與黃星斑鳳蝶會將卵聚產，剛產下的卵呈淡綠色，發育後變成黃褐色，孵化後數十隻幼蟲緊緊挨在一起，風吹或受擾動則會抬起前胸露出乳白色臭角禦敵。隨幼蟲齡期漸長群體會分散，但仍會數隻幼蟲群聚。1 ～ 4 齡幼蟲體色為黑褐至黃褐色，終齡幼蟲為黃綠色，變為淡褐色時會往樹下移動找尋化蛹地點。

▶臺灣體型最小的鳳蝶，後翅肛角處的黃色斑紋即為「黃星」由來。

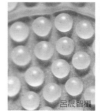
▲剛產的卵　　　　　　▲快孵化的卵
呂晟智攝　　　　　　　　林家弘攝

▲群聚的 3 齡幼蟲

▲群聚的大幼蟲
上下兩隻為剛脫皮的終齡幼蟲，體色仍是 4 齡時的黃褐色，中間為 4 齡幼蟲。

▲終齡幼蟲

▲化於枝條上的蛹（林家弘攝）

註：蝶友口中說的「**早春五寶**」是 5 種早春時出現的一年一世代大型蝶種，分別為：劍鳳蝶屬（劍鳳蝶、黑尾劍鳳蝶）、斑鳳蝶屬（斑鳳蝶、黃星斑鳳蝶）及絹蛺蝶；後來再加上灰蝶科的杉谷琉灰蝶、尖灰蝶、巒大鋸灰蝶組成「早春八寶」。林柏昌先生將後 3 種灰蝶稱為「早春三寶」。也有再將古眼蝶及南方灑灰蝶納入合稱為「早春十蝶」。

臺灣寬尾鳳蝶

特有種　保育類 I

Agehana maraho

命名由來：寬尾鳳蝶屬只分布於東亞地區，全世界只有 2 種，分別是產於中國的中國寬尾鳳蝶（*A. elwesi*，又稱：中華寬尾鳳蝶、闊尾鳳蝶、大尾鳳蝶）及產於臺灣的臺灣寬尾鳳蝶；本種為本屬的模式種。

別名：寬尾鳳蝶、闊（濶）尾鳳蝶、大尾鳳蝶
分布／海拔：臺灣全島／ 500 ～ 2000m
寄主植物：樟科臺灣檫樹（單食性）
活動月分：4 ～ 9 月

每年 5 月賞蝶熱點轉移至桃園縣復興鄉的北橫公路，全是因為號稱「國蝶」[註1]的臺灣寬尾鳳蝶。本種族群數量稀少，其分布情況及發生期隨著相關調查研究以及蝶友野外目擊資訊，比過去明朗許多，但每年的目擊次數仍不算多。雄蝶會飛到溪邊吸水，巴陵至棲蘭間都有機會遇見，或是待在蜜源植物附近等牠前來。不過花朵上多半是蝶友戲稱「擬（偽）寬尾鳳蝶」的多姿麝鳳蝶，牠慢慢飛近時，大夥會從滿心期待變成一臉失望。

嘉義縣阿里山區、高雄縣六龜鄉、臺中市和平區嘉陽及畢祿溪一帶、中橫公路宜蘭支線突稜段、花蓮縣卓溪鄉、木瓜溪流域等都曾有採集記錄，但蝶友近年多在北橫公路沿線、觀霧及太平山森林遊樂區拍到牠，甚至在太平山莊旁隨手用相機拍到牠前來吸食杜鵑花蜜。本種一年裡的世代數並不固定，蛹藉由**兼性休眠**[註2]讓羽化時間分散減低風險。

幼 | 生 | 期

臺灣寬尾鳳蝶的唯一寄主臺灣檫樹，是崩塌地、森林砍伐或是山林大火後的陽性

▲剛羽化的成蝶
臺灣寬尾鳳蝶後翅有著一對寬大的尾突，因此部分蝶友謔稱為「大尾巴」，這隻的右前翅頂角處因羽化的伸展過程中黏到蛹體附近的蜘蛛網，導致翅形異常。

先驅樹種之一，當森林漸漸形成後，喜好開闊明亮環境的臺灣欅樹就會被其他樹種「演替」而族群式微。中華寬尾鳳蝶在野外則會利用中國欅樹（＝欅木 *S. tsumu*）及多種木蘭科植物爲食，筆者曾在中國重慶一處種植木蘭科鵝掌楸（＝馬掛木）的苗圃觀察到近百顆中華寬尾鳳蝶蝶卵，現場還有 3 隻雌蝶正在產卵，因幼蟲會危害中國欅樹或木蘭科植物的造林而成爲林業害蟲。

雌蝶產卵時偏好選擇植物樹冠或外層部位，剛產下的卵爲綠色，發育後變爲橙黃色，卵產於成熟葉上表面葉脈處[註3]。早期的研究資料或圖鑑描述雌蝶產卵於嫩葉或新芽處，卵爲乳白色。但乳白色的卵其實是青鳳蝶，若以臺灣欅木樹葉片爲食牠的成長狀況普遍不佳，所以部分研究報告提到臺灣寬尾鳳蝶的小幼蟲存活率偏低，但這個結論是個「誤會」所致。

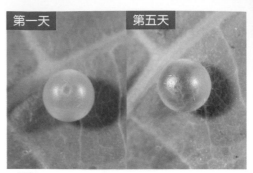
▲蝶卵
剛產下的臺灣寬尾鳳蝶卵呈綠色，產卵位置在葉上表面中肋旁，發育中的卵顏色會轉變爲橙黃色。

▲ 1 齡幼蟲

▲青鳳蝶的卵
臺灣欅樹紅色嫩葉及新芽上發現的卵都是青鳳蝶，孵化的幼蟲能攝食但至多到 3 齡，無法順利化蛹。

▲青鳳蝶 1 齡幼蟲

孵化的小幼蟲即停棲在葉表中肋上，直至終齡幼蟲均是如此。2～4齡幼蟲外觀極像溼溼的鳥糞，終齡幼蟲體色呈綠色或淡綠色，胸部有1對大的眼狀斑，臭角為乳白色，化蛹前幼蟲體色會轉變為灰白色，且通常會爬離寄主至附近低矮的隱蔽處化蛹，蛹的外型及斑紋極似枯樹枝。

▲4齡幼蟲
2～4齡幼蟲外觀像鳥糞

▲終齡幼蟲
4齡及終齡幼蟲會在停棲的葉片吐厚厚的絲座，使葉片略為捲曲，可避免被天敵發現。

▲蝶蛹

◀終齡幼蟲胸部斑紋像不像貓熊「圓仔」的臉呢？

花鳳蝶

Papilio demoleus demoleus

命名由來：無尾鳳蝶的「無尾」是指其後翅無尾突，但後翅無尾突並非本種獨有特徵，依本種翅膀花紋繽紛鮮明的外型而取名花鳳蝶；達摩鳳蝶的「達摩」實為種小名 *demoleus* 字首 demo 的音譯。

別名：無尾鳳蝶、黃斑鳳蝶、黃花鳳蝶、達摩（翠）鳳蝶、柑橘無尾鳳蝶

分布／海拔：臺灣全島／ 0 ～ 1000m

寄主植物：芸香科多種植物，但對於柑橘屬的原生或栽培種具偏好，如柚子、柳丁、柑橘、檸檬、金桔等。新幾內亞的亞種會攝食豆科植物葉片，但臺灣的族群不吃

活動月分：多世代蝶種，全年可見成蝶

其他：部分學者認為臺灣的族群外型與原名亞種不同，屬臺灣特有亞種 *P. demoleus libanius*

▶蝶卵

花鳳蝶 *Papilio demoleus* Linnaeus, 1758，斜體字為本種的學名，*Papilio* 為屬名，*demoleus* 為種小名，拉丁文 *demoleus* 即英文 demo，形容本種為蝴蝶的「樣本」或「示範」。物種分類的基礎單位為「種」，不同種有不同的學名，屬名相同的物種親緣相近；最早為物種命名學名的人可在學名後加上其姓氏，Linnaeus 即為創「二名法」來為物種命名的林奈；1758 為學名發表年代，本種是最早被命名的蝶類之一。屬名 *Papilio* 也是由林奈所創建，二名法及生物分類階層概念成就日後生物學（博物學）的蓬勃發展。

▲ 1齡幼蟲
孵化後的第一餐就是將卵殼啃食下肚

幼|生|期

花鳳蝶在都會區常見，雌蝶偏好將卵產於寄主嫩葉，金桔盆栽若出現鳳蝶幼蟲大多是牠。本種幼生期具特色、好照料，柑橘屬植物易取得，使其成為學生觀察昆蟲脫皮、化蛹、羽化等變態過程最合適的種類。

▲ 3齡幼蟲

◀分布於熱帶及亞熱帶地區，在日本是稀有的迷蝶，僅最南邊的八重山群島可見且外型似臺灣族群。

▶紅棕色型的蛹

▲終齡幼蟲
從幾乎無花紋，花紋小至花紋大，甚至是身上有明顯大黑斑等均有。

柑橘鳳蝶

Papilio xuthus xuthus

命名由來：本種的幼蟲喜好以柑橘屬植物嫩葉為食，淺山區的柑橘、柳丁園附近不難發現牠，因此稱為「柑橘」鳳蝶。

別名：鳳（子）蝶、花椒鳳蝶、黃波羅鳳蝶、準鳳蝶、燕尾蝶、柑桔鳳蝶、桔（黃）鳳蝶、春鳳蝶

分布／海拔：臺灣全島、離島蘭嶼、綠島、龜山島、金門、馬祖／0～2500m

寄主植物：芸香科多種植物，對柑橘屬果樹也頗為喜好

活動月分：多世代蝶種，全年可見成蝶

柑橘鳳蝶又稱鳳蝶或準鳳蝶，張保信先生在「臺灣的蝴蝶世界」裡提到：「本種是鳳蝶科的標準模式！大概是我們祖先最先注意到的鳳蝶，或是最常見的鳳蝶。」但古書中的「鳳蝶」一詞並非專指牠，而是多種鳳蝶科物種的通稱。本種有「鳳蝶」這個中文名稱應是源自於日文名稱（アゲハ、揚翅）翻譯而來。其外型稱得上是鳳蝶的典型外觀，成蝶翅膀色彩豔麗及後翅有明顯的鳳尾狀突起構造，符合多數鳳蝶的外型特徵。

幼｜生｜期

柑橘鳳蝶在農藥使用較少的柑橘類果樹栽培區有較多的數量，幼蟲偏好嫩葉，對果樹危害並不嚴重；星天牛（馬庫白星天牛 *Anoplophora macularia*）的幼蟲會鑽入果樹莖內部蛀食木質部使樹幹腐朽，嚴重時會讓整棵樹攔腰折斷。花鳳蝶及柑橘鳳蝶都是喜歡在陽光充足的環境下活動，但都會區裡柑橘鳳蝶較少見，最可能的原因是兩者對環境汙染的耐受度有異。都市裡植物葉表會沾黏許多汙染物，可能本種幼蟲攝食後容易生病死亡，而花鳳蝶幼蟲的忍受力較高能存活。

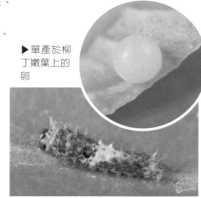

▶單產於柳丁嫩葉上的卵

▲2齡幼蟲呈鳥糞狀

▲4齡幼蟲與同屬幼蟲相似，不易區分。

▲不同色系的終齡幼蟲

▲褐色型蛹，外表有很好的偽裝效果，不易發現。

鳳蝶族

鳳蝶屬

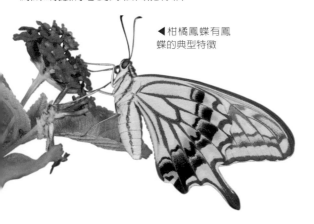

◀柑橘鳳蝶有鳳蝶的典型特徵

玉帶鳳蝶

Papilio polytes polytes

命名由來：玉帶鳳蝶名稱中的「玉帶」是指其後翅呈帶狀的白色斑紋，部分書籍以日文名稱直譯成：「白帶」鳳蝶。

別名：白帶鳳蝶、縞<small>ゃ</small>鳳蝶
分布／海拔：臺灣全島、離島蘭嶼、綠島、龜山島、澎湖、金門、馬祖／ 0 ～ 2000m
寄主植物：芸香科多種原生種植物，栽培的柑橘屬果樹亦會利用
活動月分：多世代蝶種，全年可見成蝶

玉帶鳳蝶是**雌性多型性**[註1]蝶種，臺灣族群裡的雌蝶除了帶斑型（form *cyrus*），還有一種為「紅斑型」或稱為「紅紋鳳蝶型」（f. *polytes*）。國外還有另外兩種不同的雌蝶外型，分別為 f. *romulus* 及 f. *theseus*，本種雌蝶多型性被認為是貝氏擬態[註2]案例。後翅有紅斑的各型雌蝶在其分布區域能找到以馬兜鈴為食的形態相似種。本種雄蝶外型無變化，較廣為接受的解釋是：如果雄蝶外型多變，雌蝶擇偶時可能無法分辨是不是同種，因此唯有後翅為白色帶狀斑紋的雄蝶才能獲得雌蝶的青睞。

幼｜生｜期

高屏淺山區的烏柑仔及過山香是玉帶鳳蝶雌蝶喜歡產卵的寄主，其他鳳蝶也會利用這兩種植物，但植株上以本種幼蟲的比例最高。本屬幼蟲的臭角顏色可作為種類辨識特徵：玉帶鳳蝶為鮮紅色、柑橘鳳蝶為橙黃色，而花鳳蝶基部橙黃色、末端為紅色。小幼蟲的臭角顏色較淡，要 4 齡或終齡幼蟲才較明確。

註1：**雌性多型性**（female polymorphism）是指某物種的雌體型態有兩種以上的外型，常見於昆蟲身上，鳳蝶科裡除了玉帶鳳蝶外，大鳳蝶也有雌性多型，粉蝶科部分種類雌蝶有黃色型及白色型兩種色型。

註2：**貝氏擬態**：見「蝴蝶的避敵方法」，第 26 頁。

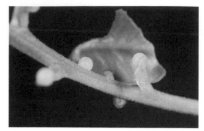
▲蝶卵
夏季時烏柑仔嫩葉不多見，由於小幼蟲無法取食烏柑仔的成熟葉，因此許多雌蝶都會把卵產在嫩葉上。

▲終齡幼蟲
由上至下的 3 隻幼蟲，腹部後側斑紋漸大，第 3 隻幼蟲是隻黑色斑發達的個體。

▼雄蝶
吸水時仍會輕輕振動前翅

▲化蛹於寄主枝條下的蛹

黑鳳蝶

Papilio protenor protenor

命名由來：「黑」鳳蝶是指其翅膀大部分為黑色；而「藍」鳳蝶之名是指其後翅在陽光下會顯現出散布在翅膀上的深藍色光澤。

別名：藍鳳蝶、無尾黑鳳蝶、蘭鳳蝶、大黑的
分布／海拔：臺灣全島、離島蘭嶼、綠島、龜山島、澎湖、金門、馬祖／0～1500m
寄主植物：芸香科多種原生或栽培種
活動月分：多世代蝶種，全年可見成蝶

黑鳳蝶廣泛分布於東亞，於日本區分為兩個亞種，北方亞種後翅有長尾突，分布於沖繩至八重山群島之間的南方亞種有短尾突，臺灣族群則沒有尾突。高雄市任教的謝佳昌老師在 2004 年春季於龜山島調查時，採獲一隻後翅具有短尾突的黑色鳳蝶，經徐堉峰教授鑑定後認為是來自八重山群島的黑鳳蝶亞種迷蝶[註]。

▶卵產於芸香科果實上

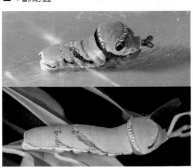

▲ 4 齡幼蟲

幼｜生｜期

　　柑橘屬植物上可以觀察到 7 種鳳蝶的幼蟲，分別為花鳳蝶、柑橘鳳蝶、玉帶鳳蝶、黑鳳蝶、臺灣鳳蝶、大鳳蝶及翠鳳蝶，而這「柑橘 7 仙女」中以黑鳳蝶幼蟲的食性最廣。本種終齡幼蟲的花紋與白紋鳳蝶相似，在都會區或近郊幾乎都是本種，其臭角為紫紅色，而白紋鳳蝶臭角顏色偏紅。

註：「迷蝶」字面上的意思是指迷路的蝴蝶，為偶產種的一類，亦屬於外來種。當蝴蝶藉由本身或大自然的力量從族群分布地區飛到非分布範圍時，即為迷蝶。迷蝶被發現的次數通常不多，因為除了要能忍受長途飛行時體力的耗損，最後能順利到達陸地的個體數量已不多，這隻個體必須是當地所沒有的種類才會引起注意，但多數的迷蝶在未被發現前即走到生命終點。

▲終齡幼蟲
2 隻幼蟲腹部褐色斑紋形狀不同，上圖褐色斑在背部無相連，其實是幼蟲發育程度不同所造成，上圖為終齡初期，下圖為終齡後期，上圖身上的褐色斑紋其實與下圖相似，但上圖個體不夠胖，所以部分位於體節間皮膚的褐色斑紋被蓋住，要變胖後皮膚拉撐才看到褐色斑紋相連部位。

▼在溼地上吸水的黑鳳蝶雄蝶

▲化於過山香葉下表的蛹

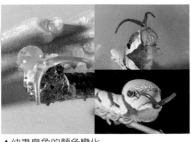

▲幼蟲臭角的顏色變化
左圖的 3 齡幼蟲臭角為橙色，基部紅橙色；右上為終齡初期，顏色為暗紅；右下方終齡幼蟲顏色為紫紅色。

白紋鳳蝶

特有亞種

Papilio helenus fortunius

命名由來：本種的後翅有明顯的白色斑紋，因此取名為「白紋」鳳蝶。

別名：白斑鳳蝶、黃紋鳳蝶、紋黃鳳蝶、楞ㄥ鳳蝶、臁ㄌ蝶、玉斑鳳蝶、紅緣鳳蝶

分布／海拔：臺灣全島、離島龜山島；金門、馬祖（不同亞種）／ 0 ～ 2000m

寄主植物：芸香科的吳茱萸、賊仔樹、食茱萸、飛龍掌血等

活動月分：多世代蝶種，全年可見成蝶

白紋鳳蝶與大白紋鳳蝶多棲息於山林野地，休息時前翅會蓋住後翅的白斑，但本種體型稍小，雄蝶後翅肛角處有紅色斑紋，雌蝶與大白紋鳳蝶的差異更大，後翅外緣有一列紅色弦月紋。在花叢飛舞訪花或溼地吸水時可由後翅白色斑紋判別，大白紋鳳蝶白斑較大，後翅腹面外緣弦月紋為橙黃色，本種為橙紅色。玉帶鳳蝶紅斑型與本種後翅腹面相似，但是兩者的白斑相對位置不同。

幼│生│期

白紋鳳蝶較常利用的是賊仔樹屬的賊仔樹、吳茱萸，柑橘屬植物葉片上很少觀察到牠，其幼蟲孵化後給予柑橘屬葉片，幼蟲會拒食或因接受度不佳而無法順利成長，只有少數幼蟲能以柑橘屬植物葉片餵食至化蛹並順利羽化。這類在自然環境下雌蝶不產卵但幼蟲能利用的植物，並不能被稱為「寄主植物（host plant）」或「食草（food plant）」，頂多只能稱為「飼育植物」。飼育植物在利用時有頗多限制，不同種類、齡期的幼蟲對於飼育植物的接受度也有差別。

▶蝶卵

▲ 4 齡幼蟲

▲終齡幼蟲斑紋與黑鳳蝶相似

▲終齡幼蟲胸部特寫及臭角

◀吸水的雄蝶

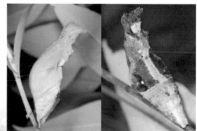
▲蛹有綠色及褐色兩型

大白紋鳳蝶

Papilio nephelus chaonulus

命名由來：體型及後翅白斑較大，故稱為「大」白紋鳳蝶；本種有 4 個小白斑，白紋鳳蝶 3 個，張保信在「臺灣蝶類鑑定指南」裡稱為「四斑」楞鳳蝶，書中提到中文名要有世界觀，名稱用「臺灣」並不恰當。

別名：臺灣白紋鳳蝶、臺灣黃紋（紋黃）鳳蝶、臺灣
縢蝶、四斑楞鳳蝶、寬帶鳳蝶、黃緣鳳蝶
分布／海拔：臺灣全島／ 0 ～ 2000m
寄主植物：飛龍掌血、吳茱萸、食茱萸、賊仔樹等多種芸
香科原生植物
活動月分：多世代蝶種，全年可見成蝶

▶產於飛龍掌血嫩葉的卵

本種以往稱為臺灣白紋鳳蝶，該蝶名最早出現在陳維壽先生的著作。二次大戰結束前日本的領土包含了臺灣，白紋鳳蝶「モンキアゲハ」分布於臺灣及日本南方，而本種只分布於臺灣，因此當時為突顯其分布的特殊性而將牠命名為「タイワンモンキアゲハ」，「タイワン」即是指臺灣，但本種不是臺灣特有種，其分布從中南半島向南延伸至南亞，向東至中國南方及臺灣。本種後翅的白色斑紋會隨著時間漸漸變成淺黃色，因此若按日文名「タイワンモンキアゲハ」的意思翻譯即為「臺灣紋黃鳳蝶」。

▲2 齡幼蟲

幼|生|期

雌蝶偏好將卵產於飛龍掌血外層的嫩葉上，4齡幼蟲體色以黃褐色為主，剛脫皮成終齡幼蟲時體色偏黃，身上的斑紋為褐色；幾天後體色轉為黃綠色，斑紋褐色也變淡；終齡後期體色變成綠色，斑紋呈綠褐色，相較於終齡初期時的模樣，不知情的人還以為是兩隻不同種的幼蟲。

▲4 齡幼蟲 2 ～ 4 齡體表的花紋及顏色變化明顯

▲終齡幼蟲
上：初期體色偏黃；下：終齡後期，不同時期體色會變化，但腹部斑紋位置及形狀不會變。

◀吸水的雄蝶

▶蝶蛹
除了綠色、褐色兩型，有時亦可觀察到綠、褐相混的型態。

鳳蝶族

鳳蝶屬

121

無尾白紋鳳蝶 特有亞種

Papilio castor formosanus

命名由來：本種形態似白紋鳳蝶，但後翅無尾突狀構造，因此稱為「無尾」白紋鳳蝶。

別名：無尾黃紋鳳蝶、無尾臙蝶、無尾楞鳳蝶、玉牙鳳蝶
分布／海拔：臺灣全島／ 0 ～ 1500m
寄主植物：芸香科石苓舅（單食性）
活動月分：多世代蝶種，全年可見成蝶

無尾白紋鳳蝶是鳳蝶屬中翅膀顏色最單調的種類，除了黑底白斑外，只有散布一些黃褐色的鱗片，而臺灣產的鳳蝶在翅膀上有黃褐色鱗片的也只有這 3 種白紋鳳蝶。本種所利用的寄主植物石苓舅多是生長在樹林下層，樹林邊緣偶爾也能見到石苓舅的大樹，但雌蝶仍偏好將卵產於樹林下層或遮蔭處的植株。

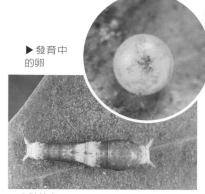
▶ 發育中的卵

▲ 2 齡幼蟲

幼│生│期

雌蝶隨意地將卵產於植株嫩葉、成熟葉或枝條上。1 ～ 4 齡幼蟲像鳥糞，平時停棲在葉上表，終齡幼蟲則停棲在枝條，體表深綠或綠褐色細紋，就像是迷彩裝，讓牠能隱身在枝葉間。筆者曾在野外見到玉帶鳳蝶將卵產於石苓舅葉片，但依過去經驗認為石苓舅上只會有本種幼生期[註]。生物常有例外的案例，若只由寄主植物或幼生期的形態來推測種類，除非有明確的特徵可供判別，否則都還不能百分百確定，這正是觀察蝴蝶幼生期的挑戰也是它趣味之處。

註：蝶會 2003 年冬季號季刊中「談新竹市十八尖山的石苓舅與把它當寄主植物的鳳蝶」，作者葉弘德先生在石苓舅上觀察到無尾白紋鳳蝶、玉帶鳳蝶及無尾鳳蝶（由多至少）。

▲找一找葉片上有發現嗎？有 3、4 齡幼蟲各 1 隻，小幼蟲因為移動能力較差，會啃食牠停棲的葉片，大幼蟲要進食時會爬到他處，右側遭啃食的葉片為大幼蟲所攝食。

▲終齡幼蟲
幼蟲體色及斑紋個體間會略有差異，下圖幼蟲腹部體側褐色條紋較長，且褐色條紋的前方有明顯的白色細紋，上圖幼蟲的褐色條紋較短，白色細紋只是一個小白點。

▶ 化於枝條上的蛹

◀無尾白紋鳳蝶訪花

大鳳蝶

特有亞種

Papilio memnon heronus

命名由來：「大」鳳蝶是臺灣產鳳蝶屬蝴蝶中體型最大的種類，只有裳鳳蝶屬體型可與其比擬。

別名：甌蝶、甄蝶、美鳳蝶、長崎鳳蝶、白（袒）黑鳳蝶、多型大鳳蝶、柚鳳蝶、柑鳳蝶、柚仔蝶
分布／海拔：臺灣全島、離島蘭嶼、龜山島／0～1500m
寄主植物：芸香科多種植物，但最常利用柑橘屬的果樹
活動月分：多世代蝶種，2～12月可見成蝶

大鳳蝶為雌性多型性蝶種，雌蝶依後翅尾突的有無分為「有尾型」及「無尾型」，此特徵可遺傳給雌性的子代，較常見的有尾型相對於無尾型為顯性，符合孟德爾的遺傳定律，比例為3：1。本種尚有「雄型雌蝶」，即身體為雌蝶但翅膀花紋卻像雄蝶，徐教授表示他年輕時曾見過兩次，但未曾再遇到。大鳳蝶還曾因為「雌蝶嵌合體Gynandromorph」註（俗稱的陰陽蝶）而上過媒體，臺北市成功高中蝴蝶館裡就展示一隻左側翅膀為雌蝶，右側為雄蝶的標本；南投埔里的木生昆蟲館裡收藏更特別的嵌合體標本，一邊翅膀為雌蝶有尾型，另一邊為無尾型，身體的生殖構造卻是雄蝶。

幼 | 生 | 期

大鳳蝶幼蟲體型碩大，而柚子葉片是柑橘屬果樹中最大、最長，因此幼蟲可完全停棲在葉上表，且雌蝶也常選擇柚子樹產卵。本種小幼蟲喜好攝食嫩葉，大幼蟲以淺綠色尚未革質的葉片為食，較少攝食深綠色的老葉。如果發現樹梢有空枝條且葉片的食痕還很新，通常能在枝條下側找到隱藏在枝葉間的終齡幼蟲或蛹。

▶雌蝶有尾型
有尾型與無尾型翅膀花紋不同，同型也會有斑紋差異。

註：嵌合體（Chimera），又稱為喀邁拉現象，名稱源自希臘神話裡的獅頭羊身蛇尾－吐火怪，是指動物的兩個不同受精卵融合成一個個體成長，在高等動物可見，如昆蟲、螃蟹與人類，若雌雄受精卵結合就成為陰陽嵌合體。

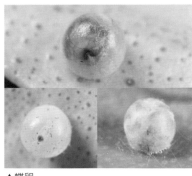

▲蝶卵
上：快孵化時隔著卵殼可見幼蟲大顎及頭殼；左下：遭寄生後卵殼表面有傷口；右下：寄生的卵外表會長黴，裡面有不規則的黑斑。

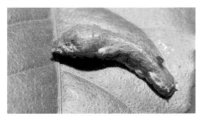

▲4齡幼蟲
腹部後方背側有隻雙翅目昆蟲正在吸食幼蟲的體液，幼蟲體液為綠色。

▲終齡幼蟲
體側的白色帶狀斑紋會隨發育而漸漸明顯，上圖為終齡初期，下圖為終齡末期。

▼褐色型蛹

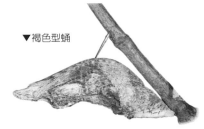

臺灣鳳蝶

特有種

Papilio thaiwanus

命名由來：臺灣鳳蝶為臺灣特有種蝶類且種小名 *thaiwanus* 即是臺灣，因此稱為「臺灣」鳳蝶當之無愧。

別名：渡邊鳳蝶、臺灣藍鳳蝶
分布 / 海拔：臺灣全島 / 0～2500m
寄主植物：多種芸香科原生或栽培種植物，樟科的樟樹、牛樟
活動月分：多世代蝶種，全年可見成蝶

鳳蝶族

鳳蝶屬

臺灣鳳蝶雌雄外觀差異明顯，是典型的雌雄二型性（sexual dimorphism），在蝴蝶世界中，雌雄二型性是頗為常見的現象。有些無法用人眼區分雌雄的種類，若將成蝶放於紫外光下拍攝翅膀所反射的花紋，會發現不同性別翅膀的花紋差異明顯。這是因為蝴蝶的複眼所能感應的光線並非只限於可見光，甚至包括了紫外光的光譜，所以儘管在人們眼中無法區分性別，但蝴蝶們卻一目了然。

臺灣鳳蝶的分布廣，但數量卻比其他吃芸香科植物的鳳蝶少，成蝶主要出現在淺山丘陵及低海拔山區，春季及秋末時較容易觀察到，溪邊可見雄蝶吸水，花叢上也常有雌蝶造訪，但非主要發生季時本種並不易觀察到。曾在10月底於花蓮秀林鄉的綠水合流步道及太魯閣閣口見過二、三十隻臺灣鳳蝶在訪花，筆者以往還不曾一次見到這麼多個體的記錄。

幼 | 生 | 期

臺灣鳳蝶的幼生期在野外其實並不容易觀察到，雖然牠會利用柑橘屬植物，但這並非是其唯一會利用的寄主植物，芸香科的飛龍掌血、食茱萸才是牠常用種類，除了芸香科外，樟科的樟

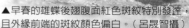

▲早春的雄蝶後翅腹面紅色斑紋特別發達，且外緣前端的斑紋顏色偏白。（呂晟智攝）

訪花的雄蝶

樟樹及牛樟也會利用。臺灣產的鳳蝶中，只有翠斑青鳳蝶及本種的幼生期會利用兩個科別以上的植物。

臺灣鳳蝶終齡幼蟲是吃柑橘類的鳳蝶中較容易區別的種類，本種體側斑紋主要為一道白色斜帶，因個體差異，有些個體的白色帶紋中雜有淡綠色斑，幼蟲背面偶有白色斑點，近似種為大鳳蝶的幼蟲，兩種的幼蟲不難區分。幼蟲的臭角會散發所攝食的植物氣味，臺灣鳳蝶的幼蟲會因攝食的植物為樟科或芸香科而使得臭角的氣味略有不同。筆者的觀察經驗是臺灣鳳蝶幼蟲在成長過程中若更換寄主植物的科別，雖然有少數的個體會不能適應，多數的幼蟲是兩科植物都會攝食，若是芸香科不同屬植物（非其寄主）要互相替代則反而有可能出現適應上的問題。目前尚無研究資料指出臺灣鳳蝶攝食某一科植物後，羽化的雌蝶在產卵時會偏好選用幼蟲期所攝食的植物，但蝶友提供的資訊為雌蝶在產卵時對植物種類會有明顯偏好，且會因個體不同而有不同偏好。雌蝶產卵的偏好是否與其幼生期所攝食的植物種類有關聯性，臺灣鳳蝶及翠斑青鳳蝶是一組很不錯的研究對象。

▲產於食茱萸葉下表的卵

1齡幼蟲

4齡幼蟲

鳳蝶族

鳳蝶屬

◀終齡幼蟲
右側個體為終齡初期，腹部白色斑紋裡雜有淡綠色，但胸部花紋偏綠是個體差異，兩者皆為臺灣鳳蝶。

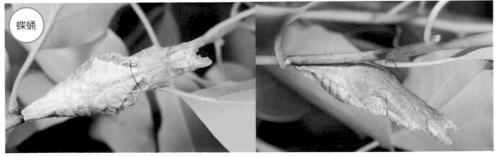

蝶蛹

雙環翠鳳蝶

特有種

Papilio hopponis

命名由來：本種後翅腹面有兩排紅色的弦月紋，因此命名為「雙環」，「翠鳳蝶」則為亞屬名稱，「翠」是指翅膀背面散布有許多藍、綠色的鱗片。

別名：雙環鳳蝶、北埔鳳蝶、重幃翠鳳蝶、重月紋翠鳳蝶
分布／海拔：臺灣全島／ 500 ～ 3000m
寄主植物：芸香科飛龍掌血、賊仔樹、吳茱萸
活動月分：多世代蝶種，3 ～ 10 月可見成蝶

雙環翠鳳蝶的「雙環」指的是本種後翅腹面的有兩排紅色弦月狀斑紋。本種在臺灣的鳳蝶中知名度一直不如兩種劍鳳蝶、臺灣寬尾鳳蝶或是曙鳳蝶，早春蝶友會相約專程前往山區觀賞劍鳳蝶（升天鳳蝶）及尖灰蝶（歪紋小灰蝶），此時花叢間偶爾會見到雙環翠鳳蝶前來覓食；5月分大伙前去北橫公路試試能否見到臺灣寬尾鳳蝶時，花上也能見到雙環翠鳳蝶；7、8月中橫公路的曙鳳蝶盛會中，也會見到雙環翠鳳蝶的身影。大型、鮮豔的鳳蝶往往能吸引人們目光，而臺灣 5 種特有種鳳蝶中曙鳳蝶及雙環翠鳳蝶在國外可是盛名遠播，全世界所有翠鳳蝶亞屬的蝴蝶中，只有牠擁有「雙」層「環」形弦月紋的外型。

▲訪花的雌蝶

幼｜生｜期

雙環翠鳳蝶的雌蝶偏好將卵產於吳茱萸的新葉上，小幼蟲常停棲於葉片表面，大幼蟲多停棲於葉柄或枝條上。多數鳳蝶屬的小幼蟲外觀像鳥糞狀，平時停棲於葉面上，若依常理判斷，鳥糞在葉面上是頗為合理，但是曾有人質疑這個行為應該更容易被捕食性天敵發現，質疑的理由是只要見到柑橘屬植物葉片上有鳥糞，通常就是幼蟲，而且往往只要花一些時間就可以尋獲不少幼蟲。但這卻有個矛盾存在，人們利用認識植物的能力，可以迅速找到寄主植物，再依幼蟲像鳥糞且多停在葉面這特性，能發現不少幼蟲，但是野外的天敵並不會辨識植物，在廣大的樹林中，可能在葉片上看到的多為鳥糞。天敵中以鳥類的學習能力較好，鳥類雖然不具備辨認植物的能力，但是卻能記住在哪棵植物上找到什麼食物，因此部分鳥類個體可能因為曾找到幼蟲並食用，累積幾次經驗後，就會常出現在某幾棵寄主植物上找尋鳥糞狀的幼蟲，若這種鳥類有群體行動的習性，其他個體有可能會透過觀摩而學會這本領。

◀翅膀腹面雙排紅色弦月紋
是牠的特徵（呂晟智攝）

終齡幼蟲的體型明顯大上許多，此時若再裝扮成鳥糞，大概很快就穿幫，因為野外不常見到像終齡幼蟲那麼大的鳥糞可以模仿，此時的幼蟲也較少停棲於葉面上，多數時候是藏身於枝條間。終齡幼蟲的花紋及體色變成斑駁的綠色能讓牠在枝葉間不顯眼，而受驚嚇吐臭角時像小蛇的模樣，對鳥類、蜥蜴等天敵可能有一定程度的嚇阻效果。

▲蝶蛹
有綠色型及褐色型

▲吸水的雄蝶
本種雄蝶只有在吸水或訪花時比較安分，平時多在山頂稜線或樹冠上層見到雄蝶快速飛行，彼此互相追逐、驅離。

卵

2齡幼蟲

3齡幼蟲

4齡幼蟲

終齡幼蟲

翠鳳蝶

Papilio bianor thrasymedes
Papilio bianor kotoensis

特有亞種　蘭嶼亞種

命名由來：鳳蝶屬中有一群蝴蝶在翅膀背面具許多綠、藍色鱗片，因此稱為「翠」鳳蝶亞屬，而翠鳳蝶為翠鳳蝶亞屬的模式種，因此以亞屬名作為種名。本種常被稱為烏鴉鳳蝶[註]。

別名：（臺灣亞種）烏鴉鳳蝶、烏鳳蝶、鴉鳳蝶、烏雅鳳蝶、孔雀鳳蝶、碧鳳蝶、濃眉鳳蝶；（蘭嶼亞種）琉璃帶鳳蝶、蘭嶼碧鳳蝶

分布／海拔：臺灣本島、離島綠島、龜山島、澎湖 10 ～ 2000m；離島蘭嶼（不同亞種）／ 0 ～ 500m

寄主植物：芸香科賊仔樹、吳茱萸、食茱萸及飛龍掌血，亦會利用柑橘屬果樹

活動月分：多世代蝶種，全年可見成蝶

註：本種的日文名稱為「カラスアゲハ；烏揚羽」。「カラス；烏」若當成名詞可以是烏鴉，若當形容詞是指黑色，按原意翻譯應該稱呼為「烏鳳蝶」，但大家較熟悉的名稱是出自陳維壽先生著作的「烏鴉鳳蝶」。

鳳蝶族

鳳蝶屬

　翠鳳蝶是臺灣產 5 種翠鳳蝶亞屬中分布最廣、數量最多、最易觀察到的種類，分屬 2 個特有亞種，一為臺灣本島的臺灣特有亞種以及位於臺東蘭嶼島上的蘭嶼亞種（*P. b. kotoensis* Sonan, 1927）。過去常將蘭嶼產的稱為「琉璃帶鳳蝶」，這是因為蘭嶼亞種的雄蝶後翅背面大塊而顯眼的藍綠色斑紋，與琉璃紋鳳蝶、大琉璃紋鳳蝶十分的相近，前翅背面亞外緣處有條縱向的亮綠色帶狀斑紋，但使用此名稱容易讓人誤解為牠是另一個物種。綠島上的翠鳳蝶外形正好介於這兩個亞種之間，研判應該是這兩亞種族群的雜交個體，而這正好說明臺東及蘭嶼兩地的翠鳳蝶確實是同一物種。本種綠島的族群在 2013 年被發表為綠島亞種，但未能符合「國際動物命名法規」的基本規範，發表時亦無指定模式標本及說明標本存放處，故屬無效的命名處理。

　　翠鳳蝶外形多樣性高，臺灣本島偶爾也能見到一些花紋較鮮豔的個體。以前陳維壽先生曾發表一新種叫「明忠孔雀鳳蝶」（*P. chengkon* Chen,1973），當時被認為是十分稀少的物種，但目前學界普遍認為那只是外形較鮮豔的翠鳳蝶罷了，而這學名成了翠鳳蝶的同物異名。

▲翠鳳蝶蘭嶼亞種雌蝶

幼 l 生 l 期

　　臺灣的翠鳳蝶亞屬食性最廣是翠鳳蝶，偶爾也能在淺山區的柑橘屬果樹上找到其幼蟲。不過翠鳳蝶較常利用的是食茱萸或賊仔樹，雌蝶偏好將卵產於新芽及嫩葉上，剛孵化的幼蟲體色爲黃褐色，3齡以後體色會變爲綠色。翠鳳蝶的終齡幼蟲體色及斑紋也頗爲多樣，即便是同隻雌蝶所產下的幼蟲也是如此。亮色型的幼蟲體色爲黃綠色，體側有3～4條黃白色細紋，暗色型幼蟲除了體表有許多深綠色的細紋外，體側還有3～4條明顯的墨綠色斑紋，暗色型幼蟲的體色也有深淺的差別，但若同時見到亮色型及暗色型幼蟲時，很難想像同種的幼蟲斑紋差異會這麼大。

◀雄蝶在前翅背面有明顯的黑灰色性標，不同亞種間翅膀背面的斑紋差別明顯，蘭嶼亞種比起臺灣亞種在亞外緣處有明顯藍綠色帶；各亞種族群內的斑紋發達程度及色澤也略有差異。

▶雌蝶在前翅背面無性標，各亞種族群內的斑紋發達程度及色澤也略有差異，但仍可明顯區分蘭嶼及臺灣亞種的差別。

卵

4齡幼蟲

▲不同體色，左圖為深色型，右圖淺色型。

▲終齡幼蟲

這裡可以看出翠鳳蝶的形態多樣性，6張照片皆為臺灣亞種。上排為終齡初期，下排為終齡後期；從左至右體色由綠漸漸變深。

▲不同色型的蛹
褐色型通常會在枯枝或較接近地面的枝條上，其他的體色更為少見。

▲綠色型的蛹
蛹頭部的形態會有個體差異

這4張蛹比較一下，發現有什麼差別嗎？

蘭嶼夏季時是見不到翠鳳蝶成蝶飛翔，此時牠們正以蛹進行「夏眠」。

上面兩個蛹是蘭嶼亞種，蛹體側稜線有無紅褐線可以判斷此蛹是否會進入滯育休眠，有紅褐色線者為休眠蛹。

右側兩個蛹是臺灣亞種，休眠蛹亦可在臺灣亞種族群中發現，分辨方法亦同，但臺灣的休眠蛹大多是秋、冬季時出現。夏季時會有少數蛹的體側有不明顯的紅褐色線條，這類蛹的蛹期約1～2個月，介於不休眠蛹的2～3周及休眠蛹的數個月至半年之間。

穹翠鳳蝶

Papilio dialis tatsuta

命名由來：「臺灣烏鴉鳳蝶」的名稱是翻譯自日文資料，因為日治時期本種不分布於日本而僅分布於臺灣，但本種並非臺灣特有種。「穹」翠鳳蝶的「穹」是指本種的亮藍或亮綠色鱗在翅膀上的分布較翠鳳蝶廣。

別名：臺灣烏（鴉）鳳蝶、臺灣碧鳳蝶、華西碧鳳蝶、南亞鳳蝶
分布／海拔：臺灣全島／ 100 ～ 1500m
寄主植物：芸香科吳茱萸、賊仔樹、食茱萸
活動月分：多世代蝶種，3 ～ 11 月可見成蝶

　　穹翠鳳蝶外形與翠鳳蝶相似，本種尾突均勻分布藍綠色鱗，後者藍綠色鱗分布在翅脈兩側，外緣為黑邊；後翅外緣也與尾突相似，本種藍綠色鱗分布較廣，後者有較多的黑色部位。臺灣產的翠鳳蝶亞屬雄蝶在前翅背面大多可見到「性標」構造，但雙環翠鳳蝶無性標，琉璃翠鳳蝶的性標較小或無。

幼 | 生 | 期

　　穹翠鳳蝶剛產下的卵為淺綠色，發育過程會變淺黃色且在卵殼表面可以觀察到發育斑，卵即將要孵化前能透過卵殼觀察到幼蟲的頭殼及身體。鳳蝶屬的卵通常在產下後約 5 ～ 10 天孵化，若經過 2 周仍未孵化，這個卵大概就不會孵出幼蟲了。翠鳳蝶亞屬幼蟲休息時會將頭、胸部的身體抬起並收縮胸部使身體前段鼓起，特別是當終齡幼蟲擺出這個姿態時配上胸部眼狀斑，像似一條小蛇，此時若驚擾牠，抬起的胸部身軀會不時左右來回晃動，胸部與頭部之間還會出現二叉狀黃色的臭角，臭角的形態很像是蛇在吐蛇信（二叉狀舌頭），對於捕食性的天敵可能會把牠誤認為是自己的天敵「蛇」而驚嚇逃跑。

▶ 快孵化的卵，卵的右上側黑色部位為幼蟲頭殼。

▲ 3 齡幼蟲

▲ 4 齡幼蟲比較
上為穹翠鳳蝶，下為翠鳳蝶；穹翠鳳蝶體色偏黃，體表棘突較明顯。

▲ 終齡幼蟲

▲ 蝶蛹（休眠型）
休眠蛹體側有褐色斑紋，蛹期也比非休眠蛹長很多。

◀ 剛羽化的雄蝶

131

臺灣琉璃翠鳳蝶

 特有種

Papilio hermosanus

命名由來：本種研究後證實為臺灣特有種，且由於後翅背面亮藍色斑紋特殊，因此命名為「臺灣」「琉璃」翠鳳蝶。早年資料用「瑠」璃。

別名：琉（瑠）璃紋鳳蝶、寶鏡鳳蝶、巴黎綠鳳蝶、青紋鳳蝶、瑠璃鳳蝶
臺灣亞種
分布／海拔：臺灣中、南部及東部／ 100 ～ 1200m
寄主植物：芸香科飛龍掌血（單食性）
活動月分：多世代蝶種，2 ～ 11 月可見成蝶

早期文獻將臺灣琉璃翠鳳蝶與琉璃翠鳳蝶視為同一種，已故日籍學者白水　隆依體形、翅紋與交尾器的差異，將分布於新竹以北族群的稱為大琉璃紋鳳蝶（大寶鏡鳳蝶），分布於新竹以南的稱為琉璃紋鳳蝶（寶鏡鳳蝶），或稱瑠璃鳳蝶北部亞種、南部亞種。然而，這兩者若為同一物種，理論上會有雜交個體出現，且雜交個體的外型會介於兩者的外觀之間，但實際上野外並未見到雜交個體，所以後來白水　隆對自己將兩者處理成同種的兩亞種也產生質疑[註]。

2000 年師大徐教授指導的碩士畢業生何孟娟完成：「大琉璃紋鳳蝶與琉璃紋鳳蝶親緣關係之探討」，論文除了形態分析外，並進行生態及粒線體 DNA 分析，得到的結果支持兩者為不同物種。除了證實兩者為不同物種外，前者與中國產的原名亞種為同一物種，而後者為臺灣特有種，兩者親緣關係接近，間接說明兩者可能為「異域種化」的物種。前者應是第四紀冰河時期才由中國大陸擴散至臺灣，而此時兩者已是分化成兩個不同的物種，因此在野外理所當然的是看不到兩者的雜交個體。

註：1986 年濱野榮次出版的「臺灣蝶類生態大圖鑑」，白水　隆協助撰寫書後「臺灣產蝶類文獻解題」的部分，文中提及：「臺灣北部的大瑠璃紋鳳蝶和中南部的瑠璃紋鳳蝶被視為同一種 *Papilio paris* 的二亞種，而筆者（指白水　隆）則認為此二者乃不同的種類。」此時白水　隆的看法已與其編寫原色臺灣蝶類大圖鑑時有所差別。

▲成蝶訪花
後翅背面藍綠色斑紋會被翅脈處黑色鱗片貫穿

▲雄蝶
休息時前翅會蓋住後翅琉璃色斑紋，前翅黑灰色區域的性標比琉璃翠鳳蝶明顯。

幼|生|期

雌蝶會將卵產在飛龍掌血的葉片上，卵比大白紋鳳蝶略小，但肉眼不易區別。本種幼蟲爲單食性，僅以飛龍掌血的葉片爲食，而飛龍掌血上卻有多種鳳蝶科幼蟲會利用，留意牠的地理及海拔分布，才不會撲了空。本種的蛹大多爲淺綠色，偶爾也有紅褐色型，其色澤與遭寄生的黃褐色不同。本種與琉璃翠鳳蝶過去曾被視爲同一物種，兩者的幼生期除了所利用的寄主植物不同外，外觀差異不甚明顯，至於其他同樣以飛龍掌血爲食的幼蟲，則不難與本種區別。

▲發育中的卵

▲遭寄生蜂危害的卵
凹刻黑點爲卵殼傷口的結痂，左側於卵殼外的突起爲灰塵或雜物。

鳳蝶族

鳳蝶屬

▲1齡幼蟲
孵化後會啃食卵殼

4齡幼蟲

▲遭寄生蠅寄生的蛹
剛開始是體表出現黑褐色斑，之後體色變黃褐色。

終齡幼蟲

▶正常體色的蛹

133

琉璃翠鳳蝶 特有亞種

Papilio paris nakaharai

命名由來：本種分類上為鳳蝶屬翠鳳蝶亞屬，後翅背面具有亮藍色醒目斑紋，因此稱為「琉璃」翠鳳蝶。

別名：大琉（瑠）璃紋鳳蝶、大青紋鳳蝶、大寶鏡鳳蝶、巴黎（綠or翠）鳳蝶、大瑠璃鳳蝶、瑠璃鳳蝶臺灣北部亞種、青紋鳳蝶北部亞種

分布／海拔：臺灣北部及東部的宜蘭，近年中部地區亦有發現少量的族群／0～300m

寄主植物：芸香科三腳鱉、山刈葉，偶利用柑橘

活動月分：多世代蝶種，4～11月可見成蟲

琉璃翠鳳蝶分布於近郊丘陵，而臺灣琉璃翠鳳蝶分布於近郊至低海拔山區，兩者的垂直分布有重疊；本種分布在雪山山脈西、北側，最南至苗栗，後者最北分布至北橫公路沿線；中央山脈東側則是以宜蘭、花蓮縣界為交界，以北為本種；兩者分布在桃、竹、苗及宜蘭低海拔山區有重疊。近年陸續在臺中大坑、南投埔里、彰化八卦山觀察到本種身影，這些被目擊的個體可能是寄主引進時夾帶的幼生期羽化後在野外出現，但也不排除人為引進飼養時不慎逸出。李大維先生於2007～2009連續3年在臺中市大坑山區記錄到本種，他研判本種已立足並能成功繁衍註。

幼｜生｜期

雌蝶會將卵產於寄主植物的嫩葉、老葉上，甚至產在樹皮上。幼蟲孵化後會直接以產卵的葉片為食，1至4齡幼蟲會停棲於葉面中肋處，攝食時直接爬至葉緣啃食葉片，終齡幼蟲多停棲在葉柄或枝條處，少數個體會停棲在隱蔽處的葉片上，蝶蛹的化蛹位置比終齡幼蟲躲藏在更低、更隱蔽的地點。

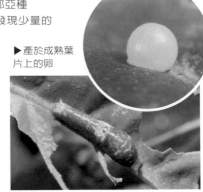
▶產於成熟葉片上的卵

▲3齡幼蟲
小幼蟲停棲於葉上表面，葉片缺口為食痕，成熟葉的葉脈堅硬無法取食。

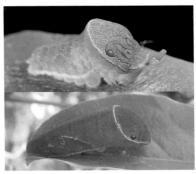
▲終齡幼蟲
上圖為終齡初期的幼蟲，腹部的比例較瘦長，受驚擾時會翻出臭角，臭角為橙黃色，下圖為終齡末期的個體。

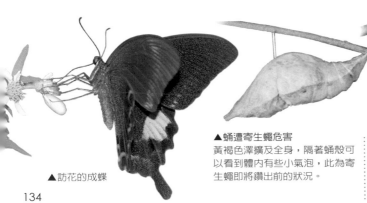

▲訪花的成蟲

▲蛹遭寄生蠅危害
黃褐色澤擴及全身，隔著蛹殼可以看到體內有些小氣泡，此為寄生蠅即將鑽出前的狀況。

▲蝶蛹
正常蛹的體色應為前後一致的淡綠色，此為寄生初期的蛹，腹部體色稍偏黃，體表右側有不明顯的黑褐色斑紋。

註：臺中大坑的琉璃翠鳳蝶資料，請參閱特生中心出版之期刊－臺灣生物多樣性研究（第12期第3卷）：李大維，臺中市大坑地區蝴蝶標本採集記錄。

黃裳鳳蝶 · 珠光裳鳳蝶

黃裳

珠光

· 珠光裳鳳蝶分布於蘭嶼、菲律賓；a－黑斑較大；b－混有黑灰色

多姿麝鳳蝶 · 紅珠鳳蝶 · 玉帶鳳蝶

紅斑型

紅斑型

· a－2個白斑；b－尾突內有紅斑；c－紅斑近圓形；d－紅斑弦月形；e－腹部無紅色斑紋

麝鳳蝶 · 長尾麝鳳蝶 　　無尾白紋鳳蝶 · 大白紋鳳蝶 · 白紋鳳蝶 · 玉帶鳳蝶

帶斑型

· a－斑紋較大、淺粉紅　　· a－無尾突，外緣無色斑；b－4個大白斑；c－3個大白斑；d－白斑小呈帶狀；
　　　　　　　　　　　　　　e－橙黃色弦月紋

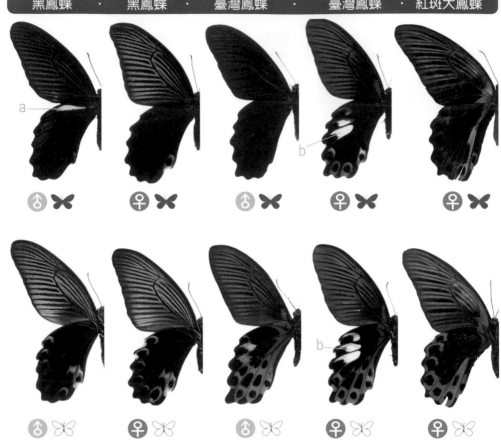

| 黑鳳蝶 | ・ | 黑鳳蝶 | ・ | 臺灣鳳蝶 | ・ | 臺灣鳳蝶 | ・ | 紅斑大鳳蝶 |

・ 本組後翅翅形較狹長，後翅較寬的大鳳蝶不列入比較。紅斑大鳳蝶為偶產種（迷蝶），臺灣鳳蝶紅色斑分布廣；
a－雄蝶黃白色橫條斑；b－雌蝶後翅兩面有白斑

劍鳳蝶 ・ 黑尾劍鳳蝶

劍鳳　　　黑尾

・a－2 斑分離；b－黑斑較大；c－黃色外側有細黑線；d－有白色帶

翠鳳蝶 · 穹翠鳳蝶

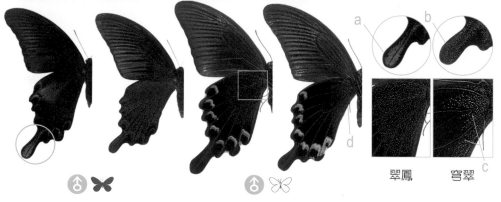

翠鳳　穹翠

· a－有黑色邊框；b－藍綠色鱗分布至邊緣；c－混有藍綠色鱗；d－黃白色鱗分布狹窄

琉璃翠鳳蝶 · 臺灣琉璃翠鳳蝶 · 翠鳳蝶

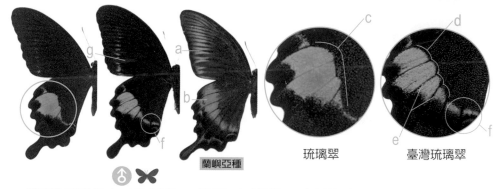

蘭嶼亞種

琉璃翠　臺灣琉璃翠

· a－外緣藍綠色亮鱗廣；b－未形成色斑；c－較圓弧；d－波浪狀；e－色斑被翅脈黑色鱗切割；f－藍綠色帶較寬；g－雄蝶性標較明顯

黃鳳蝶 · 柑橘鳳蝶　　　　　斑鳳蝶 · 黃星斑鳳蝶

· 臺灣的黃鳳蝶族群稀少；a－密布黑褐色鱗片；b－淡色細條紋；c－紅色環紋　· 黃星斑鳳蝶體型較小；a－肛角有黃斑

137

成蝶	卵	小幼蟲

裳鳳蝶屬幼生期形態比較 黃裳鳳蝶及珠光裳鳳蝶雖分布區域不同,在各自的棲地裡

幼蟲比較圖

黃裳鳳蝶 P.96

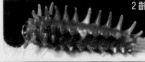

體積大、光滑有分泌物　腹側白色斜帶上方有粉紅色肉棘

珠光裳鳳蝶 P.98

2齡　2齡

體積大、光滑有分泌物　體側前細後粗白色條紋,肉棘長

紅珠鳳蝶 P.105

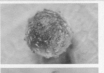

體積小、顆粒狀分泌物　第3腹節及肉棘有白色帶,肉棘短

斑鳳蝶屬幼生期形態比較 臺灣有2種,食性及分布有重疊;金門的大斑鳳蝶吃樟科

斑鳳蝶 P.111

單產,卵稍大　體表有肉質棘突,腹部有白斑

黃星斑鳳蝶 P.112

呂晟智攝

林家弘攝

聚產,卵較小　黑色疣狀突起,體色黑褐至黃褐

都有紅珠鳳蝶存在，兩兩之間的小幼蟲有相似的外型

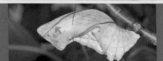

體型大，體色為黃褐色配黑條紋，肉棘末端粉紅色

體側桃紅色條紋，胸背有箭頭狀突起

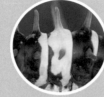

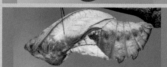

體型大，紅褐色，腹節數條白斑，肉棘橘紅色

體側褐色條紋及褐色斑，胸背盾狀突起

體型較小，體色紅褐或黑褐，腹側有1條白色帶

體型小，體表斑紋、體色與前兩者不同

潺槁樹嫩葉，澎湖 2005 年發現隨潺槁樹引進而定居，目前族群狀況穩定

體表有肉質棘突，棘突基部紅色

呂晟智攝　頭前方

腹背無黑斑，頭前截平狀，體型粗短

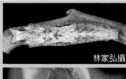
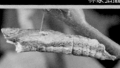

體背 4 列淺色圓斑，腹部下方有深色環紋

林家弘攝

背部成對黑斑，頭前寬 V 形，體型細長

幼蟲比較圖

139

吃馬兜鈴屬的鳳蝶　麝鳳蝶屬、曙鳳蝶及紅珠鳳蝶食性相似，先依海拔再從白色肉棘

幼蟲比較圖

曙鳳蝶 P.100

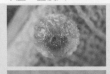

單產，體積大　　肉棘長，腹背白斑發達，體型大

長尾麝鳳蝶 P.103

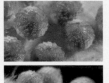

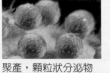

單產，顆粒狀分泌物　　肉棘較長

麝鳳蝶 P.102

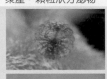

聚產，顆粒狀分泌物　　肉棘較短，幼蟲會群聚

多姿麝鳳蝶 P.104

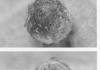

單產，顆粒狀分泌物　　白色肉棘為中1後1共2對

紅珠鳳蝶 P.105

單產，體積稍小　　背部白色肉棘僅中間1對

終齡幼蟲		蛹	

數量區分。3 對：曙鳳、長尾麝、麝鳳；2 對：多姿麝；1 對：紅珠

體型大、肉棘長，腹側白斑背部不相連

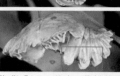

胸背「／＼」稜突；腹板狀突起中間略凹

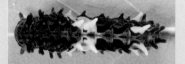

肉棘長，第 3 腹節側面白斑在背部相連

胸背「〈〉」稜突；板狀突起略長呈方形

肉棘較短，側面白斑在背部相連

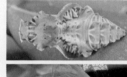

胸背「〈〉」稜突；突起較短，頂部圓弧

背部白色肉棘為中 1 後 1 共 2 對

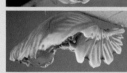

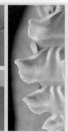

胸背「〈〉」稜突；腹背突起末端有小尖突

白色肉棘 1 對且斑紋垂直，體色為均一的黑紅褐色

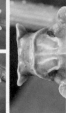

胸背「盾狀」稜突；頭兩側突起扁平圓弧

幼蟲比較圖

青鳳蝶屬幼生期形態比較　本屬共 4 種，依幼蟲食性區分為 2 組：攝食樟科植物的青鳳蝶還能攝食番荔枝科植物

幼蟲比較圖

青鳳蝶
P.108

2齡

4齡

形態相似，無法區別　　後胸棘突為藍黑色尖錐形

寬帶青鳳蝶
P.106

3齡

3齡

形態相似，無法區別　　後胸棘突間有黃條紋，棘突扁平

木蘭青鳳蝶
P.109

2齡

4齡

卵較小　　　　　　　中後胸棘突短，腹末棘突白或黃

翠斑青鳳蝶
P.110

2齡

4齡

卵略大於木蘭青鳳蝶　腹背黃色方形斑，中後胸棘突長

鳳蝶及寬帶青鳳蝶外型較相似；攝食木蘭科植物為木蘭青鳳蝶及翠斑青鳳蝶，其中翠斑青鳳

棘突圓鈍，胸背黃線交界模糊，體側黃線模糊

中胸突起稍長，複眼突起鈍，點刻稀疏

後胸棘突尖，黃線交界明確，體側黃線明顯

中胸突起較短，複眼突起明顯，點刻密

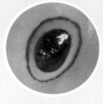

後胸棘突短，外圍有黑色環紋

中胸突起朝前，前端尖，頭上方有褐斑

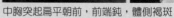

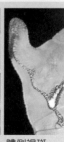

氣門

後胸棘突長，基部橙色，氣門兩側呈藍色

中胸突起扁平朝前，前端鈍，體側褐斑

143

鳳蝶屬幼生期形態比較 -1　　鳳蝶科最大屬，記載 18 種，疑問種 1 種、偶產種 2 種，

幼蟲比較圖

柑橘鳳蝶 P.117

3 齡

4 齡

外型相似難以區別　　　原足白色，棘突粗短，表皮粗糙

花鳳蝶 P.116

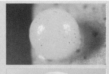

3 齡

4 齡

外型相似難以區別　　　原足橘至褐色，體表棘突較細長

玉帶鳳蝶 P.118

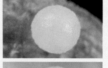

3 齡

3 齡

外型相似難以區別　　　原足灰白，表皮光滑

臺灣鳳蝶 P.124

♂

2 齡

4 齡

外型相似難以區別　　　原足白色，體色黃綠或綠褐色

大鳳蝶 P.123

♀

2 齡

4 齡

卵體積較大　　　似前者，體型稍大，原足灰白色

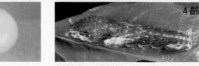

黃鳳蝶稀少且吃繖形花科植物，不比較。本頁5種常以栽培種的柑橘屬葉片為食

氣門與原足間鑲黑框白斑，第1、2腹節的節間膜有藍色

頭前突起粗短，胸背突起較長，蛹修長

第2胸節深色條狀斑向下延伸，臭角基部橘末端紅

頭前突起鈍，胸背突起短錐狀，蛹修長

似前者，深色條狀斑無或不向下延伸，臭角紅色

頭前突起長，V形角度大；蛹型寬胖

腹側1條斜白斑且不在背部相連，臭角橘色

頭前突起長，V形角度小，蛹型細長

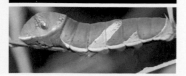

似前者，腹側4、6節有斜白斑，臭角橘色

頭前突起長，末端圓弧，體型大而寬

鳳蝶屬幼生期形態比較 -2　　本頁後 3 種是後翅有大塊白色斑紋的白紋鳳蝶類，成蝶
白紋鳳蝶卻與黑鳳蝶的幼生期有很多相似的斑紋，不容

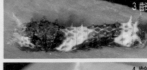

黑鳳蝶
P.119

外型相似難以區別　　身上的白斑不偏黃，似白紋鳳蝶

白紋鳳蝶
P.120

外型相似難以區別　　體色有黃色調，似黑鳳蝶

大白紋鳳蝶
P.121

外型相似難以區別　　體色黃褐或黃綠，白斑有黃色調

無尾白紋鳳蝶
P.122

單食性，寄主石苓舅　　斜白斑腹側分界明顯，背部模糊

幼蟲比較圖

146

翅膀斑紋明確，不難區分，其幼生期的斑紋各具特色，若只限定這3種很容易判別種類，但易區別

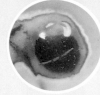
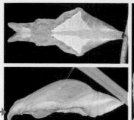
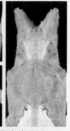

假眼橘紅色，有2個白色，1個淡紫色的點，臭角紫紅

頭部突起修長向背彎，內側瘤突尖而小

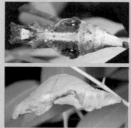

假眼紅色，只有2個小白點，臭角紅色

頭部突起粗短，內側瘤突大，蛹向背彎

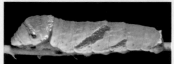
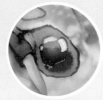

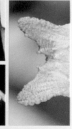

體色綠色有粗黃綠斑，腹側4、6節有褐或綠褐帶紋

頭部突起修長不彎，腹背瘤突明顯

體色綠色有點狀黃綠斑，第9腹節棘突淺黃色

頭部突起修長不彎，腹背瘤突有黑點

鳳蝶屬幼生期形態比較 -3　本頁為翠鳳蝶亞屬，前 4 種寄主部分重疊，後 2 種外型相

幼蟲比較圖

翠鳳蝶 P.128

蘭嶼亞種

3 齡

4 齡

表面光滑，外型難區別　體色褐、綠色為主，黃色區域少

穹翠鳳蝶 P.131

4 齡

4 齡

表面光滑，外型難區別　黃綠色至黃褐色，黃色區域多

雙環翠鳳蝶 P.126

呂晟智攝

3 齡

4 齡

表面光滑，外型難區別　似翠鳳蝶，腹末棘刺短圓鈍形

臺灣琉璃翠鳳蝶 P.132

3 齡

4 齡

比大白紋鳳蝶光滑　單食性飛龍掌血，外型似後者

琉璃翠鳳蝶 P.134

4 齡

4 齡

只吃三腳鱉、山刈葉　與前者只能由寄主植物區分

148

似難區分，但地理分布一南一北，且皆為寡食性，分布重疊時可由寄主植物判斷

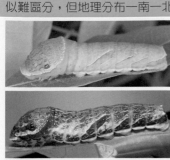

胸側眼紋上方黑色，腹側無白斑，有深色斜帶斑

頭部突起修長，胸背隆起側看折角較尖

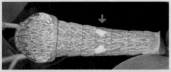

紅眼紋，上方黑色線斑，腹側有白斑及深色斜斑

頭部突起形狀多變，胸背隆起的折角鈍

紅眼紋，上方黑色點狀斑，腹部有濃黃色小點

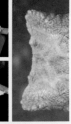

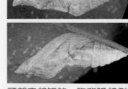

頭部突起短鈍，胸背隆起側看圓弧形

眼紋紅色無黑斑，腹側斜向黃帶偶消失

體型稍小，胸背折角較小，蛹型較扁

似前者，無明顯可區分之特徵

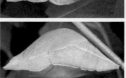

體型稍大，胸背折角較凸，蛹型較立體

149

馬兜鈴科　異葉馬兜鈴

馬兜鈴科　港口馬兜鈴

木蘭科　含笑

木蘭科　烏心石

番荔枝科　鷹爪花

樟科　土肉桂

樟科　山胡椒

芸香科　柚

樟科　臺灣檫樹

香科 柑橘

香科 枸橙

芸香科 石芛舅

芸香科 食茱萸

芸香科 烏柑仔

芸香科 過山香

芸香科 雙面刺

芸香科 三腳虌

芸香科 山刈葉

芸香科 飛龍掌血

粉蝶科
Pieridae

親緣關係

袖粉蝶亞科
偽雲粉蝶亞科
粉蝶亞科（10屬22種）
黃粉蝶亞科（4屬13種）

粉蝶翅面有粉末般易脫落鱗片。Butterfly 一詞極可能源自古北區外型呈現奶油色調的 *Gonepteryx rhamni*（類似181頁的圓翅鉤粉蝶）。全世界粉蝶約有1120餘種，分屬4亞科，多樣性最高的地方為熱帶地區，溫帶及寒帶亦有分布。臺灣產粉蝶2013年止記錄約有35種，分屬2亞科。本書介紹30種。

4亞科：袖粉蝶亞科 Dismorphiinae、偽雲粉蝶亞科 Pseudopontinae、**粉蝶亞科 Pierinae、黃粉蝶亞科 Coliadinae**。

粉蝶科普遍為中小型蝶類，喜好訪花採蜜，雄蝶常聚集在溪流邊或溼地吸水，部分種類飛行能力強，易遷移（或是用「擴散」）。大部分種類翅膀為白、黃、橙等顏色。粉蝶科最重要的特徵是「跗節末端具有二分叉狀的爪」。卵為梭形，附著在寄主植物上。幼蟲呈細長圓筒形，而臺灣體型最大的橙端粉蝶可在遇敵時昂起身體前段，鼓起胸部露出兩側的假眼，形態可怖似赤尾青竹絲，藉以嚇走敵人。蛹是縊蛹，許多種類也可以依附著背景之色彩而呈褐色或綠色。在臺灣粉蝶科幼蟲多以雙子葉植物桑寄生科、豆科、十字花科、小蘗科、鐘萼木科、山柑科、胡頹子科、鼠李科、大戟科等為寄主。

本科特徵

▲跗節末端具有二分叉狀的爪（引用自「臺灣蝴蝶圖鑑」上冊283頁）
爪

▲兩端較細是梭形，部分種類卵的底部稍粗，卵殼表面常有細微花紋或突稜。（左：細波遷粉蝶；右：黑脈粉蝶）

◀雄蝶冒險在溪邊吸水，獲得的礦物質將當成聘禮送給雌蝶，好讓牠的孩子有充足的營養。（鋸粉蝶）

各亞科代表

粉蝶亞科：花蜜中的果糖及葡萄糖是一整天活動的熱量來源（白豔粉蝶）

粉蝶亞科：異粉蝶翅膀主要為黃色，常被誤認是黃粉蝶亞科。

黃粉蝶亞科：遷粉蝶屬的英文名「Emigrants」源自其飛行能力強，會遷移至他處的習性。（遷粉蝶）

幼蟲

▲體型為細長的圓筒狀，幼蟲常停棲在葉片中肋上，大幼蟲有時則在枝條處，身上斑紋可用於種類辨識。（上：淡褐脈粉蝶4齡；下：細波遷粉蝶5齡）

蛹

▲蛹主要為綠色，色澤與葉片相似。（上：鋸粉蝶；下：黃蝶）

橙端粉蝶特殊行為

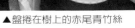

◀▲綠色的體色從背面觀看與葉片相近，不易發現幼蟲身影，幼蟲胸部體側的黑色斑紋位置及形狀就像眼睛，受驚擾時幼蟲還會轉身朝向驚擾源並有用身體前端接觸、碰撞的行為。（橙端粉蝶終齡幼蟲）

▲盤捲在樹上的赤尾青竹絲

豔粉蝶

特有亞種

Delias pasithoe curasena

命名由來：本屬蝶種在粉蝶科中屬於斑紋較鮮豔的類群，因此稱為「豔」粉蝶屬，本種為豔粉蝶屬的模式種，因而以屬的中文名稱命名。

別名：紅肩（斑）粉蝶、報喜（斑）粉蝶、茜白蝶、基紅粉蝶、紅根粉蝶、褐基斑粉蝶

分布／海拔：臺灣全島／ 0 ～ 2000m

寄主植物：桑寄生科之大葉桑寄生、杜鵑桑寄生、忍冬桑寄生、木蘭桑寄生、蓮花池桑寄生、恆春桑寄生等大葉楓寄生屬植物；國外的幼蟲也會以檀香科之檀香為寄主

活動月分：多世代蝶種，全年可見成蝶

豔粉蝶屬在臺灣共有 4 種，以豔粉蝶的分布最廣、數量最多。成蝶常在花叢上覓食，雄蝶具有領域性，會停棲在樹梢上，見同種的雄蝶經過，即起飛驅趕，領域行為在粉蝶科中較少見。本種雌雄蝶外觀相近，但仍可由前翅的翅形及後翅背面斑紋區別，雄蝶前翅較細長而尖，後翅背面有明顯黃色斑紋，此外，雄蝶翅膀底色偏黑而雌蝶為灰黑色。

幼｜生｜期

豔粉蝶幼蟲身上的長毛、鮮豔的對比色及群聚的行為等都與長斑擬燈蛾（*Asota plana lacteata*）幼蟲相似，但兩者的食性卻不同，後者喜愛的是桑科榕屬植物。本種雌蝶常將數十粒的黃色卵產在同一片成熟的葉片上，卵粒之間皆保持相同間距，幼蟲剛孵化時體色為黃色，2 齡後變成黃色及紅褐色相間的模樣。1、2 齡幼蟲會刮食桑寄生的葉肉，大幼蟲會直接啃食葉片。幼蟲從孵化至化蛹階段都喜歡群聚活動，休息時會整齊的排列在葉片上，進食也是大伙整齊的排在葉緣。當成長至終齡時會呈小群體分散在鄰近的枝條或葉片上，化蛹時也一起行動。

▲卵群雌蝶將卵整齊的產於葉上表面

▲ 1 齡幼蟲身上即具有黃色長毛

▲ 2 齡幼蟲
體色呈黃、紅褐色相間，體表有黃色長毛。

▲ 4 齡幼蟲集體外出啃食葉片

▼雄蝶

▲蝶蛹
體色較淡的是淺色型蛹

▲終齡幼蟲
攝食結束後數隻幼蟲會聚集在枝條或葉下表面休息

白豔粉蝶

Delias hyparete luzonensis

命名由來：臺灣產的豔粉蝶屬中僅本種翅膀底色為大面積白色，因此命名為「白」豔粉蝶。

別名：紅紋（斑）粉蝶、紅緣（斑）粉蝶、優越斑粉蝶
分布／海拔：中、南部為主，北部偶見／0～1000m
寄主植物：桑寄生科之大葉桑寄生、忍冬桑寄生等大葉楓寄生屬植物
活動月分：多世代蝶種，全年可見成蝶活動

白豔粉蝶的習性與豔粉蝶相似，經常在花叢間活動。每年冬末春初時野外其他蜜源植物開花較少，中南部山區路旁盛開的聖誕紅花朵上就常可見到白豔粉蝶、豔粉蝶、三斑虎灰蝶等蝶種在吸食蜜杯中的花蜜。當聖誕紅的花期結束後，緊接而來的桃、李、梅等果樹花上也可見到白豔粉蝶的身影。白豔粉蝶雌雄外觀略有差異，雄蝶翅膀背面白色部分較大，翅脈兩旁無黑色鱗分布；雌蝶則相反。

幼｜生｜期

白豔粉蝶與豔粉蝶的卵都是聚產，但卵的排列方式有異。前者在葉片上隨機散產卵粒，直立、橫躺或半傾倒者皆有，有時雌蝶會邊走邊產，留下一排左右交錯的卵粒；後者卵粒之間的間距相仿，卵直立於葉表。本種雌蝶產卵偏好植株較小的桑寄生，又以枝條末梢尚未成熟革質的葉片較受青睞，卵群的卵粒數較少，幼蟲群體不若豔粉蝶那樣數量驚人。化蛹時多半會爬離寄主植物，蛹化於枝條下方或葉下表。桑寄生科的植物多寄生在金縷梅科、茶科、薔薇科、殼斗科等植物上，少數的荒廢果園、茶樹園裡偶爾能發現幾叢桑寄生，冬季樹木落葉後，不落葉的桑寄生會特別顯眼。

▼訪花的成蝶

▶剛產下的卵為乳白色

▲剛孵化的1齡幼蟲
身上即具有黃色長毛

▲4齡幼蟲
左邊為豔粉蝶終齡幼蟲，兩種會共域分布。

▲終齡幼蟲

▲蝶蛹
化蛹於葉片下表面，其後方還有一個前蛹。

粉蝶亞科

豔粉蝶屬

155

黃裙豔粉蝶

Delias berinda wilemani

特有亞種

命名由來： 本種與同屬的近似種條斑豔粉蝶相比，雄蝶後翅背面肛角處的黃色斑紋色澤較深，因此取名為「黃裙」豔粉蝶。

別名： 韋氏（胡）麻斑粉蝶、偉耳曼粉蝶、偉而曼白蝶、臺灣胡麻斑粉蝶、黃裙斑粉蝶

分布／海拔： 臺灣全島／1000～2500m

寄主植物： 桑寄生科之忍冬桑寄生、埔姜桑寄生、杜鵑桑寄生等大葉楓寄生屬植物

活動月分： 1年1世代蝶種，4～10月可見成蝶

粉蝶亞科

豔粉蝶屬

每年夏季黃裙豔粉蝶出現時，相同的海拔正好也是另外兩種外形相似的一年一世代粉蝶發生期，分別為條斑豔粉蝶（麻斑粉蝶）及流星絹粉蝶，其中條斑豔粉蝶與本文主角是同屬別的蝶類，而外觀及斑紋相似的流星絹粉蝶是絹粉蝶屬，所以在野外遇到這3種蝴蝶時，一時之間會分不清楚誰是誰，這3種蝴蝶中流星絹粉蝶的體型較小，但這個特徵在野外除非兩種蝴蝶同時出現，否則不易判斷。

黃裙豔粉蝶及條斑豔粉蝶在行為上與流星絹粉蝶有明顯的差別，兩種豔粉蝶會飛下來訪花或吸水，但是多數時間是在樹冠層上飛舞、追逐，並有領域行為；流星絹粉蝶領域行為不明顯，飛行時的高度較低，常在林緣處活動且飛行速度也較慢。

本種以往被認為是臺灣特有種，學名為 *D. wilemani*，因此有「韋氏」或「臺灣」胡麻斑粉蝶之名，但1997年日本學者稻好及西村指出本種應該是 *D. berinda*，而臺灣的族群則被處理成特有亞種，本種的分布包括印度北部向東至中南半島北部及中國西南一帶。

▲卵塊
雌蝶產卵時常將卵堆疊成塔狀

▲卵特寫
頂端受精孔外圍有一圈白色小突起

◀在地面吸水的雄蝶

　　豔粉蝶屬的雌蝶常會產下爲數可觀的卵，先前介紹的豔粉蝶是整齊的將卵排列在成熟葉片上；白豔粉蝶是不規則的產在較嫩的葉片，而黃裙豔粉蝶的卵不只是整齊排列，且卵與卵之間會緊密相依、堆疊而形成塔狀，卵的發育同步，幼蟲孵化也同步，最後也會在相近的時間化蛹、羽化。

　　豔粉蝶屬的 4 種蝴蝶在分布上可依海拔分爲 2 群，豔粉蝶及白豔粉蝶以中海拔以下爲主，而條斑豔粉蝶、黃裙豔粉蝶多爲中、高海拔山區，後兩者的生活史長達 1 年。豔粉蝶或白豔粉蝶的幼蟲在中海拔山區的夏、秋季可以正常生長，但冬季及早春時，幼蟲常會脫皮失敗或是死於前蛹期，即便順利化蛹者也不易羽化，無法正常發育的主因可能是受到氣溫過低影響。條斑豔粉蝶、黃裙豔粉蝶在冬季時會以 3 齡幼蟲群聚躲在樹皮縫處越冬，待隔年春天氣溫回暖幼蟲再繼續進食，化蛹前幼蟲會爬離寄主植物四處分散，在寄主的枝條或葉片上化蛹。

▶卵內的幼蟲已發育完成，即將孵化。

1齡幼蟲

3齡幼蟲

4齡幼蟲

蝶蛹

▲終齡幼蟲
化蛹前幼蟲會分散找尋化蛹地點
◀化於栓皮櫟枝條或葉片上的蛹

流星絹粉蝶

Aporia agathon moltrechti

命名由來：本屬蝴蝶的翅膀多為白色半透明，如同絲絹的質感，因此稱為「絹粉蝶屬」。本種翅膀上的白色或黃色長條斑紋，形態像是黑夜裡的流星，因此稱為「流星」絹粉蝶。

別名：高山（絹）粉蝶、完善絹粉蝶、明昌深山粉蝶、麻蘋粉蝶、黃翅絹粉蝶、高椋粉蝶

分布／海拔：臺灣全島／1000～2500m

寄主植物：小蘗科的臺灣小蘗、高山小蘗、阿里山十大功勞、十大功勞

活動月分：1年1世代蝶種，6～9月可見成蝶

流星絹粉蝶是一年一世代蝶種，發生期主要集中在每年的6～8月間。成蝶好訪花，在骨消尚未開花時，路旁不起眼的火炭母草小白花上也能見到牠，植株長滿尖刺的菊科薊屬植物其「頭狀花序」是由許多的花組成，因此本種停在薊的花冠上時，常在上頭慢慢地一朵換過一朵吸著花蜜。早晨氣溫仍未上升前，是欣賞流星絹粉蝶的最佳時段，待氣溫上升後，牠就在森林邊緣飛舞找尋配偶或花朵。

流星絹粉蝶又稱為高山粉蝶，同屬的白絹粉蝶被稱為「深山粉蝶」，但是分布於中、高海拔的粉蝶種類並非只有這兩種，且因「深山」與「高山」這兩個名稱都不能表現個體的外表特徵及行為特殊性，且兩個意思相近的名稱也容易讓人混淆。

幼丨生丨期

為了拍攝流星絹粉蝶的完整生活史，筆者連續4年翻越合歡山前往中橫公路。第1年錯過卵期，只拍攝到小幼蟲；第2年提前上山，找到3個剛產下的卵群，並順利拍到卵的照片，在入秋的颱風離開後再次前往山區，其中的2個卵群不見只留下植物，第3個卵群那棵阿里山十大功勞則是完全消失不見；第3年遇到幼蟲全數遭到寄生；在第4年（2010年）早春，前一年秋天找到的2個卵群中，有一群卵有孵化，且幼蟲存活至早

▲成蝶吸食菊科薊屬花朵的花蜜

春時仍有十多隻在寄主植物上越冬，之後3月前往觀察，幼蟲的齡期尚未終齡，5月再次前往，植物上見到的幼蟲剩不到5隻，且體型已接近終齡的中後期，等到6月再次造訪，寄主植物上只發現一個健康的蝶蛹。

本種的生存壓力來自於山林開發，另外山產店裡販售十大功勞或阿里山十大功勞的莖，傳統上認為十大功勞屬的植物具有藥效，因此遭到採摘販售。十大功勞生長速度慢，筆者曾在不到20公分高的小苗上發現蝶卵，小苗無法提供足夠的葉片讓幼蟲攝食成長至化蛹，這些問題最終將導致流星絹粉蝶的族群數量下降。

▶排列整齊的卵群
雌蝶將卵聚產於寄主植物葉下表面。

2齡
幼蟲

▲6～9齡的大幼蟲

終齡
幼蟲

▲越冬蟲巢
枝葉間能觀察到幼蟲食痕、幼蟲糞便及幼蟲吐的絲線，越冬幼蟲就躲藏在枝條或靠近莖部的葉下表面。

◀蛹頭部特寫
蛹前端有黃色球狀突起，其功能不詳。

◀化於寄主葉下表面的蛹

白粉蝶

Pieris rapae crucivora

命名由來：白粉蝶族群數量多、分布廣，足以作為本屬代表，因此以中文屬名作為物種中文名稱。本種「紋白蝶」之名乃源自日文名稱「紋白蝶；モンシロチョウ」；幼生期常以十字花科蔬菜葉片為食，所以也稱為「菜粉蝶」。

別名：日本紋白蝶、菜粉蝶、紋白蝶
分布／海拔：臺灣全島、各離島／0～2500m
寄主植物：以十字花科植物為主，亦可攝食山柑科魚木、平伏莖白花菜等
活動月分：多世代蝶種，全年可見
其他：已定居之入侵種

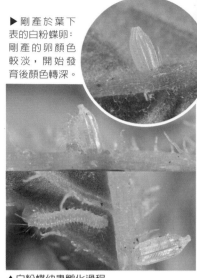

▶剛產於葉下表的白粉蝶卵：
剛產的卵顏色較淡，開始發育後顏色轉深。

日治時期臺灣並無白粉蝶分布，但60年代之後陸續有本種採集報告，其為臺灣原生種或外來種因缺乏具體證據而有不同看法。2004年徐教授及其研究生李宜欣以分子生物學方法探討臺灣地區白粉蝶的親緣地理學，結果顯示其為境外移入而非「原住民」，且臺灣的族群是多次不同時間、來源入侵的結果。牠喜歡陽性環境，開闊的農耕地正為其所好，因此成為十字花科蔬菜的主要蟲害。冬季稻作休耕時，農民習慣種植油菜作為綠肥，正好提供本種幼蟲大量的食物，每當油菜田裡黃花盛開，總是有成群的白色蝴蝶於田間飛舞。

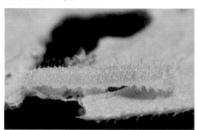

▲白粉蝶幼蟲孵化過程
幼蟲爬出卵殼後，會回頭啃食卵殼，作為孵化後的第一餐。

幼｜生｜期

雌蝶將卵單產在十字花科蔬菜上，因此飯盒裡常能找到煮熟的幼蟲，大面積種植蔬菜時，為了避免各類昆蟲啃食，大多會施以農藥防治以達立竿見影之效。近年來隨著食品安全意識抬頭，生物防治漸受重視，農業試驗所也提供多種生物防治方法，卻因為無法完全消滅幼蟲及作業手續較繁複，且無法有立即成效，因此農民使用意願仍不高，目前中南部有業者採取建造網室隔離昆蟲前來產卵，如此就能提供消費者新鮮安全且外觀完整的蔬菜。

▲2齡幼蟲

◀白粉蝶雌雄最容易觀察的特徵在前翅背面，雌蝶在翅基周圍有明顯的灰色鱗粉。

▲終齡幼蟲

▶蝶蛹
幼蟲化蛹前通常會爬離寄主，在其他植物或附近雜物上化蛹。

緣點白粉蝶

Pieris canidia canidia

命名由來：緣點白粉蝶的「緣點」是指後翅背面的邊緣有數個大小不一的黑點，此為區別本種、白粉蝶及飛龍白粉蝶的辨識重點。

別名：臺灣紋白蝶、東方菜粉蝶、緣點菜粉蝶、多點菜粉蝶
分布／海拔：臺灣全島、各離島／0～2500m
寄主植物：偏好原生十字花科植物，亦有攝食山柑科魚木、平伏莖白花菜；鐘萼木科的鐘萼木及金蓮花科的金蓮花記錄。
活動月分：多世代蝶種，全年可見

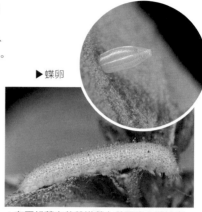
▶蝶卵

白粉蝶未入侵前臺灣只有緣點白粉蝶，兩種成蝶在棲息環境及寄主植物選擇各有所好，後者多在半陽性遮蔭的環境活動，偏好產卵於野生的十字花科植物；空曠的菜園不是牠喜歡的棲地，因此本種並非嚴重的蔬菜害蟲。本種在臺灣的分布很廣泛，即便是位於中央山脈深山的「碧綠神木」，道路邊坡的十字花科植物也都有雌蝶在植株附近飛舞、產卵。

幼 | 生 | 期

緣點白粉蝶目前已知的寄主除了十字花科植物外，另外山柑科、鐘萼木科、金蓮花科都有利用記錄。魚木幼苗觀察到本屬的兩種幼蟲，原以為是地面上的十字花科植物數量不足，饑餓的幼蟲逼不得已爬上魚木轉換寄主，但後續觀察到魚木嫩葉上有緣點白粉蝶的卵及白粉蝶雌蝶在上頭產卵的行為。當魚木幼苗逐漸長高後，就不曾見到牠們去利用，這點頗符合兩種雌蝶產卵時多在地面附近慢慢的飛行，找尋合適的寄主植物。以往鐘萼木上觀察到本種幼蟲攝食，也多在低矮的小苗上發現，而高處的新葉所尋獲的幼蟲則為近緣屬的「飛龍白粉蝶」。

▲在平伏莖白花菜嫩葉上發現的 3 眠幼蟲

▲ 4 齡幼蟲
幼蟲身體後段體色偏黃，若有發現這類情況，多半是體內有寄生蜂的幼蟲或是幼蟲的健康狀況不佳。

▲終齡幼蟲（5 齡）

▲下方的雌蝶舉起腹部，表達拒絕求偶。

▲蝶蛹
第 3 腹節的體背兩側突起較尖銳

161

飛龍白粉蝶 特有亞種

Talbotia naganum karumii

命名由來：本種雌蝶前翅背面從翅基至外緣有一道中間有折角的條狀斑紋，以此斑紋的意象命名為「飛龍」（白色翅膀與黑色斑紋，猶如飛龍在天），本屬為單種屬，只有飛龍白粉蝶一種，故本種即為模式種。

別名：輕海紋白蝶、嬌鸞紋白蝶、大紋白蝶、鐘萼木白粉蝶、輕見紋白蝶、飛龍粉蝶、芝蘭紋白蝶、那迦粉蝶
分布／海拔：臺灣本島北部、東北部／ 0 ～ 1000m
寄主植物：鐘萼木科鐘萼木（單食性）
活動月分：多世代蝶種，3 ～ 11 月可見成蝶

飛龍白粉蝶是 1936 年由蘇澳任教職的日本人輕海軍馬在蘇澳南方的白米溪流域採獲，學名中的亞種名「*karumii*」即是紀念發現者輕海氏，本種的中文名也稱為「輕海紋白蝶」；早期陳維壽先生稱本種為「嬌鸞紋白蝶」，而他在臺灣區蝶類大圖鑑裡使用了許多親友名字來為蝴蝶命名，因此「嬌鸞」推測可能也是他的親友之一；本種體型略大於另兩種白粉蝶，因此博物攝影家郭玉吉先生主張將本種稱為「大紋白蝶」；張保信老師則以本種幼生期的寄主取名為「鐘萼木白粉蝶」；「飛龍粉蝶」是香港、中國所使用的名稱，此名稱亦見於李俊延、王效岳先生的著作「台灣蝴蝶圖鑑」。以上名稱都是「俗名」，只要溝通上能理解對方說的是本種，喜歡用哪個名稱都無所謂。

芝蘭紋白蝶是爭議性較高的「謎蝶」，牠多次在報章雜誌上被發表為「新種」，但卻無正式的拉丁文學名與指定的模式標本，「芝蘭」源自發現地點臺北市士林區的舊稱，目前將芝蘭紋白蝶視為翅膀斑紋不發達的飛龍白粉蝶春型個體。*Talbotia* 屬是在 1958 年由 *Pieris* 屬（白粉蝶屬）分出，以前本種學名為 *P. naganum*，與臺灣紋白蝶、（日本）紋白蝶同屬。

上方翅膀破損的為雌蝶，下方倒吊的雄蝶翅膀鱗片完整。

◀蝶卵
卵為白色，產於鐘萼木葉片下表面。

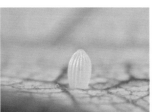

▲ 1 齡幼蟲
排糞後糞便黏在尾部，幼蟲轉身用口去移除糞便。

幼|生|期

　　鐘萼木小苗可發現緣點白粉蝶的幼蟲，但距地超過 1 公尺的位置只能觀察到飛龍白粉蝶幼生期[註]。雌蝶大多將卵產於葉下表，卵呈白色帶透明感，孵化的幼蟲在葉下表面啃食出一個個小孔，隨齡期增加食痕漸漸明顯，留下較硬而難以咬斷的葉脈。幼蟲體型稍大時，常停棲在葉下表中肋處，2～4 齡幼蟲體色頭尾兩端呈黃色，中間為綠白色或青白色，終齡幼蟲身上有條明顯的黃色背中線，體色則為藍綠色。幼蟲化蛹前會爬離寄主植物，由於鐘萼木秋季時會落葉，所以當年度最後世代的幼蟲要隔年春天鐘萼木開花時才會羽化。

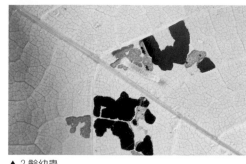

▲ 2 齡幼蟲
遇到質地較硬的葉片，幼蟲改以刮食葉肉的方式進食。

3 齡幼蟲

粉蝶亞科

飛龍白粉蝶屬

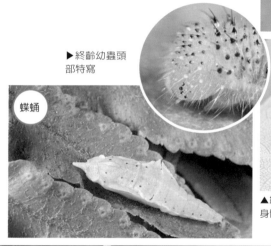

▶終齡幼蟲頭部特寫

蝶蛹

▲終齡幼蟲
身體色澤變綠，背上有條黃色的背中線。

◀牆上有許多蛹殼，近看可發現多數蛹的身上有孔洞，全是遭到寄生蜂的毒手。

註：1941 年 9 月楚南仁博在臺北市大屯山發現本種寄主為苦木科臭椿 Ailanthus altissima，而之後濱野榮次也在其著作臺灣蝶類生態大圖鑑中引用了這筆資料。臭椿的外形與鐘萼木有些相似，都有著羽狀複葉、冬季會落葉且族群數量不多，但臭椿在臺灣分布於北部、中部的中海拔山區，與本種分布不符合，因此推測這筆寄主植物記錄應該是植物鑑定錯誤。

淡褐脈粉蝶

 特有亞種

Cepora nadina eunama

命名由來：本屬蝴蝶翅膀背面翅脈處常有深色鱗粉分布，因此取名為「脈粉蝶屬」，本種夏季個體翅膀腹面為黃褐色，因此取名為淡「褐」脈粉蝶；舊名淡紫粉蝶的「淡紫」是指翅膀在特定角度下會有淡紫色的光澤。

別名：淡紫（脈）粉蝶、青圓粉蝶、淡紫白蝶、青園粉蝶、淡紫異色粉蝶
分布／海拔：臺灣本島中、南部／0～2500m
寄主植物：山柑科多種山柑屬植物，特別是毛瓣蝴蝶木
活動月分：多世代蝶種，全年可見成蝶活動

淡褐脈粉蝶雄蝶會群聚在潮溼的泥地或是溪邊的沙灘上吸水，群體裡常有其他種類粉蝶混雜其中。雌蝶多在花朵上吸蜜，或是尋找生長在樹林下層的山柑植株產卵。冬季時翅膀腹面以淡灰褐色為主；夏季則呈黃或黃褐色，與冬季的模樣明顯不同。蝴蝶的求偶行為會因類群不同而有些差異，粉蝶最常見到的是雌蝶後方有數隻雄蝶跟隨，形成一個列隊的形式，當雄蝶追得太緊迫且雌蝶沒有意願接受時，雌蝶會停棲並將翅膀平攤、腹部高舉以示拒絕。

▶單產於小刺山柑上的卵

幼｜生｜期

本種與山柑屬植物的分布都以中南部為主，彰化八卦山的清水巖（岩）露營區附近有不少毛瓣蝴蝶木，此處適宜觀察多種利用山柑為食的蝶類。脈粉蝶屬在中臺灣僅有淡褐脈粉蝶一種，所以要分辨本種卵並不困難。卵剛產下時為淡黃色，發育後呈橘紅或紅色，雌蝶常將卵產於新芽上，不過偶爾也會產於老熟葉片。3齡以下的小幼蟲休憩時會停棲在新葉中肋處，幼蟲體色以綠色為主，4、5齡幼蟲有時則會爬行至枝條基部停棲，化蛹前幼蟲會爬至較陰暗處，甚至在附近雜物上發現蛹。

▲刮食葉肉的1齡幼蟲

▲有隻4齡幼蟲在枝條上

▲終齡幼蟲

▼低溫型雄蝶
冬季時雄蝶翅膀腹面呈灰色

▲化於葉面的蛹

粉蝶亞科

脈粉蝶屬

黑脈粉蝶

特有亞種

Cepora nerissa cibyra

命名由來：本種沿著翅脈兩側有明顯的深褐色鱗片，因此取名為「黑」脈粉蝶，但冬季的個體深褐色鱗片較不發達。

別名：棕脈粉蝶
分布／海拔：臺灣本島南部、離島蘭嶼／ 0～850m
寄主植物：山柑科多種山柑屬植物，如小刺山柑、蘭嶼山柑、毛瓣蝴蝶木
活動月分：多世代蝶種，全年可見

里龍山是恆春半島最高的山，冬季時登山步道旁的大花咸豐草上可觀察到不少外型相似的灰白色**蝴蝶**，其實包含了同屬黑脈粉蝶及淡褐脈粉蝶，兩種主要差別是前者前翅背面有一個黑色斑紋；夏季則可由翅膀腹面花紋直接區別，本種季節型外觀差別明顯。臺灣本島的脈粉蝶屬只有淡褐脈粉蝶及黑脈粉蝶 2 種，80 年代以前，臺東及蘭嶼有黃裙脈粉蝶的觀察記錄，當時將其列為迷蝶，現在的蘭嶼及綠島已可觀察到穩定的黃裙脈粉蝶。

幼｜生｜期

黑脈粉蝶與淡褐脈粉蝶習性相似，雌蝶偏好寄主的新芽處產卵，小幼蟲主要以鮮嫩的葉片為食。終齡幼蟲會在毛瓣蝴蝶木的成熟葉上停棲、攝食；然而幼蟲只在小刺山柑尚未老化的新葉上活動，這是因為它的成熟葉太堅硬，連終齡幼蟲都沒辦法啃食。圖片裡 4 齡的黑脈粉蝶幼蟲口中有隻異色尖粉蝶 2 齡幼蟲，蝴蝶幼蟲大多為植食性，像這種大幼蟲將小幼蟲或卵吃下肚的畫面，多半是大幼蟲攝食葉片時不慎將停棲在葉片的小幼蟲連同葉片當成食物吃下肚，這情況在幼蟲體型差異較大且食物不足時才會發生。

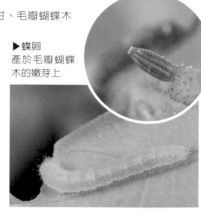
▶ 蝶卵
產於毛瓣蝴蝶木的嫩芽上

▲ 4 齡幼蟲

▲ 終齡幼蟲
可攝食毛瓣蝴蝶木的成熟葉，但小刺山柑的成熟葉質地太硬不吃。

▲ 蝶蛹

▶ 黑脈粉蝶誤食異色尖粉蝶的小幼蟲

▶ 夏型（高溫型）的雄蝶

▶ 冬型（低溫型）的雄蝶
後翅腹面翅脈處黑灰色鱗不發達。前翅背面的黑色斑紋可與淡褐脈粉蝶區別。

165

黃裙脈粉蝶

外來定居種

Cepora iudith olga

命名由來：本種後翅以黃色為主，因此命名為「黃裙」脈粉蝶。

別名：黃裙粉蝶、下黃（翅）粉蝶、黃裙圓粉蝶
分布／海拔：離島蘭嶼、綠島／ 0 ～ 200m
寄主植物：山柑科蘭嶼山柑、毛花山柑
活動月分：多世代蝶種，全年可見

粉蝶亞科

脈粉蝶屬

▲卵剛產下呈乳白色，發育後有橙色發育斑。（左：呂晟智；右：林家弘攝）

黃裙脈粉蝶過去在臺東知本一帶曾有採集記錄，但只是少數個體隨著氣流或颱風來到本島，未能立足繁衍的偶產種。其主要分布在東南亞島嶼，臺東的綠島、蘭嶼有穩定族群分布，但綠島族群較少。綠島、蘭嶼中午氣溫高、日晒強烈，蝴蝶都飛入樹林休息躲避日晒，早晨或下午陽光較弱時才會出來在花叢間覓食。日治時期對蘭嶼島上的生物已有基礎的調查，當時的資料並未記錄到牠，本種外型特殊不易誤認，因此研判當時蘭嶼島上並無本種分布，其最早的記錄是 50 年代由陳維壽先生採自蘭嶼，之後因族群狀況不穩定而視為迷蝶；80年代末期，本種在蘭嶼及綠島建立穩定的族群，由分布推測其來源應該是菲律賓。

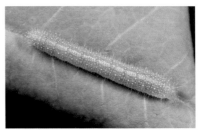

▲ 3 齡幼蟲

幼｜生｜期

　　雌蝶將卵產於蘭嶼山柑的嫩葉或新芽，小幼蟲停棲在嫩葉上表面中肋處，終齡幼蟲仍保有這個習性，但少部分會躲藏在枝條處。由於蘭嶼山柑的成熟葉較厚而硬，終齡幼蟲都不會去啃食，當寄主沒有嫩葉時則可以斷定植株上是找不到卵及幼蟲。化蛹前幼蟲會爬離嫩葉，在低矮隱密的葉片或是莖上化蛹，蛹背部有白色斑塊，斑塊形狀多變。蘭嶼除本種外還有黑脈粉蝶，兩者幼生期的形態、習性相似。

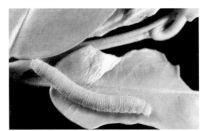

▲ 4 齡幼蟲

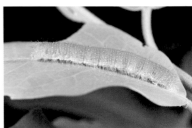

▲終齡幼蟲

▼後翅為鮮黃色，特徵明顯。

▲蝶蛹

異色尖粉蝶

Appias lyncida eleonora

命名由來：異色尖粉蝶的「異色」是指本種成蝶雌雄外型不同。「臺灣粉蝶」這名稱源於日文名稱「タイワンシロチョウ，台灣白蝶」，因日治時期本種不分布於日本只分布於臺灣[註]。

別名：臺灣粉蝶、雌紫粉蝶、靈奇尖粉蝶、臺灣白蝶、灰角尖粉蝶

分布／海拔：臺灣全島、離島龜山島、蘭嶼／ 0 ～ 2500m

寄主植物：山柑科多種山柑屬植物及魚木

活動月分：多世代蝶種，全年可見

▶ 產在小刺山柑上的卵，剛產下的卵為乳白色，發育後轉為橙色。

臺灣的尖粉蝶屬蝴蝶共 6 種，除紅尖粉蝶難得一見外，其他 5 種都有穩定族群，但只有異色尖粉蝶是全島普遍分布。雄蝶翅背以白色為主，前翅前緣及外緣有黑色鋸齒狀斑紋；雌蝶翅膀斑紋會隨季節變化，夏型有大面積的黑褐色鱗；冬型與雄蝶外型相似，但仔細比較仍可由前翅翅形及黑斑形狀與雄蝶區別。

▲ 1 齡幼蟲
幼蟲正在啃食尚未孵化的卵

幼 | 生 | 期

北臺灣常見的山柑科植物為魚木，魚木上的 3 種粉蝶幼蟲合稱為「魚木三寶」，依體型大至小分別為橙端粉蝶、異色尖粉蝶及纖粉蝶，3 種蝴蝶有各自偏好的生態習性。本種雌蝶喜歡將卵單產或少量聚產在半陽性環境的新芽或嫩葉，幼蟲孵化後先啃食卵殼，然後從最嫩的葉片先攝食，幼蟲會群聚活動，隨齡期增加，開始往下方的葉片移動並漸漸分散。山柑屬植物大多生長在林下遮蔭處，本種在中南部則是選擇林緣處生長的小刺山柑或毛瓣蝴蝶木的嫩葉產卵，惟本種的終齡幼蟲只能攝食嫩葉，因此競爭力較弱，其族群數量不如異粉蝶或脈粉蝶屬的種類。

▲ 4 齡幼蟲
右方為終齡幼蟲的尾部

▲ 群聚的 5 齡幼蟲
成群的幼蟲食量頗大，寄主植物上有明顯的食痕。

◀ 雄蝶
展翅時可見翅膀外緣有許多鋸齒狀黑色斑紋

註：近年入侵日本並成功在日本南部立定，現為外來定居種。

▲ 蝶蛹
蛹化於魚木葉上表面，蛹體呈綠色或黃綠色。

鑲邊尖粉蝶

Appias olferna peducaea

 外來定居種

命名由來：「鑲邊」是指翅膀外緣的翅室鑲有黑褐色邊框，而尖粉蝶為其屬名，本種為尖粉蝶屬的模式種。本種昔稱「八重山粉蝶」，乃源於日文名稱翻譯，日文名稱的由來是因為牠為偶爾會出現在日本八重山群島的迷蝶。

別名：八重山粉蝶

分布／海拔：臺灣本島南部為主／0～200m

寄主植物：山柑科白花菜屬平伏莖白花菜（單食性）

活動月分：多世代蝶種，全年可見成蝶活動

鑲邊尖粉蝶在不同季節翅膀的花紋差別明顯，夏季時雄蝶翅膀花紋黑白分明，後翅有明顯斜向斑紋，雌蝶與雄蝶相似且多了許多黃色的鱗粉，整體較鮮豔；冬季時不論雌、雄蝶，翅膀底色都變成淡灰褐色，而黑褐色斑紋也變淡不明顯，此時容易與其他種類混淆。

本種是熱帶蝴蝶入侵臺灣的代表性案例，1933年於南部有採集記錄，但當時被視為迷蝶，直到2002年，於高雄再次觀察到本種且分布有逐漸擴張趨勢[註]。東南亞地區的熱帶蝴蝶其實不斷藉著各種機會進入臺灣，但由於氣候條件或外在環境不能配合，不一定都能順利建立穩定族群。外來種平伏莖白花菜的歸化及散布，正好讓入侵的鑲邊尖粉蝶有寄主資源使其族群得以存活並擴張。

幼 | 生 | 期

對於不認識鑲邊尖粉蝶的蝶友，看到牠的夏型個體，最容易聯想到的就是黑脈粉蝶，因為本種翅脈處有不少深色條紋，但其分類為尖粉蝶屬，本屬雄蝶前翅翅頂較尖，幼蟲外觀也與脈粉蝶屬略有差異。

註：2002年林瑞明先生於高雄地區發現大量的本種成蝶，並觀察到寄主植物及幼生期階段，且將觀察記錄刊載於2003年的臺灣蝴蝶保育學會「蝶」冬季號季刊。

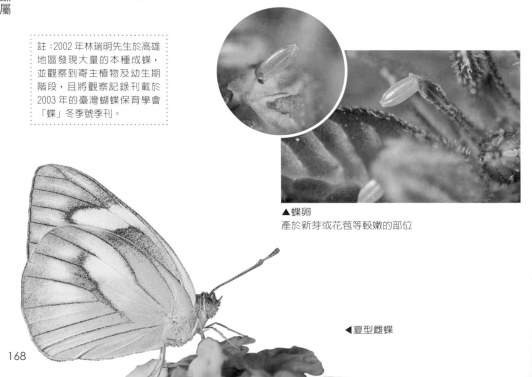

▲蝶卵
產於新芽或花苞等較嫩的部位

◀夏型雌蝶

粉蝶亞科

尖粉蝶屬

生長在荒地裡的平伏莖白花菜是本種
幼蟲的最愛，不過能以平伏莖白花菜為食
的蝴蝶幼蟲可不少，尚有白粉蝶、緣點白
粉蝶、纖粉蝶等。尖粉蝶屬的卵相對於同
體型的粉蝶會小一號，翻找寄主植株最容
易發現的是兩種白粉蝶的卵，白粉蝶屬的
卵除了體積較大外，雌蝶會將卵產在植物
體的任何地方。本種雌蝶產卵時會選擇特
定的植物部位，例如枝條末梢的新芽或是
小花苞等較嫩的部位。卵為橙黃色，不同
於白粉蝶屬的淡黃色。3齡以後的幼蟲，
在尾部可看出呈二叉狀，這種形狀的尾部
在臺灣只有蛺蝶科眼蝶類中較容易觀察
到，不過粉蝶科尖粉蝶屬部分種類也有。
幼蟲化蛹時，會爬至附近其他植物或物體
上，蛹為淡綠色，雖然為外來種但也觀察
到會被寄生蜂危害。

3齡
幼蟲

終齡
幼蟲

粉蝶亞科

尖粉蝶屬

▲蝶蛹
化於大花咸豐草葉下表，蛹側面隱約可見
體內有黑色與白色物體，此蛹遭到寄生天
敵的危害。

▼冬季的雌蝶

◀高溫型（夏型）
的雄蝶

169

尖粉蝶

Appias albina semperi

命名由來：尖粉蝶數量多、分布廣，足以作為尖粉蝶屬的代表種，因此以屬的中文名稱作為本種的中文名。

別名：尖翅粉蝶、尖翅尖粉蝶、白翅尖粉蝶、川上粉蝶
分布／海拔：臺灣全島、離島龜山島、蘭嶼、綠島、澎湖／ 0 ～ 200m
寄主植物：大戟科鐵色（單食性）
活動月分：多世代蝶種，全年可見

尖粉蝶雄蝶前翅翅頂形狀尖銳，這與眾不同的外觀說明本屬名稱由來，但這特徵在雌蝶並不明顯。本種主要分布在熱帶地區，臺灣是其分布北界，早年只在恆春半島及離島蘭嶼、龜山島有穩定的數量，其他地區雖有紀錄，但沒有常駐族群。雌蝶外觀有 2 種色系，白色系較常見，偶爾也有黃色系，但翅膀黑色斑紋無差別。本種雌蝶與黃尖粉蝶（又名蘭嶼粉蝶，*A. paulina*）雌蝶相似不易辨別，但雄蝶容易區分。

▶產於葉下表的卵

▲枝條上有 3、5 齡幼蟲。

幼｜生｜期

本種的寄主鐵色在臺灣只分布於恆春半島，牠與雲紋尖粉蝶都以鐵色嫩葉為食，其嫩葉生長迅速，很快就會革質化而變硬，但幼蟲僅能攝食嫩葉，因此這 2 種蝴蝶的幼蟲發育速度頗快。每當鐵色開始大量抽新芽時就能見到雌蝶在附近飛舞且密集產卵，幼蟲生長快速，各齡期間隔時間短，因此在嫩葉上能見到各齡幼蟲。目前鐵色尚未在全臺各地廣為種植，所以這 2 種蝴蝶仍不常見，人們對於鐵色植栽的喜好程度將會影響本種族群在臺的分布。本種、黃尖粉蝶及雲紋尖粉蝶的寄主有部分重疊，而且幼蟲體表及頭殼都有明顯的錐狀瘤突，瘤突大小及位置可作為種類辨識特徵。

▲終齡幼蟲（5 齡）

交配中的成蝶，雄蝶前翅翅頂形狀尖銳。（左雄右雌）

▲蝶蛹
化於葉下表的蛹常為綠色型或黃綠色系；枝條上的常為褐色型蛹。

雲紋尖粉蝶 特有亞種

Appias indra aristoxemus

命名由來：後翅腹面有黑灰色的雲狀斑紋，因此稱為「雲紋」尖粉蝶。

別名：雲紋粉蝶、雷雲尖粉蝶、雲型白蝶、雷震尖粉蝶、黑角尖粉蝶

分布／海拔：臺灣全島，但以中南部為主、離島龜山島、蘭嶼／0～3000m

寄主植物：大戟科之鐵色、臺灣假黃楊，鐵色屬的交力坪鐵色為稀有植物，理論上幼蟲也會利用

活動月分：多世代蝶種，全年可見

▶卵表面有明顯縱稜

雲紋尖粉蝶的主要發生期在春、夏季，特別是夏季大發生時，在臺東山區的溪谷可觀察到眾多雄蝶群聚在溪床上吸水，還可觀察到雄蝶一隻接著一隻排列沿著溪床飛行[註]。本種在彰化地區因為園藝苗圃裡種植不少鐵色植栽，因此偶爾也能觀察到本種的活動，隨著鐵色植栽的種植，本種幼生期可利用的植物資源分布更為廣泛，原本不常見到的地點也有機會發現牠。

▲聚產於臺灣假黃楊嫩葉上的卵群

幼│生│期

雌蝶將卵聚產在寄主的嫩芽或嫩葉，幼蟲孵化後會群聚活動，1齡幼蟲直接在葉片上刮食葉肉，3齡以前的幼蟲多半停留在嫩葉葉面，大幼蟲會躲在鄰近嫩葉的成熟葉葉下表，只在進食時才爬至嫩葉。本種幼蟲僅能攝食嫩葉或新芽，所以只在寄主植物開芽時才能觀察到卵及幼蟲。隨著葉片慢慢硬化，幼蟲也發育至終齡或前蛹期，幼蟲化蛹在葉下表面或枝條下方隱蔽處。若觀察到鐵色或臺灣假黃楊的嫩葉被大量啃食，有機會在嫩葉附近的枝條上發現牠的幼蟲或蛹。

▲3齡幼蟲

▲終齡幼蟲

註：這種一隻跟著一隻飛行的行為，還可在其他種類的粉蝶見到，像分布在東北角的飛龍白粉蝶，其他科別的蝴蝶尚未觀察到這行為。

▶訪花的成蝶

▲化於鐵色葉下表的蛹

鋸粉蝶

Prioneris thestylis formosana

特有亞種

命名由來：鋸粉蝶為鋸粉蝶屬的模式種，因此以屬的中文名稱來命名。本屬雄蝶前翅前緣有鋸齒狀構造，可能是雄蝶間用於追逐打鬥用，而濱野榮次提出該構造可能使捕食者接觸後不舒服，減少被補食的機會。

別名：斑粉蝶、黃斑粉蝶
分布／海拔：臺灣本島／100～1500m
寄主植物：山柑科山柑屬的毛瓣蝴蝶木
活動月分：多世代蝶種，全年可見

▶雄蝶前翅前緣的鋸齒狀構造（引用自「臺灣蝴蝶圖鑑」上冊337頁）

鋸粉蝶是臺灣體型第二大粉蝶，雄蝶有群聚吸水行為。雌蝶會訪花，也常在樹林裡飛行找尋寄主植物產卵，但雌蝶多半只在寄主植物附近飛行而無產卵動作，雌蝶在產卵前會在寄主植物附近飛舞打轉，只有在植物的各項發育條件符合下，雌蝶才會將卵產下，而且雌蝶產卵動作十分迅速，稍不留意就會錯過。

幼|生|期

雌蝶每次僅產1顆卵，葉長約2～4公分的嫩葉較受雌蝶喜愛，太小的新芽及太大的嫩葉都不易發現，卵剛產下時呈乳白色，發育後轉為橙黃色，其外觀像異色尖粉蝶但體型較大，卵會與葉片呈45度夾角，山柑屬上只有本種將卵產成這模樣。3齡以下的小幼蟲喜歡停棲在嫩葉的上表面，大幼蟲會在成熟葉的葉面製作絲座（蟲座），除了進食以外的時間都會停棲在絲座上。本種幼生期目前僅見於山柑屬植物，但北臺灣有本種分布，卻無山柑屬的植物；而全島分布的魚木，在南部尚無鋸粉蝶利用的記錄，因此本種在北部是以何種寄主為食，目前仍不清楚。幼蟲給予魚木會攝食並可順利化蛹、羽化，推測在北部可能是以魚木為寄主，只是尚未被觀察到。

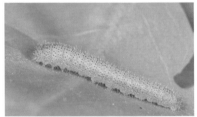

▲卵剛產下為乳白色，發育後為橙黃色。

▲3齡幼蟲

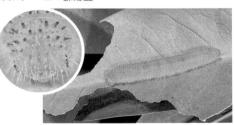

▲停棲在毛瓣蝴蝶木中肋的終齡幼蟲

◀訪花覓食的雌蝶

▲蛹化於葉片上表面，剛化蛹時體表花紋尚不明顯。

纖粉蝶

Leptosia nina niobe

特有亞種

命名由來：纖粉蝶為纖粉蝶屬的模式種，因此以屬的中文名稱命名。「纖」的由來是因本屬物種相對於粉蝶科的其他種類，體軀外型較為纖細瘦長，也有另一種說法是本屬蝴蝶的翅膀輕薄細微。

別名：黑點小粉蝶、臺灣姬粉蝶、黑點白蝶、干粉蝶
分布／海拔：臺灣全島、離島龜山島、蘭嶼／0～1000m
寄主植物：山柑科多種植物，如魚木、小刺山柑、毛瓣蝴蝶木
活動月分：多世代蝶種，全年可見

魚木三寶中的「小寶」纖粉蝶是臺灣體型最小的粉蝶，牠常在樹林遮蔭環境活動，飛行高度常低於1公尺，緩慢拍翅的動作像是飄浮在空中，因此又被笑稱為「阿飄」。因前翅偏外側有一個明顯黑點，此即「黑點粉蝶」名稱之由來，同屬其他種類也有這個斑紋，但本屬在臺灣僅有牠，因此不難分辨。

幼|生|期

魚木有3種粉蝶幼蟲利用，但不可能同時觀察到牠們。纖粉蝶雌蝶偏好將卵產於魚木小苗的葉片，1齡幼蟲身上有細長毛，2齡以後則換成細短毛，大幼蟲常停棲在葉片中肋。來到中南部，牠的習性依舊是將卵產於低矮的寄主，**生態區位**[註]明顯不同於同樣以山柑屬植物為食的種類。

註：**生態區位**（Niche）是指物種在所處的生態系中，其生存所需求的生物及非生物條件。通常優勢物種會占領環境中資源較多的生態區位，甚至因適應環境的能力較強而出現在不同生態區位的本領。魚木三寶是指魚木上3種常見的粉蝶科幼蟲，異色尖粉蝶及橙端粉蝶僅能以魚木及山柑屬葉片為食，而纖粉蝶能攝食平伏莖白花菜且喜歡在半遮蔭環境活動，讓牠能在都市綠地中生存；但本種與生態區位相似的緣點白粉蝶、鑲邊尖粉蝶有競爭關係。

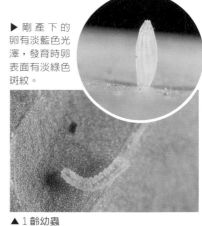

▶ 剛產下的卵有淡藍色光澤，發育時卵表面有淡綠色斑紋。

▲ 1齡幼蟲

▲ 3齡幼蟲

▲ 停在葉片中肋的終齡幼蟲

▲ 蝶蛹
化蛹在綠葉上常為綠色型；枯枝或雜物上為褐色型。

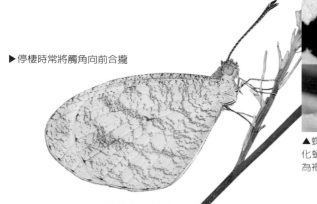

▶ 停棲時常將觸角向前合攏

粉蝶亞科

纖粉蝶屬

173

異粉蝶

Ixias pyrene insignis

特有亞種

命名由來：異粉蝶為異粉蝶屬的模式種，因此以屬的中文名稱來命名。「異」是指本屬蝴蝶雌雄顏色差異明顯。別名「雌白黃蝶」容易讓本種誤以為是黃蝶屬的物種。

別名：雌白黃蝶、槌粉蝶、橙粉蝶、黑緣橙粉蝶
分布／海拔：臺灣全島，中、南部數量較多／0～2000m
寄主植物：目前僅知山柑科的毛瓣蝴蝶木（單食性）
活動月分：多世代蝶種，全年可見

異粉蝶雌雄最大的差別是翅膀底色，雄蝶為黃色調，雌蝶則以灰白色為主，連雄蝶前翅橙色斑紋的部分，在雌蝶身上也成了白色，唯一不變的是身上黑褐色斑紋位置，但雌蝶的黑褐色斑紋比雄蝶發達。本種在熱帶地區的亞種，雌蝶黑褐色斑紋比雄蝶更為發達。本種在夏季及冬季時，翅膀的花紋有些許不同，冬季時，後翅背面外緣處的黑色斑紋不明顯，有時僅見到數個小黑斑；夏季個體，在翅膀外緣有一圈明顯的黑褐色斑紋。

幼｜生｜期

異粉蝶的成蝶在中南部山區頗為常見，但牠的幼生期卻沒有想像中容易觀察到。部分資料表示異粉蝶會將卵產於植物新芽上，然而長期實際觀察後卻非如此。

筆者所觀察到的是本種雌蝶產卵時會在毛瓣蝴蝶木的下層枝條附近飛舞，喜好偏暗的產卵環境，除了將卵直接產在老熟葉上，也會產於寄主植物附近的枯藤雜物上，因此要觀察到牠的卵得要花費不少時間去尋找。幼蟲孵化後，以成熟葉為食，平時則直接停棲在食痕的缺口或是葉緣附近，與其他粉蝶幼蟲停棲在葉片中肋處的習性不相同。另外，終齡幼蟲也會停棲在寄主植物的細枝條處，而蝶蛹多化於陰暗處的葉片下方。

▲蝶卵
剛產下呈乳黃色，發育後有橙色發育斑。

▲剛孵化的1齡幼蟲

▲4齡幼蟲

▲5齡幼蟲

▲即將羽化出雄蝶的蛹

◀晒冬陽的雄蝶
冬型後翅背面外緣處的黑色斑紋不明顯

橙端粉蝶

特有亞種

Hebomoia glaucippe formosana

命名由來：橙端粉蝶屬前翅背面頂角有個大型的三角形橙紅色斑紋，而本種為本屬的模式種，因此以屬的中文名作為本種的中文名稱。「鶴頂粉蝶」的鶴為丹頂鶴，也是指橙紅色斑，而鶴頂紅則是小說常見的毒藥。

別名：端紅蝶、紅衽（粉）蝶、鶴頂粉蝶、紅角大粉蝶、襟紅粉蝶
分布/海拔：臺灣全島、離島龜山島、蘭嶼、澎湖 / 0～2000m
寄主植物：山柑科多種山柑屬植物及魚木
活動月分：多世代蝶種，全年可見

臺灣體型最大的粉蝶即橙端粉蝶，雄蝶前翅橙色斑紋較大，顏色較鮮豔，後翅為乳白色；雌蝶橙色斑較小且有較多黑色斑紋，黃白色的後翅於翅緣有明顯黑斑。最新研究指出本種前翅橙色斑紋是一種警戒色，橘紅色的鱗粉具有像潮間帶生物「芋螺」相似結構的神經毒成分，不慎將牠吃下肚恐有生命危險。本種於黃昏休息的習性很特別，不同於一般粉蝶會飛到低處的葉片下方停棲過夜，橙端粉蝶則是將雙翅合攏停棲於植株中層綠葉的葉上表面或枝條上過夜。

幼 | 生 | 期

　　魚木三寶中的「大寶」橙端粉蝶，其幼蟲從1齡至終齡都喜歡停棲在葉片基部中肋處，終齡幼蟲胸部位置有明顯的眼狀斑紋，配合綠色的身體及體側的紅白雙色縱紋，給人的第一個印象就是樹棲毒蛇「青竹絲」，除了體型小及體長較短外，體表花紋與青竹絲有許多相似處。當幼蟲受驚擾時會鼓起變大的胸部，並快速用那像蛇的頭部去碰撞攻擊對象，模樣就像是條小蛇作勢反咬。化蛹前幼蟲常爬離寄主植物，到附近低矮的隱蔽處化蛹，黃色型的蛹較少見，綠色型在環境中有較好的保護色。

▶ 卵體積是粉蝶中最大者

▲ 2 齡幼蟲
1、2 齡幼蟲胸部的花紋仍不明顯

▲ 5 齡幼蟲

▲ 受驚擾時，幼蟲會抬起頭胸部並膨大鼓起，其外形貌似蛇的頭部。

▲ 訪花的雌蝶

▲ 蝶蛹
多數的蛹體色為綠色或黃綠色，此為少見的黃色型。

細波遷粉蝶

Catopsilia pyranthe

命名由來：「遷」是指本屬具有優秀的飛行能力，有些種類在大發生時，具有群體「遷移」的行為。「細波」是指翅膀腹面有許多淡褐色的細波紋；水青粉蝶是指翅膀泛有淡青色光澤，但遷粉蝶亦有。

別名：水青粉蝶、細紋遷粉蝶、決明粉蝶、波紋粉蝶、梨花（遷）粉蝶、縞紋粉蝶、裏波白蝶、江南粉蝶

分布／海拔：臺灣全島、離島澎湖、小琉球、東沙島、金門／0～2000m

寄主植物：豆科之決明、望江南、黃槐、阿勃勒、翼柄決明等多種決明屬植物

活動月分：多世代蝶種，全年可見

在臺灣全年可見的細波遷粉蝶，冬季與夏季所見到的外觀有些不同。冬季時翅膀外緣有一圈暗紅色鱗片及緣毛，前後翅中間有一個鑲紅邊的銀白色斑紋；夏季時就看不到這些暗紅色花紋，但在季節交替的春、秋季，這些紅色斑紋則相對較不明顯，因此可以從翅膀斑紋大致可知照片拍攝的季節。本種活動地點多為平地及淺山區，只要寄主植物有開新芽，就能吸引雌蝶前來產卵，但冬季時植物的新芽較少，因此冬型的成蝶也較難見到。

幼｜生｜期

豆科植物上的粉蝶幼蟲一定會在葉片表面活動，除了進食以外的時間，都會停棲在小葉中肋或是葉片中肋的位置。細波遷粉蝶的終齡幼蟲會在小葉葉片上吐絲製作的蟲座（絲座），幼蟲一身翠綠色的外表，在葉片上有不錯的隱藏效果。本種的蛹體色只有綠色型，若見到褐色蛹是遭受天敵寄生後不健康的顏色，蛹體顏色愈深，表示寄生者已漸漸成熟即將羽化。

▶產於葉表的卵

▲3齡幼蟲

▲終齡幼蟲
兩隻幼蟲都已終齡，頭殼大小一致，但右下方個體為齡初，中間的個體為齡末。

▲蝶蛹
背上停棲一隻寄生蜂

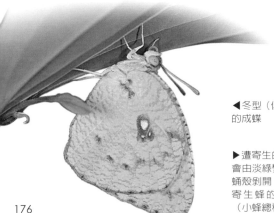

◀冬型（低溫型）的成蝶

▶遭寄生的蛹，體色會由淡綠變褐色，將蛹殼剝開，裡面全是寄生蜂的蛹及幼蟲（小蜂總科）。

遷粉蝶

Catopsilia pomona

命名由來：遷粉蝶為遷粉蝶屬的模式種，因此以屬的中文名稱作為物種的中文名。遷粉蝶在大發生時有遷移習性，舊慣用名稱「淡黃蝶」易與黃蝶屬物種的親緣關係混淆。

別名：淡黃蝶、銀紋淡黃蝶、無紋淡黃蝶、無紋淺黃粉蝶、淺紋淡黃粉蝶、遷飛粉蝶、鐵刀木粉蝶

分布／海拔：臺灣全島、離島龜山島、澎湖、小琉球、蘭嶼、東沙島、金門／0～2000m

寄主植物：豆科之鐵刀木、翼柄決明、阿勃勒、黃槐

活動月分：多世代蝶種，全年可見

遷粉蝶飛行快速，喜歡陽性開闊環境。80年代以前的中文圖鑑沿用日本舊資料，將本種區分為「銀紋淡黃蝶」與「無紋淡黃蝶」，這「2種」是高雄黃蝶翠谷的主要組成，兩者會混棲並且利用相同的寄主，最明顯的差別是前者翅膀腹面中央處有一個鑲紅邊的銀白色斑紋；後者則無此斑紋。但實際上在60年代，日本就已由雜交試驗及飼養觀察得知這兩種只是同種不同季節型。

幼｜生｜期

　　陳維壽先生認為臺灣有3種不同類型的蝴蝶谷，而「生態型蝴蝶谷」裡有許多蝴蝶的寄主植物，能夠孕育數以萬計的蝴蝶。最常引用的例子是高雄美濃的黃蝶翠谷及六龜彩蝶谷，這兩個地點都是以數量龐大的遷粉蝶聞名。民國20多年，因戰爭需求日本人種植許多用來製作槍托的鐵刀木[註]，每年春、夏季植株嫩葉遭本種幼蟲啃食，對當時林業單位而言牠是造林害蟲。如今「生態型蝴蝶谷」因鐵刀木無利用價值改種其他樹種後，使得本種族群數量不如當年。

註：鐵刀木 *Senna siamea* 為外來種，原產於中南半島、印度等，其生長快速，樹形高大，木材可作家具，是臺灣早期的造林樹種。

◀色澤亮麗的銀紋型雌蝶。冬季是銀紋型，夏季為無紋型，季節交替時則為中間型態。

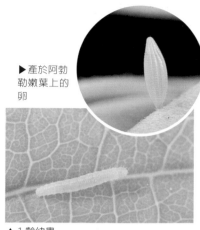

▶產於阿勃勒嫩葉上的卵

▲1齡幼蟲

▲3齡幼蟲

▲終齡幼蟲（5齡）
幼蟲體側有藍黑色瘤突，少數個體藍黑色發達成條紋狀。

▲化於葉下表的蛹

黃粉蝶亞科

遷粉蝶屬

Catopsilia scylla cornelia

外來定居種

命名由來： 本種為遷粉蝶屬的物種，因後翅為黃色，由這外形的意象取名為「黃裙」，因此稱為「黃裙」遷粉蝶。

別名： 大黃裙粉蝶、黃裙淡黃蝶、成功黃裳粉蝶、鍋黃遷粉蝶、無紋淺黃粉蝶

分布／海拔： 臺灣本島南部／0～300m

寄主植物： 豆科之決明、翼柄決明、黃槐

活動月分： 多世代蝶種，全年可見

黃裙遷粉蝶在臺灣最早的採集記錄是 1962 年，之後至 90 年代初期將近 30 年只有零星稀少的採集記載，而且發現地點多在高雄、屏東或臺東等南部縣市，因此本種被歸類為「偶產種」，即「迷蝶」。早年這些迷蝶多因季風或颱風由原產地吹來臺灣，遷粉蝶屬或尖粉蝶屬都是飛行能力頗佳的類群，因此 6 種粉蝶偶產種中這兩屬就占了一半。陳建志教授就曾於蝶會季刊投稿探討牠在臺北出現並繁殖的記錄，但本種最後可能不適應臺北的環境或氣候而消失。

90 年代中期之後在高屏一帶聽聞有牠的出沒，且開始繁殖定居形成穩定族群，在高雄的中山大學校園、六龜或是屏東墾丁國家公園都有少量族群分布，蘭嶼也有觀察記錄，本種由迷蝶的身分變成「外來定居種」[註]。迷蝶或外來定居種都屬於外來種（Alien species），指的是：「出現在其自然分布區域及可擴散範圍以外的物種。」本種曾多次到達臺灣卻因外在環境無法提供建立穩定族群所需條件，所以不能落地生根，如今各項條件齊備後已能觀察到本種活動、繁殖的身影。本種尚未威脅到原生物種生存或影響當地生物多樣性的相關報導及研究，所以稱不上是「入侵種」（Invasive species）。成蝶飛行快速，訪花或產卵的停棲動作也都很短暫，因此不容易觀察。

▲本種翅膀腹面似遷粉蝶的黃色型，但背面底色前後翅不同，且僅南臺灣有分布。（徐堉峰攝）

幼│生│期

　　黃裙遷粉蝶早年未能在臺灣順利繁殖的原因可能是找不到合適的食草，其寄主黃槐、決明都是外來種，以前在南部並不多見，但現在道路旁或公園綠地會種植黃槐作綠美化；決明引進作為農地休耕的綠肥植物。雌蝶將卵產於成熟葉上表面，小幼蟲會停棲於小葉中肋，大幼蟲則爬到複葉中肋或莖上停棲，蛹化於植株隱蔽處或附近其他雜物上。本種尚未有向北擴散的情況，但飛行能力不錯的牠，不排除會在中、北部建立短暫族群。

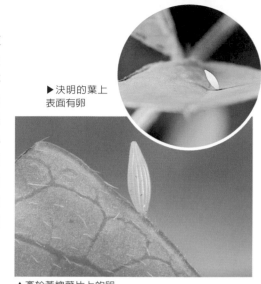

▶決明的葉上表面有卵

▲產於黃槐葉片上的卵

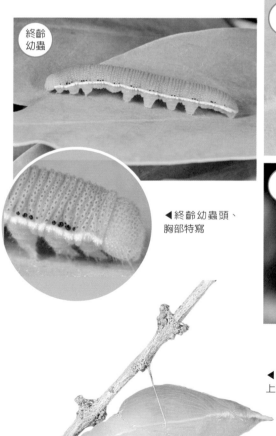

終齡幼蟲

◀終齡幼蟲頭、胸部特寫

2齡幼蟲

3齡幼蟲

◀化蛹於枯枝上的蛹

註：**外來定居種**又稱為歸化種（Naturalized species），歸化種原是植物學的名詞，指的是部分外來種植物散布至野外後能生長、繁殖、擴散並於野外馴化，稱為歸化種、馴化種或野化種，這個名詞亦被使用於動物身上。

黃粉蝶亞科

遷粉蝶屬

179

紋黃蝶

Colias erate formosana

特有亞種

命名由來：日文漢字名稱為「紋黃蝶」，所以早年中文圖鑑即以此稱呼，本種數量多、分布廣，具有代表性但不是本屬的模式種。

別名：黃紋（粉）蝶、斑緣豆粉蝶、斑緣點粉蝶
分布／海拔：臺灣全島、離島龜山島、蘭嶼、東沙島、澎湖；離島金門、馬祖可能為不同亞種／0～3000m
寄主植物：豆科之菽草、天藍苜蓿、印度草木樨、草木樨、紫苜蓿
活動月分：多世代蝶種，全年可見

紋黃蝶雄蝶有醒目的鮮黃色，雌蝶有灰白色型或像雄蝶的黃色型，以往認為海拔 1500 公尺以上的族群是臺灣特有亞種，其發生期在夏、秋季。而秋末至冬季的北臺灣及東北角，有本種零星的觀察記錄[註]，已故日籍學者白水 隆曾指出其外觀與中海拔的個體有些不同，反而與日本的亞種較相似。

　　北部低海拔的族群是來自中海拔山區亦或從日本乘著東北季風而來呢？臺師大生科系碩士畢業生簡琬宣的「以形態與分子證據探討紋黃蝶在臺灣之分布」論文指出，臺灣中海拔、北部低海拔與日本三地族群的外型無法區分；基因序列分析三者間的遺傳多樣性低，無法解決上述問題；但得到北部低海拔與中海拔兩地族群基因常有交流的結論。

幼｜生｜期

　　本種在臺灣的寄主都為外來種，早年引進作為牧草飼料、土壤改良或是養蜂蜜源，因此其原生寄主目前不詳。卵產於寄主葉片，幼蟲孵化後常停棲在複葉中肋，體型較大後則移至葉柄。但 3 齡以下的幼蟲無特殊花紋，蛹化於地面附近的植物上，蛹為綠色。

▲剛產下的卵為淡黃色，發育後為橙紅色。

▲ 1 齡幼蟲

▲ 3 齡幼蟲
體側無明顯花紋，4 齡以後會有明顯的黃、白色線條。

▲終齡幼蟲背面觀

蝶蛹

◀休息的雄蝶
翅膀斑紋相似的白粉蝶屬，因為翅膀顏色為白色，因此稱為「xx」紋白蝶，其實這兩個屬分別為不同亞科。

註：近年東北角一帶夏季也有紋黃蝶成蝶記錄，數量雖零星但族群狀況算穩定；中海拔以往認為冬季無成蝶，但 2008～2010 年的調查，冬季在武陵農場仍可見到本種活動。

圓翅鉤粉蝶 特有亞種

Gonepteryx amintha formosana

命名由來：本屬蝴蝶在前翅頂角處會彎曲呈鉤狀，因此取名為「鉤粉蝶屬」；「圓翅」是指本種後翅外緣相對於臺灣鉤粉蝶的鋸齒狀為圓弧形。

別名：紅點粉蝶、山黃蝶、（大）高麗菜蝶、橙翅鼠李蝶、臺灣山黃蝶

分布／海拔：臺灣全島／0～2500m

寄主植物：鼠李科之桶鉤藤、小葉鼠李

活動月分：多世代蝶種，全年可見

▶卵剛產下時色澤為藍綠色，發育後呈黃綠色。

臺灣的鉤粉蝶屬僅圓翅鉤粉蝶及臺灣鉤粉蝶，前者主要分布在 1500 公尺以下山區；後者則以中、高海拔山區為主。兩種的雌蝶翅膀顏色幾乎相同，但可由體型大小及後翅外緣形狀來區別，前者體型較大且後翅外緣圓弧；後者體型稍小，後翅外緣呈粗鋸齒狀。本種前翅背面濃黃色而後翅黃色者為雄蝶，雌蝶前後翅為帶有淡綠色之黃白色，飛舞時容易判斷性別，停棲時得由前翅色澤的差異來區別。

▲停棲在葉片上的 4 眠幼蟲

幼 | 生 | 期

本種主要寄主為桶鉤藤[註]，卵的外形雖與北黃蝶相似，但北黃蝶的卵為白色。小幼蟲吃嫩葉，大幼蟲可利用老熟葉片，幼蟲停棲在葉上表面中肋處，平時會將身體前段懸空。蛹化於桶鉤藤的葉下表或是枝條上，蛹體側於翅膀基部處會有黑色斑塊。

▲終齡幼蟲

註：桶鉤藤有圓翅鉤粉蝶、臺灣鉤粉蝶、北黃蝶、鑽灰蝶、小鑽灰蝶、黑星灰蝶、燕灰蝶利用，前 4 種吃嫩葉，後 3 種幼蟲以花苞及果實為食，只有秋季植物開花、結果時，雌蝶才會來產卵。後 5 種的幼蟲為雜食性，利用的寄主會跨科別。

▶蛹側面觀
體側黑色斑紋數量因個體而有差異

▼雌蝶前翅顏色與後翅相近，雄蝶則會偏黃。

▶即將羽化出雄蝶的蛹，翅膀部分色澤偏黃。

◀訪花的雄蝶

黃粉蝶亞科

鉤粉蝶屬

星黃蝶

Eurema brigitta hainana

命名由來：本種翅膀腹面散布著許多黑色鱗粉，像是天上的星辰，因此稱為「星」黃蝶。「無標」黃粉蝶這名稱說明本種雄蝶的翅膀是臺灣產黃蝶屬中唯一無性標的種類。

別名：星黃粉蝶、星點黃蝶、無標黃粉蝶
分布／海拔：臺灣全島，北部棲息地少／0～2000m
寄主植物：豆科假含羞草屬之假含羞草、大葉假含羞草
活動月分：多世代蝶種，全年可見

▶蝶卵

黃蝶屬有 7 種，在臺灣的黃粉蝶亞科中占多數。張保信先生提到，本屬可由性標的有無及所在位置區分為 3 類：星黃蝶群（*brigitta*-group）、角翅黃蝶群（*laeta*-group）及黃蝶群（*hecabe*-group）。容易讓人混淆的是黃蝶群的那 5 種，另外兩群在臺灣都只有 1 種代表種。

▲3齡幼蟲

星黃蝶在桃園有零星記錄，但仍以中南部較多，其幼生期的寄主假含羞草是荒地、道路旁陽性環境的雜草，高雄六龜、美濃、臺南曾文水庫周邊、南投埔里、魚池的產業道路旁偶爾會長出一些假含羞草，附近就有機會見到。本種秋、冬季時翅膀外緣有桃紅色緣毛，這情況也出現於同屬的角翅黃蝶以及細波遷粉蝶、紋黃蝶。

▲4齡幼蟲

幼│生│期

早春時寄主植株的葉片少，食物不足下幼蟲體型普遍偏小，羽化的成蝶也小；夏季植物生長茂盛，植株上可以發現大小不同齡期的幼蟲，大幼蟲會停棲在複葉中肋，1、2 齡小幼蟲則躲在小葉間。幼蟲少數會在寄主植株下層近地表處化蛹，多數爬至附近的其他植物上化蛹。

▲終齡幼蟲

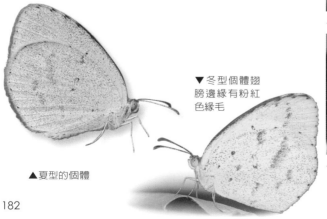

▼冬型個體翅膀邊緣有粉紅色緣毛

▲夏型的個體

▲蛹化於寄主植物枝條上

角翅黃蝶

Eurema laeta punctissima

特有亞種

命名由來：本種前翅頂角相較於同屬其他種類有明顯折角，冬型個體更明顯。另一名稱「端黑黃蝶」指的是前翅背面在頂角處有黑色斑紋，但此特徵亦出現在其他黃蝶身上，特別是星黃蝶，因此不具代表性。

別名：角黃蝶、端黑黃（粉）蝶、尖角黃粉蝶、巨標黃粉蝶
分布 / 海拔：臺灣本島中、南部 / 200～2500m
寄主植物：豆科假含羞草屬之假含羞草、大葉假含羞草
活動月分：多世代蝶種，全年可見

角翅黃蝶數量較少、體型稍小，前翅頂角的特徵容易與其他黃蝶區分。高溫型翅膀斑紋較淡，低溫型翅膀腹面偏紅褐色且前翅頂角比高溫型尖。本種幼蟲的寄主與星黃蝶相同，但族群數量不如星黃蝶穩定，有些地點寄主仍在且附近還有星黃蝶，但就是找不到牠。其與星黃蝶的關係是否符合「**競爭排斥原理**」[註]？值得進一步探討。

幼｜生｜期

假含羞草小葉的葉片不會因碰觸而閉合，但天黑後的睡眠運動則會，所以白天較容易發現躲在小葉間的小幼蟲，而大幼蟲則要留意複葉中肋。本種幼蟲化蛹習性與星黃蝶相似，但蛹型較短胖。野外的寄主上星黃蝶幼生期占多數，見到本種雌蝶產卵才能確定其種類。

> 註：高斯將兩種草履蟲分別養在燒杯，兩種都能繁殖，但養在一起，其中一種在取得食物及繁殖後代有較高競爭力，競爭力弱的種類最終會滅絕。結論是：兩物種生存需求相似時，在資源有限下，資源利用率高、生長快等可短時間占得較多資源並產生較多子代的種類，有數量優勢。**競爭排斥原理**（competitive exclusion principle）又稱為「競爭排除原則」，因為是由高斯提出，又稱為「高斯定律」（Gause's law）。

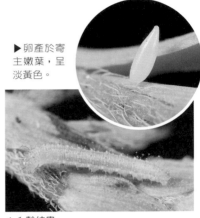
▶卵產於寄主嫩葉，呈淡黃色。

▲1齡幼蟲

▲3齡幼蟲

▲終齡幼蟲
幼蟲的形態與星黃蝶相似不易區分

▲冬型的角翅黃蝶

▲蝶蛹

黃粉蝶亞科

黃蝶屬

淡色黃蝶

特有亞種

Eurema andersoni godana

命名由來：淡色黃蝶的「淡色」是指其翅膀的黃色色澤在本屬中為淡黃色，與其他種類呈濃黃色有些區別。

黃粉蝶亞科 黃蝶屬

別名：淡黃蝶、淡色黃粉蝶、一點黃粉蝶、安迪黃粉蝶
分布／海拔：臺灣全島、離島綠島／ 0 ～ 2000m
寄主植物：鼠李科之翼核木、光果翼核木
活動月分：多世代蝶種，全年可見

▶產於葉面的卵

黃蝶群（*hecabe*-group）的 5 種外型相近，但翅形及翅膀顏色可區分為 3 組，淡色黃蝶及島嶼黃蝶前翅頂角形狀較圓弧，其餘 3 種中北黃蝶及黃蝶的翅膀呈濃黃色。這種分法是依成蝶型態，與親緣關係不一定一致。本種「正確」的文獻資料不多，且常有將其他種類黃蝶誤判成本種的狀況。其活動地點多在森林邊緣有陽光的環境，這類地點有蜜源植物會吸引牠們前來覓食。

▲ 1 齡幼蟲
剛孵化時體色為白色，幼蟲正在啃食卵殼。

幼｜生｜期

淡色黃蝶幼生期資料比成蝶更少，先前只有蝴蝶家族及西拉雅蝴蝶誌有正確的幼生期影像，網路上有 2 篇完整的生活史。本種分布廣，全臺近郊至低海拔山區都有分布，臺北市裡部分樹林茂密的小山也能見到，惟數量不多。雌蝶偏於林下遮蔭環境處的寄主產卵，寄主高度並無偏好，離地不到 10 公分高的嫩葉到比人還高的植株頂端都曾找過。夏季時蝶卵不少，但幼蟲卻不多，寄主植株上黃白色的小繭，全是寄生本種幼蟲的寄生蜂[註]所留下。

▲ 3 齡幼蟲

註：一隻蝴蝶幼蟲通常會鑽出數隻小繭蜂幼蟲，小繭蜂的繭數量較多體積較小；部分種類的小繭蜂體型稍大，又稱為「繭蜂」。黃蝶屬的小幼蟲若身體後段體色偏黃，通常是遭到寄生，繭蜂幼蟲通常在寄主 3、4 齡時鑽出體表化蛹。

▲終齡幼蟲

◀停棲休息的雄蝶

▲蝶蛹
羽化前蛹會顯現出前翅的花紋，蛹前方有個寄生蜂的蟲繭。

島嶼黃蝶

Eurema alitha esakii

特有亞種

命名由來：本種分布於東洋區至澳洲區之間的島嶼，亞洲大陸無分布，因這特殊的分布狀況命名為「島嶼」黃蝶。

別名：江崎黃蝶[註]、黑緣黃（粉）蝶、臺灣黃粉蝶

分布／海拔：臺灣本島，中、南部低海拔較易見／ 0 ～ 2500m

寄主植物：豆科之細花乳豆（單食性）

活動月分：多世代蝶種，全年可見

島嶼黃蝶又稱黑緣黃蝶，「黑緣」是指夏型雄蝶前翅背面前緣有黑色邊，這特徵夏型的淡色黃蝶雄蝶也有。本種數量比淡色黃蝶少，是本屬較少的種類。許多文獻或網路資料都是將他種誤認成本種，過去文獻常使用前翅背面外緣的黑色斑紋區別種類，但翅膀的斑紋樣式會因季節、性別、新舊等，使得不同種類有相似外型，因此若沒有拍到足以辨識的特徵，就想由生態照片判斷種類並不容易。

幼 | 生 | 期

島嶼黃蝶的幼生期資料不多，截至 2013 年止圖鑑及網路上各只有一篇正確的幼生期圖文描述，徐教授在臺灣蝶圖鑑第二卷中指出本種在臺灣已知寄主是豆科的細花乳豆，雖然有文獻提到本種會利用豆科黃槐、決明、蓮實藤及鼠李科桶鉤藤，但黃槐、決明、蓮實藤上單產的卵都是黃蝶 E. hecabe 所產；桶鉤藤則為北黃蝶，本種幼蟲是否有利用其他植物做為寄主，有待新的觀察。雌蝶將卵產於嫩葉，找到寄主後可以觀察嫩葉上是否有白色蝶卵，終齡幼蟲常躲在蔓藤上不易發現，蛹通常化於寄主附近的物體、枝條上。

註：本種曾視為臺灣特有種，學名為 E. esakii，因此稱為「江崎」黃蝶。但學者研究後認為臺灣族群的外型只是略有差別而降為特有亞種 E. a. esakii，當 esakii 變為亞種名就不宜稱為江崎黃蝶。

▶產於葉片下表面的卵

▲ 3 眠幼蟲

▲ 4 齡幼蟲
幼蟲體色不均顯示體內有寄生蜂幼蟲

▲ 終齡幼蟲

▲ 蝶蛹

黃粉蝶亞科

黃蝶屬

▶雄蝶

185

北黃蝶

Eurema mandarina mandarina

命名由來：北黃蝶以前混在荷氏黃蝶（現稱「黃蝶」）裡，學者發現北黃蝶與黃蝶是不同物種，相較於黃蝶廣泛的分布，本種分布於北半球溫帶氣候區，因此取名為「北」黃蝶。

分布／海拔：臺灣本島／ 200 ～ 2500m
寄主植物：鼠李科之桶鉤藤、雀梅藤、小葉鼠李，豆科之鐵掃帚、毛胡枝子
活動月分：多世代蝶種，全年可見

北黃蝶只在最新出版的標本圖鑑中能找到資料，其實牠不是稀有或是分布局限，只是以往無法將牠與黃蝶明確區別。日本對黃蝶分類的問題到了 90 年代以後才有進展，透過幼生期的食性交換、成蝶擇偶、產卵行為偏好，釐清過去認知的 *E. hecabe* 其實是兩個物種。日本學者加藤義臣及矢田 脩將幼蟲吃鼠李科及部分豆科的這群獨立成本文主角北黃蝶，*E. mandarina* 是源於 *E. hecabe mandarina* 的亞種名。同屬的物種常有相似外觀，若無明顯的斑紋差別，常會鑑定錯誤以為全是同一種，而發表的學名可能包含不只一個種類，這狀況即為**異物同名**[註1]，因此發表時指定唯一的模式標本就更顯其重要性；相反的，同種而外觀差異大時，則會出現**同物異名**，銀紋淡黃蝶與無紋淡黃蝶就是最好案例。本種與黃蝶外觀相似，季節型的變化也相同，冬季翅膀腹面黑色鱗發達、背面黑色斑紋較小；夏季腹面黑色鱗近無，背面黑色紋較大，兩物種的種間差異小於同種因季節所造成的斑紋變化。

註1：**異物同名**指兩種（含以上）物種使用相同學名的情況，當發現異物同名時得去檢視一開始命名這學名時，作者指定的「正模標本」，以確定學名所指的是哪一個種類。
註2：**同域種化**（sympatric speciation）為一個物種在沒有地理阻隔的情況下演化成兩個物種。而植食性昆蟲產生寄主植物種族（host race），常是同域種化的中間過程。

▲北黃蝶雄蝶

幼|生|期

　　日本的研究結果顯示北黃蝶及黃蝶利用的寄主種類不相同，邱秀婷在碩士論文「黃蝶寄主植物偏好性分析」中，分析利用不同植物的成蝶形態差異；雌蝶對寄主產卵偏好；幼蟲生長發育及寄主交換試驗。其實驗結果顯示利用黃槐及田菁的為同一群，利用桶鉤藤與紅仔珠的為另一群，食性分化為豆科與鼠李科兩群與日本的研究相同。之後研究生莊玉筵完成了「綜合分子與食性證據探討黃蝶的多樣性問題」，其結果呈現幼蟲利用豆科的黃蝶與幼蟲利用鼠李科的黃蝶（即北黃蝶）可能起源於相同的祖先，因寄主偏好而逐漸形成寄主植物種族（host race），最後因差異變大使得物種發生同域種化[註2]。植食性昆蟲能否產生新的寄主植物種族，關鍵在於雌蟲與幼蟲在行為偏好及生理表現，雌蝶會不會在新寄主上產卵與幼蟲肯不肯吃或是吃了之後發育好不好，同樣重要。

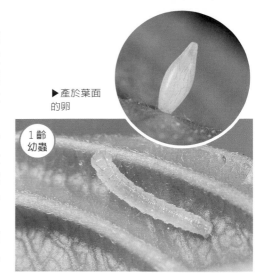

▶產於葉面的卵

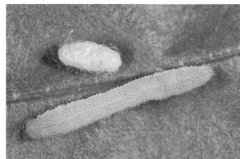

1齡幼蟲

▲3齡幼蟲及寄生蜂的蟲繭

黃粉蝶亞科　黃蝶屬

▲終齡幼蟲的體色若變為淡綠色且有透明感即是快化蛹的徵兆

▲化於寄主枝條上的蛹

◀北黃蝶雌蝶
雌蝶的色澤較淡，雄蝶為濃黃色。

▲終齡幼蟲停棲在小葉鼠李枝條上

黃蝶

Eurema hecabe hecabe

命名由來：E. hecabe 因數量多、分布廣，足以做為本屬代表種，因此中文名稱即以屬名「黃蝶」稱呼。早年臺灣族群的學名為 E .h. hobsoni，「荷氏」為亞種名音譯，乃紀念英國人赫布遜，但最新研究是處理成原名亞種。

別名：荷氏黃（粉）蝶、寬邊黃（粉）蝶、寬緣黃蝶、合歡粉蝶、銀歡粉蝶

分布／海拔：臺灣全島、離島龜山島、綠島、蘭嶼、澎湖、彭佳嶼、金門、馬祖／ 0～2000m

寄主植物：大戟科之紅仔珠（豆科之合歡、鐵刀木、田菁、黃槐、翼柄決明、合萌、敏感合萌等多種原生、園藝或農藝植物

活動月分：多世代蝶種，全年可見

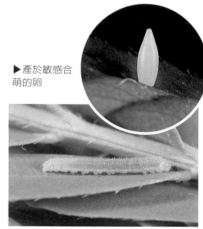

▶產於敏感合萌的卵

全世界廣泛分布的黃蝶 *E. hecabe* 辨識較困難，各地族群的外觀差別頗大，且成蝶形態又受到發育時溫度、光照周期等影響，本種為研究昆蟲形態多表現型的代表物種。在臺灣本種的外觀與亮色黃蝶（臺灣黃蝶）、北黃蝶、島嶼黃蝶（江崎黃蝶）、淡色黃蝶相似，許多書本上在描寫這 5 種黃蝶的形態外觀時內容大同小異。其中本種與北黃蝶兩者外部形態、雌雄、季節型及種內形態多樣性變化等，相似處頗多，而兩種之間的差別有時還比種內小。如果進行物種調查時，最好將記錄的個體製成證據標本，以便日後比對與確認。

▲田菁小葉上的 2 齡幼蟲

幼｜生｜期

臺灣產黃蝶屬中以本種食性最廣，幼蟲利用豆科多種植物，且與同屬部分種類食性重疊。日本研究本種形態時發現，前翅緣毛顏色分為褐色與黃色兩型，兩型的幼蟲利用不同種類的豆科植物，且雌蝶交配時會選擇緣毛形態相同的雄蝶，因此推測其已分化成 2 種。進一步研究還發現季節型的外觀、產卵偏好等也有所區別，日本研究將過去認定的黃蝶，區分出另一種蝴蝶，學名為 *E. mandarina*，稱為「北黃蝶」，而臺灣的黃蝶研究有同樣的結果。

▲ 3 齡幼蟲
身體後段顏色不均，體內有寄生性天敵。

▲合歡枝條上有黃蝶終齡幼蟲（5 齡）

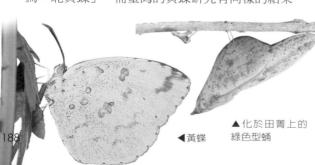

◀黃蝶

▲化於田菁上的綠色型蛹

▲敏感合萌上的黃蝶蛹（褐色型）

亮色黃蝶

Eurema blanda arsakia

命名由來：本種相較黃蝶屬的其他種類，翅膀底色為較明亮的淺黃色，因此取名「亮色」黃蝶。非臺灣特有種，因此「臺灣黃蝶」的名稱並不合適。

別名：臺灣黃蝶、棕斑黃粉蝶、檗黃粉蝶、亮色黃粉蝶、爪哇黃蝶、三點黃粉蝶

分布／海拔：臺灣本島、離島龜山島、蘭嶼、彭佳嶼／ 0 ～ 2500m

寄主植物：豆科之鐵刀木、黃槐、阿勃勒、合歡、頷垂豆、塔肉刺、蓮實藤、恆春皂莢、粉撲花等植物

活動月分：多世代蝶種，全年可見

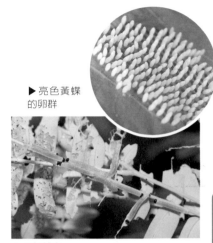

▶ 亮色黃蝶的卵群

　臺灣的黃蝶屬以亮色黃蝶及黃蝶最常見，本種前翅腹面「中室」有 3 個小斑而後者只有 2 個斑點，這只有斑紋典型的個體才較容易區別，實際上會因季節型、翅膀斑紋老舊與磨損及個體差異使得本種的斑紋從 0 ～ 3 個不等；而黃蝶偶爾也有斑點為 0 或 1 個的個體，對於這些斑紋不典型的狀況，得要搭配海拔、後翅翅形、翅膀上其他斑紋等綜合特徵，才能有較正確的判別。

▲ 3 齡幼蟲

幼|生|期

　本屬在臺灣只有本種會將卵數十顆聚產，其他種類都單產。小幼蟲會刮食葉肉，留下半透明捲曲乾枯的葉片，因幼蟲數量多且到了終齡都還會群聚，所以會有明顯食痕，化蛹位置也離食痕不遠。本種的蛹有 3 種色型：綠色及黃綠色型蛹，少數或單獨活動的幼蟲化蛹於綠葉上，蛹表面會有褐色斑點；黑褐色型的蛹是整群幼蟲集體化蛹，且蛹的表面無光澤，貌似遭受寄生天敵危害，也像是食痕旁乾枯變褐色的葉片，但這些黑褐色的蛹卻是活的，2 週內就會一起羽化。粉蝶亞科的豔粉蝶有相似的幼生期習性，集體化蛹的蛹色澤也較深。

▲ 群聚的幼蟲
體表無光澤者為終齡幼蟲；體色偏黃、體表有光澤者為 4 齡幼蟲。

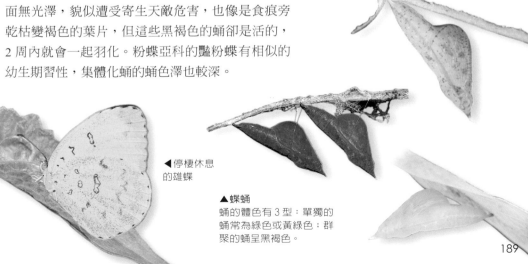

◀ 停棲休息的雄蝶

▲ 蝶蛹
蛹的體色有 3 型：單獨的蛹常為綠色或黃綠色；群聚的蛹呈黑褐色。

雌雄差異

1. 雌蝶的黃色色澤比雄蝶顏色淡，這方法最簡單但老舊個體會誤判

2. 雄蝶翅膀有性標（星黃蝶無），但位置隱密（見下表角翅黃蝶及亮色黃蝶特徵放大圖）

3. 由腹部末端的生殖器構造判斷最準確，但不易觀察

種間辨識

1. 有些種類顏色深，有些則偏淡，但雌蝶翅膀斑紋又比雄蝶淡，使用上不實用。

2. 季節的變化造成翅膀斑紋差異大，而老舊個體鱗片脫落後特徵也跟著消失。

3. 星黃蝶後翅腹面斑紋特殊；角翅黃蝶前翅頂角翅形特別，但其餘5種則需參考多項特徵才能做出正確判斷。

季節變化　不論雌雄蝶都有相似的變化

種類	變化描述
星黃蝶	低溫型翅膀緣毛呈粉紅色，翅膀腹面斑紋變明顯（見下表星黃蝶翅膀腹面圖示）
角翅黃蝶	低溫型翅腹有磚紅色鱗片，翅膀腹面斑紋變明顯（見下表角翅黃蝶翅膀腹面圖示）
淡色黃蝶、島嶼黃蝶 亮色黃蝶、黃蝶 北黃蝶	1. 低溫型前、後翅背面外緣黑色斑紋減退（見次頁亮色黃蝶等5種） 2. 低溫型前、後翅腹面斑紋變明顯（見次頁亮色黃蝶等5種） 3. 低溫型翅腹面散布許多黑色鱗片（見亮色黃蝶、黃蝶、北黃蝶）

成蝶比較圖

Ⓐ 頂角 ⇨ 直角狀：角翅；較圓弧：淡色、島嶼

Ⓑ 前翅前緣黑色條紋 ⇨ 淡色、島嶼較粗，但有例外

Ⓒ 前翅外緣 ⇨ 平直：角翅；較圓弧：淡色、島嶼

Ⓓ 前翅背面外緣黑斑 ⇨「⊏」淡色；「ε」島嶼、北黃、黃蝶、亮色

Ⓔ 前翅腹面中室內黑斑 ⇨ 0個：星黃、角翅；1個：淡色；2個：島嶼、北黃、黃蝶；3個：亮色（最具效力的特徵，但高溫型有斑紋減退的問題）

Ⓕ 前翅外緣緣毛 ⇨ 少數可區分北黃蝶與黃蝶的特徵（見次頁）

Ⓖ 後翅腹面翅基黑斑 ⇨ 淡色3個小圓環，其他4種呈點或斑狀

Ⓗ 後翅外緣 ⇨ 圓弧：星黃、淡色、亮色、島嶼；折角狀：角翅、北黃、黃蝶（藍色種類會有例外）

Ⓘ 後翅外緣黑褐色紋 ⇨ 會連成一線：星黃、角翅

Ⓙ 腹面黑色散鱗 ⇨ 低溫型無黑色散鱗：淡色、島嶼

鑑定流程：

1. 符合 Ⓘ：星黃、角翅；再依 Ⓐ 分出角翅

2. 其餘5種用 Ⓑ（有黑色紋）、Ⓒ（圓弧）、Ⓙ（無黑色散鱗）可分出淡色、島嶼；剩下北黃、黃蝶、亮色

3. 淡色、島嶼用 Ⓓ、Ⓔ、Ⓖ 區分：淡色（「⊏」，1個黑斑，3個小圓環）；島嶼（「ε」，2個黑斑，3個小黑點）

4. 北黃、黃蝶、亮色用 Ⓔ、Ⓗ 區分：亮色（3個黑斑，圓弧）；北黃、黃蝶（2個黑斑，折角）

5. 北黃、黃蝶用 Ⓕ 區別

星黃蝶 · 角翅黃蝶

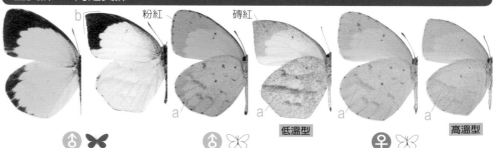

低溫型　　高溫型

·a－黑褐色鱗連成線狀；b－前翅頂角呈直角（折角）狀

全部種類完整且詳細的特徵描述請參考：臺灣蝴蝶圖鑑－上

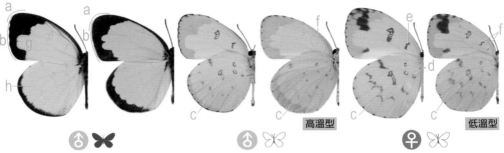

淡色黃蝶　·　島嶼黃蝶

高溫型

低溫型

・a－頂角圓弧；b－外緣較圓弧；c－無黑褐色散鱗；d－常呈環紋；e－1個斑；f－2個斑，斑紋減退個體無斑紋；
g－「匚」形；h－色澤較淡，偏檸檬黃

亮色黃蝶　·　黃蝶　·　北黃蝶

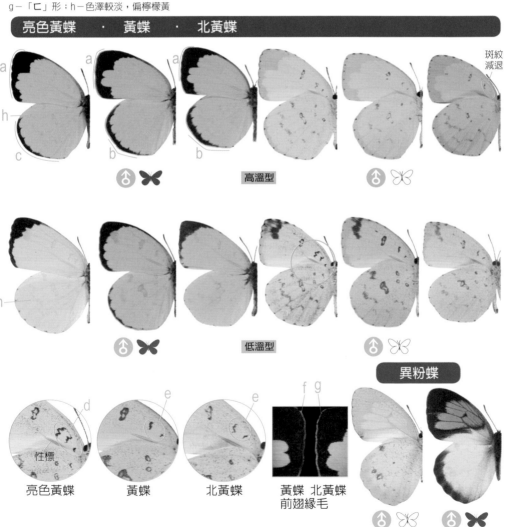

斑紋
減退

高溫型

低溫型

異粉蝶

性標

亮色黃蝶　　　黃蝶　　　北黃蝶　　　黃蝶　北黃蝶
前翅緣毛

・留意高溫型斑紋減退的狀況；a－頂角、外緣較不圓弧；b－常有折角；c－圓弧；d－3個小斑；e－2個小斑；
f－黃裡雜褐色毛；g－純黃色；h－色澤較淡

191

尖粉蝶 · 黃尖粉蝶 · 異色尖粉蝶

· 雌雄差別明顯，辨識時先區分性別；a－頂角形狀較尖（雄）；b－翅膀有黑色鱗（雄）；c－鋸齒狀（雄）；
d－黑褐色帶紋（夏型雌蝶翅膀底色灰白）；e－白斑無或模糊；f－白斑明顯

淡褐脈粉蝶 · 黑脈粉蝶 · 鑲邊尖粉蝶

· 淡褐脈粉蝶全島分布；黑脈、鑲邊尖在南臺灣；a－黑色斑；b－高溫黃褐色、低溫紫褐色；
192 c－高溫翅脈黑色鱗樣式不同、低溫黑色鱗不明顯；d－黑色橫紋

條斑豔粉蝶 ・ 黃裙豔粉蝶 ・ 流星絹粉蝶

・ 流星絹體型較小，前翅頂角較圓弧；a－條狀斑紋；b－斷成 2 截；c－後翅腹面翅基有黃色斑

白粉蝶 ・ 緣點白粉蝶 ・ 飛龍白粉蝶

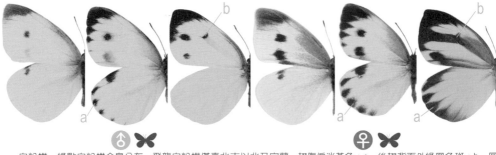

・ 白粉蝶、緣點白粉蝶全島分布，飛龍白粉蝶僅臺北市以北及宜蘭，翅腹偏淡黃色；a－後翅背面外緣黑色斑；b－黑斑或黑色條紋

黃裙脈粉蝶 ・ 黃裙遷粉蝶 ・ 遷粉蝶（黃、白色型）・ 細波遷粉蝶　臺灣鉤粉蝶

圓翅鉤粉蝶

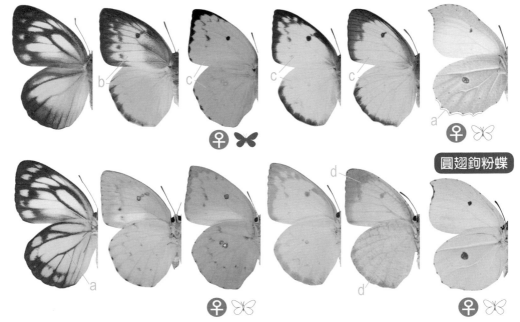

・ 黃裙脈粉蝶分布蘭嶼、綠島，體型較小，黃裙遷粉蝶分布在南臺灣；a－後翅翅膀黑褐色鱗；b－翅膀背面前翅白、後翅黃；c－翅膀背面前、後翅同色；d－波狀細紋

・ 臺灣鉤體型稍小；a－鋸齒狀

幼蟲比較圖

白粉蝶屬及飛龍白粉蝶屬比較　兩屬成蝶都是白底黑斑；白粉蝶屬幼蟲有跨科取食鐘

白粉蝶
P.160

2齡

3齡

淡黃色，卵型稍胖　　黃色背中線的色澤淡、模糊

緣點白粉蝶
P.161

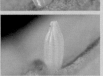

3眠

4齡

淡黃色，似白粉蝶　　似白粉蝶，黃色背中線較明顯

飛龍白粉蝶
P.162

3齡

4齡

乳白，外型胖頂部圓鈍　　綠白色，頭尾偏黃色，頭殼黃色

吃鐵色的幼生期形態比較　在臺灣有3種，尖粉蝶、雲紋尖粉蝶及黃尖粉蝶，皆為尖

尖粉蝶
P.170

2齡

4齡

體積小，縱稜多而細　　藍黑色棘突數量會隨齡期增加

雲紋尖粉蝶
P.171

2眠

4齡

體積稍大，縱稜少而粗　　似尖粉蝶，小棘突比較大

萼木記錄，也會取食山柑科魚木、平伏莖白花菜；後者分布在北臺灣

背中線淡，體側黃色虛線細，體表藍黑色突起小

胸背隆起低，腹背兩側突起短，不明顯

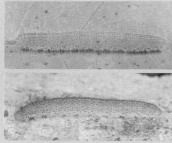

黃色背中線粗，體側黃虛線明顯；體表藍黑色突起大

胸背隆起高，腹背兩側突起呈針狀

寄生死蛹

背中線色澤深且粗，體側有黃色條紋，頭殼黃色

第3腹節背部兩側突起呈三角形板狀

粉蝶屬，但黃尖粉蝶少見；同屬的異色尖粉蝶、鑲邊尖粉蝶吃山柑科

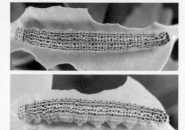

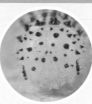

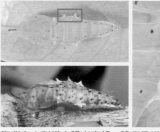

身體藍黑色棘突較密、較小，體側有米白色細條紋

腹背有3對橫向張出突起，體背黑斑小

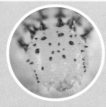

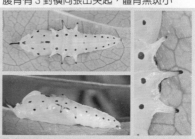

身體藍黑色棘突稀疏、較大，體側有黃色條紋

腹背橫向張出突起較大，體背黑斑大

幼蟲比較圖

195

吃白花菜科的粉蝶 -1

除魚木三寶外，還將外來定居種的鑲邊尖粉蝶一併比較。鑲邊蝶幼生期也能利用平伏莖白花菜，比對幼生期形態時要格外留

幼蟲比較圖

鑲邊尖粉蝶 P.168

體積小，黃至橙色，產於嫩芽、花苞

 3齡

4齡

體側下方有白線，體表有深色小斑點

纖粉蝶 P.173

淡藍至淡綠色，卵型細長，兩端較細

 3齡

4眠

體型小，體表有成列的淡藍色斑

異色尖粉蝶 P.167

乳白至黃色，體積小，會聚產於嫩葉

3齡

4齡

體側下方有白線，體表有黑藍色棘突

橙端粉蝶 P.175

乳白至橙黃色，體積大卵型胖，單產於成熟葉

 2齡

3齡

中後胸有眼紋，體側有上白下黃條紋

尖粉蝶、纖粉蝶偏好低矮植株，平伏莖白花菜上有這 2 種的幼生期，此外白粉蝶與緣點白粉意

體側下方有白線，尾部二叉狀，體表有深色小斑點

頭前圓錐狀突起長而尖，腹背兩側突起較小，蛹體細長

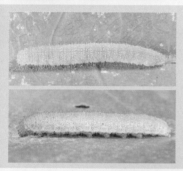

體表有 6 列淡藍色斑，體側下方白線向背部擴散暈開

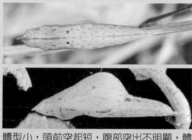

體型小，頭前突起短，腹部突出不明顯，體型瘦長

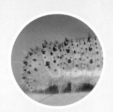

體側下方有白線，尾呈二叉狀，體表有黑藍色棘突

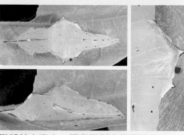

腹部前方寬大，腰背兩側突起扁平尖出，體型寬

中後胸有眼紋，體側有上白下紅條紋 體表藍黑色棘突

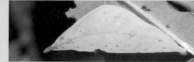

體型大，頭前圓錐狀突起長而鈍，腹背前端有黑色斑

吃白花菜科的粉蝶 −2　本組部分種類有地域性，需考慮地點；鋸粉蝶及異粉蝶容易分

幼蟲比較圖

淡褐脈粉蝶 P.164

乳白至橘紅色，有縱稜

2齡

3齡

體表毛較短，棘突綠白或藍白色

黑脈粉蝶 P.165

似淡褐，南臺灣、蘭嶼

2齡

4齡

體表的毛較長，似淡褐脈粉蝶

黃裙脈粉蝶 P.166

呂晟智攝

林家弘攝

似淡褐，蘭嶼、綠島

3齡

4齡

體表的毛較長，與黑脈粉蝶相似

鋸粉蝶 P.172

卵與葉面呈傾斜狀

3齡

4齡

體表有水藍色棘突，毛更長

異粉蝶 P.174

橙色發育斑，上半部寬

3齡

4齡

3齡起腹節側面有紅褐色斑點

辨，3 種脈粉蝶幼生期外型相似，要持續觀察至成蝶羽化才能確定身分

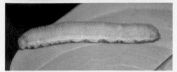

體表毛長而疏，瘤突偏白色，背中線偏黃色

兩側有扁平尖銳突起較黑脈粉蝶明顯

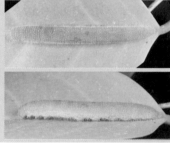

體表毛長而密，瘤突偏白色，背中線偏白色

腹背前端兩側扁平狀尖銳突起形狀不同

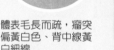

體表毛長而疏，瘤突偏黃白色、背中線黃白細線

腹背兩側扁平狀尖銳突起似淡褐脈粉蝶

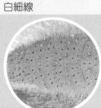

體型大，毛最長，水藍色棘突明顯

腹背前端兩側有褐斑，頭前突起長而彎

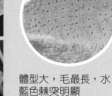

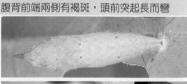

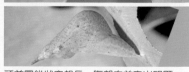

氣門處有紅色不連續線條，至尾部時呈白色鑲紅邊

頭前圓錐狀突起長，腹部向前突出明顯

幼蟲比較圖

黃蝶屬幼生期比較 -1

臺灣的黃蝶屬共 7 種，食性以豆科植物為主。以假含羞草屬為食的島嶼黃蝶與淡色黃蝶，因食性較局限，可由寄主判別幼生期

幼蟲比較圖

星黃蝶 P.182

淡黃色，表面有細格紋

背中線綠或紅棕色；體側線偏黃

角翅黃蝶 P.183

淡黃色，表面有細格紋，似星黃蝶

背中線較細，體側線乳白色，體表棘突較大

淡色黃蝶 P.184

乳白色，表面有細微格紋，形狀細長

3 齡以後體側有白色線

島嶼黃蝶 P.185

乳白色，有細微格紋，中段較粗胖

3 齡以後體側有白色線

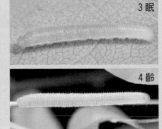

食的星黃蝶、角翅黃蝶幼生期外型相似，由細微的差異處尚可研判種類；成蝶外型較相近種類

背中線明顯，體側線黃或黃白色，體表棘突較小

腹部向前突出較少，外型瘦長，頭前方圓錐狀突起較短

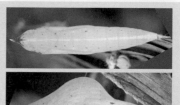

綠色背中線較細或無；體側線黃白色，與星黃蝶相似

腹部向前突出較明顯，整體較胖，頭前圓錐狀突起稍長

體側有白色線條，體表及頭殼感覺毛多為黑色

外型稍瘦長，頭前圓錐狀突起稍長

體側有白色線條，體表及頭殼的感覺毛多為透明無色

似前者，外型稍胖，圓錐狀突起較短

黃蝶屬幼生期比較 –2

本組介紹另外 3 種黃蝶屬物種，同時將圓翅鉤粉蝶納入比較；黃蝶的幼蟲容易區分，其餘 3 種幼蟲外型相近，要同時參考寄

幼蟲比較圖

圓翅鉤粉蝶
P.181

4 眠

4 眠

淡藍至黃綠色，外型較大、形狀細長

體側綠白色，體表、頭殼有藍黑色棘突

北黃蝶
P.186

2 齡

4 齡

卵白色，較圓翅鉤粉蝶體型小、形狀短胖

體側有白線，體表、頭殼有淡藍色棘突

黃蝶
P.188

2 齡

3 齡

卵白色，與北黃蝶相似但寄主不同

2 齡起體側有白線，體表、頭殼有淡藍色棘突

亮色黃蝶
P.189

4 齡

4 齡

卵白色，外型與黃蝶相似但呈聚產

頭殼黑色，3 齡起體側有淡黃色細線

北黃蝶與圓翅鉤粉蝶寄主植物有重疊，黃蝶及亮色黃蝶的寄主種類大部分有重複。亮色主種類來輔助判斷

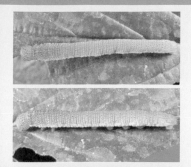

體側綠白色，體表、頭殼有藍黑色棘突，體型比北黃蝶大

體型較大，形狀粗短，頭前圓錐狀突起短，複眼、翅基處常有明顯黑褐斑

體側有白線，體表、頭殼密布淡藍色小棘突

形狀修長，頭部前方圓錐狀突起比圓翅鉤粉蝶長

體側有白線，體表、頭殼有淡藍色棘突，與北黃蝶相似

形狀較修長，與北黃蝶相似，蛹偶有黑褐色型

頭殼為黑色，體側有淡黃色細線條

形狀較修長，與北黃蝶相似，蛹偶有黑褐色型

遷粉蝶屬形態比較　本屬在臺灣 3 種，遷粉蝶及細波遷粉蝶多且廣，黃裙遷粉蝶在南

幼蟲比較圖

遷粉蝶
P.177

梭形稍粗，有縱、橫稜

2 齡

3 齡

2 齡體側有白線，3 齡有疣突

細波遷粉蝶
P.176

2 齡

3 齡

梭形細長，有縱、橫稜

2 齡體側白線，3 齡多黃線及疣突

黃裙遷粉蝶
P.178

徐堉峰攝

2 齡

3 齡

梭形稍粗，外型較大

3 齡體側才有白線，4 齡有疣突

豔粉蝶屬比較　臺灣有 4 種，豔粉蝶及白豔粉蝶外型差異大；條斑豔粉蝶及黃裙豔粉

黃裙豔粉蝶
P.156

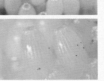

2 齡

3 齡

大葉楓寄生屬，呈塔狀

毛列著生位置有黃色斑紋

條斑豔粉蝶

1 眠

2 齡

槲寄生屬，單層排列

毛列著生位置黃斑不顯著

臺灣、蘭嶼，幼生期要參考地點及寄主植物種類才能提高判斷的正確率

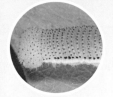

疣突藍黑色排列均勻，白線與疣突間黃線無或不明顯

錐狀突起長，體側線胸部淡黃，腹部白

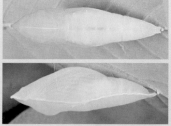

疣突藍黑色排列算均勻，白線與疣突間黃線粗而明顯

突起短鈍，體側線胸部乳白，腹部黃

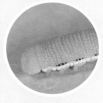
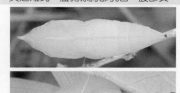

疣突排列呈虛線，白線與疣突間的黃線細或不明顯

突起稍短於遷粉蝶，體側線淡黃或乳白

蝶幼生期形態相似，但仍有細微差異可區別且兩者利用的寄主不同

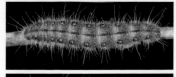
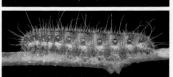

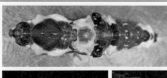

體側氣門有米黃色斑紋，體表有較多黃色小點

腹部及胸部下側有白色斑紋

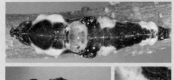

體側氣門處偏褐色，體表黑色斑紋較明顯

腹部及胸部下側無白色斑紋

幼蟲比較圖

十字花科　甘藍（高麗菜）

小檗科　阿里山十大功勞

桑寄生科　大葉桑寄生

山柑科　毛瓣蝴蝶木

山柑科　平伏莖白花菜

山柑科　魚木

大戟科　臺灣假黃楊

大戟科　鐵色

大戟科　紅仔珠

豆科　大葉假含羞草

豆科　白花三葉草

豆科　決明

豆科　細花乳豆

豆科　黃槐

豆科　額垂豆

豆科　翼柄決明

豆科　鐵掃帚

鼠李科　小葉鼠李

鼠李科　光果翼核木

鼠李科　桶鉤藤

灰蝶科

Lycaenidae

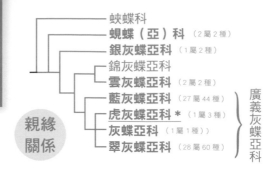

親緣關係

- 蛺蝶科
- **蜆蝶（亞）科** (2屬2種)
- **銀灰蝶亞科** (1屬2種)
- 錦灰蝶亞科
- **雲灰蝶亞科** (2屬2種)
- **藍灰蝶亞科** (27屬44種)
- **虎灰蝶亞科 *** (1屬3種)
- **灰蝶亞科** (1屬1種)
- **翠灰蝶亞科** (28屬60種)

廣義灰蝶亞科

（加 * 星號為近年新增；加底線表尚有爭議）

灰蝶因體型小，常稱為小灰蝶，是蝴蝶中最大的一群，全世界超過6000餘種，約占40%，初步的親緣關係分析，暫時分為 5 or 8 亞科[註]，多樣性最高為熱帶地區，溫帶地區亦不少種，世界廣泛分布，與其親緣關係最接近的是蛺蝶科及蜆蝶（亞）科。臺灣產灰蝶至 2013 年止約有110 餘種，分屬4 or 7亞科。本書介紹65種，其中包括 2 種蜆蝶，但近幾年美洲學者主張將蜆蝶亞科獨立成蜆蝶科。（註：「廣義」灰蝶亞科再細成藍灰蝶亞科、虎灰蝶亞科、灰蝶亞科、翠灰蝶亞科，即為8亞科。）

灰蝶科因多數種類翅背底色呈灰色而得名。成蟲常訪花，也會吸食露水，雄蝶會到溪邊及溼地吸水。森林性種類大多亮麗奪目，雄蝶占據樹梢對入侵「領空」者凶猛地纏鬥，將入侵者逐出。本科有發達的前足，觸角多呈黑白相間，許多種類後翅外緣有眼紋或細尾突，停棲時會將後翅上下交錯擺動，使天敵誤以為是頭部而攻擊，以換取機會逃離危險。卵多呈扁平，似包子或飛碟，表面有幾何圖形的細緻突起或點刻。幼蟲扁平，部分種類腹部末端背面有喜蟻構造。蛹為縊蛹，少數種類尾端特化膨大而胸部絲帶消失。幼蟲食性複雜，臺灣地區除了蘇鐵綺灰蝶及靛色琉灰蝶會以裸子植物的蘇鐵為食之外，其餘均以雙子葉植物為食，比較重要的是豆科、殼斗科、桑寄生科、大戟科、薔薇科、無患子科等。少數種類演化成在蟻巢和螞蟻共生，更有 2 種取食蚜蟲或介殼蟲的肉食性種類。

本科特徵

▲前足發達（左，雌蝶），但雄蝶前足跗節常癒合，貌似墊腳尖（中），後翅外緣常有眼狀斑紋及小尾突（右）

▼表面有刺突、凹刻、稜突等組成的幾何花紋。（凹翅紫灰蝶、褐翅青灰蝶、大娜波灰蝶）

▼部分種類細尾突的數量多達 3 對，眼狀斑紋的位置有金屬光澤鱗片。（拉拉山鑽灰蝶）

銀灰蝶亞科：成蝶不訪花，飛行快速。（銀灰蝶）

雲灰蝶亞科：幼蟲肉食性，成蝶不訪花。（蚜灰蝶）

藍灰蝶亞科：翅背常為藍色，部分種類棲息在開闊草地。（藍灰蝶）

虎灰蝶亞科：臺灣有 3 種，幼生期與舉尾蟻關係密切。（三斑虎灰蝶）

灰蝶亞科：幼蟲多以蓼科植物為食（紫日灰蝶）

翠灰蝶亞科：多棲息在原始的闊葉林，雄蝶有領域性。（碧翠灰蝶）

◀銀灰蝶亞科的尾部有明顯的喜蟻器，但本亞科幼蟲不與螞蟻互動（銀灰蝶）

◀葉片上的蚜蟲是蚜灰蝶幼蟲的食物，幼蟲會吐絲製作絲巢。

◀少部分種類幼蟲身上有肉質棘突（拉拉山鑽灰蝶）

◀幼蟲就像螞蟻的乳牛，會分泌蜜露給螞蟻，而螞蟻會保護幼蟲避免受到敵害。（白雅波灰蝶）

幼蟲

▲蜆蝶（亞）科
南美洲有超過 1400 種，歐、亞、非、澳洲僅100 多種。卵、幼蟲及蛹的形態與灰蝶相似，但雄蝶前腳跗節癒合不能行走,似蛺蝶科成蝶。（白點褐蜆蝶）

蛹

▶上：蛹為縊蛹，側邊可見絲帶。下：少數種類尾端垂懸器特化膨大直接固定在枝條上，胸部無絲帶。

蚜灰蝶

Taraka hamada thalaba

命名由來：蚜灰蝶由名稱即可知道牠和蚜蟲有密不可分的關係，本種為蚜灰蝶屬的模式物種，因此以屬的中文名稱來命名，其原有名稱棋石小灰蝶容易與藍灰蝶亞科森灰蝶屬的「臺灣棋石小灰蝶」弄混。

雲灰蝶亞科

蚜灰蝶屬

別名：棋石小灰蝶、林灰蝶

分布／海拔：臺灣全島，中南部較多／ 50 ～ 1200m

寄主植物：以竹葉上的常蚜科或扁蚜科之竹葉扁蚜 *Astegopteryx bambusifoliae* 等為食（肉食性）

活動月分：全年可見成蝶活動，清明節之前常有發生高峰期

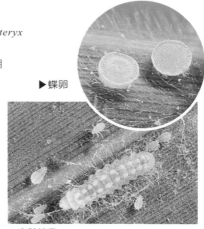
▶蝶卵

蚜灰蝶的翅膀腹面底色為白色，散布一些黑色斑點，其生存環境為竹林，在中南部的淺山區或是平原丘陵地都有機會看到。近年來許多愛好生態攝影的影友常常以蚜灰蝶為主題，拍攝不少精美相片，主題多半是在植物上晒太陽或是交配等動作，較少見到蚜灰蝶進食的畫面，其實蚜灰蝶偶爾會訪花，主要是吸食露水或是蚜蟲的分泌物。

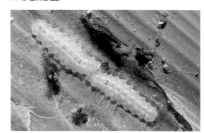
▲ 2 齡幼蟲

幼 | 生 | 期

大多數蝴蝶以植物為食，但也有極少數是以肉類為食，而蚜灰蝶優雅柔弱的外表下，很難想像牠是一個以竹葉上的竹葉扁蚜為食的肉食主義者。在農民眼中因為牠可以控制竹葉上的蚜蟲數量，稱得上是防制農害的益蟲，若在一個使用農藥控制蟲害的竹林中是見不到蚜灰蝶的存在。蚜灰蝶的幼蟲體色為淺綠色，背上有 2 條黃色縱向的線條，小幼蟲躲在用絲築出來的巢中，當其體色變成淡綠色時就是快要化蛹了。蛹的外型特殊，不過蛹期很短不易見到。牠的卵比蚜蟲還小且沒有特別的花紋，常會誤以為是葉子上的雜物。

▲終齡幼蟲
幼蟲身體兩側有許多長毛，即將化蛹的終齡幼蟲體色會變淡。

▲前蛹體長變短、體色變白，外表與幼蟲時明顯不同，相同處只有身上的長毛。

◀成蝶不愛飛行，停棲走動時是最佳的觀察時機。

▶褐色型蛹
蛹呈淡綠色或淡褐色，不同的體色都是保護自己不被天敵發現的法寶。

銀灰蝶

特有亞種

Curetis acuta formosana

命名由來：本種不是銀灰蝶屬的模式種，但分布廣、具有代表性，因此以屬的中文名稱作為本種的中文名。

別名：銀斑小灰蝶、銀背小灰蝶、銀小灰蝶、尖翅銀灰蝶、裏銀小灰蝶

分布 / 海拔：臺灣全島 / 0 ～ 1400m

寄主植物：豆科山葛、水黃皮、老荊藤、臺灣紅豆樹等的嫩葉或花苞

活動月分：多世代蝶種，全年可見成蝶活動

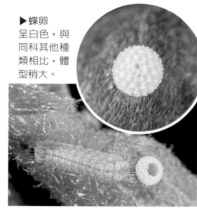

▶蝶卵
呈白色，與同科其他種類相比，體型稍大。

銀灰蝶目前的分類是灰蝶科、銀灰蝶亞科，在早期圖鑑中是將本種分類為「銀斑小灰蝶科」。本種在灰蝶科中算是體型較大的種類，翅膀腹面銀灰色的鱗片為本屬特色，且散布許多細小的黑色斑點。本屬除銀灰蝶外，尚有一種為臺灣銀灰蝶，但這種的族群數量較少且為臺灣特有種，主要分布於中、南部地區。相較之下，銀灰蝶的族群數量較多且全臺分布，在近郊丘陵、淺山區有穩定的族群活動。

▲1齡幼蟲及卵殼
腹部末端的喜蟻器尚未發育

幼 | 生 | 期

銀灰蝶幼蟲在秋季時較容易觀察到，特別是淺山區的老荊藤開始抽出花序時，可留意小花苞、嫩葉旁的莖及葉片上是否有白色蝶卵。1齡幼蟲體型小不易發現，幼蟲變2齡時雖然體型已稍大，但因幼蟲體色會隨著攝食的植物組織部位不同而呈現不同顏色，當體色與植物顏色相近時就不易發現，但幼蟲腹部末端黑褐色的喜蟻器卻會暴露其停棲位置。當幼蟲攝食嫩葉或小花苞時體色呈綠褐色或綠色，若攝食了大花苞或花瓣，體色會呈現不同程度的紫紅色。終齡幼蟲化蛹前體表的花紋會消失，體色不論原本是綠色或紫色都會變成翠綠色的蛹，且平貼在寄主植物葉片上，頂部還有一個白色斑紋。

▲2齡幼蟲
體側出現不明顯的白色斑紋，腹部末端有喜蟻器。

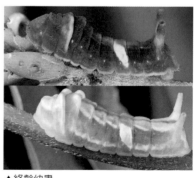

▲終齡幼蟲
體色與所攝食的食物有關，吃老荊藤花苞體色為紫紅色、吃嫩葉體色偏綠。

◀剛羽化的成蝶

▶蝶蛹
胸部背面有個白色斑紋，通常為橢圓形，少數個體呈撲克牌的黑桃形狀。

紫日灰蝶

特有亞種

Heliophorus ila matsumurae

命名由來：本種是日灰蝶屬在臺灣唯一的種類，雄蝶翅膀背面有紫色光澤，因此取名為「紫」日灰蝶。

別名：紅邊黃小灰蝶、（裏）紅緣小灰蝶、紅緣酸模灰蝶、濃紫彩灰蝶

分布／海拔：臺灣全島及外島馬祖／ 0 ～ 2500m

寄主植物：蓼科火炭母草（單食性）

活動月分：多世代蝶種，全年可見成蝶活動

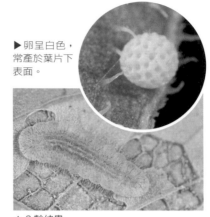

▶卵呈白色，常產於葉片下表面。

　屬的種類主要分布在東洋區，共約有 12 種，因翅膀腹面爲黃色且有紅色翅緣，猶如耀眼的太陽及紅色的日焰，而屬名的字首 *Helio-* 也是「太陽」的意思，因此將本屬取名爲「日」灰蝶屬。本種分布廣泛，臺北市區近郊到中海拔的南投清境都能看到牠。由於翅膀配色獨特，在臺灣無近似種類，因此有「紅邊黃」或「紅緣」稱呼；但在中國同屬其他種類與本種外型相近，雌蝶前翅背面也都有橙紅色斑紋，不易區分；種類間唯一有差別的是雄蝶翅膀背面的斑紋色澤及分布位置，有些種類是淡藍紫色、金黃色或黃綠色。

▲ 3 齡幼蟲
下表皮的葉肉遭幼蟲刮食，留下上表皮蠟質的部分。

幼｜生｜期

　有火炭母草的地方通常能在附近觀察到紫日灰蝶，若見到成蝶在寄主植物上走動，通常是雌蝶要產卵，產卵的位置從葉片、葉柄、莖及葉鞘等處。卵的表面有明顯凹痕，1 ～ 3 齡幼蟲體色爲淡綠色，身體扁平，不容易發現，但葉片上的食痕會洩漏牠的行蹤，特別是 3 齡幼蟲因體型稍大，食痕較明顯。終齡幼蟲會啃食整個葉片，身體形狀也較立體，平時多停棲在莖的位置，化蛹前體長會縮短。蛹的形狀特殊，表面有紅褐色斑點，不難辨認。

▲終齡幼蟲
幼蟲體色與攝食的葉片顏色有關

▲蝶蛹
呈葫蘆狀，有明顯的腰身。

◀雌蝶的前翅背面有橙色斑紋

◀雄蝶
前翅背面的紫色光澤會隨觀察角度差異而不明顯

小紫灰蝶

 特有亞種

Arhopala birmana asakurae

命名由來：本種是臺灣產紫灰蝶屬中體型最小的種類，因此命名為「小」紫灰蝶；種小名指的是緬甸，亞種名為日本人朝倉喜代松，此即朝倉小灰蝶的原由。

別名：朝倉小灰蝶、綠綫紋青灰蝶、蜆紫燕小灰蝶、鵲莉小灰蝶、緬甸嬈灰蝶、碧俳灰蝶

分布／海拔：臺灣本島中南部為主／300～1500m

寄主植物：殼斗科青剛櫟、捲斗櫟

活動月分：多世代蝶種，全年可見成蝶活動

　　小紫灰蝶主要分布於中南部山區植被狀況良好的闊葉林中，雖然成蝶全年可見，不過在初夏時較多。本種較為人知的觀察地為南投縣國姓鄉的惠蓀林場，以青蛙石步道較佳。另外南投縣蓮華池研究中心附近的步道除了能見到本種外，還有同屬的日本紫灰蝶、燕尾紫灰蝶及寬邊琉灰蝶可以試試手氣。熱門的埔里彩蝶瀑布則能觀察到這3種常見的紫灰蝶屬在溼地上吸水及展翅晒太陽畫面。

幼│生│期

　　殼斗科植物的新芽外有鱗片保護，當芽開始發育抽長時鱗片也會被撐開而變鬆，此時雌蝶會將卵產於鱗片內側靠近芽的位置。卵孵化後幼蟲就爬到新芽上取食，當芽完全抽長後幼蟲已發育變成2齡。本種幼蟲的寄主捲斗櫟新葉有兩種外觀，其中一種是葉片外面布滿細密的紫色毛，而小幼蟲會啃去葉上表面的葉肉組織及細毛，所以會看到葉片上有綠色條狀的食痕，通常在食痕兩端的其中一端會發現有小幼蟲；青剛櫟嫩葉的小幼蟲食痕與捲斗櫟不同，小幼蟲通常會停棲於葉下表面，然後直接啃食葉片形成孔洞狀食痕。終齡幼蟲會將寄主的成熟葉片連綴，然後化蛹在葉下表面，蛹體呈淡綠色與葉下表面的顏色相近。

◀成蝶喜歡在森林下層遮蔭的環境活動

翠灰蝶亞科

紫灰蝶屬

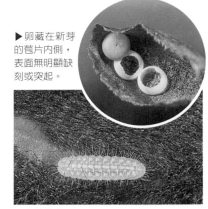

▶卵藏在新芽的苞片內側，表面無明顯缺刻或突起。

▲2齡幼蟲
幼蟲形態扁平，體側有細長毛，會刮食嫩葉表面的鱗毛或葉肉組織。

▲終齡幼蟲

▲蝶蛹
體色為綠色，羽化前呈黑灰色，翅膀位置有藍色亮鱗。

▲前蛹
幼蟲將葉片連綴，並在葉隙間化蛹。

213

日本紫灰蝶

Arhopala japonica

命名由來：種小名「*japonica*」即為日本，因最早發現地點在日本，因此稱為「日本」紫灰蝶；日文名為「ムラサキシジミ」，翻譯後就是「紫小灰蝶」；分布於日本、韓國南部及臺灣。

別名：紫（小）灰蝶、日本嬈灰蝶、紫蜆蝶
分布／海拔：臺灣全島／ 0 ～ 1800m
寄主植物：殼斗科青剛櫟、圓果青剛櫟、赤皮、鍵子櫟、捲斗櫟、錐果櫟、狹葉櫟、短尾葉石櫟
活動月分：多世代蝶種，2 ～ 10 月為主，冬季少見

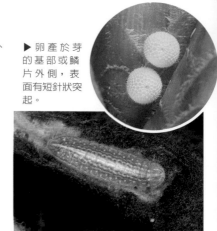

▶ 卵產於芽的基部或鱗片外側，表面有短針狀突起。

日本紫灰蝶是臺灣產 7 種紫灰蝶屬物種中[註]海拔及緯度分布最廣的種類。紫灰蝶屬蝴蝶大多在林緣遮蔭處或林下活動，可由前翅背面的紫色斑紋分布狀況來區分雌雄，雄蝶翅膀上幾乎布滿暗藍紫色鱗片，而雌蝶的亮藍紫色鱗片僅分布在翅基至翅膀中間約占 1 / 2 翅膀面積。本種後翅的外緣有個不明顯的小突起，在極少數個體這個突起較明顯，因而有可能被誤認是短尾紫灰蝶。

幼 | 生 | 期

本種雌蝶偏好將卵產在即將抽長的芽附近，不管是數公尺高的樹冠層或是只有膝蓋高的小苗木，只要有嫩芽就能吸引牠前來產卵，但偶爾有將卵產在芽旁老葉下表面。本種小幼蟲常停棲在寄主葉下表面並啃食出許多孔狀食痕，大幼蟲則會將嫩葉接近葉片基部的中肋咬傷，使葉片下垂脫水並吐絲將葉片稍黏合後躲在簡易蟲巢中，化蛹前幼蟲身體會變得稍有透明感。紫灰蝶屬的幼蟲及蛹外觀相似不易區分，等羽化後才能確定幼蟲身分。

▲ 2 齡幼蟲
紫紅色的體色是因為幼蟲啃食嫩葉表面的紫色鱗毛所致

註：臺灣產紫灰蝶屬 7 種中的**短尾紫灰蝶**及**三尾紫灰蝶**，目前依徐教授研判應是疑問種。

▲終齡蟲巢
乾枯捲曲的葉片是簡易的蟲巢，蟲巢上的螞蟻是幼蟲吸引來的保鏢。

▲終齡幼蟲

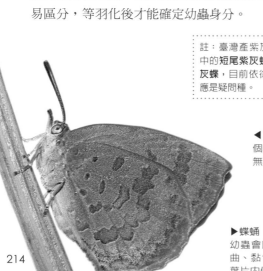

◀大多數個體後翅無尾突

▶蝶蛹
幼蟲會吐絲將葉片彎曲、黏合，並化蛹在葉片內側。

燕尾紫灰蝶
Arhopala bazalus turbata

命名由來：本種後翅具有一個細尾突，因此稱為「燕尾」紫灰蝶；此與紫燕小灰蝶的「燕」相同。

別名：紫燕（小灰）蝶、百嬈灰蝶、茶灰蝶
分布／海拔：臺灣全島／ 200 ～ 1500m
寄主植物：殼斗科石櫟屬短尾葉石櫟、阿里山三斗石櫟、大葉石櫟、臺灣石櫟及青剛櫟、臺灣栲等
活動月分：多世代蝶種，2 ～ 11 月為主，冬季少見

小紫灰蝶與蔚青紫灰蝶、日本紫灰蝶與暗色紫灰蝶，兩兩外型相似，而燕尾紫灰蝶體型最大且翅腹斑紋明顯不同。紫灰蝶屬物種以成蝶越冬，冬季時會集體躲在陰暗背風的隱蔽環境，當氣溫較高時會飛至溪邊溼地吸水。臺灣的燕尾紫灰蝶[註]及日本紫灰蝶都被蝶友拍攝到集體越冬行為，香港則是拍到本種十數隻個體停棲在葉隙裡躲藏，日本的族群也是集體越冬。

幼 | 生 | 期

當石櫟的新芽抽長時燕尾紫灰蝶雌蝶會受其吸引前來產卵，常發生雌蝶在同一個芽上產了數顆卵，芽的嫩葉數量明明只夠一隻幼蟲取食至化蛹，卻產下多顆卵，雖然有時會觀察到有不同齡期的幼蟲同時存在，但較晚孵化的幼蟲多半會因為食物不足而死亡。筆者較常觀察到本種幼生期的是短尾葉石櫟及阿里山三斗石櫟這兩種植物，有資料提及本種幼蟲也會利用小西氏石櫟、南投石櫟的嫩葉等。即便某蝴蝶幼生期食性已有較多的研究及觀察記錄，但仍可能有新的寄主植物利用被目擊。

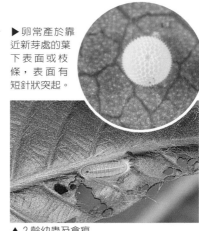
▶ 卵常產於靠近新芽處的葉下表面或枝條，表面有短針狀突起。

▲ 2 齡幼蟲及食痕

▲ 3 齡幼蟲
幼蟲體型扁平，停棲處常吐滿絲。

▼ 終齡幼蟲
身體兩側有細長毛，體型略大於日本紫灰蝶，橙色圓圈處的構造見左側格放圖。

▶幼蟲腹部末端構造
一對 喜蟻器、1 個蜜腺、2 對氣門。

氣門
蜜腺
喜蟻器
氣門

◀後翅的腹面散布淡色鱗片

蝶蛹
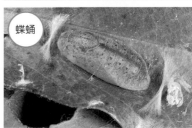

註：臺灣蝴蝶保育學會志工蔡秉睿於 2012 年 1 月底在中部山區觀察到紫燕蝶集體越冬行為，其將 1 個多月的觀察記錄投稿於蝶會 2012 年「蝶」冬季刊。

凹翅紫灰蝶

Mahathala ameria hainani

命名由來：本種後翅內緣及前緣的翅形向內凹，由這個特徵稱為「凹翅」紫灰蝶。

別名：凹翅（紫小）灰蝶、圓翅紫（燕）小灰蝶、緣翅紫小灰蝶、刻小灰蝶、瑪灰蝶

分布／海拔：臺灣全島，中南部數量多／0～500m

寄主植物：大戟科扛香藤（單食性）

活動月分：多世代蝶種，全年可見成蝶活動

凹翅紫灰蝶雖然名稱裡有「紫灰蝶」3字，但分類上是凹翅紫灰蝶屬，與紫灰蝶屬都是翠灰蝶亞科、紫灰蝶族下的分類群，而行為及習性這麼相似與牠們親緣關係相近有關。本種在清晨或是冬季天氣較冷時偶爾也會飛到林緣處展翅晒太陽，此時就能見到翅膀背面的藍紫色斑紋，本種成蝶不愛訪花，在南部郊區幾乎全年可見到成蝶及各階段的幼生期。

▶ 卵表面有排列整齊的格狀刻稜

▲ 2齡幼蟲
體態扁平，體側有細長毛。

幼｜生｜期

本種雌蝶會將卵產在寄主植物的嫩莖、嫩葉或成熟葉的葉下表面，卵表面有許多小方格。孵化的1齡幼蟲在體側及背上有明顯細長毛，會在葉下表咬出孔狀食痕，轉變成2齡幼蟲後身體背面的毛變得較短，這是準確區分灰蝶幼蟲1、2齡齡期的方法。本種從2齡幼蟲開始會將葉片的葉緣處吐絲黏合形成餃子狀蟲巢，蟲巢型式是向葉上表面或葉下表面捲曲都有可能，若當地族群數量多，就很容易在扛香藤上發現蟲巢。3齡之後蟲體背面腹部末端的喜蟻器及蜜腺才會發育完成，在這之後才能吸引螞蟻前來保護安全。幼蟲化蛹前體色會變為紫灰色並爬離寄主植物，蛹體色為褐色，與地上的落葉、枯樹幹顏色相似，極不易發現。

▲ 終齡幼蟲
因腹部末端喜蟻器的作用，讓幼蟲身上有螞蟻保護。

◀ 停棲在扛香藤葉片的成蝶

▲ 蟲巢

▲ 蝶蛹

赭灰蝶

Ussuriana michaelis takarana

命名由來：赭為紅褐色，指的是本屬蝴蝶翅膀背面的色澤，本種為赭灰蝶屬的模式種，因此以屬的中文名稱作為種的中文名；日文名「コンゴウシジミ」即金剛小灰蝶，金剛指的是北韓觀光勝地金剛山。

別名：寶島（小）灰蝶、金剛小灰蝶
分布／海拔：臺灣本島／ 400 ～ 1800m
寄主植物：木犀科臺灣梣（單食性）
活動月分：一年一世代，4 ～ 6 月

赭灰蝶在 1992 年之前被認為是臺灣特有種，日文名稱為「タカラシジミ」，翻譯為「寶灰蝶」。陳維壽先生在其著作中將本種稱為「寶島小灰蝶」，「寶島」頗符合牠當年被視為臺灣特有種的身分，但與日文名稱的原意已不同。而 1992 年的研究指出本種是另一廣泛分布在韓國、中國東部從東北至廣東，還有越南、泰國北部的物種 *U. michaelis*，臺灣的族群也由臺灣特有種變為特有亞種，學名由 *U. takarana* 修正為 *U. michaelis*，本種的日文名也變成「コンゴウシジミ」，若還是稱呼牠為寶島小灰蝶就「張冠李戴」了。

幼｜生｜期

雌蝶產卵前會停棲在臺灣梣樹幹上爬行，找尋適合產卵的樹皮裂縫，並產下數顆至十數顆扁平的卵，雌蝶還會在卵的表面分泌膠狀物質保護。這種奇特的產卵習性，使得孵化的幼蟲必須從樹幹長途爬行至樹梢才有嫩葉可以食用，雖然雌蝶產卵時是聚產，但幼蟲爬至樹梢時已分散至不同枝條。1 齡幼蟲大多會躲在嫩芽裡進食，2、3 齡幼蟲則是直接停棲在嫩葉的上表面。終齡幼蟲因為體型已明顯較大，大多會停棲於莖上或捲曲在莖的分叉處，要進食時才爬到嫩葉處哨食。化蛹前幼蟲會爬至樹下，在地面的落葉或頁岩石堆裡化蛹。

▲蝶卵

▲ 2 齡幼蟲

▲ 3 齡幼蟲
常停棲在新葉表面

▲終齡幼蟲

◀成蝶外型其實與老舊的紫日灰蝶並不相似

▲蛹化於地面枯葉裡或隱蔽的石板上

217

臺灣焰灰蝶

Japonica patungkoanui

特有種

命名由來：本屬翅膀的顏色像是火焰一樣的橘黃色，因此稱為「焰」灰蝶屬，而本種為臺灣特有種，因此命名為臺灣焰灰蝶；本種過去被誤認是 *J. lutea*，因此沿用日文名稱翻譯的紅小灰蝶或赤小灰蝶。

翠灰蝶亞科

焰灰蝶屬

別名：紅小灰蝶、臺灣紅灰蝶、高砂紅小灰蝶、赤小灰蝶、（臺灣）黃灰蝶
分布／海拔：臺灣本島／ 800～2500m
寄主植物：殼斗科青剛櫟、錐果櫟、狹葉櫟、槤子櫟
活動月分：一年一世代，5～7月

臺灣焰灰蝶的分類地位直到 1990 年才釐清，本種過去被鑑定成從日本向西南分布到中國西藏的 *J. lutea*，這個廣布種的日文和名為「アカシジミ」，日文漢字為「赤小灰」，翻譯成中文後就是「紅小灰蝶」，但學者研究後發現這個廣布種並不分布於臺灣，臺灣的種類是另一種且為臺灣特有種，若紅小灰蝶這個名稱是指 *J. lutea*，那臺灣的種類理論上就不適合再用「紅小灰蝶」這名稱，改稱「臺灣紅小灰蝶」反而較合適，但卻已有另一種蝴蝶（珂灰蝶）用了這個名稱（詳見附表）。

其實物種的中文名稱只是俗名，若是不在意學名或是種類是否曾因錯誤鑑定而修正，其實稱本種為紅小灰蝶也無妨。俗名本以方便溝通交流為主，沒有強制規範，即使讀者要叫牠為黃蝴蝶、紅蝴蝶也可以。本種俗名上的問題也同樣出現在蛺蝶科的窄帶翠蛺蝶，有些俗名雖使用已久但其合理性仍值得討論，已故的張保信老師也曾提到蝴蝶中文名稱命名要有世界觀的視野及思考，至於要使用哪個名稱，只要有根據、易記、好溝通交流就好。

▼中午時飛至林下休息的成蝶

▲卵表面沾附有雌蝶腹部的鱗毛及枝條表面附著物，藉此隱藏卵的位置，眼尖的您可有發現卵的蹤影嗎？

幼｜生｜期

臺灣焰灰蝶的幼生期超過8個月，其中有半年以上維持在卵型態。雌蝶將卵產在數種殼斗科植物休眠芽的基部或是鄰近休眠芽的莖凹陷處，還會在卵的表面沾黏腹部的毛及少量樹皮表面的雜物，使卵的外觀較不顯眼。孵化的小幼蟲會鑽入嫩芽內取食，從芽的外觀不容易發現有幼蟲躲在裡面。2齡幼蟲的體色為米黃色，體表也有許多細毛，若不仔細觀察會與嫩葉葉背的細毛相混淆。3齡幼蟲的體表在背中線及體側下方出現粉紅的斑紋，幼蟲的食量也漸大且大多躲藏在嫩葉的基部。終齡幼蟲常停棲於嫩葉的葉下表面，體色也變為黃綠色。幼蟲在化蛹前會爬至隱蔽處的成熟葉下表面找尋合適的位置化蛹，蛹為黃綠色。蛹的顏色與外觀和櫟屬植物葉片上的蟲癭外形有些雷同，是否存在有偽裝而提高生存率的機制，值得深入探討。

▲越冬卵，後期的表面鱗毛大多已脫落。

▲1齡幼蟲
躲在新葉上表面刮食葉肉

▲3齡幼蟲

▲終齡幼蟲
外型像不像植物葉片上的蟲癭呢？

註：臺灣最高峰玉山在日治時期又稱：にいたかやま（新高山），「にいたか」與「ニイタカ」相同。本種的日文漢字名稱雖為「新高赤小灰」，但依早年命名的風格，中文名稱可能會翻譯為「玉山紅小灰蝶」。

▲蝶蛹
呈淡綠色，化蛹於寄主的葉下表面。

學名	說明	中文名1	中文名2	大陸用名	日文名	日文漢字
Japonica patungkoanui	臺灣特有種	臺灣焰灰蝶	（未命名）	臺灣黃灰蝶	ニイタカアカシジミ	新高赤小灰註
Japonica lutea	早年鑑定錯誤	（因無分布）	紅小灰蝶	黃灰蝶	アカシジミ	赤小灰
Cordelia comes wilemaniella	特有亞種	珂灰蝶	臺灣紅小灰蝶	珂灰蝶	タイワンアカシジミ	台湾赤小灰

珂灰蝶（ㄎㄜ）

Cordelia comes wilemaniella

命名由來： 珂灰蝶屬的「珂」是取自屬名「*Cordelia*」的發音，本種為珂灰蝶屬的模式種，因此以屬的中文名稱作為本種的中文俗名。

翠灰蝶亞科

珂灰蝶屬

別名： 臺灣紅小灰蝶、臺灣赤小灰蝶、千金榆黃灰蝶、柯灰蝶
分布／海拔： 臺灣中部及花蓮為主／800～2500m
寄主植物： 樺木科阿里山千金榆（單食性）
活動月分： 一年一世代，4～7月

珂灰蝶成蝶發生期集中在每年的5、6月分，到7月時大概只剩下老舊的雌蝶，本種雄蝶常在樹梢上追逐，並有在制高處停棲的領域行為。廣義的翠灰蝶（俗稱綠小灰蝶）是指分類地位為灰蝶科中翠灰蝶亞科的翠灰蝶族成員，於2013年止在臺灣已記錄有27種（不含尖灰蝶）。這27種中翅膀色澤為橙黃色的有3種，分別屬於3個屬別，這3種雖然翅膀顏色相似但斑紋卻差別明顯，不難區分。若是到了中國大陸，以珂灰蝶屬而言，與其外觀相似的屬別就有4個屬[註]，這4個屬中只有珂灰蝶屬分布到臺灣，其他屬別臺灣看不到，因此在中國當地見到外型相似的種類時，最好能仔細比較翅膀上的斑紋，再來判斷是否為本種。

幼｜生｜期

珂灰蝶的幼蟲以樺木科阿里山千金榆的嫩葉為食，本種目前在臺灣已知最北分布到臺中梨山一帶，東至太魯閣國家公園西寶之上，雖然北橫公路在桃園巴稜一帶也有不少

與其他相似種類相比本種翅膀色澤較深

註：資料參考自小岩屋 敏著的「世界のゼフィルス大図鑑」（世界的綠小灰蝶大圖鑑），與 *Cordelia* 屬（柯灰蝶屬）外型相似的另有 *Gonerilia* 屬（工灰蝶屬）、*Neogonerilia* 屬（新工灰蝶屬）、*Pseudogonerilia* 屬（擬工灰蝶屬）。書中將臺灣產的珂灰蝶視為臺灣特有種，且學名為 *Cordelia wilemaniella*，但書中使用的分類系統及物種學名有許多是作者小岩屋 敏本身的觀點。

阿里山千金榆，但當地並無本種出沒。雌蝶產卵時喜歡產於植株枝條的下側或背風面，除了常見的休眠芽基部外，葉柄脫落後的葉柄痕、樹枝分叉的凹陷處、以及前一年未脫落的休眠芽鱗片內側都是雌蝶喜好產卵的位置。當枝條直徑超過1公分時雌蝶就很少會利用，植株高處垂直向上生長的枝條也不受雌蝶青睞。本種的1齡幼蟲體型小，常鑽入嫩芽中躲藏並在裡面啃食，脫皮變2齡後體色會變成像嫩葉的淡黃綠色，隨著齡期增加體色會漸漸變得鮮豔，終齡幼蟲除了黃綠色的體色外，在體側及背中線都有藍綠色線條。這些線條在幼蟲準備進入前蛹期時會變紅褐色，等到幼蟲全身幾乎都變為紅褐色時就是快脫皮化蛹的時候，蛹多化於地面石頭縫或落葉堆裡。

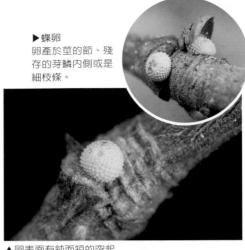
▶蝶卵
卵產於莖的節、殘存的芽鱗內側或是細枝條。

▲卵表面有鈍而短的突起

▲早春新芽生長時，枝條上意外發現的小鑽灰蝶卵。

▲1齡幼蟲鑽入新芽內取食

▲3齡幼蟲

▲終齡幼蟲

▲蝶蛹

221

瓏灰蝶

Leucantigius atayalicus

特有亞種

命名由來：瓏灰蝶的「瓏」是取自屬名 *Leucantigius* 第一個字母「L」的發音，並有形容本種外型細緻精巧玲瓏之意；中國稱本種為璐灰蝶則是取自屬名諧音；本屬為單種屬。

翠灰蝶亞科

瓏灰蝶屬

別名：姬白（小）灰蝶、小白小灰蝶、璐灰蝶
分布／海拔：臺灣本島／800～2000m
寄主植物：殼斗科青剛櫟、錐果櫟
活動月分：一年一世代，4～6月

瓏灰蝶又稱姬白小灰蝶，乃是翻譯自日文名「ヒメシロシジミ」，「ヒメ」即「姬」，是女子的美稱，並非指體型小。本種在臺灣有一種體色相近但斑紋、體型都有明顯差別的不同屬別的物種，這物種的體型較大、翅膀腹面以白色為主，日文名為「シロシジミ」，翻譯成中文名後即為白小灰蝶（見223頁）。本種因體型較小也被稱為「小」白小灰蝶，而本種體型在翠灰蝶族成員中確實屬於較小型的。

▶卵常產於細枝條下側或中下層休眠芽的基部

▲1齡幼蟲

幼｜生｜期

雌蝶產卵時偏好枝條下側，少數會產在細枝或休眠芽。產於休眠芽或細枝條上的卵較容易觀察，而產於較粗枝條上的卵常因樹皮上長有許多灰白色的地衣或青苔，加上卵在經過一段時間後卵殼表面會沾附灰塵或是長了青苔而變得不顯眼，所以要有很好的眼力才能發現它。孵化後幼蟲會爬至新芽處並鑽入新芽間取食，小幼蟲會在新芽外側吐絲，將新芽的葉片連綴在一起形成辣椒狀。幼蟲最明顯的特徵就是背中線是一條紫紅色的縱向線條，化蛹前幼蟲的體色會由黃綠色轉變為粉紅色，幼蟲此時會爬至地面，在落葉堆的隱蔽處化蛹，蛹的腹部背側有明顯的灰白色斑紋，不難區別。

▲3齡幼蟲
身體背部綠白色區域較寬，背中線紫紅色。

▲終齡幼蟲體背綠白色區域較狹長

▲背面及腹部有灰白色花紋

◀接近中午時成蝶會飛到林緣低處停棲

▶幼蟲會吐絲將新芽葉片連綴在一起，形狀似辣椒。

朗灰蝶
Ravenna nivea

特有亞種

命名由來：朗灰蝶屬的「朗」是取自屬名「*Ravenna*」發音，本種為朗灰蝶屬的模式種，因此以屬的中文名作為本種的中文名稱；白小灰蝶源自日文名「シロシジミ」；「冷」亦為屬名的音譯；本屬為單種屬。

別名：白（小）灰蝶、冷灰蝶
分布／海拔：臺灣本島／700～2000公尺
寄主植物：青剛櫟、錐果櫟、捲斗櫟、毽子櫟
活動月分：一年一世代，4～6月

朗灰蝶以往稱為白小灰蝶，「白」是指本種翅膀腹面底色。本種族群數量不算少，但成蝶極不易觀察到。成蝶不但不會飛到樹冠上活動，更是只在晨、昏或是陰天這種陽光較弱時才飛到樹林外活動，多數時刻是待在樹林內，所以走在森林步道時可以留意灑落在樹林底層的陽光處，有機會見到早起的朗灰蝶在附近停棲。本種過去被視為臺灣特有種，但近年來在中國的福建、四川等地都有發現。

幼｜生｜期

朗灰蝶的卵是臺灣產翠灰蝶族中相對容易發現與觀察，雌蝶產卵高度從距地0.5公尺就能發現，大多數的卵產於距地1～2.5公尺這個區間，而且卵都產在林下有遮蔭的休眠芽基部。卵孵化後，幼蟲就近爬上抽出的新芽裡進食。幼蟲攝食葉片時，會順便將葉片上的細長毛黏附到身體上，讓自己能隱身在嫩葉間，小幼蟲習慣停棲於葉下表面。3齡幼蟲體色會因攝食的葉片顏色而有變化，此時幼蟲會在葉下表面、嫩枝或葉柄上停棲，為避免被天敵看見，幼蟲會將嫩葉的中肋咬傷，使葉片稍脫水下垂，但葉片仍保持新鮮可食用，因咬傷而下垂的葉片則可以遮擋幼蟲的行蹤。幼蟲化蛹前會爬至地面找尋隱蔽處化蛹。

▲卵產於休眠芽旁

▲2齡幼蟲體表黏附有葉片的細長毛

▲躲在枝條處的3齡幼蟲

▲終齡幼蟲及葉中肋咬痕

◀雌蝶翅膀背面為白底黑邊，雄蝶有水藍色閃鱗。

▶蛹的斑紋特殊

223

墨點灰蝶
Araragi enthea morisonensis

命名由來：墨點灰蝶的「墨點」是形容翅膀腹面像一張白紙滴到墨汁後在紙張上有大小不一的黑色斑紋，本種為屬的模式種。

翠灰蝶亞科

墨點灰蝶屬

別名：長尾（小）灰蝶、癩灰蝶、黑星斑灰蝶
分布／海拔：以臺灣中部、花蓮及宜蘭為主／1400～2000m
寄主植物：胡桃科野核桃（單食性）
活動月分：一年一世代，5～7月

本種另稱為長尾（小）灰蝶，這名稱是由日文名「オナガシジミ」（漢字：尾長小灰）翻譯而來，「長尾」是指本種後翅尾突較長，但本種尾突的長度與臺灣其他灰蝶相比並不特別突出，與東南亞的部分物種相比更是小巫見大巫，或許是因為日本產灰蝶的尾突都不長，而本種尾突可能比日本的灰蝶相對長了些，以致有此稱呼。本種目前已知分布北從省道臺7甲線宜蘭思源埡口附近往南至臺中梨山，向東可至花蓮洛韶，西邊則有臺中德基、南投翠峰及力行產業道路周邊，最南邊的標本記錄是嘉義阿里山地區。

幼|生|期

　　墨點灰蝶偏好將卵產在枝條下側、葉痕周邊的位置，而且愈靠近休眠芽卵的密度愈高。本種卵遭到寄生蜂危害的狀況普遍，越冬卵的側邊若發現有孔洞就是遭到寄生，若是孔洞在頂部的受精孔處，那表示幼蟲已孵化爬出。野胡桃剛抽芽的嫩葉或葉柄上有許多細小腺毛，腺毛末端有紫紅色黏液，本種小幼蟲不受黏液影響而能在嫩芽上爬行。隨著葉片逐漸生長展開後葉柄變硬不再可口，而大幼蟲常躲在嫩葉的葉下表面並啃食新鮮嫩葉。本種蛹的體色為褐色，目前仍不清楚野外的蛹會化蛹在何處，推測是在地面落葉堆裡或樹幹裂縫中。

▶卵表面突起的形狀呈三角形

▲1齡幼蟲躲在新芽葉隙處

▲2齡幼蟲及食痕

▲終齡幼蟲

▲蛹體色澤偏深

◀翅膀腹面的黑色斑紋大小及數量會有個體差異

伏氏鐀灰蝶
Euaspa forsteri

特有亞種

命名由來：「伏氏」是源於學名的種小名「*forsteri*」發音，是指德國鱗翅學者Dr. Walter Forster，本屬在翅膀背面有顯眼的藍紫色斑紋，因此將本屬取名為「鐀灰蝶屬」。

別名：伏氏（綠小）灰蝶、北山綠小灰蝶、文山綠小灰蝶、神木山綠小灰蝶、紫輼灰蝶
分布／海拔：臺灣北部／1000～2000m
寄主植物：殼斗科長尾尖葉櫧（單食性）
活動月分：一年一世代，5～7月

▶ 卵型較扁平

▲ 1齡幼蟲及卵殼

伏氏鐀灰蝶的分布範圍並不算廣泛，近年來多數觀察記錄是在雪山山脈中北段的桃園復興尖山一帶，若是查詢早年的標本記錄，其實在新北市烏來往桃園巴陵的福巴越嶺古道以及往宜蘭福山植物園的哈盆越嶺古道前段都有分布，這兩個山區也屬雪山山脈。北橫公路過了巴陵後路旁的樹木普遍都有十多公尺高，二、三十公尺高的大樹也有機會見到，這一帶的樹冠層到了夏季的上午可是非常熱鬧，許多一年一世代蝴蝶在樹梢上活動，其中也包括本種，但牠常停留在樹冠活動，較少因追逐打鬥而飛到低處。

▲ 2齡幼蟲

幼 | 生 | 期

伏氏鐀灰蝶雌蝶偏好上層樹冠的休眠芽，會將卵塞在休眠芽與枝條間的隙縫中，尤其是有樹葉遮蔭且休眠芽眾多的細枝，但不會選擇產在頂芽。卵呈扁平狀，遭寄生的狀況還是頗為嚴重，約有30%～50%的卵是羽化出寄生蜂。幼蟲大多停棲在嫩葉的下表面，小幼蟲會在葉片上啃食出一個小洞狀的食痕，小幼蟲體色以灰白或乳白色為主，3齡與終齡幼蟲的體色為乳黃色帶有灰綠色調，終齡幼蟲身體的背中線呈深綠色，而嫩葉的葉下表面中肋也同樣是深綠色。蛹的體色為較淡的黃褐色，但背中線處有條較粗的黑褐色線條。

▲ 終齡幼蟲背上有深綠色的背中線

◀ 成蝶不訪花，大多在樹冠層上活動。（王立豪攝）

▲ 蛹體顏色偏淡，背上有黑褐色背中線。

高山鐵灰蝶 特有種

Teratozephyrus elatus

命名由來：臺灣地區共有三種鐵灰蝶屬的物種，「鐵」來自屬名的發音，而本種的分布海拔最高且主要寄主為高山櫟，因此稱為「高山」鐵灰蝶。

翠灰蝶亞科　鐵灰蝶屬

分布/海拔：臺灣中部及花蓮 / 2300～3300m
寄主植物：殼斗科高山櫟 *Quercus spinosa*、銳葉高山櫟 *Q. tatakaensis*
活動月分：一年一世代，8～12月

臺灣的鐵灰蝶屬共有3種，高山鐵灰蝶的外型、斑紋與臺灣鐵灰蝶幾乎是難以區別，只是在本種未發表之前大家都將牠辨識成臺灣鐵灰蝶。這兩種蝴蝶有共域分布的狀況，只是臺灣鐵灰蝶的族群數量較多、分布區域較廣，所以在高山鐵灰蝶樣本較少的狀況下，大家沒能看出本種與臺灣鐵灰蝶的差異。在2005年徐堉峰教授將本種發表後，傳聞有些日本收藏家發現自己也收藏了本種，而日本研究蝴蝶的學者更是感到惋惜，明明手上有未發表的新物種卻未能發覺隱藏其中。

　　本種有以下幾個「最」，首先，是臺灣產翠灰蝶族海拔分布最高的物種；其次，牠的棲地幾乎是闊葉樹的最上限，在過去的研究調查中曾在合歡山的武嶺、小風口一帶採獲，是高海拔山區少數能見到的翠灰蝶族物種；第三，成蝶的發生期是翠灰蝶族中最晚的種類，每年8月中下旬，中海拔山區一年一世代蝴蝶的數量及種類要進入尾聲時，高山鐵灰蝶才悄悄出現，且曾有在12月分採獲成蝶的記錄。

▶左：高山櫟的葉片及休眠芽。右：卵殼表面有細、密的短針狀突起。

▲卵產於休眠芽的鱗片

◀成蝶停棲在寄主植物高山櫟上

幼｜生｜期

2000 年徐教授為了研究夸父璀灰蝶的遺傳多樣性而需要「外群」來分析，外群選擇了臺灣鐵灰蝶，當時徐教授及筆者在狹葉櫟、銳葉高山櫟及高山櫟上找到蝶卵及幼蟲。後來有研究指出臺灣鐵灰蝶是以狹葉櫟的嫩葉為食，不能取食高山櫟，這與我們在野外觀察到的現象不符。是否利用高山櫟的幼蟲並非臺灣鐵灰蝶，或是這份研究報告與事實不同？因此將兩群幼蟲分開飼養至羽化，並解剖雄蝶的交尾器比較，發現兩者交尾器結構外型有穩定的差異，是完全不同的物種。再比對過臺灣鐵灰蝶的模式標本及秦嶺鐵灰蝶標本後確定高山櫟上的是未命名新種，而與牠親緣關係最近的種類是同樣以高山櫟嫩葉為食但分布在中國甘肅、陝西的秦嶺鐵灰蝶[註]。

從發現問題到進行一連串的資料、材料收集，前後共利用了 5 年時間才釐清臺灣鐵灰蝶及高山鐵灰蝶的差別。本種幼蟲主要利用高山櫟為食，有時也能在銳葉高山櫟上發現少量個體；臺灣鐵灰蝶幼蟲大部分是攝食狹葉櫟嫩葉，偶爾也能在銳葉高山櫟及高山櫟嫩葉上觀察到（詳見附表）。

本種卵主要單產於寄主休眠芽附近，少數在細枝條下側。幼蟲成長節奏與寄主休眠芽的發育相符，3 齡幼蟲以前常停棲在嫩芽上或附近，終齡幼蟲體色黃綠且體表有細絨毛，會停棲在已平展的新葉或老葉下表面。蛹推測化於落葉堆或粗樹幹裂縫裡。

種類	高山鐵灰蝶	臺灣鐵灰蝶
食性	高山櫟（主要） 銳葉高山櫟（低） 狹葉櫟（不產卵）	狹葉櫟（主要） 高山櫟（極低） 銳葉高山櫟（極低）
海拔	2200～3300m	1500～2800m
發生期	8～12 月	6～10 月

▲ 3 齡幼蟲

▲ 終齡幼蟲躲在成熟葉下表面

▲ 蝶蛹

註：日籍學者小岩屋　敏於 2007 年的著作中，認為本種僅是秦嶺鐵灰蝶 T. niwai 之亞種。因此這兩種的關係有待進一步確認。

命名由來：本種不但是臺灣特有種，學名的種小名亦是大家熟悉的「*taiwanus*」。因此中文名稱就以「臺灣」命名；翅膀背面外緣有寬的黑褐色邊，因此又稱「寬邊」綠小灰蝶。

別名：寬邊綠小灰蝶、高山綠小灰蝶、松岡綠小灰蝶、高砂綠小灰蝶、
臺灣綠灰蝶、臺灣翠灰蝶

分布／海拔：臺灣本島／海拔 800 ～ 3300m

寄主植物：樺木科臺灣赤楊（臺灣楗木），單食性

活動月分：一年一世代，5 ～ 9 月

臺灣分布最廣、數量最多的翠灰蝶族物種就屬臺灣楗翠灰蝶，雖然本種是蝶友上山探訪翠灰蝶時最常遇見的種類，但卻是全世界只有臺灣才見得到的特有種。本種又稱寬邊綠小灰蝶，「寬邊」是指雄蝶前翅背面的翠綠色鱗片並未分布至翅膀邊緣，而是留下一道頗廣的黑褐色邊框，但這個特徵在雌蝶身上看不到。臺灣楗翠灰蝶是本書介紹的第一種雄翅膀背面有翠綠色金屬光澤的翠灰蝶族成員，看到這個特徵後就能明白為什麼這群蝴蝶會被稱為翠灰蝶或綠小灰蝶，而且被許多蝶友視為珍稀驚豔的寶貝。臺灣楗翠灰蝶的海拔分布差距頗大，當海拔分布的最下限地區已有成蝶出現時，海拔 2500 公尺的山區卻還只是卵或小幼蟲，因此本種成蝶的發生期就因海拔造成的溫度差異而被拉長，本種到了 9 月初時還有機會見到剛羽化的新鮮個體。

幼｜生｜期

樺木科的臺灣赤楊又稱為臺灣楗木，因為本屬蝴蝶的幼蟲皆是以樺木科赤楊屬的嫩葉為食，所

▶ 卵頂部有明顯的受精孔

▲臺灣楗翠灰蝶是翠灰蝶族中較容易觀察到的物種之一

以屬名在命名時加了食性的特徵，稱為「橙翠灰蝶屬」。臺灣赤陽喜歡生長在陽性的崩塌山坡地，且經常生長成一小片純林。山區的許多道路在開闢時，常造成路旁的坡腳處發生小型崩塌地形，這提供了臺灣赤楊這類先趨植物適合生長的環境，而以臺灣赤楊為食的臺灣橙翠灰蝶也間接受惠於道路的開發。當低海拔以上的臺灣赤楊數量增多時，連帶也使得本種的族群數量上升，在山區路旁的寄主植株上就有穩定且數量不少的越冬卵。

卵大多產於枝條下側靠近休眠芽、節或枝條分叉處。春天孵化後的幼蟲會爬至嫩芽未完全開展的葉片中肋處，吐絲將葉緣連綴成餃子或餛飩狀後躲藏在蟲巢中啃食葉肉。小幼蟲若沒能完成蟲巢不會進食，沒有蟲巢的狀況下小幼蟲很難順利成長。隨著葉片生長，蟲巢的空間也會變大，幼蟲多數時間會待在蟲巢內，進食時會爬至巢旁的其他嫩葉上啃食，幼蟲於化蛹前會爬至地面落葉或岩縫間躲藏。

▲ 卵產於休眠芽旁或枝條下側

▲ 1 齡幼蟲及卵殼

▲ 終齡幼蟲

▲ 遭線蟲危害的 3 齡幼蟲

▲ 3 齡幼蟲的水餃狀蟲巢

▲ 蝶蛹

碧翠灰蝶

特有亞種

Chrysozephyrus esakii

命名由來：碧是青綠色，形容雄蝶翅背色澤綠中帶青，故取名「碧」翠灰蝶；「江崎」源自種小名 *esakii*，江崎悌三最早將本種發表在文獻上，但其發表時誤鑑定為小翠灰蝶（臺灣綠小灰蝶）。

別名：江崎綠（小）灰蝶、太平山綠小灰蝶、鐵椆金灰蝶、江崎金灰蝶

分布／海拔：臺灣本島／1000～3300m

寄主植物：殼斗科森氏櫟、毽子櫟、青剛櫟、狹葉櫟、錐果櫟、栓皮櫟

活動月分：一年一世代，5～8月

碧翠灰蝶整體分布海拔稍高，族群數量頗多，常是分布範圍內頗為優勢的翠灰蝶屬物種[註]。花蓮秀林鄉中橫公路上的碧綠曾記錄過的翠灰蝶類有 10 種以上，其中數量最多的就是碧翠灰蝶。另外，在太平山、思源埡口或南投清境農場以上的山區亦有機會觀察到碧翠灰蝶。本種較廣為人知的分布地點集中在中北部山區，其實南部的阿里山、藤枝、南橫公路都曾有採集記錄。陳維壽先生所著作的書籍中將本種稱為太平山綠小灰蝶。

幼|生|期

雌蝶會將卵產於寄主中高層的休眠芽旁，有時一個發育不錯且生長位置佳的休眠芽可能同時有兩顆卵。本種的卵大多產在高處而不容易觀察，但筆者曾在不及 3 米高的休眠芽上發現卵，卵周圍有明顯的縱向突稜，外型有點像是齒輪或是車輪。小幼蟲體色偏白，常躲藏在剛抽長的芽中取食，不易被發現。終齡蟲體色以褐色為主，幼蟲多數時間會在細枝條上停棲，僅在攝食時爬至嫩葉。化蛹前幼蟲會爬至地面落葉間，蛹剛蛻皮時體色呈現粉紅、淡橘色，約 1～2 小時後開始有黑褐色的斑紋出現。

註：優勢物種（優勢種 dominant species）是指棲地內許多物種中具有最多個體數量或最大生物量（biomass）的物種。

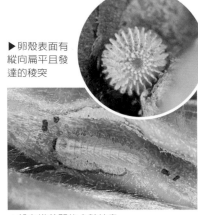
▶卵殼表面有縱向扁平且發達的稜突

▲躲在嫩芽間的 2 齡幼蟲

▲3 齡幼蟲

▲終齡幼蟲體色為黑褐色

◀停棲在樹梢展現領域行為的雄蝶

▲蛹的外型與近似種相似

小翠灰蝶

特有亞種

Chrysozephyrus disparatus pseudotaiwanus

命名由來：本種在翠灰蝶屬裡的體型算是小型種，因此稱「小」翠灰蝶；本種並非臺灣特有種且模式標本採自中國華西、華南地區（指名亞種的分布區域），因此中文名稱不適合用「臺灣」。

別名：臺灣綠小灰蝶、裂斑綠灰蝶、裂斑金灰蝶、雲南綠灰蝶
分布／海拔：臺灣本島／ 600 ～ 2500m
寄主植物：殼斗科青剛櫟、錐果櫟、毽子櫟、狹葉櫟、油葉石櫟、大葉石櫟
活動月分：一年一世代，4 ～ 8 月

小翠灰蝶廣泛分布全島山區，海拔從 600 ～ 2500 公尺都有機會見到本種身影，在海拔 800 ～ 1500 公尺之間遇到本種的機會較多。本種雄蝶的翅膀背面主要是綠色略微偏黃，但還沒有黃閃翠灰蝶雄蝶那麼黃，翅膀腹面為褐色且無大面積白色鱗片，所以可從腹面的色澤與黃閃翠灰蝶雄蝶作區別。雌蝶翅膀背面的斑紋只由橙色斑或紫色色塊組成，因此要區分雌蝶的種類還得參考翅膀腹面的線條形狀及排列。

幼｜生｜期

雌蝶偏好將卵產在遮蔭處的休眠芽，產卵位置高度不限，離地半公尺高或樹冠層都曾發現。本種幼蟲的食性與朗灰蝶相似，在部分地區會於芽上同時發現這兩種的卵。在內田春男的書裡有來自南投仁愛鄉合望山區的奇觀，照片中青剛櫟休眠芽上產滿了十幾顆小翠灰蝶及朗灰蝶的卵，卵密度這麼高就表示當地這兩種蝴蝶的族群數量一定不少，也說明了這兩種雌蝶都喜愛合適、質優的休眠芽。小幼蟲躲在嫩葉下表取食，體色為淺黃帶一點綠色，終齡幼蟲時則變成黑褐色且每個體節背上有「八」字形乳白色斑紋。蛹為深褐色，推測是化蛹在落葉堆或粗莖的基部附近。

▶ 卵殼表面的花紋及突起可用於種類辨識

▲ 1 齡幼蟲

▲ 2 齡幼蟲

▲ 終齡幼蟲

◀ 雌蝶較少在樹梢上活動

▲ 蝶蛹

231

西風翠灰蝶

特有種

Chrysozephyrus nishikaze

命名由來：日文名ニシカゼミドリシジミ，翻譯為西風綠小灰，種小名「*nishikaze*」是日文ニシカゼ音譯，指西方吹來的風（西風）；而屬名 *Chrysozephyrus* 字尾 *zephyrus* 正好也是希臘神話掌管西風的神。

別名：西風綠（小）灰蝶、莉莉綠小灰蝶、山角峯綠小灰蝶、山纓綠灰蝶、西風金灰蝶
分布／海拔：臺灣本島／ 1000 ～ 2500m
寄主植物：薔薇科山櫻花（單食性）
活動月分：一年一世代，4 ～ 7 月

本種是翠灰蝶屬物種中發生期最早的種類，若等到 6、7 月分多數翠灰蝶屬物種主要發生期時才到山區尋找這些綠寶石，此時本種雄蝶翅膀大多破損或已死亡只剩下習性隱密難以發現、觀察的雌蝶。本種的分布範圍算廣，海拔介於 1000 ～ 2500 公尺山區都有機會，但多數地區的族群數量稀少，不過有幾個地點有較多且穩定的族群棲息，例如拉拉山森林遊樂區、中橫公路新白楊至碧綠這區間、思源埡口一帶等，沿途合適的海拔且道路兩旁種植山櫻花的路段也值得等待或觀察。

　　翠灰蝶屬有些種類在過去是蝶類收藏家眼中稀少難以獲得的種類，這其中也包括了西風翠灰蝶，本種以往很難在野外發現成蝶，但並非牠的習性特殊，雄蝶與同屬其他種類一樣具有明顯的領域行為，少見的原因是牠本身的族群數量稀少，但自從發現牠的幼生期是以山櫻花嫩葉或花苞為食之後，採蝶商人會留意山區的山櫻花生長在何處，到了冬季就上山收集產在細枝條休眠芽旁的卵，但野生的山櫻花族群量不多，樹上的越冬卵也很少，使得早年本種的標本價格一直居高不下。

註：山櫻花開花時雖美麗，但砍伐原有的植被或是將種植多年的路樹清除來種植山櫻花樹苗，這流行風氣該不該追逐，多年後賞櫻風潮會不會消退，砍樹種櫻花的想法或做法仍值得各方討論。

▲卵產於休眠芽基部

◀雌蝶背面有橙色斑紋及水藍色鱗片

幼|生|期

本種雌蝶在挑選寄主時只會挑選山櫻花，原生種的霧社山櫻花、阿里山櫻花或是引進種植的八重櫻都不是牠會選擇的對象。山區的櫻花大約在每年2月分前後陸續綻放，此時樹上的幼蟲多已生長到3齡或終齡幼蟲的大小。雖然山區早春的氣溫仍低，但1月時休眠的花芽已開始膨大，卵內的幼蟲卻知道可以孵化準備鑽入植物的嫩芽內取食。小幼蟲不在乎吃的是嫩葉或花苞，取食植物部位的差別會顯現在體色的變化，取食較多花苞的幼蟲體色也會較鮮紅。由於山櫻花開花抽芽比其他植物早，所以本種的卵也比同屬其他種類早孵化，更快完成幼生期發育、化蛹，成蝶也就較先出現。

雌蝶產卵時不會在意山櫻花是野生或是人為種植，雖然臺灣各地近年來有許多因賞櫻花風氣盛行而新栽種的山櫻花[註]，但並非種植了原生的山櫻花就能吸引本種前來利用，種植地點的海拔、植被類型、環境溫溼度等都有影響，更重要的是當地是否有本種族群存在。

▲ 1齡幼蟲

▲ 3齡幼蟲
體色與保護休眠芽的芽鱗相似

▲ 終齡幼蟲
攝食花苞的幼蟲體色較偏紅

蝶蛹

▶ 停棲在地面的雌蝶

233

霧社翠灰蝶 特有亞種

Chrysozephyrus mushaellus

命名由來：最早在南投仁愛鄉霧社發現，「*mushaellus*」即霧社音譯，因此稱「霧社」翠灰蝶；中國稱繆斯金灰蝶，當地學者習慣音譯取名，「繆斯」是希臘神話的文藝女神，與種小名「*mus*」同音，但牛頭不對馬嘴。

別名：霧社綠（小）灰蝶、繆斯金灰蝶
分布／海拔：臺灣本島／400～2500m
寄主植物：殼斗科石櫟屬大葉石櫟、短尾葉石櫟、阿里山三斗石櫟、臺灣石櫟
活動月分：一年一世代，4～7月

臺灣產翠灰蝶屬中除清金翠灰蝶外，其餘 8 種雄蝶的翅膀背面都有明顯的綠色金屬光澤，雖然主色調都是綠色，但不同種類之間顏色還是有些不同，明顯呈黃綠色的是黃閃翠灰蝶，而色調偏藍色的是霧社翠灰蝶，但這辨識方法只限於從正上方垂直觀察像標本一樣翅膀平展的嶄新個體時適用，老舊個體的鱗片因磨損而光澤不再，另外反射光線及觀察的角度改變時，有時反而呈現黃綠色調。本種族群數量頗多，在海拔 1000 公尺以下見到的翠灰蝶屬物種有很高的機會是牠，本種是翠灰蝶屬裡分布海拔下限最低的種類，新北市烏來福山村的哈盆越嶺古道有些路段海拔不到 400 公尺卻能觀察到本種，但有時也會出現在海拔超過 2000 公尺的山區。本種雄蝶有明顯的領域行為，常在樹梢上追逐、驅離同種雄蝶的動作。相較之下，雌蝶因為習性不活潑，在與雄蝶交配後活動重點是在寄主植物上找尋合適的休眠芽產卵。

▼▶這翠綠色的光芒吸引許多賞蝶人不遠千里到山區等待，而且會隨著觀察的角度有不同顏色變化。

幼 | 生 | 期

　　石櫟屬植物大多為中大型喬木，它在原始森林裡甚至可達 20 公尺以上。本種的雌蝶多數時候是在樹林下層活動，這是因為牠產卵目標是森林裡環境陰暗處的石櫟休眠芽，雖然樹冠上層或其他明亮處也有休眠芽，卻不是牠會想產卵的位置。石櫟嫩芽還有紫灰蝶屬的燕尾紫灰蝶、日本紫灰蝶利用，但卵的大小、形狀、表面突起及灰塵多寡都可以作為判別蝶卵種類的參考。霧社翠灰蝶的卵較大、表面突起為短鈍棒狀，越冬後表面有較多的灰塵及雜物，有時還會長青苔。卵孵化時間有些微差異，因此芽上的幼蟲體型不一致，幸好石櫟的嫩葉數量多且葉片較大，足夠被多隻幼蟲一起啃食。幼蟲的體色與新芽相似，終齡幼蟲在化蛹前會爬下植株，在地面找尋隱蔽處化蛹，而這部分的習性與同樣以石櫟嫩葉為食的兩種紫灰蝶頗為相似。

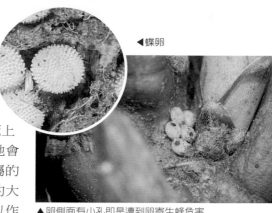

◀蝶卵

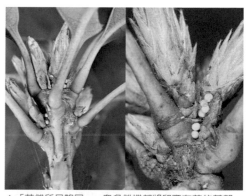

▲卵側面有小孔即是遭到卵寄生蜂危害

▲「英雌所見略同」，眾多雌蝶都將卵產在芽的基部。

▲終齡幼蟲
形態不同於紫灰蝶屬的幼蟲

▲ 2 齡幼蟲

▲蝶蛹

◀前翅腹面白線
呈虛線狀

235

單線翠灰蝶
Chrysozephyrus splendidulus

命名由來： 本種後翅腹面有條比同屬其他種類更粗的白色斜向直線斑紋，因此稱為「單線」翠灰蝶，其他別名也多與這個特徵有關。

別名：單帶綠小灰蝶、一文字綠小灰蝶、臺灣單帶綠（小）灰蝶、
華美綠灰蝶、久松金灰蝶
分布／海拔：臺灣本島／ 1000 ～ 2000m
寄主植物：殼斗科赤皮（單食性）
活動月分：一年一世代，5 ～ 8 月

翠 灰蝶屬物種中本種的分布範圍較為局限，目前僅知在新竹以北的中、低海拔「原始森林」中才能觀察到，多數蝶友是在北橫公路的萱源至明池這路段與牠偶遇，另外附近的上巴陵與達觀山自然保護區（拉拉山）也都有蝶友見過牠。整個翠灰蝶族成員的生存與森林有密切關係，原始森林裡有完整的生態環境及各種寄主植物可供幼蟲食用，除了臺灣檔翠灰蝶的寄主臺灣赤楊屬於先趨樹種，較能適應次生林的環境，多數的翠灰蝶族只能生存在未受到破壞的森林中。翠灰蝶為一年一世代且幼生期長達近 10 個月，一旦森林遭砍伐，當地的族群數量會立即銳減或是就此滅亡，相較之下，有些人為了收集標本而有採集成蝶的行為[註]，這對翠灰蝶族群的影響還遠小於因颱風來襲或道路維護所造成的寄主植物部分枝條斷落，更別說是將原始森林砍伐而大面積單一樹種造林的影響。

幼｜生｜期

單線翠灰蝶雌蝶偏好在樹型高大茂盛的植株頂芽上產卵，能長至數十公尺高的巨木

▲卵
卵殼表面的突起細、密而尖。

註：筆者並非同意任何的採集行為，但為了科學研究所需而採集標本是有其必要性，標本對研究人員而言是材料也是證據，沒有標本就不能重複檢視，博物館裡保存完善的標本在百年後仍可提供研究上所需。

▶北橫公路的明池、拉拉山周邊是本種主要分布區域。（呂晟智攝）

翠灰蝶亞科　翠灰蝶屬

特有種

只有在原始森林的環境中才能找到，而森林砍伐後再造林種植的苗木或是生長於森林下層的植株，都不符合雌蝶產卵時的喜好。臺灣的赤皮目前僅知生長在北部山區，因此也限制了本種的分布範圍，而同屬的白芒翠灰蝶幼蟲也只能以赤皮嫩葉為食，因此兩種的分布狀況大致相同。

　　赤皮的嫩葉表面密布著淡黃色細毛，這讓葉片顏色為黃中帶淡綠色澤，而幼蟲的體色也是淡黃色，隨著嫩葉漸漸長大，葉片下表面的中肋及葉脈處有黃褐色星狀毛，此時大幼蟲身上背中線及體色斜向的斑紋正好與葉片的葉脈紋路相似，特別是從側面觀看幼蟲時，其體表的斑紋就像是尚未展開的嫩葉，在樹梢到處是嫩葉狀況下，想要發現幼蟲的位置並不容易。白芒翠灰蝶幼蟲的體色與本種相似，但大幼蟲在體表無明顯的褐色花紋，因此不難區分。蛹推測化於樹皮裂縫或地面落葉堆間。

▲雌蝶產卵位置

▲1齡幼蟲

◀3齡幼蟲體色與嫩葉相似

▲終齡幼蟲

▶蝶蛹

夸父璀灰蝶

ㄔㄨㄟ

特有種

Sibataniozephyrus kuafui

命名由來：本屬翅膀腹面斑紋為白色底具黑褐色斑，肛角有橙色斑紋及淡藍色閃鱗，整體色彩鮮明而獨特，因此將本屬的中文屬名命名為「璀灰蝶屬」，本屬模式種為日本特有種的富士璀灰蝶。

別名：夸父綠小灰蝶、（北）插天山綠小灰蝶、谷角綠小灰蝶、臺灣柴谷灰蝶

分布／海拔：臺灣本島北部／1000～2000m

寄主植物：殼斗科臺灣水青岡（臺灣山毛櫸），單食性

活動月分：一年一世代，5～6月

本屬中最先發現的成員是 1910 年發表的富士綠小灰蝶（即富士璀灰蝶，*S. fujisanus*），牠是日本的特有種。Inomata 認為牠與當時屬內的其他種類特徵不同而在 1986 年提出璀灰蝶屬，此後璀灰蝶屬在日本蝶類學者心中具有特別意義－日本才有的特有屬。然而徐教授於 1994 年發表產於臺灣的夸父璀灰蝶及 1995 年發表產於中國的黎氏璀灰蝶，此時璀灰蝶屬不再是日本特有。

夸父璀灰蝶學名的種小名「*kuafui*」即為追著太陽跑的「夸父」。本種成蝶的發生期在 5 月的梅雨季，當山區放晴出太陽的上午，雄蝶會在樹梢上停棲並且有領域行為，若想一睹雄蝶亮麗的水藍色金屬色澤鱗片，只能起個大早摸黑從登山口爬至山頂，搶在成蝶活動前到達稜線制高處，等待有陽光上午時段。過了中午以後雲霧經常會籠罩整個山林且氣溫快速下降，此時原本在樹梢上飛舞的雄蝶就通通躲進樹叢中，因此為了看牠得「爭取有太陽」的時間，像是拚命追趕太陽的神話人物「夸父」一般。

▶卵產於枝條分叉處或細枝條上

▼雄蝶
隱約可見到翅膀背面的藍色鱗片

註：顏聖紘教授曾檢視存放在標本館裡的宜蘭三星山臺灣水青岡植物乾燥標本，標本的枝條上有夸父璀灰蝶的卵殼，確定宜蘭三星山也曾有本種存在，但這個族群現因棲地寄主植物消失已滅絕。

幼|生|期

徐教授發現夸父璀灰蝶是從幼蟲的食性及植物（生物）地理學角度作推論並親自去驗證。富士璀灰蝶以產於日本的水青岡嫩葉爲食，但水青岡屬植物並非只產於日本，不但廣布於北半球的溫帶氣候區更是森林裡重要的組成。全世界共有 9 種水青岡，亞洲有 7 種（中國有 4 種、日本 2 種、臺灣 1 種），因此推測臺灣與中國都應該會有璀灰蝶屬的蝴蝶分布。徐教授前後花了 7 年時間找尋，終於在 1992 年於北插天山發現。日本方面也注意到臺灣有水青岡植物的分布，並前來找尋生活在水青岡倒木裡的琉璃鍬形蟲及以其嫩葉爲食的璀灰蝶，在 1991 年時探查過去曾記載有大片臺灣水青岡的宜蘭三星山[註]，但當地已因伐木及造林關係，整個山上的原始林都消失，幾乎無臺灣水青岡存在。

本種雌蝶偏好將卵產於植株末梢細枝條的下側，但稍粗的枝條上偶爾亦能發現卵。春天時臺灣水青岡的休眠芽開始抽長，此時卵也陸續孵化，小幼蟲會先鑽入嫩芽中取食。2 齡幼蟲體色轉變成淡黃褐色，其色澤與嫩芽外側的芽鱗相近。幼蟲期約 3 ～ 4 周的時間，之後才會爬至地面落葉堆中化蛹，蛹爲黃褐色，與落葉的色澤相近，蛹期約 2 ～ 3 周後才羽化爲成蝶。

▲ 1 齡幼蟲

▲ 2 齡幼蟲
體表色澤與芽的芽鱗相似

▲ 終齡幼蟲

▲ 蝶蛹

◄ 雌蝶翅膀背
面爲黑褐色

尖灰蝶

特有亞種

Amblopala avidiena y-fasciata

命名由來：本屬為單種屬，後翅的指狀尾突呈尖角狀，在臺灣無近似種，由此特徵稱為「尖」灰蝶；丫紋或叉紋是形容後翅腹面的「Y」字形帶狀花紋。

別名：歪紋（小）灰蝶、丫（紋）灰蝶、叉紋小灰蝶
分布／海拔：臺灣本島／ 500 ～ 2000m
寄主植物：豆科合歡（單食性）
活動月分：一年一世代，2 ～ 4 月

近幾年賞蝶拍蝶風氣漸興盛，尖灰蝶是早春八寶中的熱門蝶種。一年一世代的本種，成蝶發生期在春天來臨之時，而同樣為一年一世代的翠灰蝶族成蝶卻要等到夏季才登場，兩者以不同的生命形態度過一生中漫長而低溫的冬季（詳見附表），卻都在春天植物新芽生長時把握時間以幼蟲形態快速進食，但很少人會聯想到尖灰蝶在分類上其實也是翠灰蝶族的一員。

本種最著名的拍攝地點在新竹縣尖石鄉的馬美道路沿線，早春中海拔山區清晨的氣溫仍低，雄蝶會在寄主植物附近的樹梢上展翅晒太陽，待體溫上升後就飛往山頂稜線，相較之下雌蝶就比較容易親近。馬美道路沿線有許多本種的寄主植物合歡，找到合歡後在一旁靜靜等待想要產卵的雌蝶飛臨，多數時候雌蝶會在合歡枝條上爬行並在節或新芽基部產卵，雌蝶產卵時對寄主植株的高度不拘，只要別驚擾到牠，通常都能拍到不錯的姿態及構圖。其廣泛分布於全臺低、中海拔山區，但多數地點若不是路程遙遠就是道路狀況不理想，再不然就是族群密度偏低不易觀察。尖石鄉的馬美因為族群數量穩定且合歡就生長在道路兩旁方便接近觀察，因此吸引蝶友們從四面八方聚集到此，卻也因此干擾到山區的交通及安寧，而此時亦是劍鳳蝶的發生期，部分蝶友為了拍攝劍鳳蝶等的訪花畫面而未經許可進入果園、農地踏壞作物，進而引起居民們反感，希望蝶友們在賞蝶拍蝶時能自律且自愛。

▶ 受精孔周圍有同心圓花紋

▼ 雄蝶前翅外緣較平直

▲ 雌蝶產卵於枝條長芽處

幼|生|期

尖灰蝶的寄主植物是豆科的合歡，合歡經常生長在向陽易崩塌的山坡地，這種環境裡通常沒有高大的植被。合歡葉片會在冬季掉落，早春開始抽芽。爲了讓下一代的幼蟲能吃到最鮮嫩的合歡葉片，當春天氣息悄悄來臨，越冬蛹就陸續羽化，雌蝶在交配後不久就會產卵，卵就產在嫩葉基部或是莖上即將抽出新芽的位置。幼蟲孵化後立即就能找到食物，但牠只吃生長在中、低海拔山區原生種的合歡，在南部淺山爲害嚴重的銀合歡或馬六甲合歡嫩葉牠都不能接受。

尖灰蝶的小幼蟲體型不大，躲藏在合歡複葉的小葉裡不易發現，當漸漸長成大幼蟲時，體色會變爲淺綠色並有綠白色斜紋，一旦幼蟲體色變爲紅褐色就表示不久後牠將爬至地面隱蔽處化蛹。

▲ 1 齡幼蟲

▲ 3 齡幼蟲體表花紋像新芽

◀終齡幼蟲

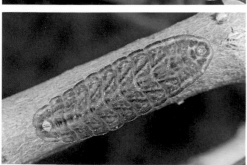

▲化蛹前幼蟲體色會變紅褐色

蝶蛹

類群	越冬態	寄主植物抽芽時間	成蝶發生期	世代數
紫灰蝶屬	成蝶	全年；但春季最多	全年	多世代
翠灰蝶族（除尖灰蝶）	卵	春季為主	夏季	一年一代
尖灰蝶	蛹	春季	春季	一年一代

褐翅青灰蝶

Tajuria caerulea

命名由來： 本屬蝴蝶翅膀的背面有青色（水藍色）斑紋，因此稱為「青灰蝶屬」；而本種翅膀腹面以褐色為底色，因此稱為「褐翅」青灰蝶。

別名： 埔褐底青（小）灰蝶、褐背青灰蝶、蓮花池小灰蝶、青灰蝶、淺黃小灰蝶、褐蜆蝶、天藍雙尾灰蝶

分布／海拔： 臺灣本島／ 500 ～ 2500m

寄主植物： 桑寄生科大葉桑寄生、杜鵑桑寄生、忍冬葉桑寄生、李棟山桑寄生、蓮花池桑寄生等

活動月分： 多世代蝶種，2 ～ 10 月為主，冬季成蝶少見

臺灣有記錄的青灰蝶屬共 4 種，其中假漣紋青灰蝶（假漣紋小灰蝶）目前被認定是疑問種，另外 3 種之中以褐翅青灰蝶的族群數量較多，也是本屬裡海拔分布偏低的種類。在桃園縣境內的北部橫貫公路海拔 400 公尺以上路段都有機會發現牠，多數蝶友們是在花叢間遇到牠，雄蝶還會在地上吸水。褐翅青灰蝶的成蝶發生期除冬季外幾乎是全年可見，早春時氣溫普遍較低，但放晴時成蝶也會飛到陽光照射處活動。雖然本種是青灰蝶屬裡族群數量最多的物種，分布範圍廣、發生期也很長，但仍不算是常見種類，本種出現的地點大多是植被狀況較少破壞，日照充足的陽性環境，這與其幼蟲的寄主桑寄生科植物生長特性有關。

幼 | 生 | 期

桑寄生是一群生態習性特殊的植物，雖然它們有綠葉能行光合作用，但所需水分卻是由根部吸取自寄主植物體內，因此它們的名稱中裡有「寄生」。桑寄生開花時會吸引啄花鳥這類鳥類前來吸食花蜜，它的果實成熟時也有不少鳥類會前來取食，但種子外層有許多黏液，當鳥類將不易消化的種子排出時常會黏在樹上，而桑寄生種子在細枝條上

▲本種屬於分布較廣但數量不多的物種，體色偏紅褐色，後翅細尾突有 2 根。（呂晟智攝）

發芽的存活率較高，所以大多生長在寄主植物的中上層位置，雖然目前桑寄生已能用人工播種的方式種植，但因爲生長速度慢，至少要 3 年以上時間才會有分枝，因此野外要形成穩定數量的植物族群必須要花上多年時間。

　　臺灣近 400 種蝴蝶中只有 9 種的幼生期以桑寄生科植物葉片爲食，其中 4 種是灰蝶，而褐翅青灰蝶雌蝶的產卵位置選擇性最多樣，從桑寄生的成熟葉上、下表面、花苞、枝條及根部等都有機會。筆者還曾在桑寄生寄主的樹皮上發現蝶卵，但卵約有三成會遭受卵寄生蜂危害。小幼蟲常躲在葉下表面刮食葉肉組織，觀察時也要留意葉上表面是否有食痕。當幼蟲漸漸長大時會直接從葉緣處啃食葉片，並直接停棲在食痕旁，但小幼蟲的體色及表皮的質感都與桑寄生嫩葉或成熟葉的葉下表面淡褐色絨毛相似，因此不易發現牠們。

▲蝶卵
卵產於樹皮縫隙或葉片

▲ 1 齡幼蟲

▲ 2 齡幼蟲
幼蟲體表的質感與寄主植物葉片相似

▲終齡幼蟲常停棲在葉片下表面

▲ 3 齡幼蟲與食痕

▲蛹變色，即將羽化。

243

白腹青灰蝶 特有亞種

Tajuria diaeus karenkonis

命名由來：本種翅膀腹面主要為白色，因此稱為「白腹」青灰蝶；本種最早採自花蓮港廳，亞種名 *karenkonis* 的字首「karenko」即是指當時的花蓮港，因此部分俗名使用花蓮或花蓮港。

翠灰蝶亞科

青灰蝶屬

別名：花蓮青小灰蝶、宙斯青灰蝶、花蓮（港）小灰蝶、白裡青灰蝶、白日雙尾灰蝶

分布／海拔：臺灣本島／1000～2500m

寄主植物：桑寄生科高氏桑寄生、大葉桑寄生、杜鵑桑寄生、忍冬葉桑寄生、李棟山桑寄生等

活動月分：多世代蝶種，2～11月為主，冬季成蝶少見

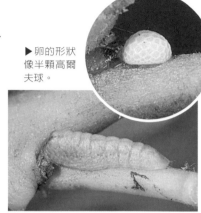

▶卵的形狀像半顆高爾夫球。

白腹青灰蝶在臺灣最早是從日治時期的花蓮港廳採獲，當時處理成臺灣特有種，學名為 *T. karenkonis*，學名的種小名之字首「karenko」即是指當時的花蓮港，因此本種部分別名常含有「花蓮」字眼。後來學者發現本種與分布於北印度、中南半島北部、中國西南部各省分的 *T. diaeus* 是同種，且這個學名較早發表，使得 *T. karenkonis* 變成了同物異名。但臺灣族群因外型稍有不同而被視為特有亞種，學名改為 *T. d. karenkonis*，部分中文名稱（例白腹青灰蝶、白裡青灰蝶）則是用翅膀腹面為白色這特徵來命名，至少符合本種外型。本種在臺灣主要分布於中、低海拔山區，數量比褐翅青灰蝶少。

▲2齡幼蟲的體色及形態與植株相似

幼 | 生 | 期

雌蝶將卵產於高氏桑寄生嫩葉附近的莖上，特別是葉柄與莖交接的夾角位置，小幼蟲一開始也是先刮食葉肉，隨體型漸漸變大後進食時會從葉緣處啃食，攝食高氏桑寄生的幼蟲體色主要為黃綠色，而攝食大葉楓寄生屬的幼蟲體色為綠色並於體背及體側會有紅褐色或深綠色斑紋。當幼蟲體色轉變為前後段褐色，身體中段深綠色時，表示即將化蛹。蛹的體色會隨所處環境有全褐色或褐中帶綠色兩型，蛹的形態與黏附於枝條或葉片上的桑寄生種子有些相似。

▲3齡幼蟲

▲幼蟲因攝食的寄主不同，體色也有差異，吃高氏桑寄生外型似上圖；下圖是吃大葉楓寄生屬的葉片。

▶蛹無繫帶

◀本種有訪花的習性，雄蝶有領域行為

▲遭繭蜂寄生的終齡幼蟲

漣(ㄌㄧㄢˊ)紋青灰蝶 特有亞種

Tajuria illurgis tattaka

命名由來：「漣」是指水面的小波紋，本種名稱裡的「漣」是形容翅膀腹面亞外緣處那排小波紋像水面的漣漪。

別名：漣（紋小）灰蝶、臺灣漣（紋）小灰蝶、臺灣漣漪小灰蝶、臺灣小波紋小灰蝶、淡藍雙尾灰蝶

分布/海拔：臺灣本島／600～2500m

寄主植物：桑寄生科忍冬葉桑寄生、大葉桑寄生、李棟山桑寄生、蓮花池桑寄生、木蘭桑寄生

活動月分：多世代蝶種，3～10月為主

青灰蝶屬最難見到的就是漣紋青灰蝶，本種屬於分布廣但數量稀少的類型。其海拔分布高度較同屬另兩種高，除了北橫公路沿線外，另一處常拍到牠的地點是在海拔2300公尺的花蓮縣秀林鄉碧綠。亞種名「*tattaka*」源自牠在臺灣最初被發現的地點南投縣仁愛鄉的立鷹。雖然成蝶發生期長，但因為族群數量稀少且多數蝶友較少於夏季以外的季節到海拔超過1500公尺的山區觀察，所以本種的化性[註]很可能會被誤認與中海拔山區只在夏季時出現的種類一樣一年只有一個世代。

幼|生|期

孵化後的小幼蟲會爬至新葉或花苞這類組織較鮮嫩的位置攝食，隨著幼蟲逐漸長大，停棲位置也會轉移到葉下表面、葉柄或枝條上，但其形態像是一團黏在枝條上的雜物或鳥糞。蛹大多化於枝條上，蛹以灰白色為主且帶一點褐色，與桑寄生的寄主栓皮櫟粗枝條樹皮的顏色最相似，蛹的外形就像是枝條上突起的樹瘤。

註：化性（voltinism）是指昆蟲一年的世代數，一年一代為一化，一年兩代為兩化，一年多於兩代稱多化，一個世代所需時間超過一年以上稱半化，許多蟬科物種都是半化的代表。

▶卵型較扁平

▲1齡幼蟲

▲3齡幼蟲

▲終齡幼蟲其形態及顏色不易發現行蹤

▲蛹似枝條的突起

◀雌蝶

鈿(ㄉㄧㄢ)灰蝶

Ancema ctesia cakravasti

特有亞種

命名由來：本種為鈿灰蝶屬模式種，因此以屬的中文名稱作為本種的中文名，鈿的發音同「電」，也可讀邊唸成「田」，是指有金銀珠寶裝飾的物品。

別名：黑星琉璃小灰蝶、槲寄生青灰蝶、黑星青（小）灰蝶、安灰蝶、菊花蝶

分布／海拔：臺灣本島／ 500 ～ 2000m

寄主植物：桑寄生科桐櫟柿寄生（單食性）

活動月分：多世代蝶種，2 ～ 11 月為主，冬季成蝶少見

鈿灰蝶的族群數量稀少，大概與白腹青灰蝶的狀況差不多，本種較為人所知的名稱為「黑星」「琉璃」小灰蝶，這個中文名是翻譯自牠的日文名稱「クロボシルリシジミ」。一聽到「XX 黑星小灰蝶」大多能聯想到翅膀腹面底色為灰色或白色並且有數個黑色斑紋的藍灰蝶亞科成員；看到「XX 琉璃小灰蝶」就會想到外型及斑紋都很相似，常見卻又經常認不出誰是誰的那群藍灰蝶亞科傢伙們，名稱中的「琉璃」就是指牠們的共同特徵：翅膀背面水藍色的閃亮鱗片。那若把「黑星」與「琉璃」組合在一起，會是一隻長得怎樣的蝴蝶呢？看到本種翅膀雙面的特徵就會知道為什麼牠有這樣的名稱。但大家或許沒有注意到本種後翅有兩根明顯的尾突，若把這個形態特徵也放入名稱中，就會出現「雙尾」與「琉璃」這樣的蝶名，也許有部分蝶友已發現這個組合出現在另一隻蝴蝶的名稱 -- 雙尾琉璃小灰蝶。

鈿灰蝶的其他別名還有用幼蟲寄主植物特徵來取名的「槲寄生」青灰蝶，字尾的青灰蝶是指翅膀背面的水藍色鱗片；「安灰蝶」則是由學名的屬名「*Ancema*」前兩個字母

▶卵產於寄主植株上

▲卵
卵殼表面凹痕小而淺

◀翅背水藍色鱗片有耀眼的金屬光澤

發音來命名；至於「菊花蝶」則是早年採蝶人對本種的暱稱，而「菊花」的由來已不可考。

幼|生|期

在臺灣以桑寄生科植物葉片爲食的灰蝶有 2 屬共 4 種，其中鈿灰蝶爲單屬單種，而牠吃的是其他 3 種都不會利用的椆櫟柿寄生。鈿灰蝶雌蝶產卵時大多會選擇稍有遮蔭的植株，而且偏好將卵產在鮮嫩的枝條或芽點旁，新鮮健康的卵爲白色略帶有淡藍色澤，但卵有頗高的比例會遭受寄生蜂危害，寄生卵則呈現灰色或淡褐色。孵化的小幼蟲會在嫩芽上取食，若沒有嫩芽時則會刮食枝條的表皮，小幼蟲體色偏黃，當齡期稍大時則呈淡綠或綠色，停棲在椆櫟柿寄生枝條上的幼蟲不容易發現蹤影。本種的幼生期需 2 個月以上，幼蟲共有 5 個齡期，早春時在低海拔寄主上就能觀察到新鮮的卵。

1 齡幼蟲

3 齡幼蟲

▲終齡幼蟲
幼蟲體色與寄主植株相近

▲終齡幼蟲爲 5 齡

◀翅膀腹面深灰色斑點即爲「黑星」的由來

▲蛹有不錯的保護色

蝶蛹

247

蘭灰蝶

Hypolycaena kina inari

特有亞種

命名由來：*Hypolycaena* 屬的幼蟲多以蘭科植物為食，因此中文屬名稱為「蘭灰蝶屬」，而本種不是蘭灰蝶屬的模式種，但分布廣、具代表性，因此取名為蘭灰蝶。

別名：雙尾琉璃（瑠璃、瑠刋）小灰蝶、雙尾青（小）灰蝶、（吉）蒲灰蝶

分布／海拔：臺灣本島／ 200 ～ 2000m

寄主植物：蘭科蝴蝶蘭、參實蘭、白石斛、金釵石斛、尖葉萬代蘭

活動月分：多世代蝶種，3 ～ 11 月為主，成蝶冬季少見

翠灰蝶亞科

蘭灰蝶屬

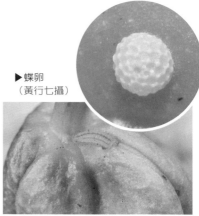

▶蝶卵
（黃行七攝）

▲ 2 齡幼蟲

臺灣共記載了 3 種蘭灰蝶屬物種，熱帶蘭灰蝶（淡褐雙尾琉璃小灰蝶）只有 3 筆採集記錄，分別在南投埔里鎮（1 ♂）、新北市烏來區（1 ♂ 1 ♀），最後一次為 1940 年 10 月底採自烏來區的信賢，而且是雌雄一對，已超過 70 餘年不曾再發現了，目前不確定本種是否仍存在於臺灣或者臺灣的族群已滅絕。另一種，小蘭灰蝶（姬雙尾瑠璃小灰蝶）目前被認定為疑問種，過去僅有 4 筆來自埔里的採集記錄，白水 隆推測蘭灰蝶春季型個體的體型較小斑紋也稍有不同，所以小蘭灰蝶可能只是蘭灰蝶的「同物異名」，但在小蘭灰蝶的分類問題沒有進一步處理之前，這個學名仍有效。

幼 | 生 | 期

蘭灰蝶的幼生期目前只在附生性蘭花上發現，雌蝶偏好將卵產在花苞旁，幼蟲除了攝食花苞外，亦能吃根尖這類鮮嫩組織，大幼蟲還會咬破葉片表皮啃食葉肉組織。幼蟲以花苞或花瓣為食的幼蟲體色偏黃並有紫紅色條紋，吃葉肉的幼蟲體色則偏綠，體色的差異也有助於幼蟲躲藏在植物上。蛹若化於葉片或根部者，體色以綠色為主，化於花瓣附近則體表有紫紅色、白色斑紋。

▲ 3 齡幼蟲

▲終齡幼蟲
幼蟲體色與攝食的食物有關

◀吸食葉面露水的雄蝶

▲蛹有不同的體色

248

閃灰蝶

Sinthusa chandrana kuyaniana

特有亞種

命名由來：由屬名「Sinthusa」發音取名「閃」灰蝶屬，本種不是屬的模式種，但分布廣、具代表性，因此以中文屬名命名；中國及香港將本屬稱為生灰蝶屬，「生」亦是屬名發音，本種因此也稱為「生灰蝶」。

別名：嘉義小灰蝶、達邦紫小灰蝶、懸鈎子灰蝶、庫雅尼亞小灰蝶、生灰蝶、牡灰蝶

分布/海拔：臺灣本島／200～2500m

寄主植物：薔薇科羽萼懸鈎子、臺灣懸鈎子、高山懸鈎子

活動月分：多世代蝶種，3～10月為主

臺灣最早的閃灰蝶是在1908年4月採自臺南州嘉義郡達邦社，即是現在嘉義縣阿里山鄉的達邦村，1919年發表時的學名為 *Virachola kuyaniana*，當時日籍學者認為本種是臺灣特有種，後來移入 *Deudorix* 屬（玳灰蝶屬），種小名「kuyanianai」是嘉義地名的舊稱，日文名クヤニヤシジミ，「クヤニヤ」的發音與種小名相同，這就是「嘉義小灰蝶」由來；「庫雅尼亞」小灰蝶是音譯自種小名；因雄蝶翅膀背面的鱗片有藍紫色金屬光澤，因此稱呼為「達邦」「紫」小灰蝶。本種早在1882年就被西方學者發表，學名為 *S. chandrana*，目前是將臺灣族群視為特有亞種，亞種名則是沿用變成同物異名的 *D. kuyaniana* 種小名。

幼|生|期

雌蝶常將卵產在嫩葉的葉下表、托葉內側或是花苞苞片內側，卵的體積頗小，剛產下時呈淡藍色，之後變為淡綠色。小幼蟲會在葉上表面啃食葉肉留下葉脈，形成一個個網格狀的小孔洞。產於苞片上的卵孵化後，小幼蟲就鑽入花苞內吃花蕊及花瓣。吃葉肉與吃花苞的幼蟲，體表斑紋及體色差異明顯，特別是吃花苞的幼蟲，當其捲曲在花苞基部時，很容易讓人誤以為是苞片的一部分。終齡幼蟲化蛹前會爬下寄主植物，在地面的木頭縫隙或落葉中化蛹。

◀本種從印度西北部向東涵蓋中南半島大部分、中國西南、華南、華中及香港，臺灣是分布的最東界。

▶尚未發育的卵

▲2齡幼蟲

▲3齡幼蟲
攝食葉片的幼蟲體色偏黃褐色

▲終齡幼蟲

▲蝶蛹

綠灰蝶

Artipe eryx horiella

特有亞種

命名由來：從本種成蝶翅膀腹面色澤就能明白為什麼會稱為「綠」灰蝶，本種為綠灰蝶屬的模式種；多數的別名中有提及「綠」字；「梔子」即為幼蟲寄主植物山黃梔。

別名：綠底（小）灰蝶、綠裏小灰蝶、綠背小灰蝶、綠皮小灰蝶、梔子灰蝶、岩川小灰蝶、八重山小灰

分布／海拔：臺灣本島、蘭嶼、龜山島、金門及馬祖／0～1000m

寄主植物：茜草科山黃梔為主

活動月分：多世代蝶種，3～10月為主

▶蝶卵

本種不論雌、雄蝶的翅膀腹面幾乎全為綠色，但是當牠將翅膀展開時會失望的發現翅膀背面以平淡樸素的黑褐色為主，雄蝶則還有一點淡淡的藍紫色鱗片。翅腹這身綠色鱗片讓牠合翅停棲時很容易就融入樹叢的環境中，不過雄蝶的領域行為會讓牠比雌蝶更容易被發現。綠灰蝶不算常見，牠的族群數量波動明顯，有些地點雖然有山黃梔，但好幾年都遇不到，偶然間來了隻交配過的雌蝶時，若是正好遇上山黃梔的結果期，就會見到雌蝶在樹叢間尋覓合適產卵的果實。

▲終齡幼蟲
幼蟲平時是躲在果實內攝食果肉組織

幼 | 生 | 期

綠灰蝶雌蝶常將卵產於山黃梔果實萼片附近，孵化的幼蟲鑽入果實後會取食裡面的果肉及種子，平時會將尾部朝向蛀食孔，當牠要排便時會將尾部退至洞口將糞粒排到果實外頭。終齡幼蟲通常會將果肉吃完並利用空果實裡面的空間化蛹，當成蝶羽化時要立即爬出果實外。綠灰蝶與後面將介紹的淡黑玳灰蝶一樣，生態上仍有未明朗的問題，雖然山黃梔的結果期較長，但一年中仍有部分時期沒有果實，此時期是以何種形態度過？幼生期是否能利用其他種類的寄主植物？這些問題的釐清還有待努力。

▲果實上有幼蟲啃食後供鑽入的「蛀食孔」

◀雌蝶後翅腹面有明顯白色斑紋

▶雄蝶

▲蛹化於果實內

玳灰蝶

特有亞種

Deudorix epijarbas menesicles

命名由來：「玳」源自屬名「*Deudorix*」發音，而「玳」指玳瑁，一種背甲有紅褐色光澤的海龜，本屬雄蝶翅膀背面色澤常為磚紅色或藍色。本種為玳灰蝶屬的模式種，因此以屬的中文名作為本種的中文名稱。

別名：恆春小灰蝶、龍眼緋灰蝶、緋色小灰蝶、緋色燕、夏灰蝶
分布／海拔：臺灣本島、蘭嶼及金門／0～2600m
寄主植物：無患子科龍眼、荔枝、無患子；柿樹科軟毛柿、柿；
山龍眼科山龍眼；豆科菊花木等果實
活動月分：多世代蝶種，3～12月，成蝶在冬季時不易見

玳灰蝶在野外不算少見，但這是以夏、秋兩季而言。筆者在11月中旬時曾拍過一次，但冬季及早春時幾乎不曾見過牠。其後翅有一根明顯的尾突，尾突下方肛角處有向翅膀腹面翻起的橢圓形葉狀突，但葉狀突並不是玳灰蝶獨有的特徵，玳灰蝶屬及親緣關係較近的綠灰蝶屬、閃灰蝶屬、燕灰蝶屬都有葉狀突，這4個屬都是玳灰蝶族成員，而這4屬的蝴蝶不只有翅膀腹面斑紋排列方式類似，連幼生期的食性或習性也頗相近。

幼 | 生 | 期

玳灰蝶的雌蝶常直接將卵產在荔枝、龍眼果實的果蒂旁，孵化的幼蟲會咬破果皮，鑽入果實內取食堅硬種子，幼蟲平時會將尾部抵在蛀食孔上，糞便直接排到洞孔外，幼蟲有時會爬出果實外並在果實、果蒂及枝條間吐絲，確保果實不至於因本身或外在因素而掉落至地面，當果實內的種子被吃完時，幼蟲會鑽入另一果實中攝食，終齡幼蟲通常會在利用過的果實中化蛹。

▶ 卵殼表面有緻密的花紋

▲ 2齡幼蟲

尾部抵在蛀食孔上　　糞粒

▲ 3齡幼蟲食痕

▲終齡幼蟲

▲成蝶喜歡訪花

▲龍眼果實裡亦能觀察到細蛾科幼蟲

▲蛹化於果實中

251

淡黑玳灰蝶
Deudorix rapaloides
特有種

命名由來：本種最早使用的中文名稱為「淡黑小灰蝶」，「淡黑」是指牠翅膀腹面的色澤，再加入屬名後即為本書使用的「淡黑玳灰蝶」；「淡黑小灰蝶」是翻譯自本種的日文名稱「ウスグロシジミ」。

翠灰蝶亞科

玳灰蝶屬

別名：淡黑小灰蝶、大頭茶灰蝶、裏廣帶小灰蝶
分布／海拔：臺灣本島／ 200 ～ 2000m
寄主植物：茶科大頭茶、短柱山茶
活動月分：多世代蝶種，3 ～ 10月為主

臺灣的玳灰蝶屬蝴蝶目前有 3 種，分別為還算常見的玳灰蝶、平時很少見的淡黑玳灰蝶以及十分罕見的茶翅玳灰蝶，但翻閱八○年代以前的蝴蝶圖鑑時會發現玳灰蝶屬裡還包括綠灰蝶及閃灰蝶，部分的日文出版資料將本種學名寫成另一屬的 *Virachola rapaloides*。

　　淡黑玳灰蝶從以前就是不常見種類，早期的標本資料及採集記錄多來自臺灣中部山區，如臺中市和平區、南投縣埔里、國姓、仁愛等地，發現時間介於 4 ～ 9月間，但仍是以秋季占多數。在六○年代以前標本記錄的數量只有個位數，但現在隨著賞蝶人口增加，野外牠被觀察的次數比以前來得多，對牠的認識也像拼圖一樣逐漸清晰。本種到了夏末秋初時族群數量會增加，雖然以前發現地點集中在中臺灣，但北臺灣其實也存在著穩定的族群，在臺北市內湖、新北市汐止、基隆南邊的陽明山區是較容易觀察到牠的區域。

幼 | 生 | 期

　　淡黑玳灰蝶的成蝶習性、分布範圍及發生周期雖已漸漸明朗，但幼生期仍還有許多未解之謎，本種目前僅知道當秋季大頭茶長出花苞時，能在花苞上找到牠。雌蝶會將卵產在花苞基部，幼蟲孵化後會咬穿苞片鑽入花

▲即將孵化的卵

▲卵產於花苞或花蒂上

◀翅膀腹面色澤偏灰褐色

苞中取食，小幼蟲的食量不算大，一個花苞大概就能讓牠成長至 2 齡末或 3 齡初期。小幼蟲會將裡面發育中的花瓣、花蕊吃光，留下質地堅硬養分含量不多的苞片，此時幼蟲會在枝條上移動找尋合適的花苞鑽入，隨著幼蟲漸漸長大時，更換新花苞的頻率也變多，但幼蟲不會挑已盛開的花朵或是即將展開花瓣的花苞來攝食。

　　植物開花是希望能結果實產生種子以繁衍更多後代，並不希望花苞有毛蟲來啃食。大頭茶的花苞被淡黑玳灰蝶的幼蟲啃食時，植株會停止花苞的養分供應，並在花柄處形成「離層」好讓花苞能脫落掉至地面，減少無謂的「投資」。但是幼蟲也不是省油的燈，平常除了躲在花苞中啃食外，有空時還會爬到洞外並在花苞、花蒂及枝條間吐絲做確保，以避免花苞不小心因刮大風而掉落。大頭茶只在秋季時才有花苞，而它結的木質蒴果質地堅硬，雖然結果期長，但並未發現有淡黑玳灰蝶幼蟲利用。本種蝴蝶一年有幾個世代？秋季以外的其他季節狀況為何？尚有其他寄主可利用嗎？這些都是有待探討的問題。

▲ 1 齡幼蟲
體表近腹部末端處有許多細長的毛

▲ 3 齡幼蟲
花苞上有幼蟲的肛上背板及蛀食孔

終齡幼蟲

◀終齡幼蟲
化蛹前體色變成粉色調

▲大幼蟲已死，身旁的兇手為外寄生的膜翅目幼蟲。

◀蝶蛹

燕灰蝶

特有亞種

Rapala varuna formosana

命名由來：燕灰蝶屬的「燕」來自屬名「*Rapala*」，意思是後翅有「像燕尾」般的長尾突，本種為燕灰蝶屬的模式種，因此以屬的中文名作為本種的中文名稱。

別名：墾丁小灰蝶、埔里小灰蝶、龜仔角小灰蝶、棗長尾灰蝶

分布／海拔：臺灣本島／0～2600m

寄主植物：無患子科無患子（春，嫩葉）；鼠李科桶鉤藤（秋，花苞、果實）；千屈菜科九芎（夏，花苞）；大麻科山黃麻（夏、秋，花苞為主）；豆科相思樹（夏，花苞）

活動月分：多世代蝶種，全年可見成蝶

▶卵呈黃綠色

▲2齡幼蟲

燕灰蝶的中文俗名最先出現是「埔里小灰蝶」，源自「ホリシャシジミ」，同時還發表學名 *R. horishana*，但這學名是同物異名，且本種原先就稱「クラルシジミ」。之後埔里小灰蝶（被墾丁小灰蝶取代）、*R. horishana*（因同物異名而不用）及「ホリシャシジミ」（未被廣泛接受）都被人們給遺忘。「クラル」來源是音譯早年在屏東縣恆春鎮社頂附近原住民部族的社名「龜那禿」（即「龜仔角」或「Kualut」），因本種最早在龜仔角社領地南灣鵝鑾鼻附近發現，此為「龜仔角小灰蝶」由來。「墾丁小灰蝶」是朱耀沂教授所建議，目的可能是為了更正埔里小灰蝶的不合宜以及替換一個比龜仔角更有知名度的地點，後來「墾丁小灰蝶」確實被接受且廣為使用。

幼｜生｜期

　　燕灰蝶的卵為扁平的黃綠色，能藏在花苞或果實的各個微小隙縫中，雌蝶也會將卵產在葉片或嫩枝條上。大幼蟲常捲曲在花苞或幼嫩的果實附近，體色會因攝食的植物部分不同有差異，終齡幼蟲會爬離寄主植物到地面的枯枝、落葉或樹皮上化蛹。

▲不同體色的終齡幼蟲

◀左雌右雄

可由翅形、色澤、體型及前腳構造判斷性別。

▲蝶蛹

254

霓ㄋㄧˊ彩燕灰蝶 特有亞種
Rapala nissa hirayamana

命名由來：霓彩燕灰蝶的「霓彩」是取自種小名「*nissa*」的諧音及形容翅膀背面藍紫色鱗片中有淡淡珍珠光澤的色彩；「霓紗」亦是種小名的音譯；「平山」及「渡邊」都是人名。

別名：平山小灰蝶、霧社小灰蝶、閃藍長尾灰蝶、渡邊小灰蝶、霓（紗）燕灰蝶

分布／海拔：臺灣本島／ 200 ～ 2500m

寄主植物：大麻科山黃麻；千屈菜科九芎；殼斗科銳葉高山櫟；豆科波葉山螞蝗、毛胡枝子；五加科裡白楤樹；大戟科野桐

活動月分：多世代蝶種，全年可見成蝶活動

霓彩燕灰蝶的族群數量不如燕灰蝶來得多，但仍是本屬第二常見的種類，兩者分布區域重疊，但燕灰蝶主要分布於淺山丘陵與低海拔山區，而本種以中、低海拔山區為主。本種雄蝶有領域行為且會在潮溼地面吸水，上午時刻也能在花叢間發現訪花的個體，當牠停棲時會習慣性的將合攏的後翅上下磨擦，這個動作會讓尾突的擺動更明顯。

幼｜生｜期

臺灣產的燕灰蝶屬幼生期食性頗廣，霓彩燕灰蝶雌蝶也會在許多科別的植物上產卵，但有個共通點就是多半會將卵產在植物的花苞上。如果要觀察本種的幼生期，推薦從波葉山螞蝗著手，當時序進入秋季時，豆科植物會陸續長出花苞，山區的波葉山螞蝗在葉腋處也長出小小的花序，有時就能看見雌蝶在植株間來回飛舞。剛產下的卵偏淡藍綠色，不久就變成綠色，當卵密度較高時其實不難發現它。幼蟲除了吃花苞外，在花苞不足時幼蟲也會啃食新芽或葉肉，但幼蟲的數量卻比卵少很多，部分原因是幼蟲受到捕食性或寄生性天敵的危害。燕灰蝶屬幼蟲的外型及斑紋都很相似，蛹的外型也大同小異。

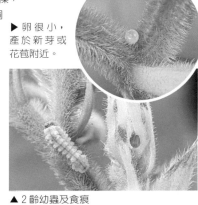

▶ 卵很小，產於新芽或花苞附近。

▲ 2齡幼蟲及食痕

▲不同體色的終齡幼蟲

◀低溫型（乾季型）的個體後翅腹面偏紅褐色，白線不明顯。

▲剛脫皮的蛹，體色尚未變成褐色。

臺灣灑灰蝶

Satyrium formosanum

命名由來：灑灰蝶屬的「灑」是由屬名「Sa」的發音而來；中文名稱以蓬萊、臺灣稱呼，因為本種學名的種小名為「*formosanum*」；近年於福建發現後，不再是臺灣特有種。

翠灰蝶亞科

灑灰蝶屬

別名：蓬萊烏（小）灰蝶、臺灣烏小灰蝶、蓬萊綫灰蝶、臺灣洒灰蝶
分布／海拔：臺灣本島，中、北部較常見／0～1000m
寄主植物：無患子科無患子（單食性）
活動月分：一年一世代，3～7月

翠灰蝶亞科灑灰蝶族包含 2 屬共 7 種，其中烏灰蝶屬只有渡氏烏灰蝶，其餘 6 種皆爲灑灰蝶屬，本種長年被視爲臺灣特有種，然而近年在中國福建發現牠。本種是海拔分布最低的一年一世代物種，臺北市裡的郊山每年 4 月底或 5 月初就能在林緣遮蔭處觀察到牠活動，若能尋獲無患子，早晨可在附近林下植被發現剛羽化的個體。本種雄蝶有領域性，追逐、驅離的過程常將翅膀磨損或弄破，6 月時平地的雄蝶多已死去，而寄主枝條上仍有產卵的雌蝶。

幼|生|期

無患子在四季有不同風貌，「春暖滿新綠、盛夏葉繁茂、秋風落黃葉、寒冬枝芽眠」，因此特別顯眼。雌蝶在盛夏將卵產在植株枝條的樹皮裂縫裡，一段與手指差不多的枝條上可能有數十顆卵粒。隔年春天孵化的幼蟲會往枝條末梢爬去，躲在嫩葉下表面啃食，到了要化蛹時，幼蟲紛紛爬下樹至附近草叢、石縫裡化蛹。基隆鳥會的解說員們於每年幼蟲下樹時，會在紅淡山登山步道的涼亭處拉起隔離線保護牠們能安全化蛹，並向來往的登山客解說本種的生態習性，教導民眾要尊重生命。

◀ 剛羽化不久的成蝶

▲ 卵群特寫，雌蝶將卵產在樹皮的裂縫。

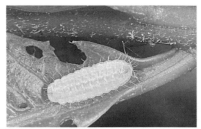

▲ 停棲在嫩葉中肋處的 2 齡幼蟲

▲ 躲在葉片下表面的終齡幼蟲

▲ 終齡幼蟲爬至地面草叢尋找化蛹地點

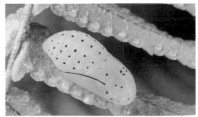

▲ 化蛹於蕨類葉下表面的蛹

秀灑灰蝶

特有亞種

Satyrium eximium mushanum

命名由來：種小名 *eximium* 的意思是 excellent，即中文名稱「優秀」或「秀」的由來；南投「霧社」是本種在臺灣最早的發現地點亦是學名的亞種名，原名亞種是產於韓國。

別名：霧社烏小灰蝶、綫灰蝶、鼠李烏灰蝶、优秀洒灰蝶
分布/海拔：臺灣本島中、南部 / 1000～2000m
寄主植物：鼠李科小葉鼠李（單食性）
活動月分：一年一世代，5～7月為主

▶卵殼表面有許多細小突起

中、低海拔山區每到5～6月分時，許多一世代的灰蝶科物種陸續出現，翠灰蝶族總是高據在樹梢，雄蝶見到對方就相互追逐、驅離，相較之下灑灰蝶族較容易親近，牠們會在林緣花叢訪花。在北橫公路沿線，臺灣灑灰蝶幾乎每次都能見到，田中灑灰蝶、南方灑灰蝶及渡氏烏灰蝶雖然數量不多，也仍有機會遇見。本種不分布於北臺灣，想拍牠要到中南部的中海拔山區，除了訪花外，清晨時刻牠也常停棲在林緣、路旁的草叢上晒太陽，此時氣溫低活動能力弱較容易接近。同屬的井上灑灰蝶、江崎灑灰蝶則是分布局限的稀有種，難得一見。

▲藏在芽內取食的1齡幼蟲

幼 | 生 | 期

臺灣7種洒灰蝶族物種的生活史皆為一年一世代，以卵的形態度過秋、冬季，春天寄主開芽時枝條上的卵也孵化，幼蟲則爬至嫩葉上攝食，終齡幼蟲在化蛹前會至地面，選擇合適的環境化蛹，蛹期約半個月。牠們的生活方式雖然相似，但對寄主卻情有獨鍾，秀灑灰蝶只會利用鼠李科的小葉鼠李，臺灣灑灰蝶只吃無患子，其他種類也都是單食性；而不同種類的雌蝶產卵時會隨寄主植物的特性，將卵藏在不同位置，卵的外型也有差別。

▲2齡幼蟲
體背兩側各有一條米白色縱線

▲3齡幼蟲

◀停棲於芒草上晒太陽

▶蛹為褐色，會化蛹在地表的落葉或石縫處。

▲終齡幼蟲
本種幼蟲期共有5齡

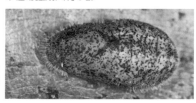

小鑽灰蝶

Horaga albimacula triumphalis

命名由來：本種的體型普遍比鑽灰蝶稍小，因此稱為「小」鑽灰蝶；姬三尾小灰蝶是翻譯自日文名稱「ヒメミツオシジミ」。以往中文俗名中出現「三尾小灰蝶」的有4種（詳見附表）。

翠灰蝶亞科

鑽灰蝶屬

別名：姬三尾（小）灰蝶、白斑灰蝶
分布/海拔：臺灣本島 / 0～1500m
寄主植物：食性廣泛，山櫻花、山豬肉、細葉饅頭果、菲律賓饅頭果、小花鼠刺、大花紫薇、九芎、盾柱木、臺灣紅豆樹、水黃皮、烏桕、樟葉槭、龍眼、桶鉤藤、柚等許多科別植物的嫩葉、花苞或果實。
活動月分：多世代蝶種，南部全年可見且有季節型，北部冬季少見

小鑽灰蝶廣布於全臺各地的淺山丘陵及低海拔山區，族群數量不穩定，在各地多屬不常見種類，部分原因是本種體型小不容易發現觀察，而其活動地點多在樹林邊緣的明亮處，成蝶雖然會訪花吸蜜，但也會在樹上吸食露水、植物蜜腺或蚜蟲、介殼蟲排出的含糖分泌物，所以在花叢間不一定能遇到牠。

亞科	族	屬	學名	中文名（按分類）	中文名（依形態及日文名）
翠灰蝶亞科	鑽灰蝶族	鑽灰蝶屬（*Horaga*）	*H. onyx*	鑽灰蝶	三尾小灰蝶
			H. albimacula	小鑽灰蝶	姬三尾小灰蝶
			H. rarasana	拉拉山鑽灰蝶	拉拉山三尾小灰蝶
	三尾灰蝶族	三尾灰蝶屬	*Catapaecilma major*	三尾灰蝶	銀帶三尾小灰蝶

鑽灰蝶、小鑽灰蝶成蝶區分

種類	體型	翅膀背面		翅膀腹面		
		前翅白斑	藍色鱗	底色	前翅白斑	外緣白色鱗
鑽灰蝶	最大	較大	發達	棕或紅棕色	較大	明顯、最廣
小鑽灰蝶（高溫型）	小	較小	無或不發達	褐或黃褐色	較小	少或不明顯
小鑽灰蝶（低溫型）	略大	較大	發達	紅棕色	較大	明顯、廣

註：鑽灰蝶的族群數量比小鑽灰蝶少見，兩種蝴蝶的外型有時很相似不易區分，目前能確定種類的方法是解剖雄蝶腹部檢視交尾器骨板形狀。

小鑽灰蝶		鑽灰蝶
高溫型（夏）	低溫型（秋）	高溫型（夏）

▼雌蝶正在盾柱木新芽上產卵

▲卵表面有許多明顯凹痕

258

幼|生|期

有次去景美山健行，早春許多植物正在開新芽或是抽花苞，而一趟路走下來就在5種植物上觀察到小鑽灰蝶的卵，有些還是書中沒記錄過的植物。似乎只要小鑽灰蝶雌蝶肯產卵，幾乎幼蟲都會攝食且能羽化，但不同個體的雌蝶對產卵寄主的選擇似乎存在著個體偏好。

區分鑽灰蝶及小鑽灰蝶以往可從許多特徵判別，但自從筆者把小鑽灰蝶幼生期置於不同溫度下飼養得到的成蝶，就對過去的判別方法產生許多疑問。小鑽灰蝶高溫型（25℃）、低溫型（15℃）差別明顯，兩者之間還有中間形態（20℃），而且小鑽灰蝶低溫型與鑽灰蝶外型相似。另外，鑽灰蝶的外型應該也會受幼生期發育溫度影響，這讓兩物種更不易區分[註]，而兩者的幼生期形態相近，目前仍無明確判別種類的方法。

▲ 1齡幼蟲
左為靛色琉灰蝶；右為小鑽灰蝶。

2齡幼蟲

終齡幼蟲

◀腹末垂懸器特寫

◀蛹身上無繫帶

拉拉山鑽灰蝶

Horaga rarasana

命名由來：本種學名的種小名「*rarasana*」是指本種模式產地，位於桃園、新北市兩縣交界處的拉拉山，加上本種為臺灣特有種，因此命名為「拉拉山」鑽灰蝶；「羅羅山」為種小名的音譯。

翠灰蝶亞科　鑽灰蝶屬

別名：拉拉山三尾（小）灰蝶、羅羅山三尾小灰蝶、斜條斑灰蝶
分布／海拔：臺灣本島北部／ 900 ～ 2000m
寄主植物：灰木科大花灰木（單食性）
活動月分：一年一世代，5 ～ 7 月為主

拉拉山鑽灰蝶一年只有一個世代，每年夏末雌蝶產卵之後，卵要等到隔年春天才會孵化，成蝶的發生期與單帶翠灰蝶相似，皆以 5 ～ 7 月為主，最晚的記錄是在 10 月。

　　分布狀況大致上是沿著新北市烏來區及宜蘭縣員山鄉兩縣交界處的山區往西南方延伸，這區域有許多海拔高度介於 1000 ～ 2000 公尺的中級山，在登山步道沿途都能發現拉拉山鑽灰蝶的寄主植物。桃園、宜蘭、新北市交界處持續往西南方前進至北橫公路，接著在新竹縣尖石鄉鴛鴦湖保護區也被提及有本種分布。以上這些地點的共通處為皆屬於雪山山脈北段，其次就是當地環境為冬季時會受東北季風吹拂而潮溼多雨且終年雲霧繚繞的原始森林。除了上述地點，在南投仁愛鄉[註]也曾有過一筆採集記錄，但南投與目前已知的分布區域相距頗遠且為中央山脈中段西側，近年來許多蝶友於仁愛鄉附近活動，但尚未傳出有發現拉拉山鑽灰蝶的消息，所以這筆記錄的正確性應該不高。

註：出自山中正夫整理的「臺灣產蝶類分布資料」，南投縣仁愛鄉望洋：1 ♂ .VII. 1966. 採集者不明。

▶卵表面有青苔生長

▼雄蝶斑紋偏黑褐色

幼|生|期

　　雌蝶大多將卵產於鄰近休眠芽且不會被陽光照射到的細枝條。剛產下的卵是白色，1齡幼蟲在背上有一列像是沾了淡紅色顏料的圓鈍狀肉質突起，之後隨齡期增加，每次脫皮後肉質突起會變得更尖且長，幼蟲體色介於紅色斑紋很發達至全身為綠色幾乎沒有紅斑，本種幼蟲背上的肉質突起長度較平均，有時會向前倒伏平貼在身上，終齡幼蟲會尋找植株上的隱蔽處化蛹，蛹為淡綠色，體側有些許白色細紋，腹部背側有褐色斑。

　　灰木科植物的分類尚有爭議，拉拉山鑽灰蝶的幼生期及寄主植物最早是由徐堉峰及楊平世教授發表，當時植物鑑定為尾葉灰木，目前按臺灣維管束植物簡誌第四卷修正為大花灰木，但有學者認為大花灰木與尾葉灰木是同一種，尾葉灰木只不過是生長在海拔較高處的大花灰木之一個型態。拉拉山鑽灰蝶的幼蟲僅能以這種灰木嫩葉為食，而了解這種灰木的生態及分布將是了解本種習性的重要基礎。

1齡幼蟲

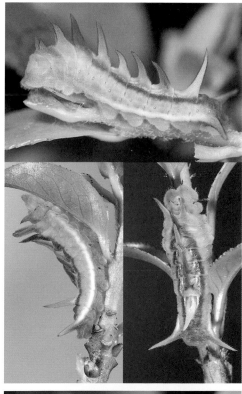

▲ 2齡幼蟲體背有肉棘

▶終齡幼蟲
體表的肉棘不會伸長或縮短

◀雌蝶翅膀腹面斑紋呈黃褐色

蝶蛹

261

三斑虎灰蝶

Spindasis syama

命名由來：本種後翅基部有三個互相分離的橢圓形斑紋可與其他種類區別，因此命名為「三斑」虎灰蝶。除了「三斑」外，「三星」及「豆粒」亦是形容此特徵，但只有「三斑」同時兼顧斑紋的數量及形狀。

別名：三星雙尾燕蝶、三星雙尾小灰蝶、三星斑馬灰蝶、三星虎灰蝶、豆粒銀線灰蝶、斑馬蝶

分布／海拔：臺灣本島，中南部較常見／0～1500m

寄主植物：食性廣泛，紫金牛科日本山桂花、硃砂根等；大戟科細葉饅頭果

活動月分：多世代蝶種，南部全年可見，中北部冬季無成蝶

虎灰蝶屬的 3 種虎灰蝶中最容易辨識的是三斑虎灰蝶，而本種的族群是 3 種之中分布最廣、數量最多，筆者還曾遇到幾次成蝶大發生。南投埔里的彩蝶瀑布偶爾也能見到本種活動，附近的關刀山有條產業道路可通到山頂，沿途大多是砍伐後的造林地，在山腰處一個不起眼的小鞍部平坦地，每年的夏、秋季會有數量不少個體在道路兩旁的大花咸豐草上活動，短短 200 公尺的路段就有近 50 隻成蝶活動，道路往前或往後轉個彎就很少見到牠。成蝶不論雌雄都喜愛訪花，當牠將合攏的翅膀展開時，雄蝶的前後翅會有藍色光澤鱗片，雌蝶則為黑褐色。除翅膀背面的顏色外，也可以從行為上分辨成蝶性別，雄蝶有領域性，雖然大多停棲在 1 公尺高的花叢上，但見到其他雄蝶靠近會起飛驅趕，飛行的動作及速度也是雄蝶比雌蝶容易有急躁性、速度快的感覺。關刀山的成蝶要每年 6 月之後才會出現，但往南來到高雄、屏東一帶卻是整年都能見到，而且冬季的成蝶翅膀斑紋還會改變顏色，由黑色變為橙紅色。

▶幼蟲蟲巢

▲卵產下時呈淡綠色，之後漸漸變為淡黃、乳白、黃褐，最後呈現褐色。

◀雌蝶
訪花後休息

▲ 1 齡幼蟲
體表有細長毛

灰蝶科雌雄判別 （以虎灰蝶屬為例）	雄蝶	雌蝶	區分難 易度	解說
翅膀背面	有藍色鱗	黑褐色	易	灰蝶科雄雌蝶翅背的色澤或斑紋大小常會不同，需查書比對。通常雄蝶亮色鱗的區域較大，雌蝶的亮色鱗較小且翅膀外緣有較多黑褐色邊。
前腳跗節	癒合變少	正常	中	雄蝶像是踮腳尖，雌蝶跗節平貼葉表。
前翅翅緣形狀	較平直	較圓弧	中	多數種類適用，約有8成的準確性。亦可用前翅頂角形狀判斷，雄蝶比雌蝶稍尖，需已具有觀察經驗者來判斷，初學者若無雌蝶同時比較容易誤判。
腹部外型	較瘦長	較短圓	難	雄蝶飽食後會稍像雌蝶，老舊的雌蝶腹部會較消瘦。
體型	較小	較大	難	多數種類適用，約有8成的準確性。體型會受到幼蟲期生長發育的影響，營養充足的個體體型較大，但虎灰蝶屬的準確度僅約5～6成。
外生殖器 （見13頁）	有抱器	無抱器	難	抱器是雄蝶才有的結構，但灰蝶科構造細小，需在顯微鏡下檢視。鳳蝶科的體型夠大，抱器就很明顯不會認錯。
性標 （見191頁）	有	無	中	依類群而異，有些類群的雄蝶無明顯的性標。性標位置易見，特徵明顯的類群則容易判別性別，若是性標藏在隱密處或與翅膀花紋相近的類群，則判斷上會有困難。

幼｜生｜期

剛產下的卵呈淡綠色，之後變為淡黃色、乳白色、淡褐色最後變成褐色，整個變色的過程約1～2小時。孵化的幼蟲給予嫩葉會刮食葉肉，雖然雌蝶產卵時是單產，但幼蟲若有機會能遇到同種幼蟲時會偏好聚集在一起生活。

中文圖書雖然尚無完整介紹本屬的生活史，但日本的圖鑑已有臺灣3種虎灰蝶的幼生期各階段圖文資料可參考，許多中文圖書裡對幼生期描述都是出自日本學者發表的觀察記錄。後兩種介紹的虎灰蝶屬物種，已初步完成生活史各階段探討與樹棲舉尾蟻共生的關係。徐教授指導的碩士畢業生林家弘其論文即為「三斑虎灰蝶生物學及喜蟻關係之探討」，研究中提及有舉尾蟻照顧的幼蟲生長期可縮短且發育較快、存活率較高。筆者在野外也曾找到本種幼蟲的蟲巢，是幼蟲吐絲將葉片連綴而成，與虎灰蝶的蟲巢明顯不同，兩種的終齡幼蟲最後都會留在蟲巢中化蛹。

▲螞蟻取食幼蟲蜜腺分泌物

▲蟲巢裡有群聚的終齡幼蟲

◀剛脫皮的蛹，之後會變綠褐或黑褐色。

蓬萊虎灰蝶 特有種

Spindasis kuyaniana

命名由來：本種為臺灣特有種，因此命名為「蓬萊」虎灰蝶，姬雙尾燕蝶之名是翻譯自本種的日文名稱ヒメフタオツバメ；別名中有「姬」全是受日文名稱的影響。

虎灰蝶亞科　虎灰蝶屬

別名：姬雙尾燕蝶、姬雙尾小灰蝶、姬斑馬灰蝶、黃銀線灰蝶、虎斑仔
分布／海拔：臺灣本島，北部少見／ 400 ～ 1500m
寄主植物：幼蟲食性廣泛，大戟科野桐、細葉饅頭果、漆樹科羅氏鹽膚木、
豆科南美豬屎豆等
活動月分：多世代蝶種，3 ～ 12 月為主，冬季南部偶可見

　　蓬萊虎灰蝶是臺灣產虎灰蝶屬 3 種中族群數量最少的，其次是牠的體型在 3 種之中稍偏小，且出現環境偏好稍乾燥、日照充足的陽性崩塌地，雖然全臺從北到南都有本種的觀察記錄，但以中部及南部遇到牠的機會較高些。成蝶習性與另外兩種相似，常在花朵上吸蜜，雄蝶具有領域性，由於偏好的棲息環境不同，有蓬萊虎灰蝶活動的地區頂多只會看到三斑虎灰蝶出沒。

　　中部的蓬萊虎灰蝶較容易與虎灰蝶區分，黑色斑紋中間鑲有黃色鱗片的是前者，後者則是填滿了銀色金屬光澤鱗片。南部的蓬萊虎灰蝶除了原有的黃色鱗片外，部分個體亦同時會夾雜銀色鱗片。日籍學者五十嵐 邁在他所寫的「アジア產蝶生活史図鑑Ⅱ」主張虎灰蝶只是蓬萊虎灰蝶的一個型，他的觀察是兩者幼生期無差別。虎灰蝶翅腹黑色斑紋除了銀色金屬鱗片外亦夾雜黃色鱗片，部分個體黃色鱗片發達；而蓬萊虎灰蝶也有銀色鱗片比黃色鱗片發達的個體，五十嵐 邁認為兩種是同一物種。

◀翅膀腹面只有少量銀色鱗片

▶剛產下的卵（上）：聚產的卵（下）。

1齡幼蟲

4齡幼蟲

264

幼|生|期

　　雌蝶將卵聚產在多種寄主植物上，但相較於同屬的另外2種，本種幼蟲發現的機會更低，幼蟲只有在進食時才會爬至葉片上，其他時候躲在蟲巢中。野外曾在不到1米高野桐葉面上見到幼蟲啃食葉上表面的葉肉組織，這隻幼蟲吃了些葉子後不久就開始移動，只見牠一路順著莖爬至地面並鑽入岩石縫中，石頭下方的落葉表面停棲了另外兩隻幼蟲，幼蟲身上也有好幾隻舉尾蟻，原來蟲巢是藏在地面下。

　　蓬萊虎灰蝶與舉尾蟻的關係研究是本屬中最後完成的種類，徐教授的碩士班畢業生廖珠吟在2012年完成了「蓬萊虎灰蝶的幼期生物學與喜蟻現象對其生長表現之影響」，論文其中一項重點是釐清了虎灰蝶與蓬萊虎灰蝶的關係，兩者不論是幼蟲的生長發育、共生蟻種及成蝶形態都有差異，明顯是不同的物種。研究成果足以證明五十嵐 邁的見解有誤。

▲攝食南美豬屎豆花苞的幼蟲，身旁有許多舉尾蟻。

▲蛹的體色呈黃褐或黑褐色

▲ A：觸手器；B：肛上背板
觸手器位於第8腹節，可自由伸縮

◀蜜腺器官
3齡之後才有作用，與螞蟻共生有著重要關係。

▲C：頭部；D：前胸背板

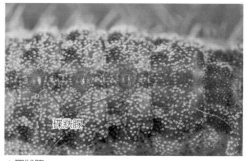
▲碟狀腺
第1個碟狀腺出現在第2腹節背面，終齡時有5個。

265

虎灰蝶

Spindasis lohita formosana

命名由來：本種不是虎灰蝶屬的模式種，但分布廣、族群數量多、具有代表性，因此以屬名的中文名稱命名本種；別名有「臺灣」是源自亞種名，但本種不是臺灣特有種或特有亞種。

別名：臺灣雙尾燕蝶、臺灣雙尾小灰蝶、斑馬灰蝶、牽牛灰蝶、銀線灰蝶、虎斑仔
分布／海拔：臺灣本島、龜山島及金門／0～2000m
寄主植物：食性廣泛，細葉饅頭果、菲律賓饅頭果、白匏子、山黃麻、山豬肉、大頭茶、青剛櫟、大青、咖啡、爬森藤
活動月分：多世代蝶種，南部全年可見，中北部冬季無成蝶

　臺灣產的虎灰蝶亞科裡只有虎灰蝶一個屬3種，虎灰蝶亞科近年才從翠灰蝶亞科裡分出來。本種偏好棲息在環境較溼潤的樹林附近，林緣空曠處生長的花朵是成蝶的餐廳，翅膀斑紋與本種相似的蓬萊虎灰蝶則是偏好在陽性開闊且易崩塌的山坡地活動，兩者幾乎不會在同一地點出現。

幼｜生｜期

　　徐教授指導的碩士班畢業生王俊凱的論文「從生活史不同階段初探虎灰蝶與樹棲舉尾蟻的共生關係」，即探討虎灰蝶與懸巢舉尾蟻的共生關係。雌蝶偏好只在樹棲性的舉尾蟻巢附近產卵，而且卵聚產，幼蟲啃食植物葉肉，大幼蟲躲在蟲巢中，蟲巢由舉尾蟻搬來的細小植物碎屑經由虎灰蝶幼蟲吐絲構築而成。論文提到野外若有舉尾蟻照料，幼蟲存活率較高，沒有舉尾蟻時幼蟲仍可完成生活史。幼蟲腹部末端蜜腺會吸引舉尾蟻，這與其他灰蝶幼蟲相似，但雌蝶產卵需要有舉尾蟻活動的氣味，非常特殊[註]。

註：舉尾蟻的習性可參考王俊凱於2008/12/21國語日報科學教室－科學來接龍專欄所寫－舉尾蟻的好朋友；或臺灣蝴蝶保育學會理事長林葆琛先生於國語日報蝴蝶蝴蝶真美麗專欄－虎灰蝶的介紹。

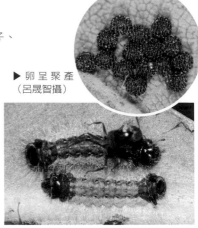

▶ 卵呈聚產
（呂晟智攝）

▲小幼蟲常會聚集生活

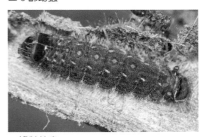

▲5齡幼蟲

▲終齡幼蟲
齡期不定，介於6～9齡間，與攝食的植物及發育狀況有關。

蝶蛹

◀雄蝶展現領域行為

▲舉尾蟻取食蜜露

大娜波灰蝶 特有亞種

Nacaduba kurava therasia

命名由來：由屬名 *Nacaduba* 的前兩個字母發音命名為「娜」波灰蝶屬，本種是本屬在臺灣體型最大的種類，因此取名「大」娜波灰蝶；日文名稱「アマミウラナミシジミ」翻譯後為奄美裏波小灰蝶。

別名：埔里波紋小灰蝶、奄美裏波紋小灰蝶、紫金牛波灰蝶、古樓娜灰蝶、灌灰蝶

分布／海拔：臺灣本島、龜山島、綠島及蘭嶼／0～2000m

寄主植物：紫金牛科樹杞、臺灣山桂花、日本山桂花、硃砂根、賽山椒、春不老等

活動月分：多世代蝶種，全年可見

臺灣地區能觀察到的娜波灰蝶屬有 4 種，熱帶娜波灰蝶只分布在蘭嶼，南方娜波灰蝶及暗色娜波灰蝶是中南部的稀有種，而族群數量最多、分布最廣的就屬大娜波灰蝶，牠的體型明顯比前 3 種大。在林緣制高處停棲的雄蝶有領域行為，也會在地面吸水，判斷性別最好方式是等牠把翅膀展開，翅背布滿藍紫色鱗片的是雄蝶，雌蝶翅緣外側有黑褐色邊框，雌雄差異明顯。

幼 | 生 | 期

雌蝶選擇遮蔭環境的樹杞、山桂花等產卵，而公園的春不老生長環境偏亮，不容易發現幼生期。卵產於新芽、嫩枝，孵化後以嫩葉為食，幼蟲體色以淡黃色或黃綠色為主，部分個體有淡紅色縱向條紋（最多 5 條），終齡幼蟲會爬至地面落葉堆裡找尋穩固合適的位置化蛹，蛹期約 1～2 周才會羽化。成蝶整年都可以觀察到，當寄主植物上有新芽、嫩葉就有機會找到幼生期。

▶卵型較扁平

▲ 1 齡幼蟲

▲ 2 齡幼蟲
體色與攝食的葉片有關

▲終齡幼蟲

◀吸水的雄蝶

▲蝶蛹

267

波灰蝶

Prosotas nora formosana

特有亞種

命名由來：「波」灰蝶屬與屬名 *Prosotas* 的字首「*Pro*」發音相呼應；本種為波灰蝶屬的模式種，因此以屬的中文名稱作為本種的中文俗名。本種因體型較小，所以部分的別名有「小」。

別名：姬波紋小灰蝶、安汶波灰蝶、小波灰蝶、姬小紋小灰蝶、娜拉波（紋小）灰蝶、小黑波紋灰蝶

分布／海拔：臺灣本島、龜山島、綠島及蘭嶼／0～2000m

寄主植物：豆科胡枝子、菊花木、美洲含羞草、小實孔雀豆、金合歡、相思樹、疏花魚藤；虎耳草科鼠刺；殼斗科臺灣桴

活動月分：多世代蝶種，全年可見

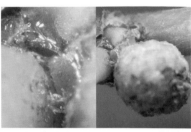
▲卵產於花序縫隙間

姬波紋小灰蝶是翻譯日文名「ヒメウラナミシジミ：姬裏波小灰」，日文「ヒメ」或漢字「姬」都是對女子的美稱，直接翻譯成中文「姬」亦無不可，但不能將中文的「姬」解釋為體型較小。成蝶主要發生期在夏、秋兩季，以南投縣埔里鎮幾個著名賞蝶景點為例，步道在夏、秋季時有上千隻甚至上萬隻的波灰蝶在潮溼地面吸水，當人車靠近時會群起四處飛舞，干擾遠離又全部停回地上。同屬的密紋波灰蝶是 2006 年由徐堉峰及顏聖紘兩位教授共同發表的臺灣新記錄種，其外型像是斷了尾突的波灰蝶，正因為外型相似度高，所以許多人收藏波灰蝶的標本裡就可能混雜了密紋波灰蝶。

▲攝食花苞的 2 齡幼蟲

幼｜生｜期

雌蝶產卵時偏好剛要發育的緊密花序，除了有微小的縫隙可產卵外，幼蟲孵化時正好趕上花序的發育階段，不用四處爬行找尋食物就可以直接開始啃食花苞。終齡幼蟲的體色、花紋多變化，常停棲在花苞附近，且身上大多會爬有螞蟻。褐色的蛹大多藏於樹皮縫隙或地面落葉、石堆中，極少數個體會化蛹於葉片上，偶爾會發現有綠色型的蛹。

▲終齡幼蟲及螞蟻

▲不同體色的終齡幼蟲（右側體型較小者為 3 齡幼蟲）

3齡

◀地面吸水的雄蝶

▲蛹多為黃褐色，少數個體呈黃綠色。

雅波灰蝶

特有亞種

Jamides bochus formosanus

命名由來：雅波灰蝶是雅波灰蝶屬的模式種，因此以屬的中文名稱來命名。

別名：琉（or 瑠）璃（裏）波紋小灰蝶、瑠璃波灰蝶、紫白波灰蝶、雅灰蝶

分布 / 海拔：臺、澎、金、馬及龜山島、綠島、蘭嶼 / 0 ～ 2000m

寄主植物：豆科蝶形花亞科多種植物的花苞為主，如葛藤、水黃皮、黃野百合、田菁、波葉山螞蝗等

活動月分：多世代蝶種，全年可見

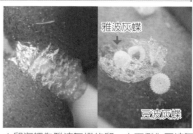
▲卵泡裡為雅波灰蝶的卵，右下側為豆波灰蝶的卵。

雅波灰蝶也稱為琉璃波紋小灰蝶，「琉璃」及「波紋」分別描述了本種翅膀背面及腹面的特徵，但本種與雙尾琉璃小灰蝶（蘭灰蝶）在名稱上有相同的問題困擾著，本種日文名稱為「ルリウラナミシジミ，瑠璃裏波小灰」，「ルリ」翻譯為琉璃，其發音亦相似，在日本有 8 種蝴蝶名稱有這個字詞，其中灰蝶科裡有 7 種，而臺灣至少有 18 種蝴蝶的名稱中曾出現琉璃或瑠璃，這其中灰蝶科占了 14 種，比「XX 波紋小灰蝶」的數量還多 1 種，兩個名稱唯一的交集就是本種。

幼 | 生 | 期

雅波灰蝶成蝶幾乎全年都能觀察到，幼生期會隨著季節改變菜單上的種類，但都以豆科的花苞為主。雅波灰蝶雌蝶一次產一至數粒的卵，在卵產下後雌蝶會從腹部分泌出泡沫膠狀物質覆蓋在卵的外表，這膠狀物質之後會乾燥變硬並形成保護層，用以隔離卵寄生蜂避免其接近蝶卵造成危害。小幼蟲會鑽入花苞裡取食，1 ～ 3 齡的體色為紅棕色或暗紅色，終齡幼蟲轉為褐色。幼蟲通常在寄主附近的隱蔽處化蛹。

▲2 齡幼蟲

▲葛藤上的食痕

▲躲在花苞間的終齡幼蟲

◀吸食花蜜的雄蝶

蝶蛹

淡青雅波灰蝶 <small>特有亞種</small>

Jamides alecto dromicus

命名由來：本種翅膀背面布滿淺藍色鱗片，因此取名「淡青」雅波灰蝶；日文名「シロウラナミシジミ」，翻譯為「白裏波紋小灰蝶」，指翅膀背面為白色，腹面（裏面）有波浪狀花紋的小灰蝶。

別名：白（裏）波紋小灰蝶、（薑）白波灰蝶、素雅灰蝶、紫鉚蝶
分布／海拔：臺灣本島、龜山島、綠島、蘭嶼／0～2500m
寄主植物：以多種薑科植物的花苞或果實為食，如月桃、烏來月桃、穗花山奈等
活動月分：多世代蝶種，3～12月為主

「白裏波紋小灰蝶」經簡化後即為大家熟悉的白波紋小灰蝶，但是雄蝶翅膀背面為淺藍色，並非如名稱所述為白色，而雌蝶翅背為青白色，日文名稱描述的是雌蝶。本種是許多翅腹具白色波浪斑紋的灰蝶中體型最大的種類，大概是雅波灰蝶體型的 1.5 倍，在野外遇到時不容易認錯。要找到牠最容易的方法是前往生長了很多薑科植物的地點，雌蝶常在寄主附近找尋花苞或果實產卵，雄蝶有領域行為，但驅離的行為不明顯。

幼 | 生 | 期

薑科的穗花山奈又稱野薑花、蝴蝶薑，夏、秋兩季是它主要的花期，有時市場上會看到少量販售，如果想要觀察淡青雅波灰蝶的生活史，找花穗外表有蛀食孔的，裡面比較容易發現本種幼蟲。本種幼蟲會鑽入花苞內取食並留下黃褐色的糞便，幼蟲身旁有時會有螞蟻伴隨。幼蟲化蛹前少部分個體會爬至地面落葉堆中，有些則是躲在野薑花的葉鞘隙縫裡，花朵已凋謝的舊花穗也是幼蟲不錯的化蛹位置。

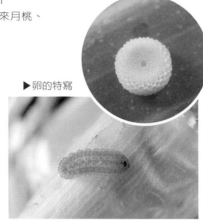

▶卵的特寫

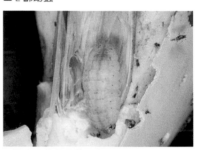

▲2齡幼蟲

▲攝食野薑花花苞的終齡幼蟲

▲終齡幼蟲

◀穗花山奈花序上有幼蟲食痕

◀翅膀底色偏灰色

▲蝶蛹

白雅波灰蝶

Jamides celeno celeno

命名由來：本種翅膀背面以白色為主，因此稱為「白」雅波灰蝶；「莢」是指本種幼生期以豆科的豆莢為食；「錫冷」為種小名的音譯。

別名：小白波（紋小）灰蝶、莢白波灰蝶、錫冷雅灰蝶、圓翅波紋小灰蝶、波紋灰蝶
分布／海拔：臺灣本島及綠島，中南部數量較多／0～1000m
寄主植物：豆科長葉豇豆、曲毛豇豆等多種豇豆屬植物的花苞或豆莢
活動月分：多世代蝶種，3～12月為主

臺灣13種「XX波紋小灰蝶」中只有本種翅膀背面全為白色，其餘種類多為藍、紫色，稱呼本種為「白波紋小灰蝶」是名符其實，但這個貼切的名稱卻是指翅背為水藍色的淡青雅波灰蝶。本屬有一種疑問種閃雅波灰蝶（湄溪小灰蝶 *J. cleodus*），自從發表後就不曾在臺灣發現。所謂湄溪小灰蝶 *J. cleodes cleodes* (C. Felder & R. Felder，1865) 雖與小白波紋小灰蝶 *J. celcno* (Cramer，1775) 有所區別，但亦有學者認為「採自臺灣的」湄溪小灰蝶可能僅是小白波紋小灰蝶的一型，而在本書（臺灣鱗翅目昆蟲誌）中，白水（白水 隆）仍將其保留於臺灣蝶類名錄之中註。

幼|生|期

豆科豇豆屬開花時本種成蝶會把它當成蜜源植物，花苞及豆莢則是產卵讓幼蟲哨食。體色為淡綠色的大幼蟲捲曲在花苞旁時，不容易發現牠，如果找到的是豆莢，睜大眼睛找尋果莢上是否有圓形或橢圓形的蛀食孔，有時幼蟲尾部的肛上背板就抵在蛀食孔上，2、3齡幼蟲還會鑽入豆莢中哨食種子並躲藏在果莢裡。

> 註：藍色字引用自顏聖紘.1994.談臺灣鱗翅目昆蟲誌中蝶類學名之處理。中華昆蟲通訊第二卷第五期p11-15。該篇文章中湄溪小灰蝶學名的種小名 *cleodes* 為筆誤。

▶豇豆上的卵
左為豇豆灰蝶；右為白雅波灰蝶。

▲2齡幼蟲

▲3齡幼蟲

▲終齡幼蟲及蟻群

▲蛹化於地面落葉或枯枝上

◀訪花的成蝶
冬型個體後翅肛角眼狀斑紋不發達

奇波灰蝶

Euchrysops cnejus cnejus

命名由來：本種為奇波灰蝶屬的模式種，因此以屬的中文名稱作為本種的中文名；「白尾」源自日文名「オジロシジミ」，日文漢字為「尾白小灰」。

別名：白尾（小）灰蝶、雙珠淡藍灰蝶、豆莢灰蝶、雞豆蝶、棕灰蝶

分布／海拔：臺、澎、金、馬及龜山島、綠島、蘭嶼，臺灣以南部、東部為主，中北部少見／0～500m

寄主植物：豆科濱豇豆、曲毛豇豆、賽芻豆、肥豬豆、豇豆（習稱「菜豆」，栽培種）的花、果莢及種子

活動月分：多世代蝶種，全年可見

▲蝶卵

奇波灰蝶屬在臺灣只有本種，但相關資料並不多，原因是本種在臺灣的分布狀況相對較為局限，主要是南部及東部的海濱至低海拔山區為主。本種在南部山區雖不多見，但不算是數量稀少，在夏、秋兩季，野外豆科植物長出許多的花苞、豆莢時，寄主附近往往能看到不少雌蝶活動，包括農家屋旁菜園裡的豇豆豆籬附近，也有機會見到牠的身影。

▲3齡幼蟲及黑棘蟻

幼｜生｜期

雌蝶會把卵產在花苞或豆莢上，卵孵化後，幼蟲就鑽入花苞裡攝食，部分灰蝶科幼蟲在尾部有喜蟻器構造，喜蟻器旁的蜜腺會分泌蜜露供螞蟻取食，所以只要在豇豆的豆莢或花苞處見到數隻黑棘蟻圍繞某個東西時，通常是3齡或終齡的灰蝶幼蟲，有可能就是本種。蝶友張清蒼（老蒼）在南沙太平島的濱豇豆上找到本種幼蟲，並在自然攝影中心貼出他所觀察的生活史，這是網路上首次也是至2013年止唯一的本種幼生期照片。

▲豆莢內有終齡幼蟲

▼左側個體的前翅較圓弧，前腳有較多跗節，是雌蝶，交配時雌蝶會舉起後腳的行為。

▲不同體色的終齡幼蟲

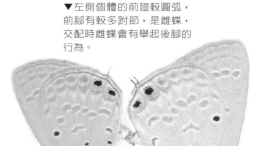

▲幼蟲會爬到地表的落葉間化蛹

豆波灰蝶
Lampides boeticus

命名由來：本屬為豆科作物著名蟲害之一，由於翅膀腹面有白色波浪狀花紋，因此稱為「豆波灰蝶屬」，本屬為單種屬，故本種以屬的中文名命名；日文名「ウラナミシジミ，裏波小灰」翻譯為波紋小灰蝶。

別名：波紋（小）灰蝶、萊蜆蝶、紫藍小灰蝶、曲斑灰蝶、亮灰蝶

分布/海拔：臺、澎、金、馬及龜山島、綠島、蘭嶼離島 / 0～3000m

寄主植物：多種豆科蝶形花亞科植物花苞及豆莢，另也在豆科蘇木亞科羊蹄甲及紫葳科蒜香藤的花苞上找到

活動月分：多世代蝶種，全年可見

豆波灰蝶是 11 種[註]臺灣能看見的「XX 波紋小灰蝶」中最容易遇見且好分辨的種類，本種後翅腹面亞外緣處有一條較寬的白色帶狀斑紋，是其分辨的特徵。中南部休耕田地裡若種植田菁、太陽麻等豆科綠肥，常見黃蝶、豆波灰蝶在附近活動，在北臺灣，荒地若是生長了黃野百合或南美豬屎豆這些外來種豆科植物，通常都能發現牠。即便是海拔超過 2000 公尺的山區，牠依然活躍在日照充足的荒地或林緣，絲毫不受平均氣溫較低的影響。

幼|生|期

雌蝶產卵時主要產於花苞、豆莢上，一旁的葉片上也能找到卵，但孵化的幼蟲卻不喜歡啃食葉片，因此開始四處爬行找尋花苞或豆莢。當小幼蟲發現花苞或豆莢時會在花瓣或豆莢上咬個小洞然後鑽入裡面啃食花蕊或種子。小幼蟲的進食、休息、排遺、休眠、脫皮等所有行為都在花苞或豆莢裡度過。大幼蟲體型較大，會將花苞咬穿將頭部埋入花瓣裡啃食，等花蕊吃完後就換吃另一個花苞，終齡幼蟲體色與攝食的植物組織有關。

註：臺灣本島無分布：紫珈波灰蝶、熱帶娜波灰蝶（蘭嶼）及曲波灰蝶（蘭嶼、綠島）。

▲產於細花乳豆花苞的卵

▲吃蒜香藤的 2 齡幼蟲

▲吃毛胡枝子的 3 齡幼蟲

▲不同體色的終齡幼蟲
上圖為攝食水黃皮花苞；下圖為攝食南美豬屎豆豆莢。

◀展翅休息的雄蝶
屬名 *Lampides* 意思是「光亮的」

▶體表的黑色斑點變化大，化蛹在地面的枯葉間。

273

細灰蝶

Leptotes plinius

命名由來：屬名字首 *Lepto-* 意思是細小，故取名「細」灰蝶屬。本種分布廣泛、數量多，足以作為本屬代表種，因此以屬的中文名稱命名；角紋小灰蝶源自日文名：カクモンシジミ，日文漢字為角紋小灰。

別名：角紋（小）灰蝶
分布／海拔：臺、澎、金、馬及龜山島、綠島、蘭嶼／ 0 ～ 3000m
寄主植物：藍雪科烏面馬、藍雪花；豆科毛胡枝子、闊葉大豆、野木藍、脈葉木藍、田菁、細花乳豆等
活動月分：多世代蝶種，全年可見

臺灣的細灰蝶屬只有本種，翅膀腹面的斑紋型式特殊，不容易認錯。本種棲息在中、低海山區的林緣荒地、林道旁這類陽性或半陽性環境，幼生期的寄主就是生長在這類棲地的原生種豆科植物。由於原生豆科大多在夏、秋季開花，因此其他季節本種族群數量較少。中南部平地的休耕地會種植全年開花的田菁、太陽麻這類綠肥植物，且已擴散至荒地生長，所以在此生活的細灰蝶雌蝶不怕產卵時找不到寄主。本種在中南部平地的族群比山區穩定，但數量不如豆波灰蝶常見。

幼 | 生 | 期

細灰蝶幼生期除了豆科花苞、嫩果莢外，亦會取食藍雪科烏面馬或藍雪花的繁殖器官。烏面馬的花萼筒有具黏性的長腺毛，但雌蝶仍將卵產於花序上，孵化的幼蟲也不受腺體的黏液影響行動，幼蟲體色會因進食的花苞顏色而變化，體表花紋也有個體差異。北臺灣偶爾在都市、近郊裡會出現牠的行蹤，但多半是中南部的藍雪科植栽夾帶了本種幼生期，若植栽夠多且羽化的成蝶能幸運產卵，或許可以建立一個小族群，不過人為的植栽修剪卻可能讓這小族群在當地滅絕。

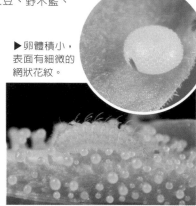

▶卵體積小，表面有細微的網狀花紋。

▲ 1 齡幼蟲及花萼上的腺體

▲以烏面馬為食的 3 齡幼蟲

▲體色為黑褐色的終齡幼蟲

▲吃細花乳豆花苞的綠色型終齡幼蟲

◀斑紋形式特殊的細灰蝶

▶化蛹於落葉堆

藍灰蝶

Zizeeria maha okinawana

命名由來：藍灰蝶屬蝶種翅膀背面為藍色光澤，藍灰蝶不是本屬的模式種，但分布廣、族群數量多且具有代表性，因此以屬的中文名稱命名；臺灣族群的亞種名為日本沖繩島，因此又稱為「沖繩」小灰蝶。

別名：沖繩小灰蝶、大和小灰蝶、小型小灰蝶、酢醬（or 漿）灰蝶、毛眼灰蝶、柞灰蝶

分布／海拔：臺、澎、金、馬及龜山島、綠島、蘭嶼／ 0 ～ 2000m

寄主植物：酢漿草科酢漿草（單食性）

活動月分：多世代蝶種，全年可見成蝶活動

藍灰蝶的體型嬌小，停棲時只見翅腹的灰色樸素外表，但牠們稱得上是都會綠地數量最多的蝴蝶。藍灰蝶的翅膀腹面底色為灰色，並有幾個黑灰色斑點，其夏季的斑紋與多季不同，夏季高溫期底色較淺而斑點部分顏色深且明顯，到了冬季低溫期時，底色的顏色變深而斑紋顏色轉淡，使得斑紋與底色交界處變模糊，讓辨識時多了些難度。雄蝶翅膀背面有著明顯的淡藍色閃鱗，而雌蝶只有在翅膀基部有少許的藍色鱗片。

幼 | 生 | 期

本種的寄主是草地上常見的酢醬草（黃花酢醬草），雌蝶將卵產於寄主葉上，但卵因體積小而不易發現。初齡幼蟲體色及外觀與酢醬草葉下表相近，但小幼蟲刮食寄主植物後，會留下半透明的上表皮，可從這痕跡來判斷是否有幼蟲存在。大幼蟲會直接啃食葉片，在進食後會爬到寄主植物基部近地表處停棲，有時會躲到石縫或雜物下方。幼蟲化蛹前會爬離寄主植物，找尋較隱蔽陰暗的環境化蛹，蛹體多為綠色，上面有黑色斑點，當所處環境較暗時，黑斑多且明顯，反之則較少。

▶ 產於葉片下表面的卵

▲ 3 齡幼蟲

▲ 終齡幼蟲

與近似種外型十分相近

▲ 化蛹於枯草堆的藍灰蝶蛹

◀ 停在草上的夏型雌蝶

▲ 雄蝶翅膀背面的淡藍鱗分布至翅膀邊緣

莧藍灰蝶

Zizeeria karsandra

命名由來：本種幼生期常以莧科植物為食，因此取名為「莧」藍灰蝶；本種為藍灰蝶屬的模式種。

別名：臺灣小灰蝶、莧灰蝶、濱大和小灰蝶、眼灰蝶、吉灰蝶、暗草灰蝶

分布／海拔：臺、澎、金、馬及綠島、蘭嶼，臺灣本島以中南部為主／ 0～100m

寄主植物：廣食性，莧科野莧菜、刺莧；藜科臺灣藜、大花藜；粟米草科假繁縷；蓼科節花路蓼

活動月分：多世代蝶種，全年可見

臺灣產的藍灰蝶屬有 2 種，全島分布的是藍灰蝶，莧藍灰蝶則是中、南部為主。早年臺灣蝴蝶中並未記錄到本種，在白水 隆的著作裡亦找不到其資料，70 年代之後的蝴蝶名錄才開始出現。本種並非外來種，只因牠出現的環境是平原、海濱地區，這些地點的蝴蝶調查資料相對較少，加上本種外型與藍灰蝶頗為相似不好區分、小型的蝴蝶沒有商業採集價值等，導致牠較晚才被人們發現。莧藍灰蝶的中文俗名與藍灰蝶間有許多相對關係，不同的作者對這些名稱有其各自的想法及意見，更棘手的是同一個中文名稱在不同的書裡竟然是指不同的種類（詳見附表），這樣的問題在資訊不發達的年代特別容易在相似種間出現。

幼｜生｜期

莧藍灰蝶在莧科植物附近飛舞時，有頗高的機會能觀察到雌蝶產卵，雌蝶常將卵產於嫩葉、新芽或花序旁，成熟的葉片或莖上也能發現。孵化後的小幼蟲會刮食葉肉或是啃食花苞，小幼蟲的體型很小，體色呈淡綠色，很容易隱藏在葉下表面或花序裡，脫皮變 3 齡幼蟲後會比較容易找到，此時幼蟲的食量變大，也較容易發現葉片有啃食痕跡。終齡幼蟲在化蛹前會爬下植株，在靠近地面的葉片、草叢或石縫間化蛹，蛹的體色以綠色或綠褐色為主。

▲冬型個體

◀夏型個體翅膀腹面斑紋明顯

中文俗名	藍灰蝶	莧藍灰蝶	莧科為幼生期寄主植物
日文名稱	ヤマトシジミ	ハマヤマトシジミ	ハマ=浜=濱；指海濱、海邊，說明本種棲息環境
日文漢字	大和小灰	浜大和小灰	ヤマト的漢字為「大和」指日本，日本有藍灰蝶分布
其他中文俗名	大和小灰蝶	濱大和小灰蝶	翻譯自日文名稱
	小型小灰蝶	臺灣小灰蝶	早期資料莧藍灰蝶分布包括臺灣，但不包括日本[註1]
	沖繩小灰蝶	臺灣小灰蝶	沖繩為臺灣族群的亞種名
	酢醬灰蝶	莧灰蝶	以幼生期寄主植物命名
	毛眼灰蝶	眼灰蝶	出自李俊延、王孝岳所著的臺灣蝴蝶寶鑑[註2]

卵

終齡幼蟲

3齡幼蟲

▶蛹身上的黑褐色斑紋變化大

◀翅膀背面的色澤較深，不是水青色。

註1：「小型小灰蝶」這名稱由郭玉吉先生提出。莧藍灰蝶廣泛分布於南歐、北非、中東、西亞、中亞、印度、東南亞、中國南部、臺灣、南亞至澳洲北部，近年在日本的南西諸島也能觀察到莧藍灰蝶（定居偶產種）。

註2：「毛眼灰蝶」在臺灣是指藍灰蝶，但在中國、香港則是指 Zizina 屬的折列藍灰蝶。

折列藍灰蝶

Zizina otis riukuensis

命名由來：本種為折列藍灰蝶屬的模式種，因此以中文屬名命名；臺灣族群原本的日文名為「タイワンコシジミ」，與西南諸島的「ヒメシルビアシジミ」為相同亞種，日本本島的亞種稱「シルビアシジミ」。

別名：（臺灣）小小灰蝶、臺灣小型小灰蝶、臺灣姬小灰蝶、山螞蝗灰蝶、微（小）灰蝶、毛眼灰蝶、灰草幻蝶

分布／海拔：臺、澎、金、馬及龜山島、綠島、蘭嶼，北臺灣較少見／0～1000m

寄主植物：豆科蠅翼草、假地豆、穗花木藍、三葉木藍的花苞或嫩葉

活動月分：多世代蝶種，全年可見

折　列藍灰蝶的辨識特徵就在牠的中文名稱裡，「折」是關鍵字眼，是形容詞，在解釋「折」之前要先說明「列」的意義，「列」是名詞，指的是後翅腹面亞外緣那些排列成弧形的灰黑色斑點，這些斑點在藍灰蝶、莧藍灰蝶、迷你藍灰蝶、折列藍灰蝶的翅膀上都能看見，前3者的斑紋是排列成標準的弧線，但折列藍灰蝶從上面數來第2個斑紋的位置較接近翅膀基部，將每個斑紋連線後的形狀不是呈弧線，而是一開始會先出現一個「折角」，後面其他斑點才是弧線，這就是名稱中「折」字的原由。

　　折列藍灰蝶的體型在灰蝶科中算是較小的，早期的中文名稱都有個「小」或「微」字，但本種的體型在其棲息環境的近似種中比藍灰蝶小些，與莧藍灰蝶的體型差不多，比起迷你藍灰蝶又大了一號，上述幾種蝴蝶的中文名稱大都曾出現過「形容體型小」字眼，但這樣的名稱卻是讓蝶友們更為混淆了（詳見附表）。

幼｜生｜期

　　草地上飛舞的灰蝶不只有藍灰蝶，上述的4種不易從翅背

▼翅膀斑紋為冬型

▶卵的特寫

的藍色調區別種類，由翅膀腹面斑紋的排列及色澤較能明確分辨，且幼生期的寄主無重疊，可由雌蝶產卵的植物判別種類，從寄主上找到的幼蟲理應也能反推，但本種無法從寄主植物反推成蝶種類，因為豆科木藍屬除了折列藍灰蝶外，也能發現東方晶灰蝶的幼生期。本種的寄主最容易見到的是生長在公園綠地、學校草坪的蠅翼草，蠅翼草大多混雜生長在禾本科植物間，平貼地表生長的習性讓它在除草時不容易受到傷害，若是雨水充足、氣溫合宜，蠅翼草會開出粉紫紅色的小花，而花苞正是折列藍灰蝶雌蝶最常產卵的位置。孵化的小幼蟲以花苞為食，花苞較少時幼蟲會啃食豆莢吃裡面的種子，當食物不足時幼蟲才會去啃食蠅翼草的嫩葉。

屬名 \ 作者	徐堉峰建議	朱耀沂修訂	陳維壽譯	賞蝶人改	張保信創	李俊延、王效岳	中國用名
藍灰蝶屬	藍灰蝶	沖繩小灰蝶	大和小灰蝶	小型小灰蝶	酢醬小灰蝶	毛眼小灰蝶	酢漿灰蝶
	莧藍灰蝶	臺灣小灰蝶	（未記載）	臺灣小灰蝶	莧灰蝶	眼灰蝶	吉灰蝶
迷你藍灰蝶屬	迷你藍灰蝶	迷你小灰蝶	小埔里小灰蝶	埔里小型小灰蝶	爾琳小灰蝶	迷你灰蝶	長腹灰蝶
折列藍灰蝶屬	折列藍灰蝶	小小灰蝶	臺灣小小灰蝶	臺灣小型小灰蝶	山媽蝗灰蝶	微灰蝶	毛眼灰蝶
晶灰蝶屬	東方晶灰蝶	臺灣姬小灰蝶	臺灣姬小灰蝶	臺灣姬小灰蝶	三玄點小灰蝶	晶灰蝶	普福來灰蝶

出處：臺灣蝴蝶圖鑑（晨星出版）、臺灣蝶類生態大圖鑑、臺灣區蝶類大圖鑑、台灣的蝴蝶、臺灣蝶類鑑定指南、臺灣蝴蝶寶鑑、中國蝶類誌（由左至右）。

◀ 2 齡幼蟲
體側及背中線有紅色條紋，但會有個體差異。

▼ 3 齡幼蟲

▲終齡幼蟲
會在地表的石縫、葉片下表面或是莖的基部附近化蛹。

▲蝶蛹

迷你藍灰蝶

Zizula hylax

命名由來：灰蝶科的體型原本就不大，本屬的體型在灰蝶科中幾乎是最小，因而將本屬稱為「迷你」藍灰蝶屬，本種為迷你藍灰蝶屬的模式種，因此以屬的中文名稱來命名。

藍灰蝶亞科

迷你藍灰蝶屬

別名：迷你（小）灰蝶、小埔里小灰蝶、埔里小型小灰蝶、恆春小型小灰蝶、爵牀灰蝶、堀井小小灰蝶、長腹灰蝶

分布／海拔：臺灣本島、澎湖、綠島／0～500m

寄主植物：爵床科水蓑衣屬、賽山藍、華九頭獅子草、翠蘆莉、蘆利草；馬鞭草科馬纓丹的花苞或花穗

活動月分：多世代蝶種，全年可見

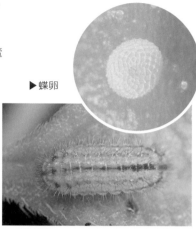

▶蝶卵

迷你藍灰蝶的「迷你」是指體型很小，「藍」是指牠的翅膀背面主要為淺藍色。本種翅膀腹面以灰色為主，搭配許多黑褐色點狀斑紋，外型與先前介紹的藍灰蝶、折列藍灰蝶相似。本種常在陽性或半陽性的灌木叢、綠籬花圃棲息，活動的高度也略高於喜歡貼在草地上飛行的藍灰蝶、折列藍灰蝶。本種以前只在南部較容易看到，中部的族群數量也不多，北部並沒有分布，在90年代末期北部開始有記綠到零星個體，之後牠的族群數量日趨穩定且變得十分普遍，只要有寄主植物生長的區域，要找到成蝶並不困難。

▲3齡幼蟲

幼｜生｜期

迷你藍灰蝶雌蝶喜歡在寄主花苞上產卵，卵孵化後小幼蟲直接鑽入花苞內取食，1、2齡幼蟲不易發現，但可以觀察到有微小的食痕及糞便，等生長至3齡幼蟲時就較容易觀察到。透過放大鏡可以看到幼蟲身上有一些縱向紅色、白色的條狀斑紋，大幼蟲的體色與其攝食的花苞顏色大多無關，體色通常介於綠色至黃綠色之間。冬季時成蝶的數量不多，在馬纓丹花叢旁等待成蝶時，不妨留意一下花苞，看能不能發現這體型最小蝴蝶的幼生期。

▲終齡幼蟲

◀腹部細長，因此又稱「長腹灰蝶」。

▲蛹的外型與水蓑衣屬的花苞相似

東方晶灰蝶 特有亞種

Freyeria putli formosanus

命名由來：晶灰蝶屬的「晶」是指本屬後翅腹面外緣那列黑色圓斑的外側的藍白色金屬光澤閃鱗，本種相對於屬內其他物種，分布偏東方，因此取名為「東方」晶灰蝶。

別名：臺灣姬小灰蝶、三玄點小灰蝶、晶灰蝶、普福來灰蝶
分布／海拔：臺灣本島中南部為主，綠島／ 0 ～ 500m
寄主植物：豆科穗花木藍、毛木藍、排錢樹；紫草科伏毛天芹菜
活動月分：多世代蝶種，全年可見

藍灰蝶亞科

晶灰蝶屬

東方晶灰蝶的學名在 90 年代以前是使用 *F. trochylus*，然而學者 Forster 於 80 年代發表研究成果，由雄蝶交尾器結構判斷臺灣的族群是 *F. putli*。*F. trochylus* 分布於非洲、歐洲及中東阿拉伯半島，*F. putli* 西起尼泊爾，向東延伸印度、中國南部、中南半島、臺灣、菲律賓、印尼、新幾內亞至澳洲北部，兩種分布無重疊。相較於 *F. trochylus*，*F. putli* 的分布在東邊，因此取名為「東方」晶灰蝶。本種後翅腹面外緣有藍白色的閃鱗，棲地裡的其他種類皆無，雖然閃鱗的金屬光澤很耀眼，但身為臺灣體型最小蝴蝶代表之一的牠卻不是很顯眼。

▶ 卵產於寄主的花序上

幼｜生｜期

　　豆科木藍屬的穗花木藍夏季時花序較多，雌蝶最喜歡在花序產卵，但找到的卵不只有本種，也有折列藍灰蝶。本種 1、2 齡幼蟲的體型很小，大幼蟲平時躲藏在植株的莖或葉下表面，攝食時才會爬到花序上。花序數量較少時幼蟲會啃食葉肉或新芽，幼蟲體色以綠色為主，較常攝食花苞的幼蟲比較容易出現紅色背中線。蛹為淡綠或黃綠色，在地表低矮的綠色植物間化蛹，少數個體化蛹在落葉上。

▲ 2 齡幼蟲
幼蟲亦會啃食葉肉組織

▲ 3 齡幼蟲

▲ 不同體色的終齡幼蟲

◀ 後翅外緣有 4 個黑色斑點

▲ 蝶蛹

臺灣玄灰蝶

特有種

Tongeia hainani

命名由來：因臺灣特有種而取名為「臺灣」玄灰蝶；「海南」玄灰蝶是由種小名「*hainani*」而來，這是因為學者發表時弄錯採集地點，將臺灣誤認成海南島，因此也讓人以為牠有分布在海南島。

別名：臺灣黑燕（小灰）蝶、景天點玄灰蝶、海南玄灰蝶
分布/海拔：臺灣本島／0～2000m
寄主植物：景天科倒吊蓮、鵝鑾鼻燈籠草、落地生根及多種佛甲草等
活動月分：多世代蝶種，全年可見成蝶，北臺灣冬季少見

藍灰蝶亞科

玄灰蝶屬

玄有黑色之意，本屬不論雌雄翅膀背面皆為黑灰色，因此取名為「玄」灰蝶屬。本種會與同屬的密點玄灰蝶混棲，北臺灣的蝶友可以在北橫公路西段沿線一些環境較乾燥或是頁岩為主的破碎崩塌地形附近發現，牠喜歡在泥地、石板或枯枝、落葉上停棲展翅晒太陽。在南部低海拔山區全年可見成蝶活動，本種季節型明顯，原本翅膀腹面的黑色斑紋多型時會變成黃褐色。

幼｜生｜期

本種雌蝶產卵時完全不挑特定部位，花苞、葉片、莖部任何位置都能發現卵。灰蝶的幼蟲階段時間不長且體型不大，會挑選植株最鮮嫩、營養含量最高的新芽、花苞或果實來攝食，莖或老葉的纖維太多，營養含量低，幼蟲大多不會去利用，但景天科是多肉植物，幼蟲只要咬破表皮層，就能鑽入多汁的植物組織中啃食。隔著葉片半透明的表皮可以看到有幼蟲在裡面活動，由於葉肉組織含水量高、營養不多，所以幼蟲得以大量攝食，並在身體後方留下許多糞便，若葉片夠大，幼蟲可以一直吃到要化蛹時才鑽出，幼蟲會選在寄主植株淋不到雨的位置處化蛹，蛹為綠或綠褐色。

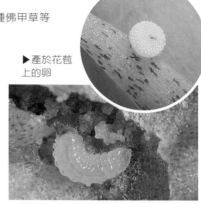

▶產於花苞上的卵

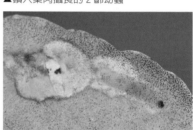

▲鑽入葉肉攝食的 2 齡幼蟲

▲鑽入葉片中啃食的大幼蟲

▲終齡幼蟲
幼蟲攝食大量的葉肉組織，留下許多糞便。

◀接近夏型的成蝶
翅膀背面黑灰色正是屬名「玄」字的由來

▲蝶蛹
已故張保信老師由食性特色，將牠取名為「景天」點玄灰蝶

282

密點玄灰蝶 特有亞種

Tongeia filicaudis mushanus

命名由來：本種前翅腹面比起同屬的臺灣玄灰蝶有多而密的黑色斑點，因此取名為「密點」玄灰蝶；日文名「ムシヤクロツバメシジミ」翻譯後為霧社黑燕小灰蝶。

別名：霧社黑燕（小灰）蝶、點玄灰蝶
分布／海拔：臺灣本島及馬祖／ 0 ～ 2800m
寄主植物：景天科佛甲草屬為主，亦會攝食燈籠草屬的倒吊蓮、落地生根等
活動月分：多世代蝶種，全年可見成蝶活動，北臺灣冬季少見

藍灰蝶亞科

玄灰蝶屬

日本人谷川多嘉夫在 1940 年於霧社採獲本種，並發表為新亞種，亞種名「*mushanus*」就是其發現地點，因此稱為霧社黑燕蝶。本種廣泛分布中國，模式產地在華北地區，而連江縣馬祖的東引島及南竿也能見到，本種就棲息在島上的岩石地形，其寄主佛甲草就生長在岩縫間。2000 年「馬祖彩蝶圖鑑」的作者李俊延先生以馬祖族群的斑紋大小、形狀與中國、臺灣亞種有差異及尾突較短為由，發表馬祖特有亞種：*T. f. changi* Lee。但是馬祖與福建相隔不遠，兩地的族群有可能隨季風而有交流，且翅膀腹面的斑點多樣性高，常有個體差異，多數學者認為馬祖族群應為原名亞種。

▶產於寄主上的卵

▲ 3 齡幼蟲及食痕

幼｜生｜期

物種的分布狀況會隨各地環境條件差異而改變，同屬的臺灣玄灰蝶海拔分布為 0 ～ 2000 公尺，在臺灣本種則為 0 ～ 2800 公尺，整體的分布高度較高，兩者在北臺灣及東北角一帶的分布最低，愈往南部分布就愈高，而 2000 公尺以上地區因氣溫較低，即便有寄主植物也無臺灣玄灰蝶分布。佛甲草屬的葉片肥厚但不大，幼蟲鑽入葉表將葉肉吃光後，會留下白色中空的表皮，因此留意寄主是否有這類食痕就能判斷植株上有沒有幼蟲。

▲幼蟲鑽入葉片中取食

▲終齡幼蟲

◀曾有蝶友在宜蘭南方澳海邊拍攝到本種

▲蝶蛹

黑點灰蝶

Neopithecops zalmora

命名由來：本種為黑點灰蝶屬的模式種，因此以屬的中文名稱命名；姬裏星小灰蝶是源自本種的日文名稱「ヒメウラボシシジミ」；陳維壽先生將牠取名為姬黑星小灰蝶。

別名：姬黑星（or 姬裏星）小灰蝶、小型星點小灰蝶、白斑黑星小灰蝶、墨點（or 一點）灰蝶、白灰蝶

分布／海拔：臺灣本島／0～1000m

寄主植物：芸香科石苓舅（單食性）

活動月分：多世代蝶種，全年可見

　翅膀腹面底色偏灰白且有明顯黑色斑點者，以往常被取名為「XX 黑星 X 小灰蝶」，如姬黑星、黑星姬、臺灣黑星、烏來黑星、琉球黑星，以上種類被區分成 4 屬。「星」：形容斑紋量多且四處散布，回顧上述種類，只有臺灣黑星小灰蝶符合，而牠的屬名即為黑星灰蝶屬；烏來黑星與琉球黑星下翅腹面有明顯的黑色圓形斑紋，因此稱為「丸」灰蝶屬；黑星姬灰蝶在臺灣已消失數十年，其翅腹肛角處有 1 個黑灰色斑點，且雄蝶翅背有藍色閃鱗，故稱為單點藍灰蝶屬；本屬後翅腹面前緣有 1 個黑點，因此取名為黑點灰蝶屬。

幼 | 生 | 期

　本種雌蝶偏好將卵產於生長在森林底層的石苓舅新芽上，林緣明亮處的植株也能找到幼生期。卵表面有細微的花紋，幼蟲以嫩葉為食，蛹就化在寄主成熟葉片的下表面，在無嫩葉的情況下，樹上找不到幼生期。成蝶也喜歡在森林裡半遮蔭的環境活動，山凹處或步道積水的地面會有本種雄蝶停棲吸水，林緣的小花上偶爾也能見到訪花個體。

▶ 卵產於新芽的縫隙，表面有星芒狀的花紋。

▲ 3 齡幼蟲

▲ 終齡幼蟲

螞蟻受到幼蟲腹部末端的喜蟻器構造吸引，徘徊在周邊等待取食幼蟲蜜腺的分泌物。

▲ 蛹呈綠色，表面有黑色斑紋。

◀ 吸水的雄蝶

▲ 雌蝶的前翅頂角及外緣較圓弧

黑星灰蝶

Megisba malaya sikkima

命名由來：本屬因翅膀腹面的黑色斑點數量多且分散，呈星羅棋布的模樣，取名為黑星灰蝶屬，而本種為屬的模式種，因此中文名稱以中文屬名命名；香港及中國以屬名「*Megi-*」的發音稱為美姬灰蝶。

別名：臺灣黑星小灰蝶、血桐黑星灰蝶、美姬灰蝶、暗灰蝶
分布 / 海拔：臺灣本島、龜山島、蘭嶼 / 0～2500m
寄主植物：大戟科野桐、血桐、白匏子、扛香藤；鼠李科桶鉤藤；無患子科止宮樹；大麻科山黃麻
活動月分：多世代蝶種，全年可見；北臺灣及中海拔山區冬季少見

學名的種小名或亞種名可能是翅膀特徵、特殊生態習性或發現地點；亦或是紀念發現者、重要學者、歷史偉人或是親人。本種的模式標本採自南亞的爪哇，但誤以為爪哇在馬來西亞，因此種小名命名為 *malaya*。本種區分成 5 個亞種，臺灣族群屬於亞種名 *sikkima* 的亞種，*sikkima* 指的是位於喜馬拉雅山下的印度邦：錫金。本種廣布於印度、南亞、東南亞、中國南部、臺灣及日本沖繩群島，卻有一個不適合的中文名稱「臺灣黑星小灰蝶」，這名稱譯自其日文名「タイワンクロボソシジミ」。

▶卵產於白匏子花苞上

幼|生|期

雌蝶偏好將卵產於大戟科野桐、白匏子花苞，黃褐色的幼蟲體色與花苞相似；山黃麻及桶鉤藤的花苞為綠色，幼蟲體色則變為綠色。本種族群數量波動明顯，夏、秋季時成蝶數量明顯增加，低海拔的溪流、潮溼地面可見到數十隻個體群聚吸水畫面，這與寄主植物的物候息息相關，幼蟲吃的花苞只在夏、秋兩季才有，冬季則因幼生期食物較少，族群數量也變少。香港蝶友來臺灣賞蝶，臺灣寬尾鳳蝶、曙鳳蝶、雙環翠鳳蝶及本種都是目標物種。

▲ 1 齡幼蟲

▲ 3 齡幼蟲

▲終齡幼蟲的體色與花苞相似

◀吸水的雄蝶
南投埔里周邊淺山的溪床到了夏、秋季時數量很多，但本種在香港是罕見的稀有種。

▲蝶蛹

285

綺 <ruby>灰<rt>ㄏㄨㄟ</rt></ruby> 蝶

Chilades laius koshuensis

特有亞種

命名由來：本種為綺灰蝶屬的模式種，因此以中文屬名作為本種中文名。「綺」是屬名「Chi-」的音譯。 「棕斑」或「棕」是指後翅腹面有棕色斑紋；「紫」則是形容翅膀背面鱗片的色澤。

藍灰蝶亞科

綺灰蝶屬

別名：恆春琉璃（or 瑠璃）小灰蝶、高雄琉璃小灰蝶、棕斑瑠璃灰蝶、棕灰蝶、（闊翅）紫灰蝶、鐵灰蝶

分布/海拔：臺灣本島南部臺南至屏東/0～500m

寄主植物：芸香科烏柑仔、柚子（偶見）

活動月分：多世代蝶種，全年可見

臺灣族群的亞種名「koshuensis」[註]是指最早的採集地點：恆春，此即為「恆春」琉璃小灰蝶的由來。本種翅膀腹面的斑紋有明顯的季節變化，冬季時翅膀斑紋與底色的對比降低，斑紋的邊緣變模糊，此時南臺灣久旱不雨，許多植物乾枯或落葉，這樣的翅膀斑紋變化讓牠能融入環境背景，天敵將更難發現牠的行蹤。

幼 | 生 | 期

寄主烏柑仔生長在海岸林或是高位珊瑚礁林，這也限制了綺灰蝶只能在南部的臺南、高雄、屏東淺山區棲息。烏柑仔的莖部具許多硬刺保護，革質化的成熟葉只有鳳蝶科的大幼蟲勉強能吃下，但嫩葉不僅能觀察到玉帶鳳蝶、黑鳳蝶、大鳳蝶、無尾鳳蝶的卵或幼蟲，更是綺灰蝶幼蟲的食物。本種幼蟲體色偏綠，多在嫩葉附近停棲，蛹也是綠色，化蛹在烏柑仔的葉下表面。冬季的烏柑仔仍可尋獲少量嫩芽，由於食物短缺，雌蝶能產卵的位置有限，這反而容易發現幼生期；夏季時植株有許多嫩葉，此時雌蝶產卵分散反而不易觀察。

> 註：恆春的日文若為「こうしゅん」，是將「恆春」當漢字直接用日文音譯，其發音為 Koshun；其片假名為「ホンチュン」，發音為 Honchiun。

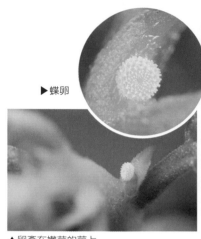

▶蝶卵

▲卵產在嫩芽的莖上

▲3齡幼蟲

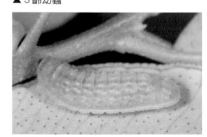

▲終齡幼蟲

▲蝶蛹

◀冬季型的成蝶
不用去屏東的恆春，高雄市柴山就有穩定的族群。

286

蘇鐵綺灰蝶 特有亞種

Chilades pandava peripatria

命名由來：本種以蘇鐵屬植物嫩葉為食，因此命名為「蘇鐵」綺灰蝶；因分布於旭日東陞的臺東鹿野溪流域臺東蘇鐵自然保留區，又稱為「東陞」蘇鐵小灰蝶，簡稱蘇鐵小灰蝶。

藍灰蝶亞科

綺灰蝶屬

別名：東陞蘇鐵小灰蝶、黑斑（or 黑背、灰背）蘇鐵小灰蝶、蘇鐵（小）灰蝶、曲紋紫灰蝶

分布／海拔：臺、澎、金、馬及綠島、蘭嶼／0～1000m

寄主植物：蘇鐵科臺東蘇鐵、蘇鐵

活動月分：多世代蝶種，全年可見

1976 年出版的「臺灣花木之重要害蟲」中，有關蘇鐵蟲害將其鑑定為 *Lampides boeticus*（豆波灰蝶），之後的 10 多年間僅有零星紀錄，因此曾被懷疑是隨國外蘇鐵引進而偷渡進來的外來蝶種，但基因序列分析證實為臺灣原生種，且臺東蘇鐵自然保留區的寄主族群是本種重要的生育基地。90 年代全臺園藝造景流行種植蘇鐵，不久本種也從罕見種變成常見種，南部全年有成蝶活動，北部要夏、秋季才出現。

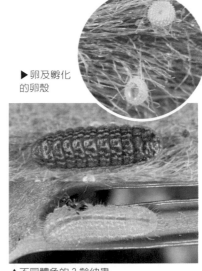

▶卵及孵化的卵殼

▲不同體色的 3 齡幼蟲

幼｜生｜期

雌蝶將卵產於蘇鐵嫩芽，幼蟲密度較低時，體色偏黃或黃綠，高密度時偏紅；食物不足時幼蟲會互咬，終齡幼蟲會爬離嫩葉，鑽入莖的海綿組織、隙縫間、地面落葉或石縫中化蛹。春季原生的臺東蘇鐵大量長出新芽，從嫩芽至葉片變硬大概要本種 2 個世代期的時間，此時本種族群數量會變大，其他季節是依賴少量不定芽維持族群延續，此一動態平衡讓植株在春天抽新芽時只有少數雌蝶產卵，不會有大量幼蟲啃食的壓力，這也就是早年本種數量稀少，分布受限在小範圍地區，以致於很晚才發現的原因。

▲終齡幼蟲（黃綠色型）

▲躲藏在莖部海綿組織的蛹

◀雄蝶翅背閃鱗分布至翅緣

註：徐堉峰教授在 1987 年將本種鑑定為 *C. pandava*，1989 年以新種 *C. peripatria* 發表；白水 隆於 1992 年將臺灣族群處理成 *C. p. peripatria*，為臺灣特有亞種。

▲冬型個體與綺灰蝶相同，翅膀腹面斑紋的邊緣較模糊。

靛(ㄉㄧㄢ)色琉灰蝶 特有亞種

Acytolepis puspa myla

命名由來：本種為靛色琉灰蝶的模式種，因此中文名稱即以中文屬名命名；臺灣琉璃小灰蝶是源自日文名稱：タイワンルリシジミ；張保信老師以幼蟲的寄主土密樹命名，但對於廣食性種類似乎不夠全面。

別名：臺灣琉璃（or 瑠璃）小灰蝶、土密樹瑠璃灰蝶、鈕灰蝶、青灰蝶

分布／海拔：臺灣本島、龜山島及綠島／0～2500m

寄主植物：食性廣泛，大戟科多種饅頭果、刺杜密、薔薇科桃、梅、玫瑰、山櫻花；無患子科龍眼、荔枝；大麻科石朴；豆科盾柱木、脈葉木藍；殼斗科三斗石櫟多種植物，甚至包括裸子植物的臺東蘇鐵

活動月分：多世代蝶種，全年可見

靛色琉灰蝶的翅膀腹面為灰白色且散布許多黑色斑紋，還有 8 種外形與其相似的蝴蝶也稱為「XX 琉璃小灰蝶」。「琉璃」是一種青色寶石，在此形容翅膀背面鱗片有耀眼的青色光澤。此外，翠灰蝶亞科的黑星琉璃小灰蝶、雙尾琉璃小灰蝶等；藍灰蝶亞科的恆春琉璃小灰蝶以及翅面有紫色金屬光澤的琉璃波紋小灰蝶，名稱中也都有「琉璃」。前面那 9 種被區分成 5 個屬，靛色琉灰蝶屬在臺灣只有本種，其族群數量很多，是這 9 種中最容易觀察到的種類。

幼 | 生 | 期

本種幼生期食性廣泛（至少 10 個科植物），所以發現新寄主記錄也不是什麼稀奇的事，除非吃的是苔蘚、地衣、蕨類或單子葉植物才有話題性。其寄主有些是季節限定，吃花苞部位的桃、梅、山櫻花是春季開花，脈葉木藍則是夏、秋季才有花苞；饅頭果、龍眼、荔枝則是吃新芽嫩葉，所以整年都有機會。幼蟲會因攝食的植物組織顏色而有不同體色，若要觀察本種幼生期，建議從饅頭果的嫩芽著手，臺東蘇鐵的嫩葉雖然曾觀察到本種幼蟲攝食，但雌蝶產卵利用的情形並不多見。

▶卵產於梅樹的花苞

▲在脈葉木藍花苞爬行的 1 齡幼蟲

▲吃梅樹花苞的 2 齡幼蟲

▲體色偏粉紅色的 3 齡幼蟲

◀靛色指的就是雄蝶翅膀背面的青色金屬光澤

▲蝶蛹

琉灰蝶

Celastrina argiolus caphis

命名由來：本種為琉灰蝶屬的模式種，中文名稱即以中文屬名命名；其他別名源自日文名「ルリシジミ」或日文漢字名稱「瑠璃小灰」。

別名：琉璃（or 瑠璃）小灰蝶、琉璃（or 瑠璃）灰蝶
分布／海拔：臺灣本島及馬祖／ 300 ～ 2500m
寄主植物：豆科脈葉木藍（單食性）
活動月分：多世代蝶種，2 ～ 10 月為主，冬季少見

▶卵產於花苞縫隙

　種分布於整個歐亞大陸北部，包括日本、臺灣，在臺灣的分布從海拔 300 ～ 2500 公尺，一年之中除了低溫的冬季外都有成蝶活動，雖然分布廣闊、發生期長，卻是這些近似種中族群數量最稀少的種類。本種在臺灣目前僅知寄主是豆科的脈葉木藍，而尋找本種的最佳方式就是在寄主附近等待，例如在南投的東埔、廬山以及臺中谷關一帶都適宜觀察。本種後翅腹面的黑色斑紋呈小點狀，不同於近似種的短桿狀或是明顯的黑點。

▲ 1 齡幼蟲

幼 | 生 | 期

　　雌蝶將卵產於寄主的花苞，幼蟲孵化後以花苞或花為食，終齡幼蟲體色呈綠白色或紫紅色，蛹化於地表石縫或落葉間。筆者曾在寄主花苞上找過豆波灰蝶、雅波灰蝶、細灰蝶、靛色琉灰蝶的幼生期，上述種類的卵及小幼蟲外型相近不易區分，所以最幸運的結果是見到琉灰蝶雌蝶產卵，不然就需從 3、4 齡幼蟲體表斑紋判別種類。若植株花苞不足且有雅波灰蝶幼蟲時，往往其他種類的幼蟲會被雅波灰蝶的幼蟲給吃下肚，甚至同種要脫皮或化蛹的大幼蟲被齡期較小的雅波灰蝶幼蟲攻擊。

▲ 2 齡幼蟲

▲ 3 齡幼蟲
體側下緣有白色縱向條紋

◀琉灰蝶及近似種都喜歡訪花

▲化蛹於枯葉內的蛹

▶終齡幼蟲
身體背中線紅紫色

藍灰蝶亞科

琉灰蝶屬

大紫琉灰蝶 特有亞種

Celastrina oreas arisana

命名由來：這些外型相似的種類中本種體型最大，翅膀背面的鱗片其他種類偏水藍色，本種為藍紫色光澤，因此命名為「大紫」琉灰蝶；別名的「枹木」瑠璃灰蝶是因幼生期的寄主植物鑑定錯誤所導致。

別名：阿里山琉璃（or 瑠璃）小灰蝶、枹木瑠璃灰蝶、大琉灰蝶
分布 / 海拔：臺灣本島 / 1000～2500m
寄主植物：薔薇科假皂莢（單食性）
活動月分：多世代蝶種，3～11月為主，冬季無成蝶

本種棲息在中、高海拔山區，雖然牠又稱為阿里山琉璃小灰蝶，不過筆者推薦前往合歡山區的公路沿線觀察更佳。本種成蝶發生期長，當夏季曙鳳蝶、雙環翠鳳蝶、流星絹粉蝶大發生時，花叢上就可見到本種身影。相較於這些明星種類，本種體型小、翅膀腹面顏色樸素，較不引人注意而常被忽略。錯過夏天的盛會，秋季時一世代的蝶種雖然多已步入尾聲，不過永澤蛇眼蝶卻悄悄在箭竹草原現身，此時本種成蝶的數量比夏季時還要多，但是少了翠灰蝶們的山林似乎就引不起蝶友們的興致，北部陽明山區的淡黑玳灰蝶成了拍蝶的首選。

幼 | 生 | 期

本種幼蟲僅以薔薇科假皂莢的新芽、嫩葉為食，假皂莢大多生長在森林邊緣或是高山灌叢，葉片的下表面常有小幼蟲刮食葉肉的食痕，仔細翻找有機會發現本種幼生期。蝶卵常被卵寄生蜂寄生，不過雌蝶在寄主附近活動時大概就是要產卵。蛹的體色為淡褐色，推測化蛹地點在植株莖的基部或地面落葉、石縫間。

▶蝶卵

▲1齡幼蟲

▲3齡幼蟲及食痕

▲終齡幼蟲停棲在枝條上

▼吸食澤蘭花蜜

▲蝶蛹

銀紋尾蜆(ㄒㄧˊ)蝶 特有亞種

Dodona eugenes formosana 北部亞種
Dodona eugenes esakii 中南部亞種

命名由來：翅膀腹面有銀白色的斑點及條紋，因此取名為「銀紋」尾蜆蝶；以往將北部亞種及中南部亞種取不同名稱，容易讓人誤以為是不同的物種。

別名：臺灣小灰蛺蝶、江崎小灰蛺蝶、小灰挾蝶、虎斑小灰蝶、花蜆蝶、燕蛺蝶

分布／海拔：臺灣本島／ 200 ～ 2500m

寄主植物：紫金牛科竹杞屬的大明橘、小葉鐵仔

活動月分：多世代蝶種，3 ～ 12 月為主

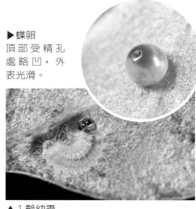

▶蝶卵
頂部受精孔處略凹，外表光滑。

▲ 1 齡幼蟲

▲ 2 齡幼蟲
體表兩側具有細長毛，體型稍扁，背部出現深綠色斑紋。

北部亞種臺灣小灰蛺蝶及中南部亞種江崎小灰蛺蝶的名稱源自亞種名 *formosana* 及 *esakii*，中南部亞種是由白水 隆發表，*esakii* 是紀念其恩師江崎悌三。兩亞種可由分布地點、海拔、體型及利用之寄主植物判斷，中南部亞種分布在桃園及花蓮以南[註]，棲息的海拔較高且體型稍小。雄蝶有領域行為，會在樹梢制空處驅離同種雄蝶，也會在地面吸水；雌蝶在林緣半遮蔭處活動，喜歡訪花。成蝶發生期長，冬季仍有少量成蝶，野外亦能發現新產的蝶卵，但族群裡多數個體是以非休眠的幼生期越冬。

幼|生|期

雌蝶將卵產於成熟葉下表面，但枝條或枯葉有時也有，剛產下為暗紅色，發育後變乳白色，小幼蟲刮食葉肉組織，有時會爬至枝條末梢吃嫩葉。小幼蟲背部常有深綠色斑紋，但終齡時斑紋會變淡或消失。北部亞種以大明橘為食，中南部亞種取食同屬的小葉鐵仔。小葉鐵仔生長在森林底層，半遮蔭處的植株較易發現幼生期，環境偏暗或太亮較難發現；而生長在山頂、稜線處的大明橘，雖然枝葉茂盛，卻不是雌蝶喜好的產卵環境。

▲ 3 齡幼蟲

註：另一說法是苗栗以北的北部低山為北部亞種，中南部亞種分布在臺中大甲溪流域以南及東海岸。

▲化蛹在寄主植株葉下表面。

◀中部亞種
體型稍小於北部亞種外，翅背底色較深，黃褐色斑紋較小。

▲終齡幼蟲
幼蟲共 5 齡，終齡末期深綠色斑紋會消失。

白點褐蜆蝶 特有亞種

Abisara burnii etymander

命名由來：翅膀腹面有灰白色的條紋及斑點，因此取名為「白點」褐蜆蝶；阿里山小灰蛺蝶源自日文名「アリサンシジミタテハ」。

別名：阿里山小灰蛺蝶、阿里山燕蛺蝶、茶褐蜆蝶、白點蜆蝶
分布／海拔：臺灣本島，中南部較多 / 300 ～ 2500m
寄主植物：紫金牛科藤木欉屬賽山椒、藤毛木欉
活動月分：多世代蝶種，3 ～ 12 月為主，冬季少見

　　白點褐蜆蝶早年的分布資料是寫中南部山區，前幾年有蝶友在北橫公路西段拍攝到牠，但北橫沿線非常少見。牠活動的環境多為森林底層或森林邊緣的遮蔭處，警覺性頗高不容易靠近。臺中谷關、南投惠蓀、蓮華池及南山溪都有穩定的族群棲息。

　　蜆蝶親緣關係與灰蝶較接近但外型上又不太像灰蝶，所以長久以來日本及中國依外型將其自成一科；歐美學者依親緣關係將蜆蝶處理成灰蝶科裡的一個亞科。臺灣早年的蝴蝶研究是依據日本的分科系統，徐教授在臺灣蝶圖鑑介紹歐美學者的研究結果，近年美洲學者最新研究主張將蜆蝶從灰蝶科中獨立出來自成一科，本書參考最新的研究成果使用 6 科系統[註]。日本學者也多已放棄早年使用的 11 科分類系統，並開始接受歐美學者理論，新出版的圖鑑使用 5 科的分類系統；中國及香港的圖書目前仍使用原有的分科系統，雖然分成灰蝶、蜆蝶兩科與最新的研究結果相符合，但理論基礎卻不同（詳見附表）。

日本（早期）	中國（含香港）	臺灣早期	歐美	美洲（最新）
銀斑小灰蝶科	灰蝶科	灰蝶科	灰蝶科 蜆蝶亞科	灰蝶科
灰蝶科				
小灰蛺蝶科	蜆蝶科	小灰蛺蝶科		蜆蝶科

▶蝶卵
表面光滑無花紋

　　蜆蝶又稱小灰蛺蝶，因外型及身體構造同時有蛺蝶及灰蝶特徵。雄蝶前腳跗節癒合不能行走，但雌蝶前足功能正常，似蛺蝶科啄蝶，早年啄蝶曾歸類到小灰蛺蝶裡；蜆蝶幼蟲體態扁平、蛹為帶蛹則與灰蝶相同。蜆蝶與灰蝶科親緣關係近，但「小灰蛺蝶」常讓人誤解牠是長得像小灰蝶的蛺蝶。中南美洲森林裡的蜆蝶種類最多，超過 1400 種。

　　「蜆」蝶由來：翅膀花紋排列像蜆殼；或成蝶停棲時常將翅膀展開一個小角度（半開），像煮熟的蜆。

▶成蝶喜歡在林下活動，停棲時常將翅膀打開。

幼|生|期

　　紫金牛科藤木欑屬是生長在森林底層或林緣的木質藤本植物，本屬有 3 種，其中賽山椒及藤毛木欑是白斑褐蜆蝶已知的寄主植物。雌蝶會將卵產在寄主植物的葉下表面，卵殼的外表幾乎光滑不像灰蝶科的卵有許多突起或刻紋，幼蟲體態扁平，體側及背上都有毛叢，這些細毛並不會造成人們皮膚過敏。本種終齡幼蟲的齡期為 5 齡，蛹會化於寄主植物的葉下表面，蛹的體態較扁平，色澤與葉片相似。

▲ 剛孵化啃食卵殼的 1 齡幼蟲

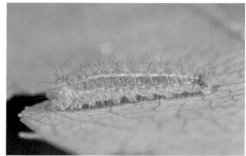
▲ 2 齡幼蟲及食痕

▲ 4 齡幼蟲及食痕

蝶蛹

◀翅膀腹面有許多白色斑點

▲ 終齡幼蟲

註：李俊延、王效岳合著的台灣蝴蝶圖鑑（貓頭鷹出版社）最先是使用 7 科系統（多了蜆蝶科、喙蝶科），現也改用 5 科；詹家龍先生所著的紫斑蝶（晨星出版社）是最早使用 6 科系統的中文圖書。

蜆蝶（亞）科

褐蜆蝶屬

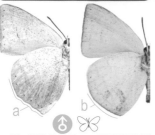

銀灰蝶 · 臺灣銀灰蝶

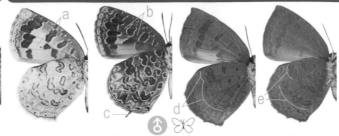

蔚青紫灰蝶 · 小紫灰蝶 · 日本紫灰蝶 · 暗色紫灰蝶

· 銀灰蝶數量較多 a－外緣折角及波浪狀；b－圓弧

· a－底色灰白；b－黑褐色；c－細尾突；d－斑紋相連；e－分離

瓏灰蝶 · 朗灰蝶

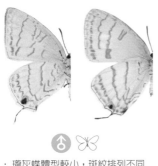

三斑虎灰蝶 · 虎灰蝶 · 蓬萊虎灰蝶

虎灰

蓬萊虎

· 瓏灰蝶體型較小，斑紋排列不同

· a－圓斑；b－長條斑，內有銀色鱗；c－長條斑，內有黃色鱗；d－短棒狀；e－反折填滿銀色鱗；f－反折呈「c」形

玳灰蝶 · 淡黑玳灰蝶 · 燕灰蝶 · 霓彩燕灰蝶 · 高砂燕灰蝶 · 褐翅青灰蝶

· a－斑紋偏向翅基；b－灰色調；c－眼紋的黑斑在橙色斑中間；d－黑斑偏外；e－帶紋呈弧形；f－白色紋模糊；g－白色紋清淅；h－位置近前緣中間；i－細尾突2根

蘭灰蝶 · 閃灰蝶

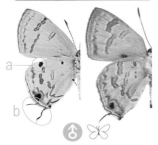

臺灣灑灰蝶 · 秀灑灰蝶 · 田中灑灰蝶 · 渡氏烏灰蝶

· a－後翅前緣中間有黑色斑；b－細尾突2根

· 渡氏烏前後翅背面都有橙色斑。a－黑斑由大漸小；b－僅眼狀紋及肛角處有橙色斑；c－橙紅色斑鑲黑紋；d－橙色斑紋由大漸小；e－後翅腹面白線不是「W」形

294

全部種類完整且詳細的特徵描述請參考：臺灣蝴蝶圖鑑－中

臺灣榿翠灰蝶	・	單線翠灰蝶	・	清金翠灰蝶

・a－白線內緣無褐色邊；b－後翅白線呈「V」形；c－白線粗；d－綠色（雄）或藍紫色（雌）金屬光澤鱗片；e－褐色為主，翅背基部偶有少量綠色鱗（雄）

黃閃翠灰蝶	・	碧翠灰蝶	・	西風翠灰蝶

・a－後翅腹面前緣近翅基有白色紋；b－翅膀腹面有白色色澤；c－鱗片偏黃綠色；d－翅膀腹面灰褐色（雄蝶）；e－黑褐色邊緣較寬（僅次於單線翠灰蝶）

小翠灰蝶	・	拉拉山翠灰蝶	・	霧社翠灰蝶

・a－白線前細後粗；b－白線前後段皆明顯；c－白線斷成虛線狀；d－稍偏黃綠色；e－偏藍綠色

臺灣鐵灰蝶	・	高山鐵灰蝶	・	珠灰蝶

臺灣鐵　　高山鐵　　珠灰蝶

・a－緣毛褐色；b－緣毛白色；c－翅膀外緣、中室端白色紋較發達；d－黑色斑紋鑲白色邊框

小鑽灰蝶 ・ 鑽灰蝶

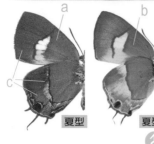

夏型　　夏型　　秋型　　冬型　　秋型　　冬型

・小鑽灰蝶體型較小，夏型翅背黑褐色容易判別。a－黃褐色；b－紅褐色；c－白色鱗不發達（限夏型）

南方娜灰蝶 ・ 大娜灰蝶 ・ 暗色娜灰蝶　　　## 白雅波灰蝶 ・ 淡青雅灰蝶 ・ 雅波灰蝶

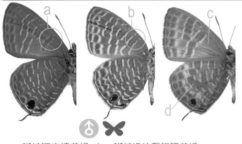

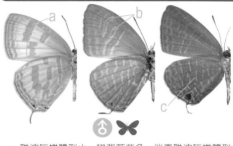

・a－斑紋短未達前緣；b－斑紋沿伸至翅膀前緣；c－無斑紋；d－斑紋偏暗褐色

・雅波灰蝶體型小，翅背藍紫色；淡青雅波灰蝶體型大。a－淺色帶紋連貫；b－帶紋斷開；c－底色褐色

波灰蝶 ・ 密紋波灰蝶　　　## 青珈波灰蝶 ・ 奇波灰蝶 ・ 蘇鐵綺灰蝶

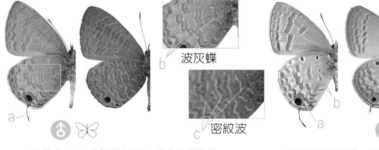

波灰蝶

密紋波

・a－細尾突；b－深色斑紋較細，淺色紋感覺較稀疏；c－深色斑紋較粗，淺色紋感覺較密布

・三種南部平地可見，青珈波略大。a－橙色斑1枚；b－2個灰褐色斑紋；c－1枚小黑點；d－2枚小黑點

藍灰蝶 ・ 莧藍灰蝶 ・ 折列藍灰蝶 ・ 迷你藍灰蝶　　　## 臺灣玄灰蝶 ・ 密點玄灰蝶

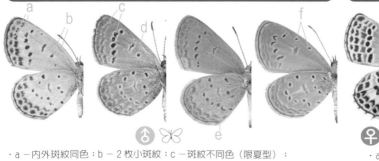

・a－內外斑紋同色；b－2枚小斑紋；c－斑紋不同色（限夏型）；

d－1枚小斑紋；e－第2斑紋偏內，連線不呈弧形；f－2枚小斑

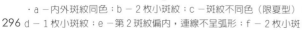

・a－近翅基處2枚黑斑

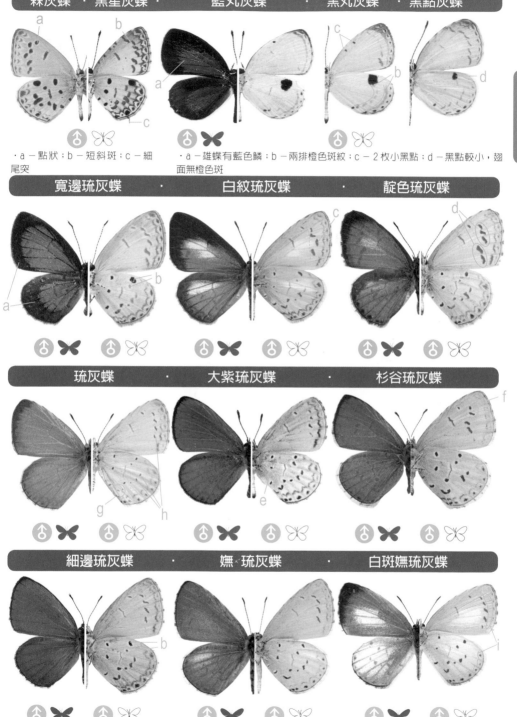

| 森灰蝶 | ・黑星灰蝶 | ・ | 藍丸灰蝶 | ・ | 黑丸灰蝶 | ・黑點灰蝶 |

·a－點狀；b－短斜斑；c－細
尾突

·a－雄蝶有藍色鱗；b－兩排橙色斑紋；c－2枚小黑點；d－黑點較小，翅
面無橙色斑

| 寬邊琉灰蝶 | ・ | 白紋琉灰蝶 | ・ | 靛色琉灰蝶 |

| 琉灰蝶 | ・ | 大紫琉灰蝶 | ・ | 杉谷琉灰蝶 |

| 細邊琉灰蝶 | ・ | 嫵琉灰蝶 | ・ | 白斑嫵琉灰蝶 |

·a－外緣黑褐色邊較寬；b－兩斑紋上黑褐下灰褐；c－斑紋偏外側；d－呈2組，前3枚後2枚；e－淺青色的色澤；
f－此2斑紋偏外；g－分離呈2個小黑斑；h－斑點較小呈點狀；i－亞外緣無灰褐色波狀斑紋

297

紫灰蝶屬及霧社翠灰蝶幼生期比較

臺灣的紫灰蝶屬有5種，皆以殼斗科嫩芽為食，
少；燕尾紫灰蝶雌蝶偏好產卵的石櫟屬上亦能發
尾紫灰蝶或是次頁的某種翠灰蝶族物種

幼蟲比較圖

小紫灰蝶 P.213

藏在芽鱗內側，有細紋　體色黃綠，體側毛列的毛長而多

日本紫灰蝶 P.214

芒刺及蜂巢狀稜突　體型扁平，體側毛列的毛長而疏

燕尾紫灰蝶 P.215

似日本紫，芒刺多且短　似日本紫，體型稍大（不明顯）

霧社翠灰蝶 P.234

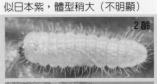

密生的短刺突，略大　較立體，各體節側邊有斜向短斑

其中暗色紫灰蝶的分布以中南部為主，蔚青紫灰蝶分布海拔較高，這 2 種的族群數量較
現日本紫灰蝶及霧社翠灰蝶的幼生期；青剛櫟嫩芽上的幼蟲則可能是小紫、日本紫、燕

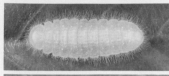

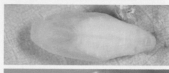

體型較小，體表白色
小點稀疏，毛列長而
密，體色偏黃綠色

體色淡綠色，體型較小、修長

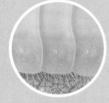

體表白色小點細密，
毛列短而疏，體色因
取食葉片而異

體色褐色，體型中等

似日本紫，毛列更短
更稀疏，體色淡綠，
體型略大且修長

似前者，無明顯特徵可區分，體型稍大

體型較立體，背部有
短毛，氣門黑褐色

圓筒形，中胸背部兩側有黑褐色斑點

299

幼蟲比較圖

以青剛櫟為寄主的翠灰蝶族 臺灣焰灰蝶、朗灰蝶、瓏灰蝶、碧翠灰蝶、小翠灰蝶、

臺灣焰灰蝶 P.218
表面有鱗毛，細凹刻
2齡
綠白色，體側及背中線有粉紅色

小翠灰蝶 P.231
產芽間，略小，星狀突
2齡
3齡
王立豪攝
綠或褐，背部及兩側有米白斜紋

碧翠灰蝶 P.230
有凹刻及縱向板狀稜突
2齡
3齡
黃褐色，背部及兩側有白色斜紋

朗灰蝶 P.223
短刺突及網狀刻孔
3齡
體側紅色紋，體表覆有葉片絨毛

瓏灰蝶 P.222
螺旋狀排列的粗網紋
3齡
3齡
背部米白色紋，有暗紅色背中線

清金翠灰蝶皆能在青剛櫟上發現，但清金翠灰蝶數量極稀少，不列入比較

體色黃綠色，體側下緣及背中線 有橙色或粉紅色花紋

淡黃綠色，氣門淺橙色

王立豪攝

體色黑褐色，背部有灰白色斜向斑紋，第7、8腹節側邊黃白色

體色深褐色，腹部有黑褐色背中線

體色紅褐或綠褐，背部灰色斜斑，最後腹節背面黃白色縱斑

體色淡褐色，腹背中間有黑褐色斑紋

體色黃綠色，體側、背部及尾部有紅色紋，覆有葉片絨毛

褐色，背部及側邊有淺褐色紋，樣式特殊

體色黃綠色，有暗紅色背中線

褐色，腹背淺褐色向前延伸至頭、胸部

301

以桑寄生科為寄主的灰蝶　共 4 種，楣欒柿寄生只有鈿灰蝶（246 頁）；另外 3 種食

<table>
<tr><td rowspan="2">幼蟲比較圖</td></tr>
</table>

白腹青灰蝶
P.244

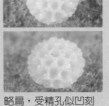

2 齡

3 齡

卵型較高，凹刻淺

淡綠色，胸部向上隆起似鯨體

褐翅青灰蝶
P.242

呂晟智攝

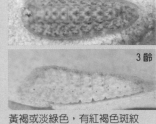

2 齡

3 齡

略扁，受精孔似凹刻

黃褐或淡綠色，有紅褐色斑紋

漣紋青灰蝶
P.245

3 齡

3 齡

最扁，受精孔比凹刻大

褐或黑褐色，腹背中間有粗短肉突

以景天科為寄主的灰蝶　兩者會共域，但海拔超過 2000m 的山區只剩密點玄灰蝶有分

密點玄灰蝶
P.283

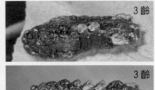

2 齡

3 齡

側邊突起小，正面略凹

背部兩側米色紋較細，體色偏紅

臺灣玄灰蝶
P.282

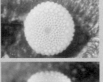

2 齡

3 齡

側邊突起大，正面較平

背部兩側米色紋較粗，體色偏淡

性互有重疊，以大葉楓寄生屬為主；但白腹青灰蝶還能攝食高氏桑寄生

齡初呈淡綠色，齡末時身體前後呈褐色，中段為深綠色

體色綠或褐，垂懸器長，腹部下方懸空

體色黃綠或淡褐色，體呈山脊狀，尾部二叉，氣門紅褐色

體色褐或綠，前翅黑褐，胸背兩側有白斑

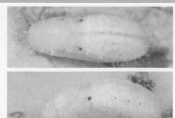

黑褐色，第 3 ～ 5 腹節背面黃色短肉突，第 7、8 腹節側面張出

整體為斑駁的灰褐或黑褐色，垂懸器粗短

布。臺灣玄偏好燈籠草屬；密點玄偏好佛甲草屬，但都能跨食另一屬

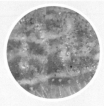

體色偏紅，體表米色條紋較細，氣門淡褐色

淡黃綠色，無斑紋至有少許黑褐色小斑點

體色淡綠無斑紋至淺紅色有白色條紋，氣門黑褐色

似密點玄灰蝶，體側的毛列較多而長

303

虎灰蝶屬幼生期比較　本屬的幼蟲食性雜，族群數量上以蓬萊虎灰蝶較少，且較常出

幼蟲比較圖

三斑虎灰蝶 P.262

凹刻較小、較淺

2齡

4齡
體側長毛各體節約4根

蓬萊虎灰蝶 P.264

凹刻較大、較深

2齡

4齡
體側長毛各體節約2根

虎灰蝶 P.266

凹刻較大、較深

4齡

5齡
體側長毛各體節超過4根

以穗花木藍為寄主的灰蝶　折列藍灰蝶及東方晶灰蝶能攝食多種寄主植物，而穗花木

折列藍灰蝶 P.278

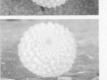
略大，正面為網狀稜突

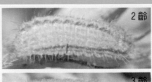
2齡

3齡
體型略大，體側白色紋連成虛線

東方晶灰蝶 P.281

小，短突及網狀刻孔

3齡

3齡
體型較小，體側白色紋呈斜斑

現在乾燥、易崩塌的地點；虎灰蝶大多出現在較潮溼的森林環境

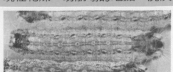

前胸背板及腹末肛上背板較小，體側的毛列疏而長

黑褐、黃褐或綠褐色，無特殊斑紋

前胸背板及肛上背板大小介於兩種之間，體側毛列疏而短

似三斑虎灰蝶，肉眼難區分

前胸背板及腹末肛上背板均較大，體側的毛列密而長

似三斑虎灰蝶，肉眼難區分

藍是共同的寄主且兩者會共域分布。後者的分布以中南部為主，北部較少

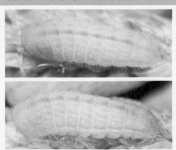

體型稍大，氣門淡褐色，體表密布黑褐色小突起，刺毛黑褐色

綠或褐色，有黑色斑紋，體型較大

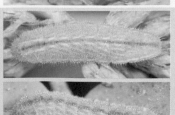

體型小，氣門白色，體表密布白色小突起，刺毛白色或淡褐色

黃綠或淡綠色，體型較小，體表細毛較多

幼蟲比較圖

燕灰蝶屬及食性重疊的灰蝶　蓬萊灑灰蝶以無患子嫩葉為食，廣食性的燕灰蝶也會吃

臺灣灑灰蝶
P.256

2齡

3齡

扁平有細凹刻，樹縫間　淡綠色扁平，背中線兩側米色縱紋

燕灰蝶
P.254

2齡

3齡

扁平，網狀稜突不完整　體表圓錐狀肉突較長

霓彩燕灰蝶
P.255

2齡

3齡

似燕灰，網狀稜突完整　體表圓錐狀肉突長度中等

菫彩燕灰蝶

2齡
呂晟智攝

終齡
呂晟智攝

似霓彩燕，網狀稜突密　體表圓錐狀肉突極短

波灰蝶
P.268

3齡

3齡

極小，無花紋，藏卵泡　表皮小突起多，不光滑，體側毛少

；波灰蝶以多種豆科花苞為食，與另外 3 種燕灰蝶的寄主有部分種類重疊

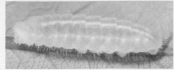

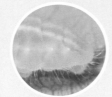
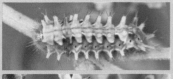

淡綠色扁平，背中線兩側米色縱紋，氣門白色

淡綠色，表面有整齊排列的黑色小點

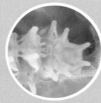

圓錐狀肉突長於霓彩燕，腹背兩側肉突末端刺毛比 4 根多

體型稍大，較粗壯

肉突長度略短於燕灰蝶，腹背兩側肉突末端少於 3 根刺毛

體型中等，較修長，與燕灰蝶不易區分

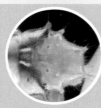
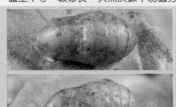

肉突極短，背部兩側肉突不明顯，末端的刺毛僅 2 根且不長

體型中等，較短圓，與燕灰蝶不易區分

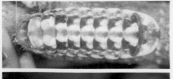

黃、綠、紅、紅褐、褐、黑等色塊交錯，個體間斑紋差別大

體型小，褐或綠色，黑褐色斑紋變化大

以豆科為寄主的「XX」波灰蝶 白雅波、奇波有偏好寄主；細灰蝶亦以藍雪科花苞為

幼蟲比較圖

白雅波灰蝶 P.271

正面平整有細微花紋 | 體色與食物有關，偏好豇豆屬

2齡　3齡

奇波灰蝶 P.272

螺旋狀排列的粗網紋 | 似白雅波，體側白色斜斑較明顯

3齡　3齡

細灰蝶 P.274

不明顯的網狀稜突 | 斑紋多變，有白色斜紋或斑塊

3齡　3齡

豆波灰蝶 P.273

正面有幾何排列小短突 | 體色同食物，體側 2 條白色斜紋

3齡　3齡

雅波灰蝶 P.269

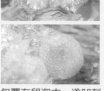

包覆在卵泡中，淺凹刻 | 底色淺紅色，背部兩側淺橙黃色

2齡　3齡

食：豆波、雅波可吃多種豆科花苞或豆莢；後 3 種有攝食脈葉木藍的記錄

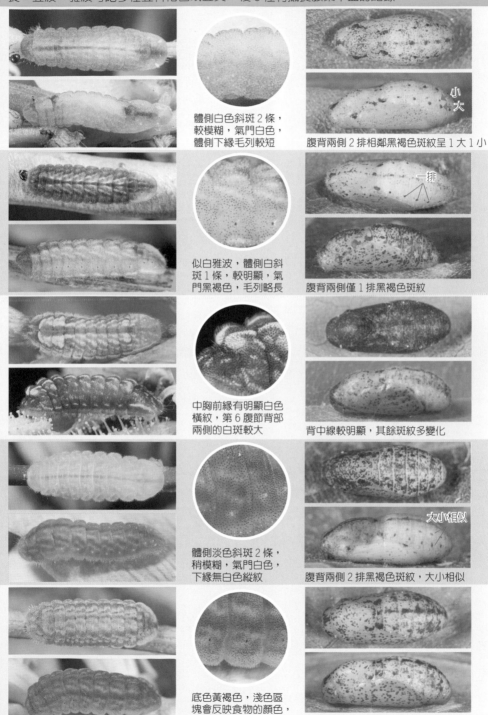

體側白色斜斑 2 條，
較模糊，氣門白色，
體側下緣毛列較短

腹背兩側 2 排相鄰黑褐色斑紋呈 1 大 1 小

似白雅波，體側白斜
斑 1 條，較明顯，氣
門黑褐色，毛列略長

腹背兩側僅 1 排黑褐色斑紋

中胸前緣有明顯白色
橫紋，第 6 腹節背部
兩側的白斑較大

背中線較明顯，其餘斑紋多變化

體側淡色斜斑 2 條，
稍模糊，氣門白色，
下緣無白色縱紋

腹背兩側 2 排黑褐色斑紋，大小相似

底色黃褐色，淺色區
塊會反映食物的顏色，
氣門黑褐色

似豆波灰蝶，明顯的虛線狀黑褐色背中線

幼蟲比較圖

幼蟲食性有重疊的灰蝶　山櫻花有單食性的西風翠及廣食性的小鑽、靛色琉；脈葉木

<table>
<tr>
<td rowspan="5">幼蟲比較圖</td>
</tr>
</table>

西風翠灰蝶
P.232

越冬卵密生短刺突

體色偏紅，第 6 ～ 8 腹背顏色偏淡

小鑽灰蝶
P.258

蜂巢狀稜突，凹刻明顯

背上、體側有明顯肉棘

靛色琉灰蝶
P.288

稜突交錯成網紋，略凹

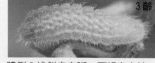

體側 2 排斜向白斑，下緣有白線

琉灰蝶
P.289

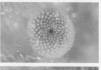

螺旋狀稜突交錯成網紋

似靛色琉，體側下緣白色縱線粗

黑星灰蝶
P.285

似琉灰蝶，體積較小

隨食物有不同體色，斑紋排列特殊

310

藍有單食性的琉灰蝶、廣食性的靛色琉及前頁後三種；黑星灰蝶食性也很廣

體色偏紅，第6～8
腹背顏色偏淡，7、8
腹節往側向擴張

褐色，較粗壯，前翅部位呈黑褐色

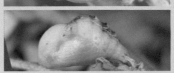
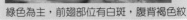

明顯的長肉棘，與同
屬的鑽灰蝶相似，難
區分

綠色為主，前翅部位有白斑，腹背褐色紋

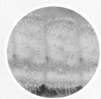

體色隨攝食的食物而
變化，體側2排斜向
白斑，下緣有白線

第5、6腹節背面有大塊的黑褐色斑紋

體色紅、綠兩種，背
中線較細，兩側較寬
的淡斑，下緣淺色線

第5、6腹背黑褐色斑紋較小且偏兩側

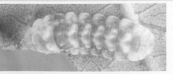

體色會變化，體側白
色斜紋斷會2段，呈
小斑狀

後胸、第1腹節兩側黑褐斑相連，體型小

大戟科　扛香藤

木犀科　臺灣梣

蓼科　火炭母草

樺木科　臺灣赤楊

薔薇科　山櫻花

殼斗科　長尾尖葉櫧（白校欑）

殼斗科　赤皮

殼斗科　青剛櫟

殼斗科　狹葉櫟

殼斗科　高山櫟

殼斗科　短尾葉石櫟

殼斗科　毽子櫟

胡桃科　野核桃

桑寄生科　高氏桑寄生

桑寄生科　桐櫟柿寄生

灰木科　大花灰木

茜草科　山黃梔

無患子科　無患子

無患子科　龍眼

薔薇科　臺灣懸鉤子

313

常用寄主植物

蘭科　蝴蝶蘭

豆科　山葛

豆科　曲毛豇豆

豆科　老荊藤

豆科　波葉山螞蝗

豆科　脈葉木藍

豆科　穗花木藍

豆科　蠅翼草

大戟科　白飯子

大戟科　細葉饅頭果

莧科　野莧菜

景天科　火焰草

酢醬草科　黃花酢醬草

爵床科　翠蘆莉

薑科　穗花山奈（野薑花）

薔薇科　假皂莢

藍雪科　烏面馬

蘇鐵科　蘇鐵

紫金牛科　小葉鐵仔

紫金牛科　賽山椒

蛺蝶科
Nymphalidae

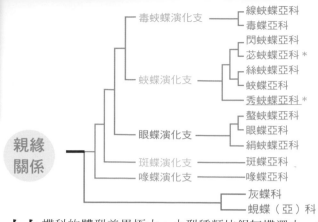

親緣關係

```
┌─ 毒蛺蝶演化支 ─┬─ 線蛺蝶亞科
│                 └─ 毒蝶亞科
│                 ┌─ 閃蛺蝶亞科
│                 ├─ 苾蛺蝶亞科 *
├─ 蛺蝶演化支 ────┼─ 絲蛺蝶亞科
│                 ├─ 蛺蝶亞科
│                 └─ 秀蛺蝶亞科 *
│                 ┌─ 螯蛺蝶亞科
├─ 眼蝶演化支 ────┼─ 眼蝶亞科
│                 └─ 絹蛺蝶亞科
├─ 斑蝶演化支 ──── 斑蝶亞科
└─ 喙蝶演化支 ──── 喙蝶亞科
  ┌─ 灰蝶科
  └─ 蜆蝶（亞）科
```

蛺蝶科有 6000 餘種，成蝶型態極為多樣，以往分為許多的科，如斑蝶、蛇目蝶（眼蝶）、環紋蝶（環蝶）、天狗蝶（喙蝶）、貓頭鷹蝶（梟蝶）、毒蝶（袖蝶）、摩爾浮蝶（閃蝶）及珍蝶等。由分子遺傳資訊或形態分析等所得的親緣關係顯示狹義的蛺蝶科與其他科別全部為一個單系群，故應全部合併成廣義的蛺蝶科才合理。蛺蝶多樣性最高在熱帶地區，溫帶及寒帶亦有分布，與其親緣關係最接近的是灰蝶科及蜆蝶（亞）科。臺灣產蛺蝶至 2013 年止記錄約 130 種，涵蓋全部暫行的 12 亞科，本書介紹 79 種。

蛺蝶科的體型差異極大，小型種類比銀灰蝶還小，各類陸域環境都有種類棲息。成蝶除訪花外，亦吸食腐果、死屍、排遺等，部分亞科的雄蝶有很明顯的領域行為。卵、幼蟲、蛹的形態多變，各亞科有自己獨特的形態或特徵，幼蟲終齡的齡期也不限定是 5 齡。幼蟲食性廣泛，臺灣的物種以單、雙子葉植物為食，國外尚有幼蟲吃蕨類或裸子植物的種類。本科的主要外部特徵包括：(1) 觸角的腹面有 3 條縱稜（carinae）；(2) 僅以中、後足站立，前足特化、收縮在胸前，足的末端無爪，只有喙蝶亞科的雌蝶還能用於行走；(3) 蛹缺乏絲線圍繞胸部，僅由尾部垂懸器附著絲墊呈倒吊的姿態，即垂蛹（吊蛹）。

本科特徵

▲ 前足退縮

▲ 蛹以垂懸器倒掛著，垂懸器末梢的小鉤（圓圈處）可鉤在絲墊上，其原理似魔鬼氈，魔鬼氈的靈感來自芒刺狀果實會沾附在動物皮毛上。

◀ 觸角的腹面由 3 條突起的縱稜形成 2 條縱溝（絹蛺蝶）

斑蝶亞科
炮彈狀
（大絹斑蝶）

眼蝶亞科
光滑或有小凹刻
（巨波眼蝶）

螯蛺蝶亞科
圓形，頂部平。
（小雙尾蝶）

毒蝶亞科
有許多凹刻
（黃襟蛺蝶）

蛺蝶亞科
明顯縱稜
（枯葉蝶）

苾蛺蝶亞科
細長的棘刺
（波蛺蝶）

喙蝶亞科
體表及頭殼無突起物，形態似粉蝶幼蟲。（東方喙蝶）

斑蝶亞科
體表多有肉質突起，常以夾竹桃科植物為食。（大白斑蝶）

絹蛺蝶亞科
幼蟲頭殼突起有細硬毛像奶瓶刷，本亞科全世界只有4種。（絹蛺蝶）

螯蛺蝶亞科
頭殼寬大，造型特殊。（雙尾蝶）

秀蛺蝶亞科
近年新成立，本亞科在臺灣僅流星蛺蝶1種。

蛺蝶亞科
毒蝶演化支的種類過去也被歸類在本亞科（枯葉蝶）

閃蛺蝶亞科
頭殼前方常有像鹿角的分支觭角。（白裳貓蛺蝶）

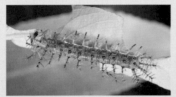

毒蝶亞科
體表的硬棘刺也出現在線蛺蝶、蓓蛺蝶、蛺蝶3個亞科。（黃襟蛺蝶）

線蛺蝶亞科
多數的翠蛺蝶幼蟲體表硬棘刺平攤在身體兩側（紅玉翠蛺蝶）

幼蟲

垂蛹

斑蝶亞科，顏色亮麗，表面常有黑色斑點。（大白斑蝶）

眼蝶亞科
多數種類體表無明顯突起（褐翅蔭眼蝶）

蛺蝶亞科
圓筒形，背面常有圓錐狀突起。（幻蛺蝶）

閃蛺蝶亞科
體型較扁平，腹背因突起而呈鋸齒狀。（白裳貓蛺蝶）

毒蝶亞科
形態與蛺蝶亞科相似（琺蛺蝶）

線蛺蝶亞科
形態變化大，部分種類在頭部、背部有各種形狀的突起。（雙色帶蛺蝶）

x

317

線蛺蝶亞科
翅膀上常有條狀斑紋

絹蛺蝶亞科
翅膀斑紋似絹斑蝶類，但親緣關係與眼蝶較接近。

螯蛺蝶亞科
名稱源自後翅外緣的尾突成對且狀似蟹螯

毒蝶亞科
溫帶地區有不少種類，苧麻珍蝶亦屬本亞科。

眼蝶亞科
多數種類翅膀有眼狀斑紋，以往的環（紋）蝶科或摩爾浮蝶亞科現在併入此亞科。

秀蛺蝶亞科
目前仍有疑問，以往屬於絲蛺蝶亞科。

絲蛺蝶亞科
本類群的物種不多

苾蛺蝶亞科
近年才分出的亞科，以前屬於線蛺蝶亞科。

蛺蝶亞科
以往屬於（狹義）蛺蝶科的物種有許多不屬於本亞科

閃蛺蝶亞科
新的分子證據支持牠屬於蛺蝶演化支

斑蝶亞科
飛行速度慢，翅膀常有黑色斑紋，胸部為黑底白點或白底黑點。

喙蝶亞科
新的分子證據支持牠屬於蛺蝶科的喙蝶演化支

蛺蝶科成員

演化支	亞科級	臺灣數量	舊的分科
毒蝶支	線蛺蝶亞科	7 屬 30 種	
	毒蝶亞科	5 屬 5 種	
蛺蝶支	閃蛺蝶亞科	6 屬 9 種	（狹義）蛺蝶科
	苾蛺蝶亞科	1 屬 1 種	
	絲蛺蝶亞科	1 屬 1 種	
	蛺蝶亞科	9 屬 18 種	
	秀蛺蝶亞科	1 屬 1 種	
眼蝶支	絹蛺蝶亞科	1 屬 1 種	
	螯蛺蝶亞科	1 屬 2 種	
	眼蝶亞科	13 屬 45 種	蛇目蝶科
斑蝶支	斑蝶亞科	6 屬 13 種	斑蝶科
喙蝶支	喙蝶亞科	1 屬 1 種	長鬚蝶科

說明：1. 過去屬於環紋蝶科的物種，現併入眼蝶亞科。
2. 未來再更多的分子或形態證據加入後，各亞科間的親緣關係應會再調整，可能合併或分出新的亞科歸群。

東方喙蝶

特有亞種

Libythea lepita formosana

命名由來：原先認為的喙蝶（*L. celtis*）分布是從歐洲經中亞、印度至日本，但其實包含了2個不同的物種，兩者以印度為分界；本種分布在印度以東，因此取名為「東方」喙蝶。

別名：長鬚蝶、天狗蝶、朴喙蝶、喙蝶、天牛蝶
分布／海拔：臺灣本島／0～2500m
寄主植物：大麻科朴樹、石朴、沙楠子樹
活動月分：2～11月，冬季成蝶少見

東方喙蝶成蝶頭部前方有明顯突起，貌似天狗的長鼻，因此日文名為「テングチョウ」，翻譯後即為天狗蝶；此突出的構造其實是口器的下唇鬚，因此又稱「長鬚」蝶。本屬所有種類都有這般貌似鳥喙外型的下唇鬚，因此取名為「喙」蝶屬。本種對於移動的物體頗敏感，稍有風吹草動即起身飛離，所以想靠近拍攝牠並不簡單，即便是在地面吸水的雄蝶依然十分警覺。不同個體翅膀腹面的色澤及斑紋也有差異，但有很好的偽裝效果，停棲在地面或落葉上不易被發現。雄蝶具領域行為，此時可由突出的下唇鬚辨認出牠。

幼｜生｜期

雌蝶偏好選擇寄主植物頂芽的縫隙處產卵，卵的體積很小，不易觀察。幼蟲形態有別於蛺蝶科的其他類群，頭頂不具角狀突起，身體表面無肉棘、硬棘、棘刺或長毛，其細長的外型與粉蝶幼蟲較相似，受驚擾時會吐絲垂降的行為，則是與部分蛾類幼蟲相似，等到恢復平靜後，幼蟲再沿著絲爬回植株上停棲。喙蝶亞科是蛺蝶科中較原始的類群，其祖先較早從蛺蝶科中分化出來，但從其垂蛹（吊蛹）的型式仍可判斷是屬於蛺蝶科成員。

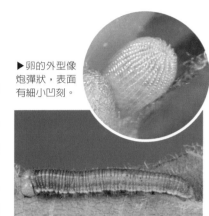
▶ 卵的外型像炮彈狀，表面有細小凹刻。

▲ 3齡幼蟲

▲ 終齡幼蟲
終齡幼蟲停棲時常將身體前段抬起騰空

▲ 蛹的體色有綠色、褐色兩型。

◀ 停在石地上的成蝶

▲ 翅膀色澤與枯葉相似

虎斑蝶

Danaus genutia

命名由來：橙紅色的翅膀配上翅脈明顯的黑色線條，其模樣與老虎身上的花紋十分相似，因此稱為「虎」斑蝶；日文名為「スジグロカバマダラ，條黑樺斑」，翻譯後為黑條樺斑蝶，再演變為黑脈（線）樺斑蝶。

別名：黑脈樺（or 金）斑蝶、擬阿檀蝶、黑條（or 線）樺斑蝶、黑條花斑蝶、虎紋（青）斑蝶、粗棕斑蝶、青紅條紅蝶、叢斑蝶、大紅蝶

分布／海拔：臺、澎、金、馬、龜山島、綠島、蘭嶼／ 0 ～ 2000m

寄主植物：夾竹桃科牛皮消、薄葉牛皮消、臺灣牛皮消、蘭嶼牛皮消等牛皮消屬植物

活動月分：多世代蝶種，全年可見成蝶活動

▶產於葉下表面的卵

臺灣產斑蝶屬有 2 種，金斑蝶多出現在人為開發的環境裡，因為幼蟲的寄主植物尖尾鳳、唐綿等都是觀賞的花卉；虎斑蝶出現的地點多在較為開闊或陽性的森林邊緣，都市或人為開發較多的山區並不容易見到牠。雖然虎斑蝶分布於全臺各地中、低海拔地區，亦分布於東部外島的綠島、蘭嶼，但本種並不算常見，在東北角海濱的一些山谷中，本種有穩定的族群。

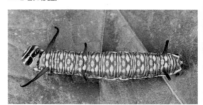

▲ 1 齡幼蟲

幼 | 生 | 期

虎斑蝶的寄主牛皮消屬是生長在森林邊緣的攀附植物，若見到牛皮消屬且附近有虎斑蝶活動時，通常可見本種幼生期。牠的卵較金斑蝶卵稍大，兩者小幼蟲外觀相似，但隨著齡期漸漸長大，本種幼蟲的黑色斑紋就愈發達。不過偶爾也會發現黑色斑紋變淡或是身上的黑色底色、白色斑紋都消失的幼蟲，這個現象在金斑蝶的幼蟲身上也曾觀察到。這些體色不同的幼蟲，羽化的成蝶斑紋或體色是不是也會變淡？其實這些體色變異的幼蟲羽化的成蝶斑紋及顏色與其他個體沒有差異，因為發育成蝶身體構造的是幼蟲體內未發育的成蟲盤細胞，與表皮體色無關。

▲ 4 齡幼蟲（黑色斑紋變淡個體）

▲終齡幼蟲（正常體色）

▲終齡幼蟲（黑色斑紋變淡個體）

◀翅膀橙紅、黑色相間的條紋正是名稱中「虎」字的由來

▶化蛹於寄主植物葉下表面的蝶蛹

金斑蝶

Danaus chrysippus

命名由來：種小名「*chrysippus*」指的是金色的馬，而本種腹面在陽光下會有金黃色反光，因此稱為「金」斑蝶；日文名為「カバマダラ，樺斑」，翻譯後為樺斑蝶。

別名：樺斑蝶、樺色斑蝶、阿檀蝶、蜜黃蝶、金青斑蝶、小紅蝶
分布/海拔：臺、澎、馬、龜山島、綠島、蘭嶼 / 0～1000m
寄主植物：夾竹桃科的尖尾鳳（馬利筋）、釘頭果（唐綿）、大花魔星花、毛白前、牛皮消等
活動月分：多世代蝶種，全年都是成蝶發生期

▶ 卵 乳 白色，表面有縱稜，單產在植株上。

斑蝶亞科

斑蝶屬

金斑蝶又稱樺斑蝶，「樺」是「樺色」的簡稱，臺灣有少數昆蟲名稱中有「樺」或「樺色」，像樺斑蝶、樺蛺蝶、樺色細虎天牛；而「樺色」是日文的用法，在日本有更多昆蟲名稱中有「樺色」或「樺」這個字，而「樺色」是指暗紅色、紅棕色、紅褐色這個色系，臺灣的昆蟲中文名稱有出現「樺色」或「樺」大多是翻譯自日文名稱。有些種類的斑蝶在秋、冬時會飛至臺灣南部的山谷中越冬，但是金斑蝶並無這樣的習性，冬天依然可見金斑蝶在校園裡飛舞，只是數量較夏季時略少一些。

▲終齡幼蟲啃食尖尾鳳（馬利筋）的莖

幼|生|期

金斑蝶稱得上是都會區、校園等近郊附近常見蝶種，原始未開發的環境則見不到牠，因為本種幼蟲所食用的植物尖尾鳳（馬利筋）及唐綿（釘頭果）都是外來引進的園藝植物。尖尾鳳除了有金斑蝶的幼蟲利用外，常可見到黃色的夾竹桃蚜危害，但是也會引來肉食性的瓢蟲及食蚜蠅，瓢蟲的幼蟲、成蟲都會捕食蚜蟲，食蚜蠅的幼蟲則是會把捕食後的蚜蟲屍體背在身上作為偽裝，而蚜蟲會分泌蜜露給螞蟻，換取螞蟻的保護。

▲各種體色及斑紋變化的終齡幼蟲

◀ 正在交配的金斑蝶，下翅腹面黑色斑紋 3 枚者為雌蝶，雄蝶多 1 枚性標。

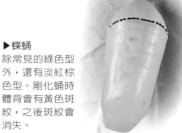

▶蝶蛹
除常見的綠色型外，還有淡紅棕色型。剛化蛹時體背會有黃色斑紋，之後斑紋會消失。

淡紋青斑蝶

Tirumala limniace limniace

命名由來：翅膀有淡色系的水青色斑紋，因此取名「淡紋」青斑蝶；淡（色）小紋青斑蝶源自日文名稱「ウスコモンアサギマダラ；薄小紋浅葱斑」。アサギ的漢字為浅葱，是指淺藍色或青色。

別名：淡小紋（淡）青斑蝶、淡色小紋青斑蝶、粗紋（青）斑蝶、青斑蝶、淡青蝶、叉斑蝶

分布／海拔：臺灣全島、蘭嶼、綠島、澎湖、馬祖／0～1000m

寄主植物：夾竹桃科華他卡藤、夜香花

活動月分：多世代蝶種，全年可見成蟲活動

▶產於葉下表面的卵

▲3齡幼蟲

不同屬的斑蝶性標位置、外形也不同，本屬性標是後翅腹面的囊袋狀構造。淡紋青斑蝶主要棲息淺山丘陵至海濱，寄主華他卡藤偏好生長在明亮、開闊的林緣或樹冠，對於開墾環境適應良好，都市裡也生長茂盛。除了金斑蝶外，是另一種在都市也能自然累代繁殖的種類，只要寄主葉片不被幼蟲吃光，幾乎全年可以看到成蝶。冬季北臺灣的成蝶會往南飛度冬，但中部仍可見少量成蝶活動，寄主植株上也能發現少量的幼生期。

▲終齡幼蟲

幼 | 生 | 期

雌蝶偏好產卵於寄主葉片下表面，1齡幼蟲的口器不夠強壯，因此只能刮食葉片下表面的葉肉組織，形成只剩葉片上表皮蠟質的窗形食痕；2、3齡幼蟲會直接啃食並在葉片中間留下許多孔洞，蛹常化於寄主葉片下側或附近雜物隱蔽處。幼蟲身上黑白相間的橫紋，或許會聯想到斑馬，雖然兩者花紋相似，目的都是用於增加生存機會，但意義卻不同。幼蟲利用黑、白兩相對比的顏色，向以視覺搜尋獵物的天敵傳達出警告意味，屬於警戒色的一種；群居的斑馬則是利用花紋將自己融入群體中，讓色盲的獅子無法輕易鎖定目標。

▲體色淡綠色，表面有銀色斑。

▼南部偶可見菲律賓亞種；本種在日本是偶產種，即迷蝶。

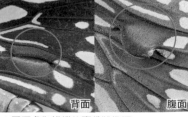

背面　　腹面

▲圓圈處為雄蝶的囊袋狀性標

小紋青斑蝶

Tirumala septentrionis

命名由來：中文名稱源自日文名「コモンア サギマダラ；小紋浅葱斑」，「小紋」是指 翅膀的藍色斑紋較小或細。

別名：細紋（青）斑蝶、嗇青斑蝶、藍條青蝶
分布／海拔：臺灣全島、龜山島、蘭嶼、綠島、澎湖、金門／0～2000m
寄主植物：夾竹桃科布朗藤為主
活動月分：多世代蝶種，全年可見成蝶活動

菊科澤蘭屬的花朵上清一色是雄蝶，因爲澤蘭花蜜含有一種特殊的化學物質：砒鉻碇植物鹼（PAs），這種植物次級代謝物對動物肝臟功能有毒，是植物保護自己避免被攝食的防禦武器。PAs不會對斑蝶產生不適，反而是雄蝶性費洛蒙「斑蝶素」的原料，斑蝶素是雄蝶的古龍水，求偶時雌蝶會選擇體內PAs較多的個體，因此雄蝶對含有PAs的植物總會忘情的吸食。菊科光冠水菊、紫草科狗尾草、白水木亦含有PAs，其花朵、枯枝、枯葉會有斑蝶吸食。惟光冠水菊是外來物種且生長快速，會占據溼地原生植物的生存空間，不建議種植。

幼｜生｜期

本種的寄主布朗藤是陰性植物，喜歡在潮溼的樹林底層與蕨類植物混生，若見到雌蝶在樹林裡低飛，就表示牠在尋找寄主產卵，卵大多產於葉片下表面，小幼蟲也棲息在葉下表。幼蟲身上的花紋與淡紋青斑蝶幼蟲有些相似，但白色橫紋較多且細，少部分幼蟲黑色橫紋會變淡或消失。本種是臺東地區越冬斑蝶的主要組成，屏東、高雄一帶則是以紫斑蝶類爲大宗，本種的比例不多。

▶卵表面有凹刻

▲1齡幼蟲及食痕

▲終齡幼蟲

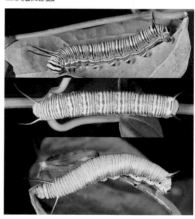

▲體色變異的終齡幼蟲，黑色橫紋有不同程度的淡化。

▲澤蘭花蜜中的PAs是雄蝶交配時送給雌蝶及後代的禮物。

▶幼蟲化蛹前常爬離寄主，至附近其他植物上化蛹。

旖斑蝶

Ideopsis similis

命名由來：本種不是旖斑蝶屬的模式種，但分布廣、族群數量多，頗具代表性，因此中文俗名以中文屬名命名。日文名「リュウキュウアサギマダラ；琉球浅葱斑」翻譯後即為琉球淡青斑蝶。

別名：琉球（淡）青斑蝶、類青斑蝶、淡紋斑蝶、孔斑蝶、錫蘭斑蝶、擬旖斑蝶

分布／海拔：臺灣、金門、馬祖、龜山島、綠島、蘭嶼／ 0～2500m

寄主植物：夾竹桃科多種鷗蔓屬植物

活動月分：多世代蝶種，全年可見成蝶活動，成蝶有越冬行為

斑蝶亞科

旖斑蝶屬

▶卵產於葉片下表面

▲ 1 齡幼蟲

旖斑蝶雄蝶翅膀性標不顯眼，需由毛筆器、腹部外形瘦長來判別。牠喜歡棲息在樹林較多的環境，林緣的花朵是牠的餐廳，訪花時翅膀會向上合攏或稍微展開。若看到花上的蝴蝶翅膀向前抱胸，代表躲在花朵下方的蟹蛛偷襲成功，並將毒液注入蝴蝶體內，蝴蝶死亡當下胸部肌肉會強烈收縮產生抱胸姿勢。斑蝶在幼蟲及成蟲期會攝入CGs（見326頁）及 PAs 作為防禦武器，但遇上蜘蛛時卻不一定有效，因為上述植物鹼的毒性主要是對脊椎動物有作用。不過國外研究指出，少部分鳥種對這兩種植物鹼有忍受力，也會捕食斑蝶。

幼 | 生 | 期

鷗蔓屬植物上最常發現的斑蝶幼蟲就是本種，幼蟲全身清一色的白色小斑點是其特徵，但東南亞的同屬近親有些種類幼蟲及成蝶外形像是縮小版的大白斑蝶。本種雌蝶產卵時偏好嫩葉或尚未變硬的成熟葉，小幼蟲會先從新芽、嫩葉取食；大幼蟲的食量頗大，會攝食成熟葉但仍偏好取食嫩葉。幼蟲的天敵除了寄生蜂外，也少不了寄生蠅，雌蠅通常會在幼蟲 4 齡時將卵產在身體胸部位置，蝴蝶幼蟲化蛹後（寄生蠅）老熟的蛆才會鑽出化蛹，健康的蝶蛹應為翠綠色。

▲終齡幼蟲

▲胸部圓圈位置有 2 顆寄生蠅卵

◀成蝶訪花時不應出現翅膀抱胸的姿勢

▶蛹的色澤像綠色的翡翠或玉石

絹斑蝶

Parantica aglea maghaba

特有亞種

命名由來：本種為絹斑蝶屬的模式種，因此以屬的中文名稱命名；其日文名「ヒメコモンアサギマダラ：姫小紋浅葱斑」，翻譯為姫小紋淡青斑蝶。「アサギ」除了淡藍色外，亦可解釋為淺黃、淡黃色。

別名：姫小紋（淡）青斑蝶、姫小青斑蝶、小透翅斑蝶、姫小紋淺黃斑蝶、透斑蝶

分布／海拔：臺灣本島及龜山島、綠島、蘭嶼／0～1500m

寄主植物：夾竹桃科多種鷗蔓屬植物、布朗藤等

活動月分：多世代蝶種，全年可見成蝶活動，但越冬蝶谷裡數量較少

上面的日文名參考自原色臺灣蝶類生態大圖鑑，之後本種改名為「ヒメアサギマダラ」。廣義的青斑蝶在臺灣本島共6種，絹斑蝶屬包含其中的3種，青斑蝶屬2種、旖斑蝶屬1種。本種體型最小、翅膀的斑紋顏色偏白，斑紋的形狀與旖斑蝶較相似，但是「姫小紋（淡）青斑蝶」卻與小紋青斑蝶、淡小紋（淡）青斑蝶名稱相近，其實看學名的屬名就會發現，以往慣用的中文名稱一開始就誤導了您對牠的第一印象。

幼｜生｜期

雌蝶產卵前會花許多時間在寄主附近來回飛行，卵體積稍小且略短胖，幼蟲身上有黃、白色小點，蛹的背、腹面有許多銀色斑紋，腹部有3排橫列的黑色圓斑。在野外尋找幼生期時偶爾會見到形狀像膠囊的黑褐色物體黏在寄主葉片下表面，仔細觀察會發現其中一端有幼蟲的頭殼，腹面有幼蟲的足，表面還有幼蟲表皮的花紋，這是幼蟲遭繭蜂寄生後發生「木乃伊化」。當繭蜂幼蟲長大準備化蛹時，會在蝴蝶幼蟲體內吐絲製作蛹室，使蝴蝶幼蟲體型縮短，黑褐色的部分就是絲製的蛹室，當繭蜂羽化時，會咬洞鑽出。斑蝶幼蟲攝食有毒的夾竹桃科植物葉片以避敵，卻仍躲不過寄生蜂的危害。

▶蝶卵

▲4齡幼蟲
此為遭繭蜂寄生的個體，體型正在縮短。

▲幼蟲木乃伊化
上圖4齡幼蟲隔天的模樣

▲剪開幼蟲表皮後，裡頭有一隻肥胖的繭蜂幼蟲。

斑蝶亞科

絹斑蝶屬

▼雌蝶下翅腹面無性標

▶蛹呈黃綠色

▲終齡幼蟲

大絹斑蝶

Parantica sita niphonica

命名由來：本種為臺灣 3 種絹斑蝶屬物種中體型最大的種類，因此取名為「大」絹斑蝶；日文名為「アサギマダラ；浅葱斑」，翻譯後即為淡青斑蝶，青斑蝶為再簡化的名稱。

斑蝶亞科

絹斑蝶屬

別名：（淡）青斑蝶、大青斑蝶、淡黃斑蝶、大透翅斑蝶、雲斑蝶、紅麻几粘

分布／海拔：臺、澎、金、馬、龜山島、綠島、蘭嶼／0～1500m

寄主植物：夾竹桃科臺灣牛嬭菜、鷗蔓、毬蘭、薄葉牛皮消等多種植物

活動月分：多世代蝶種，全年可見成蝶活動，冬季無明顯的越冬行為

▶卵產於寄主葉片下表面

大絹斑蝶在每年 5～6 月的陽明山區會大發生，此時大屯山頂有正在開花的島田氏澤蘭，吸引許多斑蝶前來吸食。當時序進入 7 月，陽明山區的大絹斑蝶數量會突然減少，大部分族群擴散至中海拔山區，少數個體則飛至高空後隨著西南氣流吹離臺灣，幸運的幾天後就飛到日本，當然多數個體則在海上迷航。日本研究人員曾在本種的翅膀上做標記，以了解其在日本境內的移動模式，當秋天東北季風吹起牠會往日本南方移動。過去在陽明山、屏東、蘭嶼都曾發現從日本飛來的個體，最遠一筆是飛至直線距離約 2500 公里遠的香港。

▲ 1 齡幼蟲
幼蟲正在葉下表面咬出環形的食痕，食痕周邊有白色乳汁。

幼 | 生 | 期

幼蟲的寄主包含多種夾竹桃科植物，不過雌蝶對牛嬭菜有明顯偏好。牛嬭菜喜歡生長在森林底層，其葉片受傷時會流出白色乳汁，裡頭的植物鹼成分強心配醣體（CGs）有毒，並廣泛存在於夾竹桃科植物中，誤食會有心律不整、血壓下降、呼吸困難、昏迷並且可能導致死亡。即便斑蝶幼蟲對 CGs 有忍受力，卻也不能攝食過量，1 齡幼蟲會在葉片下表面咬出環形的食痕，攝食中間乳汁較少的葉肉；小幼蟲會先切斷葉脈再攝食葉片；終齡幼蟲則會將葉片的葉柄咬傷後再進食。

▲ 3 齡幼蟲
幼蟲正在切斷葉脈的運輸功能

▲終齡幼蟲
體表的斑紋色澤鮮豔，有警告作用。

▶蛹通常化於寄主或其他植物遮蔭處，幼蟲階段攝食的 CGs 保存在體內，可保護蛹及成蝶的安全。

◀在地上吸水的雄蝶

斯氏絹斑蝶

Parantica swinhoei

特有亞種

命名由來：學名的種小名「*swinhoei*」是紀念第一位學術採集、研究臺灣動物的羅伯特・史溫侯（或稱斯文豪、郇和），其當時在臺灣擔任英國外交官兼駐臺領事，對於臺灣及中國南方的鳥類學研究有卓越貢獻。

別名：小青斑蝶、臺灣（淡）青斑蝶、臺灣淡黃斑蝶、透翅斑蝶、史氏絹斑蝶、紅麻几粘
分布／海拔：臺灣本島、馬祖、龜山島、綠島／ 0 ～ 2500m
寄主植物：夾竹桃科絨毛芙絨蘭為主
活動月分：多世代蝶種，全年可見成蝶活動

斯氏絹斑蝶的日文名「タイワンアサギマダラ：台湾浅葱斑」，說明日本早年命名蝴蝶名稱時的地理觀念，大絹斑蝶（浅葱斑）分布於日本及臺灣，本種在日本只有八重山群島有迷蝶記錄，臺灣則有穩定的族群，因此命名時加上「臺灣」與之區別。其實本種的分布西起印度經中南半島、中國南方，分布最東、最北的族群在臺灣。以世界觀來看，命名時使用「臺灣」不適宜。本種翅膀斑紋與大絹斑蝶（又名青斑蝶）相似，但體型較小，因此稱為「小」青斑蝶，兩者的後翅底色為紅褐色。傳統採蝶人將這兩種統稱為「紅麻几粘」，其他 4 種近似種則稱為「青麻几粘」。本種群聚越冬的行為並不顯著，夏、秋季時常在中海拔山區發現，平地、近郊淺山則是春、冬季時較多，雄蝶會被富含 PAs 植物鹼的花朵吸引。

幼 | 生 | 期

雌蝶將卵產於寄主葉片下表面，幼蟲身上的斑紋與絹斑蝶較相似，但白色斑紋較多且大，不過蛹身上的黑色、銀色斑紋則比絹斑蝶少。雌蝶選擇寄主時偏好絨毛芙絨蘭，部分資料提到本種幼蟲亦會攝食鷗蔓屬或牛皮消屬植物，這部分需要更多野外觀察來佐證。

◀雄蝶
後翅腹面靠近肛角處的黑褐色斑紋是絹斑蝶屬的性標位置

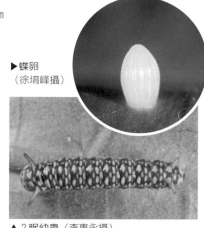

▶蝶卵
（徐堉峰攝）

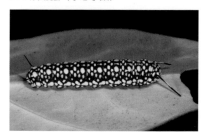

▲ 2 眠幼蟲（李惠永攝）

▲終齡幼蟲（呂晟智攝）

▲身上的斑點大小有個體差異，但位置、數量相對較穩定，可做為物種間辨識的參考。

斑蝶亞科

絹斑蝶屬

大白斑蝶

特有亞種

Idea leuconoe clara 臺灣亞種
Idea leuconoe kwashotoensis 綠島亞種

命名由來：白斑蝶屬中本種的體型頗大，因此稱為「大」白斑蝶；其日文名為「オオゴマダラ，大胡麻斑」，翻譯後為大胡麻斑蝶；名稱中的「笨」、「傻」是指其行動慢、易被捕捉，且捕捉時會有裝死行為。

別名：黑點大白斑蝶、大（型）胡麻斑蝶、白斑蝶、大帛斑蝶、白紋蝶、大笨蝶、大白花、恆春大白、傻白蝶

分布 / 海拔：臺灣本島東北部及南部、龜山島、蘭嶼 / 0 ～ 1000m；綠島 / 0 ～ 300m

寄主植物：夾竹桃科爬森藤為主

活動月分：多世代蝶種，全年可見成蝶活動

其他：綠島亞種為臺灣特有亞種；臺灣亞種的分布包括臺灣、蘭嶼及日本的沖繩、奄美諸島，因此不是特有亞種。

臺灣早年在高雄、臺南也有不少大白斑蝶的採集紀錄，但是隨著海岸線的開發及棲地消失，現在大白斑蝶的分布呈現臺灣南北兩端及東邊的 3 個小島。大白斑蝶唯一的寄主植物爬森藤是屬於海濱植物，雖然經過移植後可以在許多地區種植，但是其野外的自然分布與大白斑蝶的分布區域相同。在臺灣這 5 個地區的族群分屬於 2 個亞種，綠島的大白斑蝶因為成蝶翅膀上黑色斑紋的面積較大、幼蟲的體色幾乎全黑，加上地理隔離等，因此被處理為一獨立亞種，有些書上稱呼這個亞種為「綠島大白斑蝶」，不過還是建議將牠稱為「大白斑蝶綠島亞種」比較合適。

大白斑蝶—臺灣亞種

▶ 卵表面有淡粉紅色澤

▲ 1 齡幼蟲

▲成蝶喜好訪花

▲ 3 齡幼蟲

▶ 東北角及墾丁的終齡幼蟲身上的紅斑大小會不同

註：相關議題可見此文，【看問題】生態保育並非作物推廣執行前宜三思（顏聖紘教授於蕃薯藤自然新聞刊登之文章）
http://beta.n.yam.com/yam/
earth/20120413/20120413381067.html

幼 | 生 | 期

　　大白斑蝶的幼生期體型頗大，黑白相間的斑紋加上體側顯眼的紅斑，讓許多第一次見到牠的人也覺得牠的配色很搶眼，而黃金般的蝶蛹更是讓人覺得不可思議。臺灣各地的蝴蝶園普遍都會飼養大白斑蝶，有些蝴蝶園偶爾會發生大白斑蝶個體的外逸，若不慎讓不同族群的大白斑蝶相遇而產下雜交個體，將使得各地原族群基因庫的獨特性降低[註]。徐教授指導的碩士畢業生林育綺完成了「以形距分析探究大白斑蝶之分布與分化」，其研究對象包括了臺灣及鄰近國家的大白斑蝶族群，研究結果呈現綠島為獨立的族群，支持 1928 年楚南仁博所提出的分類處理。

▲蛹為亮眼的黃色

大白斑蝶—綠島特有亞種的生活史

▶蛹體與臺灣亞種相似

▶終齡幼蟲體表白色斑紋不發達，是本種所有亞種中體色最黑的族群。

▲成蝶翅膀的黑色斑紋較臺灣亞種發達

▶蘭嶼族群外型與臺灣族群差異不大，分類上臺灣、蘭嶼及日本的沖繩、奄美諸島屬於同一亞種。

329

琺(ㄈㄚ)蛺蝶

外來定居種

Phalanta phalantha phalantha

命名由來：「琺」蛺蝶屬的「琺」源自屬名字首「Pha」發音；本種為琺蛺蝶屬的模式種，因此用中文屬名作為本種中文俗名；日文舊名為「ウラベニヒョウモンモドキ；裏紅擬豹紋」，翻譯後為裏紅擬豹紋蝶。

別名：紅擬豹斑（or 蛺）蝶、橙豹蛺蝶、紅豹斑蝶、裏紅擬豹紋蝶、裏紅豹紋擬蛺蝶、柊(ㄒㄩㄥ)蛺蝶、冬青蛺蝶、母生蛺蝶

分布／海拔：臺灣、金門、馬祖／ 0～1000m

寄主植物：楊柳科的水柳、水社柳、垂柳，大風子科的魯花樹

活動月分：多世代蝶種，全年有成蝶活動

毒蛺亞科

琺蛺蝶屬

琺蛺蝶展翅時有著鮮豔橙黃色的底色分布著一些黑色斑紋，1950 年以前的臺灣蝴蝶文獻中只曾出現一筆琺蛺蝶的採集資料（1940 年 8 月於桃園採獲，視為迷蝶），當時本種未分布於臺灣，而臺灣周邊的中國華中及華南、中南半島、港澳、菲律賓都有牠的分布。在 50 年代中期以後，國內陸續記錄到其蹤影，研判可能是隨著颱風或季風入侵臺灣。目前全臺各地平地至低海拔山區都有機會見到牠，特別是廣植柳樹的公園、水池邊等。

幼｜生｜期

雌蝶直接將卵產在柳樹的嫩葉上，在嫩葉附近通常能找到 1～3 齡期的小幼蟲，小幼蟲大多會躲在嫩葉的下表面或嫩枝上，而大幼蟲則會爬到葉片、枝條或其他地方躲起來。大幼蟲的體表具有明顯的棘刺，當終齡幼蟲的體色轉變為黃綠色時，就是幼蟲即將要化蛹的訊號，此時幼蟲通常會選擇在柳樹成熟葉的葉下表化蛹。白天想要發現牠的蛹並不容易，但在晚上利用燈光來找尋卻相對較為容易，因為蛹體的背面具有金屬光澤的銀色斑點及紅色線條，在燈光照射下會產生閃亮的反光，此時蛹體特別耀眼醒目。

▼本種的日文名稱修改成：ウラベニヒョウモン；裏紅豹紋。

▶產於嫩枝上的卵

▲各種體色的終齡幼蟲

▶幼蟲頭部特寫

▲左邊為正常體色的蛹，部分蛹體色有不同程度的黑化斑紋。

黃襟蛺蝶

Cupha erymanthis erymanthis

命名由來：前翅背面淡色斜紋與古人衣服斜向的衣襟相似而取名「襟」蛺蝶屬；本種為襟蛺蝶屬的模式種，因斜向斑紋為橙黃色而稱為「黃」襟蛺蝶；日文名「タイワンキマダラ」翻譯後為臺灣黃斑蝶。

別名：臺灣黃斑（蛺）蝶、魯花黃斑蝶、黃斑（蛺）蝶、黃褐蛺蝶、柞蛺蝶、溪大黃

分布／海拔：臺、澎、金、馬／0～1000m

寄主植物：楊柳科水柳、水社柳、垂柳；大風子科魯花樹

活動月分：多世代蝶種，全年皆為成蝶發生期

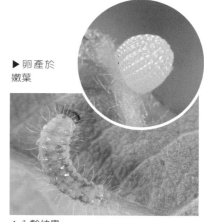

▶卵產於嫩葉

位於南投縣集集鎮的特有生物研究保育中心的生態教育園區，裡頭的水池旁種植了一些柳樹，在這附近常能觀察到黃襟蛺蝶飛舞。琺蛺蝶則是比本種更喜好開闊的環境，所以在都市的公園綠地裡較容易見到牠，而郊區的樹林或低海拔山區則是以本種的數量較多。

▲1齡幼蟲

幼｜生｜期

黃襟蛺蝶與琺蛺蝶的幼蟲食性相同，均以楊柳科多種柳樹及大風子科魯花樹的嫩葉為食，但魯花樹多生長在低海拔樹林環境，因此在魯花樹上發現的幼生期大多是本種。這2種蝴蝶有「共域分布」[註]，當在柳樹上發現蝶卵時最好是持續追蹤孵出的幼蟲，才能明確知道是哪一種。黃襟蛺蝶與琺蛺蝶的幼蟲遇到驚擾時，都會使出「高空彈跳」的本領。所謂「高空彈跳」就是幼蟲從口器吐絲並把絲的一端固定在葉片或枝條上，隨後幼蟲持續吐絲並作出掉落的行為，待天敵遠離後，幼蟲再沿著吐出的絲線攀爬回到寄主植物上。臺灣的蝴蝶幼蟲中在黃襟蛺蝶、琺蛺蝶及東方喙蝶的小幼蟲較常見到以此方法避敵，而這個行為在部分的蛾類幼蟲身上也看得到。

▲3齡幼蟲

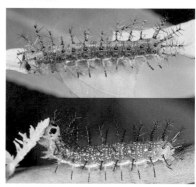

▲終齡幼蟲

註：共域分布是指2物種的分布區域有重疊，會有共同生活在同一環境或地區的狀況。

◀成蝶喜歡晒太陽

▲蝶蛹

毒蝶亞科

襟蛺蝶屬

波蛺蝶

Ariadne ariadne pallidior

命名由來：本種為波蛺蝶屬的模式種，因此以中文屬名命名；日文名為「カバタテハ，樺立翅」，「樺」為紅棕色系的一種，在此形容其翅膀色澤；「蓖」或「蓖麻」是以本種幼蟲寄主植物命名。

別名：樺（色）蛺蝶、樺（色）日蔭、（波紋）蓖麻蛺蝶、蓖蛺蝶、蓖麻蝶、小羽蛺蝶、引線蛺蝶、豬糞蝶

分布／海拔：臺灣本島、金門、馬祖、龜山島、綠島、蘭嶼／0～1000m

寄主植物：大戟科蓖麻、鐵莧菜（國外）

活動月分：多世代蝶種，全年可見成蝶

▶蝶卵

波蛺蝶對住在北部的蝶友可能印象不多，因為牠的分布主要在中、南部平地及近郊淺山。其翅膀上許多深褐色的波浪狀線條，正是屬名「波蛺蝶」的由來。本種喜歡棲息在明亮、開闊的環境，林緣或路旁可見到牠訪花身影，停棲時常展翅曬太陽。波蛺蝶在分類上屬於蛺蝶演化支、芯蛺蝶亞科，與白蛺蝶、金鎧蛺蝶所屬的閃蛺蝶亞科親緣關係較相近；舊的分類是將牠置於毒蝶演化支、線蛺蝶亞科的芯蛺蝶族。芯蛺蝶亞科在臺灣只有本種。

▲3齡幼蟲

幼│生│期

雌蝶產卵在寄主葉片上表面，卵表面有許多幾何圖形淺凹孔並密生長棘，幼蟲頭部有分叉的角狀硬棘，身上也有硬棘刺，棘刺基部為紅色，平時停棲在葉片上表面。蓖麻的葉片頗大，幼蟲攝食葉肉留下粗大的葉脈，之後在葉下表的葉脈或葉柄處化蛹。蓖麻原產於非洲，因種子富含油脂可供工業使用，早在17世紀時荷蘭人就將它帶至臺灣，日治時期因戰爭需要而大量種植，其全株有毒且毒性強烈。由於蓖麻非原生種，因此推測波蛺蝶可能是「蝶史前外來種」[註]

▲終齡幼蟲

註：「史前」是指有文字記載資訊以前。臺灣的蝴蝶研究始於19世紀，此時蓖麻已在臺灣存在有200多年，波蛺蝶應是這段期間來到臺灣的外來種，故稱為「蝶史前外來種」。

▼翅膀上有許多黑褐色波浪狀線條

蝶蛹

金環蛺蝶

Pantoporia hordonia rihodona

命名由來：本種為金環蛺蝶屬的模式種，因此以屬的中文名稱作為本種的中文俗名；本種日文名為「キンミスジ，金三條」，翻譯後即金三線蝶。

別名：金三線（蛺）蝶、金蟠蛺蝶
分布／海拔：臺灣本島／ 0 ～ 1600m
寄主植物：豆科合歡、藤相思、摩鹿加合歡、楹樹
活動月分：多世代蝶種，3 ～ 11 月有成蝶活動

看到金環蛺蝶這個名稱時可別把牠想成是有「金」色帶狀紋的「環蛺蝶屬」物種，因為本屬的名稱就叫作「金環蛺蝶屬」。然而會把牠誤認成是環蛺蝶屬的物種也是合理，因為金環蛺蝶的翅形與環蛺蝶屬的物種相似，都是展翅時前翅的比例較寬長，飛舞時以滑翔為主要飛行方式，而且翅膀背面斑紋的形狀與分布都與環蛺蝶屬的物種頗為類似。這兩個屬外部形態與行為表現的相似，正好符合了兩個屬在分類及演化上是親緣關係很接近的類群。

幼｜生｜期

　　寄主合歡生長在中、低海拔山區，散布在平地及低海拔山區樹林的藤相思、摩鹿加合歡、楹樹也是幼蟲寄主。雌蝶產卵時不會產在葉片的特定部位，因此在小葉的上下表面都有機會發現蝶卵，孵化的幼蟲就直接從產卵位置開始啃食葉片，並把小葉的葉柄咬斷再吐絲將葉片黏附在側脈上。隨著幼蟲體型漸漸長大，幼蟲會把著生小葉的側脈、主脈逐一咬斷再吐絲固定，這動作會使斷落的複葉下垂乾枯。當幼蟲停棲在乾枯的寄主葉片間，綠褐色的體色搭配體側數條斜向的墨綠色條紋，讓牠融入枯葉的環境中，能欺瞞以視覺尋找獵物的天敵。

▶即將孵化的卵，可以見到幼蟲頭殼。

▲ 3 齡幼蟲

▲終齡幼蟲及蟲巢

蝶蛹

線蛺蝶亞科　金環蛺蝶屬

◀展翅晒太陽的成蝶

▶成蝶腹面觀

333

豆環蛺蝶

Neptis hylas luculenta

命名由來：本種在野外最常利用的寄主為豆科植物，因此稱為「豆」環蛺蝶；日文名稱為「リュウキュウミスジ，琉球三條」，翻譯後為琉球三線蝶。

別名：琉球三線蝶、琉球三條、琉球三筋、薄翅草蝶、中環蛺蝶、木三綫蛺蝶、秋蛺蝶

分布／海拔：臺灣、金門、馬祖、龜山島、綠島、蘭嶼／ 0 ～ 2300m

寄主植物：豆科葛藤屬、血藤屬、豇豆屬、山螞蝗屬、乳豆屬、木藍屬、胡枝子屬、紫藤等多種豆科植物；大麻科銳葉山黃麻；榆科櫸木；錦葵科野棉花

活動月分：多世代蝶種，全年可見成蝶

線蛺蝶亞科　環蛺蝶屬

▶卵產於葉片下表面邊緣

環蛺蝶屬（*Neptis spp.*）[註1] 在臺灣共記載了 16 種，其中提環蛺蝶及單環蛺蝶這 2 種為疑問種，其餘的 14 種中有 7 個種類是分布於中、低海拔山區的一年一世代物種，這類環蛺蝶的族群個體數量不多且成蟲發生期短，分布的範圍較為局限因而不常見。另外 7 種為一年多世代的種類[註2]，這 7 種中以豆環蛺蝶的數量最多、分布也最廣。

▲ 3 齡幼蟲及簾狀食痕

幼｜生｜期

雌蝶確認寄主後會停在葉片上，面前葉柄（基部）並向葉片尖端倒退，到葉片尖端時會彎曲腹部產下淺藍色的卵，但葉上下表面偶爾也能發現卵。不久卵色會從淺藍色變成淺綠，幾天之後頂部變成黃綠色，此為蝶卵發育的顏色。小幼蟲會將葉肉吃掉留下粗硬的葉脈，兩旁還掛著一些乾枯的小葉片，而幼蟲就停棲在食痕處，這種食痕又稱為「簾狀食痕」；當幼蟲體型愈來愈大會把葉片的葉柄咬傷，並在葉柄處吐絲，使這些枯黃的葉片仍垂掛在寄主植物上，而幼蟲就躲藏在這些枯葉間，有時蛹也會化於枯葉附近。

註 1：*Neptis spp.* 指的是同為環蛺蝶屬的**多個種類**，*Neptis sp.* 則是指屬內的某一物種但必須是同一物種。

註 2：豆環、小環、斷線環、細帶環、無邊環、蓬萊環、黑星環為多世代的環蛺蝶。

▲不同外觀的終齡幼蟲

◀腹面偏黃褐色，白斑鑲有黑框是本種辨識重點。

▲蝶蛹、終齡幼蟲及食痕。

小環蛺蝶

Neptis sappho formosana

特有亞種

命名由來：本種在臺灣 16 種環蛺蝶中體型最小，因此稱為「小」環蛺蝶；日文名「コミスジ，小三條」翻譯後為小三線蝶；「荻胥」源自動物學辭典，乃「荻」環蛺蝶的由來，但禾本科的荻不是本種的寄主。

別名：小三線（蛺）蝶、潤三線蛺蝶、荻胥、荻環蛺蝶
分布／海拔：臺灣本島、龜山島、蘭嶼／ 0 ～ 2500m
寄主植物：豆科葛藤、山葛、血藤、細花乳豆、光葉魚藤、老荊藤、毛胡枝子
活動月分：多世代蝶種，全年可見成蝶

小環蛺蝶的分布與豆環蛺蝶相似但數量較少，野外經常可見到許多豆環蛺蝶或細帶環蛺蝶在飛翔，但小環蛺蝶卻往往只有一、兩隻混在其中。在網路上用「小環蛺蝶」或「小三線蝶」搜尋到的照片經常不是小環蛺蝶本尊，而是同屬的豆環蛺蝶、細帶環蛺蝶或斷線環蛺蝶，可見環蛺蝶屬裡的這些蝴蝶確實讓人感到頭昏眼花。較常見到小環蛺蝶的環境是較少人為開墾破壞的淺山丘陵及低海拔山區，在森林邊緣或是溪流旁比較容易發現覓食、訪花或吸水的小環蛺蝶。

▶產於光葉魚藤上的卵

▲停棲在簾狀食痕末端的 2 齡幼蟲

幼 | 生 | 期

小環蛺蝶與豆環蛺蝶幼蟲所利用的寄主植物重疊性高，加上豆環蛺蝶的數量明顯多於小環蛺蝶，所以要記錄到小環蛺蝶幼生期資訊相對較為困難。有次在臺中谷關的一條步道兩旁發現生長了不少的光葉魚藤，此時正好有隻小環蛺蝶的雌蝶在附近飛舞，這時躡手躡腳的跟著雌蝶，果然等到牠做出找尋寄主植物的行為，此時筆者在一旁靜靜地等待牠在老葉上產卵，本種的生活史照片才有機會蒐集完備。目前的觀察經驗得知，生長在森林底層陰暗處的寄主上若發現幼蟲大多是本種。

▲ 4 齡幼蟲

▲終齡幼蟲

◀照片無法呈現本種體型較小的特徵

蝶蛹

斷線環蛺蝶

Neptis soma tayalina

命名由來：本種的臺灣族群後翅腹面外緣的白色弧帶在中間處有減退傾向，因此稱為「斷線」環蛺蝶；日文名「スズキミスジ」翻譯後為鈴木三線蝶。

別名：泰雅三線蝶、娑環蛺蝶、登立三線蝶、鈴木三綫蝶、眉溪三線蝶、朴環蛺蝶

分布／海拔：臺灣本島、馬祖／200～2600m

寄主植物：廣食性，大麻科石朴、糙葉樹；榆科阿里山榆、櫸木；薔薇科高梁泡、臺灣懸鉤子、變葉懸鉤子、裡白懸鉤子；八仙花科大葉溲疏；鼠李科桶鉤藤；清風藤科阿里山清風藤；蕁麻科水麻、密花苧麻；槭樹科青楓；豆科紫藤（*Wisteria sinensis*，歸化種）

活動月分：多世代蝶種，3～10月有成蝶活動

斷線環蛺蝶過去常被稱為「泰雅三線蝶」，而「泰雅」是其亞種名「*tayalina*」的音譯，但本種在全世界共區分成7個亞種，而 *N. s. tayalina* 只是這7個亞種之一，若以亞種名來稱為種名，則會出現以偏蓋全的狀況。本種之所以被稱為「斷線」，是因成蝶後翅腹面外緣的弧狀白色帶紋，在弧形中間的斑紋有變淡而斷開，而此特徵只見於臺灣這個特有亞種，所以依此特徵稱牠為「斷線」環蛺蝶。

幼｜生｜期

斷線環蛺蝶幼生期能利用的植物科別頗多，雖然食性廣泛，不過一但幼蟲攝食某一科別或某種植物作為寄主後，這隻幼蟲的食性會就固定，此時給予不同種類的寄主植物時，這隻幼蟲通常不太領情，多數的狀況是幼蟲在葉片上咬食一兩口後就拒食且不斷的在植株上爬行，只為了找到牠原來在食用的寄主種類，然而最後常因幼蟲無法接受新提供的植物作為食物而使得幼蟲餓死。下回在野外見到斷線環蛺蝶的幼蟲時，別因為一時興起有了想要把牠帶回去觀察飼養的想法，因為若不能穩定的提供牠原本的寄主植物時，最後常是斷送幼蟲的生命。

▶產於變葉懸鉤子的卵

▲攝食豆科紫藤的4齡幼蟲

▲終齡幼蟲
幼蟲體色與停棲位置的顏色相近，不易發現。

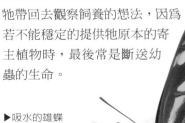

▶吸水的雄蝶

▲枯葉旁有個褐色的蛹，有看到嗎？

細帶環蛺蝶

特有亞種

Neptis nata lutatia

命名由來：本種翅膀背面的中間白色橫紋與臺灣的同屬蝴蝶相比，特別細長，因此取名為「細帶」環蛺蝶；日文名為「タイワンミスジ」，翻譯後即「臺灣三線蝶」；「娜」環蛺蝶是由種小名「*na*」音譯。

別名：臺灣三線蝶、娜環蛺蝶、細環蛺蝶

分布／海拔：臺灣本島、龜山島、綠島／0～2000m

寄主植物：廣食性，大麻科石朴、朴樹、山黃麻；榆科櫸木；豆科葛藤、水黃皮、菊花木、血藤、菲律賓紫檀、印度黃檀；使君子科使君子；大戟科刺杜密；馬鞭草科杜虹花；蕁麻科青苧麻等

活動月分：多世代蝶種，全年可見成蝶活動

細帶環蛺蝶是本屬中較容易在野外觀察到的種類，成蝶的數量上僅次於豆環蛺蝶。本種的分布範圍雖然可從平地至海拔 2000 公尺山區，但主要的分布仍以海拔 1500 公尺以下區域為主，海拔超過 1500 公尺是豆環蛺蝶及斷線環蛺蝶的天下。因此若能搭配海拔分布及腹面翅膀的顏色、斑紋形狀、粗細，就能很容易的區分豆環、小環、斷線環、細帶環這 4 種低海拔山區常見的環蛺蝶屬種類，下次見到時就不會再出現讓臉上冒出三條線的狀況了。

幼 | 生 | 期

本種幼蟲與蛹在不同寄主植物上顏色會不同，同樣是大麻科，利用朴樹的幼蟲體色是深褐色，蛹的顏色也較深；山黃麻的幼蟲為綠褐或灰綠色，蛹為淡黃褐色；豆科菊花木的幼蟲及蛹體色會是較深的褐色；水黃皮的幼蟲及蛹常為較淺的黃褐色，類似的情況也出現在斷線環蛺蝶的幼生期。目前利用幼蟲身上的突起、斑紋判斷種類只有約 7 成準確度，若搭配寄主種類、海拔高度、發現的地點，準確度有機會提高到 9 成，但仍需持續追蹤至幼蟲化蛹、羽化，由成蝶確定種類最可靠。

線蛺蝶亞科　環蛺蝶屬

▶產於食痕上的卵

石朴

菊花木

朴樹

山黃麻

山黃麻

▲不同寄主上的終齡幼蟲

◀淡色型蛹，幼蟲寄主為山黃麻。

▶翅膀背面中間白色橫紋較細，是「細帶」名稱的由來。

蓬萊環蛺蝶

Neptis taiwana

命名由來：本種為臺灣特有種，而蓬萊是臺灣的舊稱，因此將本種取名為「蓬萊」環蛺蝶；日文名為「ホリシヤミスジ」，翻譯後即埔里三線蝶。

別名：埔里三線蝶、臺灣環蛺蝶
分布／海拔：臺灣本島／0～2000m
寄主植物：樟科樟樹、黃肉樹、長葉木薑子、豬腳楠、臺灣雅楠等多種樟科植物
活動月分：多世代蝶種，3～11月可見成蝶

本種原本最適合的名稱應是「臺灣環蛺蝶」，因為學名的種小名「*taiwana*」就是轉換成拉丁文的 Taiwan，意思就是指臺灣，以「蓬萊」稱之是因為臺灣在過去又稱為「蓬萊島」。蓬萊環蛺蝶的分布是由淺山丘陵至海拔 2000 公尺的山區，一年有的 3～4 個世代，在低海拔山區蓬萊環蛺蝶很容易與其他多世代種環蛺蝶區別，若是在夏季到中海拔山區時卻容易發生與其他種類混淆的情況，這時大家都希望拍到的不是本種，而是那些一世代的物種，但很多時候是回家打開螢幕比對圖鑑後，發現仍然只是一般的蓬萊環蛺蝶，可見那些一世代的環蛺蝶有時是可遇而不可求。

樟樹在平地頗為常見，也常作為道路兩旁的行道樹，但開發較多的地區就不易見到蓬萊環蛺蝶的身影，通常要有一大片樹林的環境，像臺北市裡的景美山（仙跡岩）、彰化縣的八卦山臺地（清水巖）等，都是鄰近都會區的淺山丘陵，當地仍有環境合適的樹林，因此還有機會觀察到本種的活動。一旦離開樹林來到房屋較多的區域，就幾乎不曾見過蓬萊環蛺蝶的蹤影了。

線蛺蝶亞科　環蛺蝶屬

▲蝶卵特寫

▲卵產於葉片上表面的葉尖處

◀雌蝶的翅膀外型較寬圓

338

幼|生|期

　　蓬萊環蛺蝶的成蝶雖然數量不少，但牠的幼蟲卻不常見，除了樟科植物的樹形高大不易找尋外，雌蝶產卵位置也是其中一個原因。雌蝶會選擇稍陰暗的環境產卵，因此生長在樹林中、下層環境的樟科植物葉片上較容易有蓬萊環蛺蝶幼蟲，光線明亮的樹林外圍或樹林的樹冠層都不是雌蝶會產卵的位置。

　　終齡幼蟲的體表只有在後胸有一對明顯棘突，除此之外幾乎沒有其他明顯棘刺。幼蟲外觀與先前介紹的那幾種環蛺蝶幼蟲有些不同，後胸及腹部前段特別的胖而腹部後段明顯較瘦長，體側在腹部前段偏下方處有幾個螢光黃綠色的斑點。本種的蛹體色為淡褐色，並且帶有淡紫色的光澤，蛹的形態也較為流線。

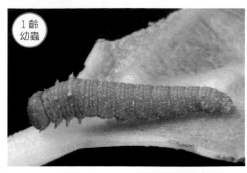

1齡幼蟲

▲小幼蟲食痕

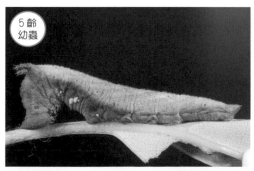

5齡幼蟲

◀蛹化於食痕的中肋前端處

▼停在石地上吸水的雄蝶

線蛺蝶亞科

環蛺蝶屬

339

鑲紋環蛺蝶

Neptis philyroides sonani

命名由來：由翅膀腹面「鑲」黑色框的白色斑「紋」取名為「鑲紋」環蛺蝶；楚南三線蝶的「楚南」源自亞種名 *sonani*，是指已故日籍學者楚南仁博；日文名「チョウセンミスジ」翻譯後為朝鮮三線蝶。

別名：楚南三線蝶、韓國三線蝶、朝鮮三線蝶、朝鮮環蛺蝶
分布／海拔：臺灣本島／400～2500m
寄主植物：樺木科阿里山千金榆（單食性）
活動月分：一年一世代，4～8月為成蝶發生期

環蛺蝶屬中有7種是一年一世代，而鑲紋環蛺蝶是其中數量較多且較容易觀察到的種類，每年4～8月是本種成蝶活動的時間，臺北盆地以南的中、低海拔山區向陽山坡有機會遇到本種。辨識本屬數量最多的豆環蛺蝶時，經常使用的特徵是觀察翅膀腹面的底色是否為橙黃色且白色斑紋有沒有鑲黑色的細框線，但這兩個特徵在鑲紋環蛺蝶翅膀腹面也符合，兩種也會在山區共域分布，因此還得參考白色斑紋的形狀來區分。

蛺蝶科中可能有超過30種蝴蝶是利用翅膀上的斑紋或線條做出體色分割[註]的效果，讓天敵在第一眼時難以辨識出蝴蝶的輪廓，而其中最明顯的例子就是線蛺蝶亞科的成員。

幼｜生｜期

雌蝶產卵時偏好選擇遮蔭處，產卵高度從數十公分到數公尺高都有，剛產下的卵呈青綠色，發育時卵的上端會有黃綠色澤。1齡幼蟲會從葉尖處啃食，攝食的過程會保留葉片中肋的葉脈並在葉尖留下可供停棲的蟲座。幼蟲生長至3齡幼蟲時體型已明顯變大，此時舊蟲座已不敷使用，因此幼蟲會在葉片中段再做一個新蟲座，且在蟲座表面吐絲讓葉片稍微

註：**體色分割**（disruptive coloration）：屬偽裝的一種，生物利用線條（如斑馬、小丑魚）或斑塊（如長頸鹿、彩裳蜻蜓）將身體的底色切割，破壞外觀輪廓，以利於在環境中不易被天敵鎖定或認出。軍人身上穿著的迷彩服或在臉上塗迷彩膏就是體色分割的應用。

▶產於葉片先端的卵

成蝶翅膀腹面底色與豆環蛺蝶相似

向上捲曲，使蟲座的隱蔽效果更好。幼蟲
除外出啃食葉片時會離開蟲座外，其餘時
間都停棲在蟲座裡，其體色與蟲座相似，
若無仔細觀看不容易發現蟲座上停棲了一
隻幼蟲。

　　脫皮變4齡幼蟲後，剛開始仍在3齡
蟲座附近停棲，隨著體型漸大會另尋合適
的葉片躲藏。秋天時寄主的葉片也逐漸老
化變黃，幼蟲在葉片開始掉落前會持續進
食，並且在停棲的葉片葉柄處吐絲。不久
樹上多數的葉片會掉落，而有幼蟲停棲的
葉片，因幼蟲在葉柄及枝條上吐了牢固的
絲所以不會被風吹落，此時幼蟲會躲在枯
黃捲曲的葉片裡暫停進食並越冬，隔年春
天植物抽芽時，幼蟲會先脫皮變為終齡幼
蟲然後開始大量進食。大約在3～4月分
時，幼蟲會找尋寄主枝條或葉下表隱蔽處
化蛹，約一個月後羽化。

▲ 2齡幼蟲及食痕

▲ 3齡幼蟲及其蟲座

▲越冬幼蟲（4齡），枯葉是越冬蟲巢

終齡
幼蟲

◀終齡幼蟲
頭部特寫

蛹化於寄主植物枝條上

殘眉線蛺蝶 特有亞種

Limenitis sulpitia tricula

命名由來：前翅背面中室的灰白色橫紋（眉紋）在前端有會斷裂，因此稱為「殘眉」線蛺蝶；「殘鍔」亦是形容此斑紋；「黑點」、「黑星」、「星」、「點斑」都是指後翅腹面基部的黑褐色小斑點。

別名：臺灣星三線蝶、殘鍔線蛺蝶、金銀花三綫蝶、黑點蛺蝶、黑星蛺蝶、星三線蛺蝶、點斑蛺蝶
分布／海拔：臺灣本島、馬祖／0～1000m
寄主植物：忍冬科忍冬（金銀花）、裡白忍冬
活動月分：多世代蝶種，3～11月為成蝶主要發生期

線蛺蝶亞科　線蛺蝶屬

殘眉線蛺蝶常被稱為「臺灣星三線蝶」，與環蛺蝶屬的「星三線蝶（黑星環蛺蝶）」名稱相似，「星」是指二者後翅腹面基部的數個黑色小斑點，然而「臺灣星三線蝶」並非臺灣特有種且名稱易使人誤解其親緣關係。本種分布廣泛但成蝶並不多見，在都市近郊偶爾有機會遇到。冬季以幼蟲態越冬，秋季成蝶發生期之後，要等到隔年春天才能再見到牠的身影。

幼｜生｜期

雌蝶喜歡將卵產於忍冬的葉尖處，但葉上、下表偶爾也能發現卵。1齡幼蟲會從葉尖處開始攝食，也會將葉尖部分的葉片咬傷，使葉片邊緣乾枯捲曲，另外幼蟲也會收集自己的糞便並加以吐絲黏附在中肋上，並將糞粒排成條狀吐絲固定形成糞橋（見347頁）。1齡幼蟲大多在食痕附近的葉片上活動，休息時也是停棲在葉片中肋及糞橋上，2齡時體表多了許多灰白色的短棘及硬刺，4齡以前幼蟲休息時都是利用蟲巢的形態來隱藏自己的身形。終齡幼蟲的體色轉變成綠色，通常會爬至植株葉片較濃密的部位，且多數的時間是停棲在葉片上表面。蛹的主體為綠色，腹部兩側有條寬褐色帶會在體背處會合，並使背部的板狀突起全為褐色。

▶ 產於葉片邊緣的卵

▲ 1齡幼蟲及食痕

▲ 3齡幼蟲

▲ 5齡幼蟲

▶ 蛹的配色以綠色及褐色為主

▶ 日文名「タイワンホシミスジ」即「臺灣星三線蝶」，「星」指後翅腹面基部的小黑點。

◀ 前翅中室的斑紋呈灰白色

玄珠帶蛺蝶
Athyma perius perius

命名由來：玄珠帶蛺蝶為帶蛺蝶屬的模式種，「玄珠」是指其後翅腹面白斑前緣有一列黑色的珠狀斑點；「算盤子」亦是指此特徵；白三線蝶源自日文名「シロミスジ，白三條」，但翅膀的白色區域並不多。

別名：白（擬）三線蝶、饅頭果擬叉蛺蝶、算盤子帶蛺蝶、艾（眹）蝶、艾蛺蝶

分布／海拔：臺、澎、金、馬、蘭嶼／0～1200m

寄主植物：大戟科細葉饅頭果、菲律賓饅頭果、裏白饅頭果、錫蘭饅頭果等饅頭果屬植物

活動月分：多世代蝶種，全年可見成蝶

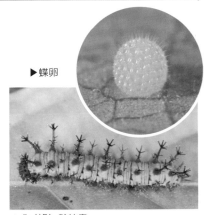
▶蝶卵

帶蛺蝶屬多數成蝶身體腹部背面有一小塊白色斑紋，且正好與三條橫向斑紋的中間那條穿越身體的位置相同，其他5個斑紋相似屬（如下表）的成蝶沒有腹部這個白斑。本屬成蝶前翅翅形長寬比例較接近，相較於環蛺蝶屬較寬的前翅翅形，帶蛺蝶屬這種翅形較不利於滑翔但振翅快而有力，飛行速度相對較快。本種雄蝶有領域行為，會飛到山頂的林緣處，喜歡棲息在陽性乾燥的樹林環境。

▲5（終）齡幼蟲

幼|生|期

卵單產於饅頭果屬葉片上，1～4齡幼蟲全身都是褐色，終齡幼蟲為綠色，而體色最鮮豔是停止進食至化蛹前的這個過程，最多時有紅、橙、黃、綠、藍、黑、白、褐8色，但前蛹期只剩黃白色。蛹的底色雖然是黃白色或黃褐色，卻鑲嵌許多銀色斑塊，用閃燈拍攝時感覺「銀」光閃耀。

亞科	族	屬	種
蛺蝶亞科	蛺蝶族	盛蛺蝶屬	散紋盛（黃三線蝶）、花豹盛（姬黃三線蝶）
線蛺蝶亞科	線蛺蝶族	環蛺蝶屬	豆環（琉球三線蝶）、黑星環（星三線蝶）共14種
		金環蛺蝶屬	金環（金三線蝶）
		線蛺蝶屬	殘眉線（臺灣星三線蝶）
		帶蛺蝶屬	玄珠帶（白三線蝶）、異紋帶（小單帶蛺蝶）共7種
	翠蛺蝶族	瑙蛺蝶屬	瑙蛺蝶（雄紅三線蝶）

▲化蛹前體色的轉變
體色由綠色變藍、再轉為黃色；硬棘由紅變橙再變黃。

◀後翅腹面有一排黑色的圓斑

▶玄珠帶蛺蝶的蛹
背部有許多銀色金屬斑塊，偶有深褐色蛹，金屬斑塊偏黃金色。

白圈帶蛺蝶

Athyma asura baelia

特有亞種

命名由來：後翅外側有一排白色圓圈狀斑紋，因此取名為「白圈」帶蛺蝶；「中黑」、「黑內」也是形容白色圓圈斑紋，源自日文名「ナカグロミスジ，中黑三條」，「鏈」則是指圓圈花紋成串排列像鏈條。

別名：白圈（擬）三線蝶、中黑三條蝶、中黑三筋、黑內三線蛺蝶、鏈擬叉蛺蝶、珠履帶蛺蝶

分布／海拔：臺灣本島／200～1800m

寄主植物：冬青科燈稱花、朱紅水木、臺灣糊樗、糊樗、鐵冬青

活動月分：多世代蝶種，3～10月可見成蝶活動

白圈帶蛺蝶是多世代的帶蛺蝶屬中族群數量相對較少的物種，其後翅外緣一排白色圓圈狀斑紋十分有特色。雄蝶會表現出領域行為，也喜歡在溪畔的溼地上吸水，南投埔里的彩蝶瀑布、南山溪等地，夏、秋季時偶爾能觀察到；北部可在新北市新店、烏來山區的溪谷附近發現。雌蝶不會飛至開闊處吸水，所以較少遇見，雖然會訪花，但偏好吸食樹液、腐果，大多時候是在森林下層或林緣附近活動，此與其產卵偏好有關。

幼｜生｜期

　　冬青科植物多為喬木，不過雌蝶產卵時偏好選擇植株下層的枝條或森林底層未長高的苗木，卵產在葉上表面的葉尖處，小幼蟲會製作糞橋，體型稍大的幼蟲則是將糞便堆在葉片前緣食痕處並吐絲固定。終齡幼蟲為黃綠色，體表有許多硬棘刺，棘刺基部為亮藍色，這鮮豔的外表會讓人們聯想到刺蛾幼蟲。刺蛾幼蟲的棘刺中有毒液，碰觸時棘刺會折斷並將毒液注入患部，並引發紅、腫、痛的反應，不過本種幼蟲的棘刺只有威嚇效果及物理防禦能力，沒有毒液所以不會引起不適。幼蟲會在寄主植株的隱蔽處化蛹，蛹的頭部兩側有大型板狀突起，形狀特殊不難辨別。

線蛺蝶亞科

帶蛺蝶屬

▲後翅腹面亦有圓圈狀斑紋

冬青科的朱紅水木分布在 500 〜 1300m 的山林，爲此科中少數冬季會落葉的種類，秋末時本種幼蟲在葉片基部、葉柄與枝條連接處吐絲避免葉片掉落，接下來整個冬天幼蟲會躲在乾枯捲曲的葉片中，要等到隔年春天才有新鮮的葉片可吃；而同科的燈稱花冬天也會落葉，至於臺灣糊樗等爲常綠樹種，植株上的幼蟲在冬天可以持續進食，但低溫環境讓幼蟲生長速度變慢，蛹期時間也會變長，因此冬季只能見到幼蟲或蛹。

▲卵產於葉尖處

▲ 3 齡幼蟲及食痕

◀ 4 齡幼蟲及僞裝的糞堆

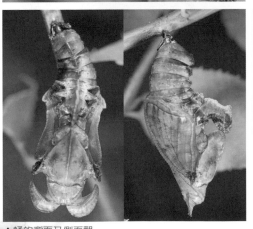

▲蛹的背面及側面觀

終齡幼蟲

▶終齡幼蟲頭殼呈綠褐色，邊緣有許多張出的棘突。

◀吸水的雄蝶

345

異紋帶蛺蝶 特有亞種

Athyma selenophora laela

命名由來：雄、雌翅膀斑紋差別明顯而取名為「異紋」帶蛺蝶；日文名「ヤエヤマイチモンジ，八重山一文字」；臺灣小一文字蝶源自相似種臺灣一文字蝶，再演變為（小）單帶蛺蝶；玉花是指玉葉金花。

別名：（小）單帶蛺蝶、臺灣小一（文）字蝶、八重山一文字蝶、新月帶蛺蝶、玉花（帶）蛺蝶、玉花蝶

分布／海拔：臺灣本島、澎湖、龜山島／0～2000m

寄主植物：茜草科水京金、水錦樹、風箱樹、毛玉葉金花、臺灣鉤藤、鉤藤

活動月分：多世代蝶種，全年可見成蝶活動

線蛺蝶亞科

帶蛺蝶屬

異紋帶蛺蝶有一個與雄蝶翅膀背面斑紋相符的名稱：單帶蛺蝶，而斑紋相似的另2種為臺灣單帶蛺蝶與紫單帶蛺蝶（*Parasarpa dudu*），這3種有類似外觀，但卻是2個屬別；而同屬其他種類都是三條橫紋而稱為「XX三線蝶」。這種依翅膀斑來命名的名稱很直覺，卻可能會誤導對這些物種親緣關係的認知。本種常出現在較潮溼的樹林環境，這與其寄主茜草科喜歡潮溼環境有關，背陽的山坡有較多的茜草科植物，雌蝶產卵時偏好生長在林緣、林下半陰性的植株。

幼 | 生 | 期

雌蝶常將卵產於靠近植株外側的成熟葉上，產卵位置除了葉片先端外，葉下表亦能發現灰綠色的蝶卵，卵發育後顏色會變成偏灰的黃綠色。異紋帶蛺蝶的1齡幼蟲體色全為深褐色，脫皮成2齡後，身體背上出現一個小小的綠褐色斑紋，隨著齡期的增加這個綠褐色斑紋會變大且顏色會變為綠色，到了4齡幼蟲時，體表的斑紋形狀及顏色都與下一頁要介紹的雙色帶蛺蝶幼蟲相似。蛹通常化於寄主葉下表或枝條。

▶蝶卵

▲2齡幼蟲

初期

後期

▲5（終）齡幼蟲
體側的色澤從剛脫完皮的褐色轉變為淡褐色，終齡後期時為橙色。

◀雄蝶翅膀背面只有一條白色帶狀條紋

蝶蛹

雙色帶蛺蝶 特有亞種

Athyma cama zoroastes

命名由來：因為雄、雌蝶翅膀背面的斑紋顏色不同，所以稱為「雙色」帶蛺蝶；本種並非臺灣特有種，所以不宜在名稱中加入「臺灣」二字；「圓弧」、「分號」都是形容雄蝶翅膀背面白色斑紋的形狀。

別名：臺灣單帶蛺蝶、臺灣一（文）字蝶、圓弧（斑or帶）蛺蝶、分號蛺蝶、圓弧擬叉蛺蝶

分布／海拔：臺灣本島、龜山島／0～2000m

寄主植物：大戟科裏白饅頭果、菲律賓饅頭果、細葉饅頭果、錫蘭饅頭果等饅頭果屬植物

活動月分：多世代蝶種，全年可見成蝶

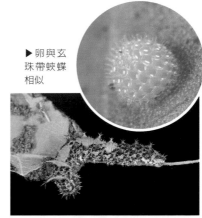

▶卵與玄珠帶蛺蝶相似

線蛺蝶亞科

帶蛺蝶屬

雙色帶蛺蝶與異紋帶蛺蝶的雄蝶常在溪邊溼地上吸水，但玄珠帶蛺蝶棲息環境較乾燥而少見吸水；臺北市裡的近郊步道以前兩種為大宗，後者以北投山區的「烏尖連峰」為主要分布地點。大甲溪在臺中市和平區的山谷間朝西邊奔流，溪的北岸（山的面南坡）環境較為乾燥，常見到玄珠帶蛺蝶在附近出沒；而南岸山坡環境較潮溼，這邊的饅頭果觀察到以本種幼蟲為主，北岸森林步道林蔭處的寄主上也能發現本種，開闊明亮處的植株則為玄珠帶蛺蝶。

▲3齡幼蟲

幼｜生｜期

雌蝶將卵產在寄主的成熟葉片，剛產下的卵呈淡黃色，孵化後幼蟲爬至葉緣啃食葉片，並收集自己排出的糞便，吐絲將糞粒黏在葉緣啃食處，糞粒會一顆顆排列成條狀向外延伸，這個由糞粒所構成的蟲巢又稱為「糞橋」[註]。「糞橋」與「簾狀食痕」都有利於幼蟲隱蔽體態。1、2齡幼蟲直接停棲於糞橋上，3齡幼蟲大多是停在吃剩的葉脈、糞橋基部或葉緣糞堆處。終齡幼蟲呈綠色，蛹化在寄主葉片的下方，蛹體表面有數個大小不一的金色斑紋。

▲5（終）齡幼蟲

▲化蛹前體色變化

註：小幼蟲會製作糞橋的種類有：絲蛺蝶亞科的網絲蛺蝶；秀蛺蝶亞科的流星蛺蝶；線蛺蝶亞科紫俳蛺蝶、殘眉線蛺蝶、*Athyma spp.*。

◀雄蝶常在溪邊吸水。本種未分布於日本，日文名為「タイワンイチモンジ，台灣一文字」。

▶蛹背上有金色金屬斑紋

紫俳(ㄆㄞˊ)蛺蝶 特有亞種

Parasarpa dudu jinamitra

命名由來：「俳」源自屬名「Pa」發音，指翅膀背、腹面淡色斑紋對稱；本種翅腹面有紫色色澤，因此稱為「紫俳蛺蝶」；日文名「ムラサキイチモンジ，紫一文字」，翻譯為紫一文字蝶，之後演變成紫單帶蛺蝶。

別名：紫單帶蛺蝶、丫(ㄚ)紋俳蛺蝶、紫一（文）字蝶、忍冬單帶蛺蝶、山花斑蛺蝶

分布／海拔：臺灣本島、龜山島／0～2500m

寄主植物：忍冬科忍冬、裡白忍冬等多種忍冬屬植物

活動月分：多世代蝶種，2～12月可見成蝶

紫單帶蛺蝶這個名稱是指其翅膀有一條明顯的白色帶，而丫紋俳蛺蝶是本種在香港的名稱，「丫紋」也是形容翅膀的斑紋，紫單帶蛺蝶這個名稱是注重前翅白色帶狀斑紋的主幹，而這個白色帶狀斑紋在延伸到前翅前緣時分叉成兩股，就像是英文字母的「Y」，因此以這個斑紋特徵而稱為丫紋俳蛺蝶。

本種雄蝶會飛到山頂並在林緣的樹梢停棲，當看到有其他的蝴蝶經過就起飛前去驅趕，之後再飛回原先停棲的枝條。牠也喜歡在腐果、動物排遺上覓食，此時較容易觀察到紫俳蛺蝶的背面。雌蝶會選擇生長在半陰性或有遮蔭的植株葉片產卵，卵大多是產於葉下表面，但偶爾也可在葉面或葉片先端處發現卵的蹤影。

幼｜生｜期

蛺蝶科幼蟲體表變化多樣，從斑蝶亞科的肉棘、毒蝶亞科及蛺蝶亞科的硬棘，到了線蛺蝶亞科肉棘、硬棘混合型態；斑蝶亞科的幼蟲以鮮明、對比的顏色來作為警戒色，毒蝶、蛺蝶亞科的幼蟲則是以硬棘及棘刺來作物理性防禦。線蛺蝶亞科的幼蟲體表也有許多防衛性的棘刺，這些刺著生的部位可能是肉棘或是硬棘，而在先前介紹的環蛺蝶屬、

線蛺蝶亞科

俳蛺蝶屬

▲停棲時常常將翅膀展開，高溫或陽光較強時才會將翅膀合攏

金環蛺蝶屬及帶蛺蝶屬幼蟲中，這些棘或刺都沒有顯眼、特殊的形態或顏色。線蛺蝶屬的殘眉線蛺蝶，身上有 5 對肉棘的形態特別長，但棘上的刺顏色仍不顯眼；而紫俳蛺蝶的終齡幼蟲卻是讓人為之驚豔，身上除了有 5 對長肉棘外，棘上的刺不只較長且有紫、黑、白 3 種色彩，特別是最長的第 3 對肉棘，肉棘上的刺集中在棘的末端呈叢狀。

幼蟲身上這些鮮豔的棘刺除了原有的物理性防禦功能外，加上本種的大幼蟲喜歡捲曲在忍冬的枝條分叉與葉柄著生枝條的位置，身上這些棘刺可能有利於幼蟲隱藏於枝葉間或混淆天敵的視覺判斷而增加存活的機會。紫俳蛺蝶幼蟲的習性與殘眉線蛺蝶類似（見 342 頁），在許多淺山丘陵或低海拔山區兩物種的分布重疊，但到了中海拔山區後，殘眉線蛺蝶的族群就不易見到了。

▲蝶卵

▲ 1 齡幼蟲及食痕

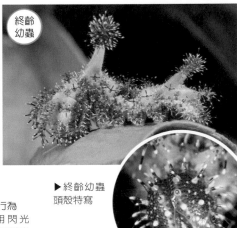

2齡幼蟲

終齡幼蟲

▶蛹頭部前方的外形特殊，此為腹面觀，可以看到觸角、腳及口吻的位置。

▶終齡幼蟲頭殼特寫

◀雄蝶領域行為攝影時使用閃光燈，腹面會呈現出明顯的紫色光澤。

349

瑙蛺蝶
Abrota ganga formosana

特有亞種

命名由來：雄蝶翅膀背面有如瑪瑙般的橙色花紋，因此取名為「瑙」蛺蝶；本屬為單種屬，本種即為屬的模式種；日文名為「オスアカミスジ；雄赤三條」，翻譯後即雄紅三線蝶。

別名：雄紅三線蝶、婀蛺蝶、大吉嶺橙蛺蝶
分布／海拔：臺灣本島／400～1500m
寄主植物：金縷梅科秀柱花；殼斗科青剛櫟、錐果櫟、赤皮、長尾尖葉櫧
活動月分：一年一世代，5～10月為成蝶發生期

線蛺蝶亞科

瑙蛺蝶屬

瑙蛺蝶又被稱為雄紅三線蝶，而這個名稱是描述本種的成蝶形態特徵，「雄紅」是說本種雄蝶翅膀的底色為橙紅色，而「三線蝶」是指雌蝶翅背面具有三條明顯的白色橫帶。這個名稱看似非常貼切的描繪出本種的雌、雄蝶外觀，但卻容易讓本種誤認是傳統三線蝶（環蛺蝶屬、帶蛺蝶屬）的一員。本種在分類上與先前介紹的環蛺蝶屬、帶蛺蝶屬分屬不同的「族」（見343頁玄珠帶蛺蝶的表格），本種是翠蛺蝶族的物種。

　　瑙蛺蝶是一年一世代的蝶種，想要觀察瑙蛺蝶的最佳月分是每年6月中旬～7月，此時全臺各地低、中海拔山區的瑙蛺蝶已陸續羽化出現，這段時間雄蝶翅膀顏色最為完整且鮮豔，到了8、9月分時，雄蝶間因為領域行為及日晒雨淋而使得翅膀破損、褪色。瑙蛺蝶雄蝶與雌蝶的體型差別很大，本種與先前介紹的異紋帶蛺蝶及雙色帶蛺蝶都是典型的「雌雄二型性」物種，且雌蝶的外觀都是翅膀上有3條明顯的白色橫帶。

幼｜生｜期

　　瑙蛺蝶雖然是全島分布的蝶種，但有局部族群數量較多的情形，例如宜蘭南澳山區、中部山區、臺東延平鄉等。一些較早出版的書籍或資料，瑙蛺蝶的寄主植物只記錄了金縷梅科的秀柱花，然而秀柱花只分布中部中、低海拔山區，南部及北部都沒有這種植物，

雄蝶翅膀背面有如瑪瑙般的橙色花紋

顯然本種的幼蟲期並非「只」能吃秀柱花。筆者曾在臺中市和平區觀察到雌蝶將卵產於秀柱花、長尾尖葉櫧、青剛櫟、椎果櫟上，而在桃園北橫一帶則是在赤皮、青剛櫟上找到野外的幼蟲。

　　瑠蛺蝶的雌蝶雖然在每年 7 月就能觀察到，但產卵的高峰期卻在 9、10 月間。雌蝶產卵時會選擇生長在森林陰暗處的植株，卵會產在成熟葉的上表面或葉下表，經常是數十顆為一群。1 齡幼蟲殼全黑色，隨著齡期增長，頭殼黑色所占面積會越來越小，至 5 齡時頭殼呈灰綠色了。蛹體表有許多鑲著紅褐色邊框的銀色斑紋，通常化蛹於寄主植物較陰暗的葉下表。

▲蝶卵
發育的卵頂部有暗紅色的發育斑，而黑褐色的卵是遭到卵寄生蜂寄生。

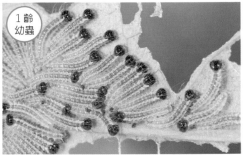

1 齡幼蟲

3 齡幼蟲

◀終齡幼蟲
齡期介於 8～11 齡甚至更多，體背前後端各有一個明顯的桃紅色斑。

6 齡幼蟲

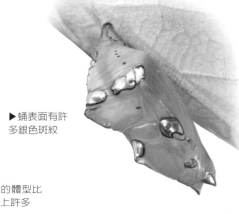
▶蛹表面有許多銀色斑紋

◀雌蝶的體型比雄蝶大上許多

紅玉翠蛺蝶 特有亞種

Euthalia irrubescens fulguralis

命名由來：本種翅膀雖為黑或黑褐色，但仍屬於翠蛺蝶屬，翅膀上的淺色鱗片在較強光線下會反射出黃綠色的光澤；「紅玉」乃是指翅膀斑紋的顏色及質感；日文名「イナズマチョウ」翻譯即「閃電蝶」。

別名：閃電（蛺）蝶、閃電綠蛺蝶、紅裙邊翠蛺蝶、暗翠蛺蝶
分布／海拔：臺灣本島／200～1000公尺
寄主植物：桑寄生科大葉桑寄生、蓮花池桑寄生、杜鵑桑寄生、忍冬桑寄生等大葉楓寄生屬植物
活動月分：多世代蝶種，2～10月為成蝶發生期

臺灣共有5種翠蛺蝶屬物種：臺灣翠蛺蝶（臺灣綠）、馬拉巴翠蛺蝶（馬拉巴綠）、甲仙翠蛺蝶（甲仙綠）、窄帶翠蛺蝶及紅玉翠蛺蝶（閃電）。前4種翅膀底色是綠色而稱為「XX綠蛺蝶」，本種過去被稱為閃電蝶，而且翅膀不是綠色，讓人較難聯想到牠與前4種是同屬。然而本屬在中國及東南亞還有許多種類，翅膀底色有黑、褐、黃、藍而不是只有綠色系，且不少種類與本種一樣為多世代蝶種。

位於南投縣的林試所蓮華池試驗站，有一片廢棄不再採收的油茶樹，油茶樹上寄生了一種只分布在蓮華池的特有種桑寄生，名為「蓮華池桑寄生」註。十幾年前這片油茶園因無人整理而荒煙蔓草，蓮華池附近就能觀察到紅玉翠蛺蝶活動，桑寄生上也能找到牠的幼生期。但自從這片油茶園的環境整理後，桑寄生的生長環境變得較明亮，而本種雌蝶不喜歡將卵產於環境明亮處的桑寄生葉片上，以致蓮華池當地的族群數量有些減少，相對偏好棲息在明亮處桑寄生枝條的豔粉蝶，族群數量反而略顯上升。

幼 | 生 | 期

桑寄生只能寄生在特定幾個科的植物上，因此野外的桑寄生並不多見，而紅玉翠

▶看到翅膀上的閃電斑紋了嗎？另一說法是本種飛行快如閃電。

註：蓮華池桑寄生的命名者為科博館邱少婷副研究員，在進行玉山國家公園楠梓仙溪上游的調查時，發現當地也有不少的蓮華池桑寄生，打破了原本認知的「蓮華池桑寄生是分布於中部的稀有植物」，經研判南投蓮華池當地的蓮華池桑寄生族群應該是鳥類從中海拔山區傳播至當地。

蛺蝶雌蝶只偏好大葉楓寄生屬的桑寄生植物，且對於產卵植株的環境亮度很挑剔。雌蝶偏好生長在遮蔭處的植株葉片上產卵，產卵植株的高度從十幾公尺到2、3公尺不等，葉上下表面都能發現卵的蹤影。剛產下的卵顏色為淺黃褐色，之後卵色就轉變成深褐色。1、2齡幼蟲體色為橙黃色，常停棲在葉緣處，3齡以後的幼蟲體色變為綠色且多數時間會停棲在葉片中肋處，幼蟲體背有許多明顯的紅紫色或粉紅色斑紋。本種幼蟲只有5個齡期，而終齡幼蟲的時間最長，可長達2～3週。蛹通常化在桑寄生或寄生的寄主植物葉下表，蛹體側各有一個紅褐色斑紋，斑紋的外觀像是遭到啃食後而乾枯的桑寄生葉片。

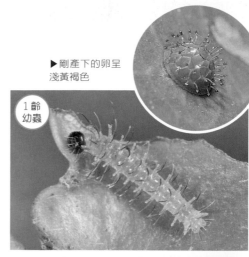
▶剛產下的卵呈淺黃褐色

1齡幼蟲

3齡幼蟲

▲前蛹正在脫皮化蛹

終齡幼蟲

◀蛹兩側有像蟲咬後的枯葉斑紋

▼翅膀上桃紅色的斑紋是牠的特徵

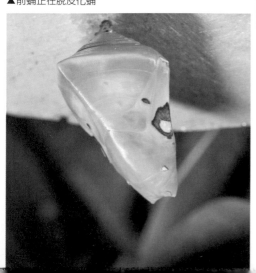

353

臺灣翠蛺蝶

Euthalia formosana

命名由來：本種為翠蛺蝶屬一員，而本種學名的種小名為「*formosana*」且為臺灣特有種，所以沿用常用名「臺灣綠蛺蝶」的「臺灣」後，命名為「臺灣翠蛺蝶」；「高砂」亦是臺灣的舊稱。

別名：臺灣綠蛺蝶、臺灣綠一字蝶、高砂綠一文字蝶
分布 / 海拔：臺灣本島 / 200～1200m
寄主植物：殼斗科青剛櫟、椎果櫟、三斗石櫟；大戟科粗糠柴
活動月分：一年一世代，4～11月為成蝶發生期

臺灣5種翠蛺蝶屬的蝴蝶中，除了紅玉翠蛺蝶爲一年多世代外，其餘的4種都是一年一世代的種類，其中臺灣翠蛺蝶的族群數量最多且分布廣泛。在北部熱鬧的烏來商店街也有蝶友曾在此見到牠的蹤影；在中部埔里著名的彩蝶瀑布看到雄蝶飛至溪邊溼地吸水；東部太魯閣國家公園的砂卡礑步道在每年夏季時，步道上有許多稜果榕的落果，來往遊客把果實踩破而許多蛺蝶被其氣味吸引前來吸食，步道的海拔雖然只有60公尺但也曾見到牠前來覓食，這大概是本種海拔最低的記錄也是離海岸最近的地點。

每年暑假來臨時，在全臺海拔500～1000公尺中央山脈周邊的森林步道是欣賞臺灣翠蛺蝶身影的最佳選擇，雄蝶會在林緣的樹梢上進行領域行爲；走進步道後，注意林下陽光照射處可以看到雌蝶展翅作日光浴。

幼 | 生 | 期

本種蝶卵在放大鏡下觀察樣子很特別，而卵在發育後可以看到明顯的紅色發育斑，孵化前可以在卵的頂部看到黑色的幼蟲頭殼。1～3齡幼蟲會停棲在青剛櫟成熟葉的葉下表，且維持群聚的狀態，到了脫皮變成4齡幼蟲後，幼蟲就開始四處分散爬離原本棲

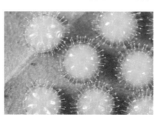

▶ 剛產下的卵呈黃綠色

註：網路搜尋請打「葉子上的活蜘蛛網」或「神奇的毛毛蟲世界」

▲ 開始發育的蝶卵有紅色發育斑

◀ 卵成蝶一早就飛到陽光下晒太陽，當體溫上升後會搶先飛到樹枝上吸食樹幹傷口流出的樹液。

息的葉片，在這之後幼蟲的習性從群聚變成各自獨立且不再待在葉片下表面，而是改停棲在葉上表面的中肋上，此時幼蟲身體背面黃色的背中線與青剛櫟成熟葉片黃色的中肋顏色相似，在陰暗的樹林間不易發現停在葉面上的幼蟲。

曾聽過本種幼蟲的外型被形容成鳥羽，雖然外觀相似卻不甚合情理，在2008.09.05的國語日報科學教室「奇妙的毛毛蟲世界」專欄14[註]，作者小虎把幼蟲的外型形容為「葉子上的活蜘蛛網」，幼蟲披著這身樹枝狀肉棘在葉片移動時，能讓天敵誤以為是不可食的蜘蛛網。或許讀者看到幼蟲圖片後會跟筆者有一樣的想法，覺得幼蟲身上這些平展的肉棘與青剛櫟葉片的葉脈外形也很相像。但不論是「羽毛」、「蜘蛛網」或是「葉脈」，都是我們依日常生活經驗給予的「主觀」解釋，可以確定的是幼蟲這身外型有利於牠隱身在葉片表面。

▲1齡幼蟲與即將孵化的蝶卵

▲遭小繭蜂寄生的幼蟲

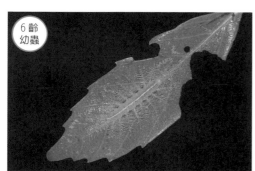

6齡
幼蟲

▲終齡幼蟲的齡期約8～10齡

中肋

▲蛹通常化在寄主葉下表的中肋，體色呈翠綠色。

窄帶翠蛺蝶 特有亞種

Euthalia insulae

命名由來：本種後翅白色帶狀斑紋較臺灣翠蛺蝶的白色斑紋窄且邊緣明確不會渲染開來，因此稱為「窄帶」翠蛺蝶；別名裡有「西藏」的都是錯誤鑑定，「窄帶」或「細帶」才是正確的中文別名。

別名：西藏綠蛺蝶、西藏綠一（文）字蝶、西藏翠蛺蝶、杉谷一文字蝶、
細帶綠蛺蝶、窄帶綠蛺蝶

分布／海拔：臺灣本島／ 200 ～ 3000m

寄主植物：殼斗科青剛櫟、錐果櫟、赤皮、狹葉櫟、臺灣栲

活動月分：一年一世代，6 ～ 10 月可見成蝶活動

本種在許多資料上的名稱是「西藏翠蛺蝶」，學名為 *E. thibetana*，「西藏」這個名稱是源自於其種小名「*thibetana*」，而臺灣的族群被視為是特有亞種。但外國學者 Koiwaya 在 1996 年發表其研究成果，指出臺灣這一種其實根本不是 *E. thibetana*，而是另一種與西藏翠蛺蝶混棲且分布於中國南部的種類，學名為「*E. insulae*」，此時「西藏翠蛺蝶」這個中文名稱不只是不適用，而且最好是捨棄不再使用。徐教授在其著作「臺灣蝶圖鑑」第一卷中，將本種的中文名稱取名為「窄帶翠蛺蝶」，而之後出版的蝴蝶相關圖鑑也將本種的中文名稱作了不同的修改。在李俊延與王效岳所合著的「臺灣蝴蝶寶鑑」或「台灣蝴蝶圖鑑」中，本種被稱為「窄帶綠蛺蝶」，而林春吉先生在「蝴蝶食草大圖鑑」中，稱為「細帶綠蛺蝶」；不論是「窄帶」或「細帶」都是形容後翅的白色帶狀斑紋比臺灣翠蛺蝶細窄。

本種分布範圍比臺灣翠蛺蝶更廣，以中央山脈西側為例，在海拔高度 200 公尺的原始森林就能發現兩者，而臺灣翠蛺蝶的分布上限為海拔 1200 公尺左右，本種卻能分布到海拔 3000 公尺，其海拔分布雖廣，但族群最多是在海拔 1000 ～ 2000 公尺之間；臺灣翠蛺蝶則是海拔 500 ～ 1000m 之間。

▲在地面吸水的成蝶

線蛺蝶亞科 翠蛺蝶屬

幼｜生｜期

　　6 月分見到的為雄蝶，7 月分雌蝶陸續出現，9 月初雌蝶腹部卵巢仍未發育。9 月下旬以後雄蝶數量明顯減少，此時雌蝶腹部已明顯比月初時變大許多，並開始在森林裡找尋生長在半遮蔭環境的寄主植物，選定後會停棲在植物的葉下表並產下數粒的蝶卵。剛產的卵顏色較黃，不久就變成淺黃色並有淡紅色的發育斑。本種幼蟲外型及習性與臺灣翠蛺蝶相似而且不易區別，幼蟲最大的差異在 1 齡時的頭殼，本種為透明而臺灣翠灰蝶為黑色。終齡幼蟲化蛹前會爬至寄主隱蔽處的葉下表化蛹，蛹的第 3 腹節突出呈稜狀，外觀不同於臺灣翠蛺蝶。本種卵期大約 2 周，幼蟲期長達半年以上的時間，冬季時幼蟲不受低溫影響會持續進食且緩慢長大，隔年 4 ～ 5 月分時幼蟲陸續化蛹，蛹期約一個月。經歷了漫長且危機四伏的幼生期之後，新生的成蝶將再次在山林間飛舞。

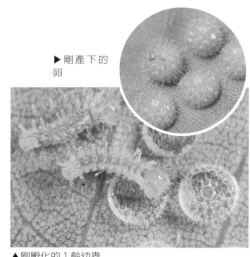

▶ 剛產下的卵

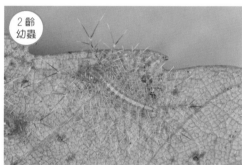

▲剛孵化的 1 齡幼蟲

2 齡幼蟲

終齡幼蟲

6 齡幼蟲

▲蛹外型與臺灣翠蛺蝶略有差異

▶雄蝶在枝頭上表現出領域行為

357

甲仙翠蛺蝶

Euthalia kosempona

命名由來：種小名「*kosempona*」是指高雄市甲仙地區，因此取名為「甲仙」翠蛺蝶；本種亦分布於中國南方省分及越南北部，因翅膀上有許多黃色斑紋而取名為「黃翅翠蛺蝶」。

別名：甲仙綠蛺蝶、連珠翠蛺蝶、連珠綠蛺蝶、埔里綠一（文）字蝶、埔里綠蛺蝶、臺東綠一文字蝶、黃翅翠蛺蝶
分布／海拔：臺灣本島／ 200 ～ 2500m
寄主植物：殼斗科青剛櫟、捲斗櫟、赤皮
活動月分：一年一世代，5 ～ 10 月可見成蝶活動

本種最先發表時學名爲 *E. kosempona*，當時認爲是臺灣特有種，後來被修正爲 *E. hebe*（中國名：褐蓓翠蛺蝶；臺灣稱爲：連珠翠蛺蝶）的臺灣特有亞種。不過 2011 年的研究結果指出，本種並不是 *E. hebe*。本種在中國南方與 *E. hebe* 的分布重疊，學名重新修正後新的中文名也改爲「甲仙」翠蛺蝶。雄蝶常在林道內有陽光照射處巡邏、停棲，喜歡吸食腐果，偶爾也會飛至林緣制高處展現領域行爲；雌蝶較難見到，大多在環境偏暗的森林底層活動，雌蝶體型明顯比雄蝶大，且兩者翅膀的斑紋差別明顯，早年以爲雌雄蝶是不同的種類而有不同稱呼，雄蝶被命名爲：埔里綠一文字蝶；雌蝶則稱爲：臺東綠一文字蝶。本種的族群數量不多，比臺灣翠蛺蝶或窄帶翠蛺蝶都來得少見，但海拔分布廣泛，與這 2 種的棲息環境有重疊。

幼 | 生 | 期

臺灣翠蛺蝶或窄帶翠蛺蝶的雌蝶偏好遮蔭處的寄主葉片產卵，且會產下數粒或數十粒而形成卵群；本種雌蝶產卵時則會選擇更陰暗的環境，但每片葉片上只產一粒卵，卵呈黑褐色，與紅玉翠蛺蝶的卵相似。幼蟲身體背面有許多大小相近的桃紅色橢圓形斑紋，

▲雌蝶體型明顯比雄蝶大，且體色、斑紋差別明顯。（呂晟智攝）

平時大多停棲在葉片上表面休息。蛹化於植株隱蔽處的葉下表面，蛹體比前兩者來得瘦長且頭部前方的突起也較細長。

　　中華昆蟲期刊在 1998 年有篇討論本種寄主植物記錄的文章，作者將雌蝶以多種殼斗科植物套卵，結果產卵於捲斗櫟。本種在埔里附近的採集記錄最多，加上捲斗櫟主要分布在埔里地區，作者因此推論此蝶之分布與寄主分布明顯相關。捲斗櫟確實是本種的寄主。但僅依人為套卵後飼育的結果推論並不合宜，有些蝶類幼蟲可利用的植物，在野外雌蝶並不會視為寄主而產卵。另外，本種在全臺各地低海拔較原始山區幾乎都有分布，惟族群數量本來就不多，但埔里附近以往就是蝴蝶採集的重要集散地，當然會有最多記錄。本種的中文名裡尚有「臺東」、「甲仙」、「埔里」，表示東部、南部及中部都有族群。另外，1936 年還有一筆由日籍人士池田成實採自新北市中和南勢角的記錄。

▲單產的卵

▲遭寄生的 5 齡幼蟲

終齡幼蟲

線蛺蝶亞科

翠蛺蝶屬

蝶蛹

▲溼地吸水的雄蝶
雄蝶的日文名為「ホリシヤイチモンジ」，臺灣區蝶類大圖鑑裡稱牠為埔里綠一文字蝶，但日文名稱中並無「綠」。

眼蛺蝶

Junonia almana almana

命名由來：本屬翅膀背、腹面常有眼狀斑紋，因而命名為眼蛺蝶屬；本種雖然不是眼蛺蝶屬的模式種，但族群數量多、分布廣且翅膀的眼狀斑紋明顯具有代表性，因此以屬的中文名稱作為本種的中文俗名。

別名：孔雀（眼）蛺蝶、（孔雀）擬蛺蝶、孔雀紋（擬）蛺蝶、赭胥、美眼蛺蝶、美目蛺蝶、貓眼蛺蝶、蓑衣（蛺）蝶、無紋擬蛺蝶、鳳梨蝶

分布／海拔：臺、澎、金、馬、龜山島、綠島、蘭嶼／ 0 ～ 1000m

寄主植物：玄參科旱田草、水丁黃、定經草；爵床科水蓑衣屬、易生木、賽山藍；馬鞭草科鴨舌癀

活動月分：多世代蝶種，全年可見成蝶

▶蝶卵

臺灣的蛺蝶亞科中，眼蛺蝶屬種類數最多，眼蛺、青眼、黯眼、鱗紋眼是基本成員。近二十年還記錄了波紋眼蛺蝶（*J. atlites*）及南洋眼蛺蝶（*J. hedonia ida*）曾來過南臺灣，目前僅前者仍有少量族群在屏東縣境內。近年波紋眼蛺蝶在北臺灣部分的人造棲地出現，疑似人為引入飼養後散逸。眼蛺蝶成蝶會因羽化季節不同，翅膀的斑紋及外形也有差異，夏季時後翅腹面外緣有一列明顯眼狀斑紋，但冬季個體則消退甚至消失；夏季個體翅膀外緣不像冬季個體有較明顯的突起，原本翅緣彎曲圓弧的位置也會變得具有稜角。

▲ 3 齡幼蟲

幼｜生｜期

本種的寄主有長得低矮的旱田草、定經草、鴨舌癀；另一類是植株較高的水蓑衣屬植物，水蓑衣喜歡生長在淡水溼地，兩類都喜歡陽光充足的環境。爵床科常見的綠籬植物翠蘆莉、易生木都不是臺灣原生植物，但也能在植株上發現本種的卵，孵化後的幼蟲都會攝食，以易生木為食的幼蟲生長情形不錯，但翠蘆莉上的幼蟲在 1、2 齡就適應不良而相繼發育失敗死去；南部低海拔地區已歸化的爵床科賽山藍也是本種的寄主之一。

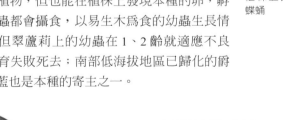

▲ 5 齡幼蟲

▶ 化蛹於植株上的蝶蛹

◀本種日文名為「タテハモドキ，擬立翅」，翻譯為擬蛺蝶；「孔雀紋」是形容翅膀的眼紋像孔雀尾羽的花紋。

▶ 夏季個體（溼季型）

青眼蛺蝶
Junonia orithya orithya

命名由來：本種雄蝶翅膀背面有明顯的藍色金屬光澤，因此取名為「青」眼蛺蝶；「孔雀紋」、「美目」、「眼紋」都是指翅膀背面的眼狀斑紋；日文名稱為「アオタテハモドキ，青擬立翅」，翻譯後為「青擬蛺蝶」。

別名：孔雀（紋）青蛺蝶、青擬蛺蝶、翠藍眼蛺蝶、藍地（蛺）蝶、藍美目蛺蝶、青胥、眼紋蛺蝶、昔時剪蝶、昔時剪絨

分布／海拔：臺、澎、金、馬、龜山島、綠島、蘭嶼／ 0 ～ 2000m

寄主植物：爵床科爵床屬多種植物；馬鞭草科鴨舌癀；玄參科通泉草；車前草科車前草

活動月分：多世代蝶種，全年皆為成蝶發生期

▶ 快孵化的卵

青眼蛺蝶從平地至海拔 2000 公尺高的清境農場都能見到，喜歡在開闊的崩地、山區路旁草地這類環境活動。雄蝶在後翅背面有明顯的青藍色金屬色鱗片，雌蝶翅膀的花紋有兩型，其一是沒有青藍色鱗片而是呈現黑褐色，另一種的外型頗像雄蝶，後翅也有青藍色鱗片，但青藍色鱗片所占面積較小，只分布於翅膀中外緣區域，雄蝶的青藍色鱗片則分布至後翅翅膀基部。

▲ 1 齡幼蟲體表有細長毛

幼 | 生 | 期

筆者目前只在爵床上觀察過青眼蛺蝶的幼生期，而其他的寄主植物記錄則有鴨舌癀、通泉草等。雖然青眼蛺蝶的幼蟲會利用這些植物，但是雌蝶似乎仍偏好將卵產於爵床植株上，特別是爵床開花時的花序上。

▲ 3 齡幼蟲，體表有明顯的棘刺

爵床喜歡生長在林道或道路兩旁的陽性坡，山區道路會經常性除草，生長在道路兩旁的爵床就易遭到砍除，除草這類人為干擾可能使得小區域裡的族群數量會受到不小衝擊。相較之下，若是以噴灑除草劑的方式來抑制雜草生長，除草劑極有可能會殘留在土壤中，即便下雨沖洗也還會影響植物生長，這種除草方法對青眼蛺蝶族群數量的影響更為深遠。

▲終齡幼蟲

▶ 蝶蛹背部有圓鈍的小突起

◀雄蝶
後翅背面藍色鱗分布較廣，前翅背面色澤偏黑，橙色斑紋無或不明顯。

鱗紋眼蛺蝶 特有亞種

Junonia lemonias aenaria

命名由來：翅膀腹面有像魚鱗般的波浪狀花紋，因此取名為「鱗紋」眼蛺蝶；日文名為「ジャノメタテハモドキ，蛇眼擬立翅」，翻譯後為「蛇眼擬蛺蝶」，之後再演變出許多相似的名稱。

別名：眼紋（擬）蛺蝶、蛇眼（紋）擬蛺蝶、蛇目（擬）蛺蝶、蛇眼蛺蝶、褐美目蛺蝶、紅環蝶

分布／海拔：臺灣、澎湖、蘭嶼／0～1000m

寄主植物：爵床科臺灣馬藍、臺灣鱗球花、賽山藍

活動月分：多世代蝶種，全年可見成蝶

鱗紋眼蛺蝶偏好棲息於森林邊緣的開闊地，山區產業道路旁常能觀察到牠的身影。雖然本種常在陽光下活動，但也會飛入樹林中休息或是覓食，不像眼蛺蝶或青眼蛺蝶偏好在開闊、明亮的環境活動。本種在夏季翅膀腹面有「鱗紋」的花紋，冬季斑紋則幾近消失，且會出現粉紅色色澤，春、秋兩季是這兩種形態斑紋的過渡型（中間型），而這種翅膀斑紋的變化只發在中、南部地區，北部因為冬季氣溫偏低，多以蛹的形態越冬而見不到「冬型」的成蝶個體。臺灣產眼蛺蝶屬的4種蝴蝶中，以本種及眼蛺蝶這兩種會明顯隨季節變化而羽化出翅膀腹面不同斑紋的個體。

幼|生|期

鱗紋眼蛺蝶的幼蟲記錄主要以臺灣鱗球花及臺灣馬藍為食，不過鱗球花屬及馬藍屬多種植物都有機會利用。野外較常觀察到的是雌蝶在鱗球花上產卵，仔細找尋常能在花序上發現鱗紋眼蛺蝶的小幼蟲。當幼蟲體型稍大後，會爬至植物的莖葉處躲藏，終齡幼蟲在化蛹前通常會爬離寄主植物，到附近的枯枝落葉處化蛹，蛹體的色澤稍暗，在昏暗的森林底層不易被發現。

▶ 雌蝶偏好將卵產於鱗球花的花序

▲ 3齡幼蟲

▲ 5（終）齡幼蟲

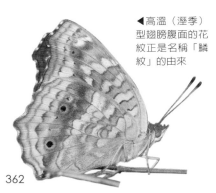

◀高溫（溼季）型翅膀腹面的花紋正是名稱「鱗紋」的由來

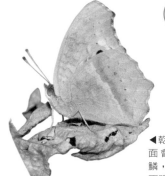

蝶蛹

◀乾季型的翅膀腹面會出現粉紅色鱗，眼紋位置只有不明顯的小斑點。

黯眼蛺蝶
Junonia iphita iphita

命名由來：本種成蝶體色為黑褐色，因此稱之為「黯」眼蛺蝶；「黑」、「日蔭」、「巧克力」也是形容翅膀的顏色，意思同「黯」；「鉤翅」是指前翅頂角處呈鉤狀；日文名為「クロタテハモドキ，黑擬立翅」。

別名：黑擬蛺蝶、鉤翅眼蛺蝶、念珠美目蛺蝶、黑（眼）蛺蝶、日蔭（擬）蛺蝶、巧克力蛺蝶、豬糞蝶仔片

分布／海拔：臺灣、澎湖、蘭嶼／ 0 ～ 2000m

寄主植物：爵床科馬藍屬、臺灣鱗球花、賽山藍、大安水蓑衣、易生木

活動月分：多世代蝶種，全年可見成蝶

蛺蝶亞科　眼蛺蝶屬

黯眼蛺蝶大多棲息於森林邊緣的區域，林下半遮蔭處是牠經常出沒的地點，而牠也常會飛到森林邊緣晒太陽、訪花或吸水。眼蛺蝶屬的 4 種成蝶喜好不同明亮度的環境，由亮而暗依序分別為眼蛺蝶、青眼蛺蝶、鱗紋眼蛺蝶、黯眼蛺蝶，而眼紋的大小及顯眼程度也是依這順序由大而明顯轉變成小而模糊，翅膀的色澤也是由明亮的橙色及亮藍色系變為淺褐色至黑褐色。

幼｜生｜期

提及黯眼蛺蝶幼生期食性，就得提到譚文皓先生，他於中學時期共參加 4 次國際科學展覽競賽，在 2008 及 2009 年都得到動物組全國第一名並代表臺灣出國比賽且獲獎。他一開始是廣泛收集本種幼蟲各項發育數據並分析比較，到後來針對幼蟲取食大安水蓑衣情形，得到一些有趣的結果：取食大安水蓑衣的幼蟲生長期較短且成蝶體型較大，但幼蟲期的存活率稍低了 些；偏好將卵產於大安水蓑衣的雌蝶，其子代雌蝶也偏好將卵產於大安水蓑衣上，並不會因幼蟲期是取食馬藍而改變。但將偏好產卵於大安水蓑衣（新寄主植物）的雌蝶其子代改以馬藍（原寄主植物）飼育時，生長發育情況會變差，顯示這些個體對馬藍的適應已下降，悄悄地發生食性偏好轉移的狀況。

▶ 幼蟲頭殼已出現的卵

▲ 2 齡幼蟲

▲ 終齡幼蟲

▶ 蛹整體的色澤偏暗褐色

◀ 後翅腹面有不明顯的眼狀斑紋

▶ 在芒草上晒太陽的成蝶

黃帶隱蛺蝶

Yoma sabina podium

命名由來：本屬停棲不動時與環境背景相似，隱身功夫了得，故命名「隱」蛺蝶屬；本種翅膀背面有一條前後貫穿的橙黃色帶狀斑紋而取名為「黃帶」隱蛺蝶；「黃帶枯葉蝶」這名稱易誤解成枯葉蝶屬。

別名：黃帶枯（or 木 or 樹）葉蝶、黃（縱）帶蛺蝶、瑤蛺蝶、
大型橙帶蛺蝶、黃帶蝶、恆春樹葉仔
分布／海拔：臺灣本島南部／0～1000m
寄主植物：爵床科蘆利草、賽山藍
活動月分：多世代蝶種，全年皆有成蝶活動

說到「黃帶隱蛺蝶」（昔稱黃帶枯葉蝶），有些人就不曾聽過，而見過牠的人也不多，因為牠的分布局限，只有在臺灣的南側及東南側的低海拔山區。本種行為及習性與枯葉蝶相似，而且雄蝶的領域行為比枯葉蝶更為明顯，雄蝶會高據在樹梢，見到其他蝴蝶飛近時會進行驅逐的行為，然後再飛回制高處警戒；雌蝶則在樹林底層低飛，找尋生長在合適環境的寄主植物產卵，在空曠明亮的環境並不容易見到雌蝶的身影，雄蝶反而較常見，特別是到了恆春半島附近的登山小徑或林道，見到牠的機會很高，夏季時是成蝶主要發生期。雌、雄蝶翅膀背面斑紋相似，但雌蝶體型明顯比雄蝶大上許多，腹面斑紋也比雄蝶深。本種對腐果興趣較低，反而對花朵裡的花蜜較青睞，其食性與眼蛺蝶屬的蝴蝶較為接近，雄蝶有時也會吸食動物的排遺。

幼｜生｜期

黃帶隱蛺蝶雌蝶只會將卵產在蘆利草及賽山藍上，其他的爵床科植物上仍未實地找到本種幼生期。蘆利草及賽山藍會與多種爵床科植物生長在鄰近地區，儘管認得蘆利草及賽山藍，仍不能確定在上面發現的幼生期是不是本種，這兩種植物上也會有鱗紋眼蛺

▲翅膀背面的橙黃色縱帶是牠名稱由來，其日文名為「キオビコノハ，黃帶木葉」，翻譯後為黃帶木葉蝶。

蝶、黯眼蛺蝶、枯葉蝶的卵及幼蟲。所幸
本種終齡幼蟲的身上有明亮的黃、橙色斑
紋及光線照射下會顯現藍紫色金屬光澤的
棘刺，這樣特殊的形態別無分號，但1～
4齡幼蟲沒有這樣亮麗的外型。

　這兩種植物，雌蝶偏好產卵於蘆利草
上，由於兩者的葉片都較薄，幼蟲需攝食
較多的葉片才能長大，因此夏季尾聲時，
步道兩旁的寄主常被幼蟲嚴重啃食，只剩
下莖枝及少數的葉片，幸好本種是以成蝶
形態越冬，等到隔年春天寄主植物又長滿
了葉片。有蝶友在網路上分享本種幼蟲可
攝食易生木、馬藍屬植物及大安水蓑衣等
植物，幼蟲能正常攝食、化蛹，且羽化的
成蝶並未因此而有體型異常的狀況；蝶友
還觀察到雌蝶放養於密閉的網室中會將卵
產於馬藍屬的植物上。南部山區也有幾種
馬藍屬的植物，野外的雌蝶是否會在馬藍
屬植物上產卵，仍有待更多的觀察來驗證。

▶蝶卵

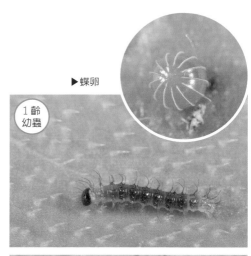

1齡幼蟲

3齡幼蟲

▲終齡幼蟲身上有藍色金屬光澤的斑點

◀蛹的外型與枯葉蝶差別明顯

蛺蝶亞科

隱蛺蝶屬

枯葉蝶

特有亞種

Kallima inachus formosana

命名由來：本種不是枯葉蝶屬的模式種，但分布廣、族群數量多，且翅形、翅膀腹面的斑紋與枯葉相似具有代表性，因此以屬的中文名稱命名本種的中文俗名；本種的日文名為「コノハチョウ，木葉蝶」。

別名：木葉（蛺）蝶、樹葉蝶、枯葉蛺蝶、中華枯葉蝶
分布／海拔：臺灣本島、龜山島、蘭嶼／ 0 ～ 2000m
寄主植物：爵床科馬藍屬多種植物、臺灣鱗球花、賽山藍
活動月分：全多世代蝶種，全年可見成蝶

▶產於馬藍上的卵

枯葉蝶成蝶以其翅膀腹面神似枯葉的外型而聞名於世，想要在樹林裡見到牠並不容易，滿地的枯葉是最好的保護色。仔細比較不同圖鑑裡的枯葉蝶照片，會發現每隻外觀多少有些不同，有些個體的顏色較深，有些較淡，翅膀上像葉脈的花紋也有不同的發達程度，黴斑、咬痕的大小、位置及形狀也有差別。這原理如同人手指的指紋、眼裡的虹膜、虎皮的花紋、鯨魚尾鰭的黑色斑紋、斑馬身上的線條等，都是屬於「生物指紋」[註]。

▲ 1 齡幼蟲

幼｜生｜期

枯葉蝶的卵是眼蛺蝶屬的兩倍大，且卵表的縱稜較突出、稜數較少。幼蟲自 2 齡起頭殼上方有一對角，身上出現棘刺，3、4 齡幼蟲在棘刺基部有黃色圓形斑紋，終齡幼蟲的黃色圓斑會變小或消失。蛹體色斑駁，由黑色、褐色及灰色組成。雌蝶會選擇在森林底層或林緣遮蔭處產卵，幼蟲偏好利用馬藍屬植物，南部山區常見的歸化植物賽山藍，雌蝶會產卵且幼蟲可以攝食至化蛹；臺灣鱗球花雖然也有本種幼蟲利用，但並非所有的幼蟲都能順利成長至化蛹。

▲ 3 齡幼蟲

註：**生物指紋**可用於個體的辨識，科學家利用動物身上斑紋、線條的差異，來進行研究工作。

▲終齡幼蟲身上的棘刺為紅褐色。

◀**雌蝶**
翅腹面極似枯葉

▶翅膀背面鮮豔的顏色與翅腹的黃褐色形成強烈對比，更加強了翅腹枯葉狀花紋的保護效果。

蝶蛹

大紅蛺蝶

Vanessa indica indica

命名由來：本屬在臺灣有 2 種，本種體型較大，因此取名為「大」紅蛺蝶；日文名為「アカタテハ，赤立翅」，翻譯後為紅蛺蝶或赤蛺蝶；「苧麻」蛺蝶是由幼生期食性命名。

別名：（麻）紅蛺蝶、紅挾蝶、赤胥、赤蛺蝶、苧麻蛺蝶、印度赤蛺蝶、橙蛺蝶

分布／海拔：臺、澎、金、馬及綠島、蘭嶼、龜山島／ 0 ～ 3000m

寄主植物：蕁麻科青苧麻、咬人貓等

活動月分：多世代蝶種，全年可見成蝶活動

▶卵產於新芽

大紅蛺蝶的分布廣泛，從熱帶氣候的菲律賓向北一直到亞寒帶氣候的西伯利亞都能見到，若轉換成垂直分布，相當於平地至玉山頂，在臺灣只有少數種類有這能耐在玉山這種嚴酷的環境下活動，其中就包括了本屬的 2 種，但低海拔山區仍是主要分布範圍。成蝶喜歡訪花及陽性開闊的林緣活動，雄蝶會單獨在溼地吸水，當表現領域行為時會占據約 1 ～ 2 米高的位置，並低空滑翔巡邏掌控其領空。本種族群不算多，雖然全年可見成蝶，但中、高海拔山區秋季之後就不易見。

▲ 3 齡幼蟲
主葉脈被咬傷、葉片表面有吐絲。

幼 | 生 | 期

雌蝶會繞著寄主飛行並停在嫩葉或新芽處產卵，1 齡幼蟲吐絲在嫩葉做成蟲巢並躲在巢內刮食葉上表面的葉肉；隨齡期增加，巢的形狀也會改變，小幼蟲將葉片像包餃子一樣以吐絲黏起來，並將葉柄、主葉脈咬傷使蟲巢下垂，幼蟲啃食葉肉留下葉脈形成網狀食痕；大幼蟲則是將數片葉片連綴成巢，之後也化蛹在巢內。同屬的小紅蛺蝶在國外有取食蕁麻科植物的記錄，但臺灣的族群主要利用菊科，兩種的幼生期可由寄主來判斷種類。

▲終齡幼蟲及蟲巢
花紋變化大，全為黑色至全為橙色。

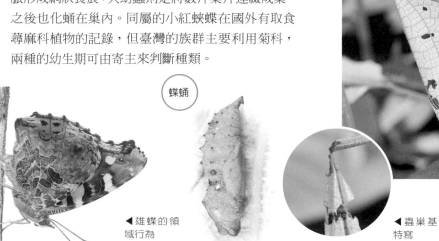

蝶蛹

◀雄蝶的領域行為

▲水餃狀蟲巢及網狀食痕

◀蟲巢基部特寫

突尾鉤蛺蝶 特有亞種

Polygonia c-album asakurai

命名由來：本種後翅有尾突，因此稱為「突尾」鉤蛺蝶；「鐮紋」、「鉤角」、「弦月紋」、「C紋」、「角紋」都是形容後翅腹面的鉤狀斑紋；日文名「シータテハ，C立翅」翻譯後為 C 蛺蝶。

別名：白鐮紋蛺蝶、白鉤蛺蝶、白弦月紋蛺蝶、C（紋）蛺蝶、角紋蛺蝶、銀鉤角蛺蝶

分布／海拔：臺灣本島／ 300 ～ 3500m

寄主植物：榆科阿里山榆、欅木

活動月分：多世代蝶種，全年有成蝶活動

臺灣的鉤蛺蝶屬有 2 種：突尾鉤蛺蝶及黃鉤蛺蝶，這 2 種的前翅頂角及外緣向外延伸呈鉤狀，這個翅形就是屬名「鉤」蛺蝶的由來，且兩者的後翅腹面中間區域有個鉤狀斑紋（部分書籍稱為「く」狀、「L」狀或「C」狀斑紋）。這 2 種的海拔分布不同，突尾鉤蛺蝶要到中、高海拔山區較容易見到；黃鉤蛺蝶則分布在都市、近郊或低海拔山區。前者成蝶翅膀外緣突出及內凹部分會隨著季節有變化，在夏季時已可看出「突尾」的形態，而秋季時凹突會更加明顯。

幼│生│期

本種幼生期在阿里山榆上最容易發現，雌蝶喜歡將卵產在葉上表面的鋸齒尖端，淺綠色不老不嫩的葉片是牠的最愛。卵呈淺綠色，孵化後幼蟲會爬至葉下表面停棲，小幼蟲會攝食葉脈間的葉肉並留下條狀食痕，等幼蟲體型稍大後，就會直接從葉緣處取食。幼蟲體色隨齡期長大而漸漸變得鮮明，1 ～ 4 齡時的頭殼為單調的黑色；終齡幼蟲身上有許多黃色、橙色的條紋，頭殼也有橙色的斑紋。蛹像枯黃捲曲的葉片，懸掛在植株的細枝條。

▶卵常產於葉片邊緣

▲ 1 齡幼蟲

▲ 3 眠幼蟲

◀屬名「鉤」蛺蝶屬是因前翅頂角突出呈鉤狀或角狀而來

▲終齡幼蟲
幼蟲常停棲在葉片下表面

▲蝶蛹

黃鉤蛺蝶

Polygonia c-aureum lunulata

 特有亞種

命名由來：本種體色較黃，加上屬名後稱為「黃」鉤蛺蝶；本種為鉤蛺蝶屬的模式種；葎胥出自動物學辭典，是從古籍書畫中發現的蝴蝶名稱；黃蛺蝶是翻譯自日文名「キタテハ，黃立翅」。

別名：黃蛺蝶、黃鉤（or 鈎）蛺蝶、金鈎角蛺蝶、黃弧紋蛺蝶、多角蛺蝶、狸黃蛺蝶、葎胥
分布／海拔：臺灣、澎湖、馬祖、蘭嶼／ 0 ～ 1000m
寄主植物：大麻科葎草（單食性）
活動月分：多世代蝶種，全年皆為成蝶發生期

▶蝶卵

黃鉤蛺蝶出現的地點多為淺山區的林緣或荒地，但即便是都市裡的角落也偶爾有機會見到，因為牠的寄主植物葎草，主要是生長在較少被除草、整理的荒地，都市裡有許多不顯眼的小荒地生長著葎草。本種的翅形會隨季節而不同，秋、冬季的翅膀底色顏色較深，前翅翅形較為狹長，且後翅外緣的凹突變明顯，所以看起來會有一個尾突，有時被人誤認成是突尾鉤蛺蝶。

▲ 1 齡幼蟲的體表無棘刺

幼 | 生 | 期

雌蝶將卵產在葎草的葉尖處，此外嫩芽、花苞或是莖及葉柄上都有機會發現蝶卵。卵孵化後 1 齡幼蟲會爬至葉下表面停棲，並且避開葉脈攝食葉肉的部位，所以從葉片上方看去有條狀食痕，2 齡以後的幼蟲會利用葎草的葉片製作帽狀蟲巢（斗笠狀蟲巢）。幼蟲有時也會啃食蟲巢的葉片，當蟲巢被多吃一些後變得較為暴露，無法再隱藏幼蟲的身影，此時會爬至其他葉片重新再製一個新巢，大幼蟲有時會將數片葉片以絲連綴後製成一個較大的蟲巢。化蛹在蟲巢中，但偶爾會在葎草旁的其他植物上發現蝶蛹。

▲ 2 眠幼蟲
幼蟲會將葉片的葉脈咬傷（標示處）

▲終齡幼蟲

◀成蝶喜好吸食花蜜

▶蛹常化於蟲巢中

散紋盛蛺蝶 特有亞種

Symbrenthia lilaea formosanus

命名由來：盛蛺蝶屬的「盛」是取自屬名字首「*Sym*」的發音；翅膀腹面是由黃色、紅褐色的分散碎斑及紅褐色條紋組成複雜紋路，因此命名為「散紋」盛蛺蝶。

別名：黃三線（蛺）蝶、金帶蝶
分布／海拔：臺灣本島及龜山島／ 0 ～ 2500m
寄主植物：蕁麻科青苧麻、水麻、密花苧麻等
活動月分：多世代蝶種，全年可見成蝶活動

▲卵產於葉下表面

日文名「キミスジ；黃三筋」是形容翅膀背面的條紋形式及形狀，翻譯後即為黃三線蝶；金帶蝶則是取自條紋的色澤；兩個名稱相較下，前者的資訊較多，但名稱中有「三線蝶」，斑紋的顏色及形式與金三線蝶（金環蛺蝶；見 333 頁）頗相似，若無特意提醒兩者是不同亞科，讀者很可能會以為兩者是近緣種。臺灣原本存在的散紋盛蛺蝶是臺灣特有亞種，雖然平地、近郊有採集紀錄，但主要的族群棲息在中、低海拔及淺山區森林環境。雄蝶有領域行為，常遇到牠在花叢間訪花或是在潮溼的山壁、地面吸水。

▲ 1 眠幼蟲
體表有細長毛、無棘刺。

幼｜生｜期

散紋盛蛺蝶偏好的棲息環境與大紅蛺蝶相似，但分布的海拔高度稍低，兩者使用的寄主植物有部分種類相同，不過對於寄主資源的競爭並不明顯。臺灣特有亞種的卵為翠綠色且單產，幼蟲不群聚也不擅長製作蟲巢，少部分大幼蟲會將寄主的葉柄咬傷使葉片乾枯，然後躲在枯葉裡，多數個體則是毫不遮掩的停棲於葉片下表面。終齡幼蟲體表常有黃褐色小斑紋，但也曾觀察到體色全黑的例子；蛹為褐色，背上還鑲有幾個銀色的斑紋，其形態像掛在枝條上乾枯捲曲的葉片。

▲終齡幼蟲
幼蟲受驚擾時會將身體前段捲曲使頭部靠至體側，2 隻的體色略有差異。

◀停棲休息的成蝶

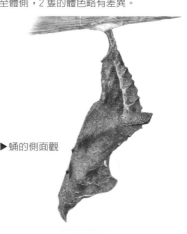
▶蛹的側面觀

散紋盛蛺蝶

Symbrenthia lilaea lunica

發現由來：華南亞種原本是分布在中國華南地區，在金門、馬祖見到的亦屬之，但臺灣無分布。2004 年 9 月呂晟智老師在新竹關西觀察到當地族群的外型有差異，經黃行七老師確認與金、馬的族群形態相似。

別名：黃三線（蛺）蝶、金帶蝶
分布／海拔：金門、馬祖、臺灣本島／ 0 ～ 1000m
寄主植物：蕁麻科青苧麻、水麻、密花苧麻等
活動月分：多世代蝶種，全年可見成蝶活動

蛺蝶亞科｜黃蛺蝶屬

華南亞種何時、如何進入臺灣暫無線索可追尋，近年牠也在日本的西南諸島成功立足繁衍。臺灣原生的特有亞種部分棲息地已被牠占據，海拔 500 公尺以下山區見到的大多是華南亞種。華南亞種翅背的斑紋比臺灣特有亞種粗，兩者幼蟲的外觀無顯著差異。由於散紋盛蛺蝶有多達 13 個亞種且廣泛分布在印度、華南、中南半島及東南亞許多島嶼，加上其他近緣種，使得整個種群的分類研究變得十分複雜且困難[註]，在新的研究結果未正式發表前，學名只能照舊，即便這學名是有問題。

幼｜生｜期

華南亞種將卵聚產在寄主葉片或枝條上，卵呈淡黃色，孵化後幼蟲會聚集，隨著齡期增加則漸漸分散。幼蟲體表常有白色的小斑紋，少數個體的斑紋為黃褐色，平時大多停棲在葉片下表面，群聚的幼蟲很顯眼容易發現，大幼蟲會躲在簡易的蟲巢裡，蛹化在寄主植株的枝條或枯葉旁。

> 註：台灣蝴蝶大圖鑑作者在此著作中將臺灣原生族群由特有亞種提升為特有種，學名為：*S. formosanus* Lin & Su,2013。不過這個學名是無效的裸名，因發表時未指定模式標本及說明標本存放地點，而且 *S. l. formosanus* 的作者是 Fruhstorfer，並非他們兩位。若僅由臺灣這兩族群不同種就判斷原生族群為臺灣特有種是不夠嚴謹。

▶聚產的卵群

▲1齡幼蟲及食痕

▲3齡幼蟲
花紋變化大，全為黑色至全為橙色。

▲體表有黃褐色小斑點的終齡幼蟲

▲化蛹於枯葉旁的蛹

▲群聚的終齡幼蟲

幻蛺蝶

Hypolimnas bolina kezia

命名由來：本屬雄蝶翅膀背面在光照下會因角度的不同而呈現出不同的紫色光澤，因此稱為「幻」蛺蝶屬；本種不是屬的模式種，但分布廣、數量多且具有代表性，因此以屬的中文名稱作為本種的中文俗名。

別名：琉球紫（蛺）蝶、幻紫斑蛺蝶、幻紫（蛺）蝶、四點金仔

分布／海拔：臺、澎、金、馬、龜山島、綠島、蘭嶼／0～2000m

寄主植物：旋花科牽牛花屬甘薯（地瓜）、蕹菜（空心菜、蕹菜）及部分種類的牽牛、錦葵科金午時花屬、賽葵；菊科金腰箭；桑科榕樹；莧科紫莖牛膝

活動月分：多世代蝶種，全年有成蝶活動

▶聚產的卵

▲1齡幼蟲

　　幻蛺蝶的分布從非洲經印度、中南半島、中國南部、東南亞向東至大洋洲的島嶼，向南可達澳洲，而昔日稱牠為「琉球紫蛺蝶」，是由日文名稱翻譯。臺灣南部及離島龜山島、蘭嶼有機會看到因各種原因而入侵的幻蛺蝶大陸型亞種、菲律賓型亞種及紅斑型亞種，這3個亞種來源不同，大陸型亞種的來源是亞洲大陸的中南半島及中國南部；菲律賓型亞種來自菲律賓；紅斑型亞種則是來自於南洋的東南亞島嶼，這些亞種有可能會與臺灣原生亞種雜交，產生中間形態的個體。

幼｜生｜期

　　幻蛺蝶的寄主植物種類繁多，除了上面所列的種類外，網路或其他書裡還提到幼蟲也會利用車前草科車前草及蕁麻科苧麻、糯米團作為寄主植物，此外也有餵食大安水蓑衣或賽山藍給幼蟲食用，幼蟲也能進食的例子。本種雌蝶產卵時，從單產到十數顆皆有，雖然雌蝶的體型不小，但卵粒卻不大，因此一隻雌蝶可以產下數量頗多的卵。雖然卵有時是聚產，但幼蟲孵化後即各自散開並不會群聚在一起，小幼蟲直接於葉下表啃食葉片，在葉片上形成孔洞狀食痕。幼蟲化蛹時是選擇地面附近的枯藤、樹枝等隱蔽處化蛹。

▲3齡幼蟲

▲終齡幼蟲

▶蛹體色為深淺交錯的褐色組成

◀雄蝶

日文名為「リュウキュウムラサキ，琉球紫」，本種在當地是偶產種。（迷蝶）

蛺蝶亞科

幻蛺蝶屬

雌擬幻蛺蝶

Hypolimnas misippus misippus

命名由來：本種為幻蛺蝶屬一員，「雌擬」二字是指本種的雌蝶外型擬態金斑蝶；金斑蝶在香港的名稱為「阿檀蝶」，所以本種在香港的名稱中有被稱為「擬阿檀蝶斑紋蛺蝶」，意即（擬態阿檀蝶斑紋的蛺蝶）。

別名：雌紅（or 橙）紫蛺蝶、金斑蛺蝶、擬阿檀斑蛺蝶、馬齒莧蛺蝶、黃蛺蝶、四點金仔

分布／海拔：臺、澎、金、馬、龜山島、綠島、蘭嶼／ 0 ～ 2000m

寄主植物：馬齒莧科馬齒莧；車前草科車前草；爵床科小花寬葉馬階花（歸化種）

活動月分：多世代蝶種，全年可見成蝶

▶雌蝶有時會同時產下數顆卵

幻蛺蝶屬在臺灣有 3 種，端紫幻蛺蝶族群不穩，臺灣東北角及臺東偶可見，牠在龜山島、綠島及蘭嶼數量相對較多。雌擬幻蛺蝶雄蝶背面 4 大 2 小的白色斑紋與黑色底色對比明顯，但在某些角度的光照下，白色斑紋旁的黑色底色會反射出藍紫色金屬光澤。幻蛺蝶屬的雌蝶都有特定的模仿對象，而本種雌蝶的模仿對象是金斑蝶，不論是翅膀的背面或腹面斑紋分布及顏色都很相似；同屬的幻蛺蝶及端紫幻蛺蝶的雌蝶，翅膀藍紫色亮紋的分布則與紫斑蝶屬蝴蝶較相似。（屬於貝氏擬態）

▲ 3 齡幼蟲

幼│生│期

雌擬幻蛺蝶會在寄主的莖、葉或寄主附近的石塊、枯枝上產下一或數顆的卵。孵化後幼蟲即爬至寄主葉片上啃食，較大幼蟲會啃食馬齒莧莖的部位，幼蟲食量大，當停棲的寄主吃光時，會快速爬行找尋食物。化蛹前幼蟲會到處爬行找尋石塊、枯枝等隱蔽處化蛹。下次在人行道邊縫上看到馬齒莧時，不妨看看周圍是否有像金斑蝶的雌擬幻蛺蝶在附近產卵。

▲ 5（終）齡幼蟲

蝶蛹

▼雌蝶翅膀色澤及斑紋與金斑蝶有些相似；日文名為「メスアカムラサキ，雌赤紫」。

▲雄蝶翅膀在特定角度下會呈現藍紫色的色澤

▶雄蝶翅背的 4 大 2 小白色斑與底色對比明顯

蛺蝶亞科

幻蛺蝶屬

白裳貓蛺蝶 特有亞種

Timelaea albescens formosana

命名由來：本種為「貓蛺蝶屬」，因後翅中間有塊乳白色的底色，因此稱為「白裳」貓蛺蝶；翅膀的花紋樣式類似大家熟知的「豹紋」，但蛺蝶亞科裡已有豹蛺蝶屬，為避免混淆，不建議使用「豹紋蝶」。

別名：豹紋（蛺）蝶、豹（紋）斑蛺蝶、豹紋斑（蝶）、貓蛺蝶
分布／海拔：臺灣本島／ 0 ～ 1000m
寄主植物：大麻科朴樹、石朴、沙楠子樹
活動月分：多世代蝶種，2 ～ 11 月可見成蝶

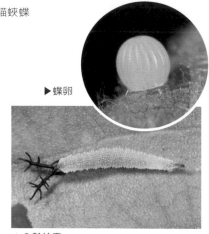
▶ 蝶卵

　白裳貓蛺蝶是平地丘陵及低海拔山區常見的物種，樹林邊緣及光線明亮的林道內較容易發現成蝶活動，白裳貓蛺蝶喜歡的活動高度在 2 公尺以下，不像其他森林裡的蛺蝶常飛到樹梢上進行領域行為，白裳貓蛺蝶因為飛行速度慢且翅膀的斑紋特殊，經常是賞蝶活動時會遇到的蝶種。夏季淺山區的構樹或榕果成熟時，牠也會跟其他蛺蝶科同類一起在地上吸食落果。

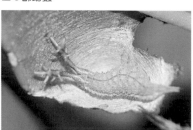
▲ 3 齡幼蟲

幼｜生｜期

　閃蛺蝶亞科裡有 4 種以朴樹為食，且幼蟲的頭頂有樹枝狀觭角（似龍角）的蝴蝶，可組成「朴樹四小龍」註。雖然尚有東方喙蝶、斷線環蛺蝶及細帶環蛺蝶等也會利用朴樹。遮蔭處且不及腰高的朴樹或是石朴，是本種雌蝶選擇產卵的植株，翻找枝條及葉下表能發現卵或幼蟲。秋末時幼蟲會在朴樹葉背吐上厚厚的絲座並以 3 齡幼蟲休眠越冬，休眠幼蟲的體態較為短胖且體色會變為灰綠色或褐色，等到翌年春天來臨，幼蟲才會從休眠中甦醒起來進食；但中南部的淺山丘陵冬季也能觀察到沒休眠的幼蟲。蛹化於寄主葉下表或細枝條處，蛹體呈粉綠色。

▲ 越冬休眠的 3 齡幼蟲

▲ 5（終）齡幼蟲

◀日文名「ヒョウマダラ：豹斑」，翻譯後為豹（紋）斑蛺蝶，之後演變成豹紋蝶。

▶ 蛹腹部背面形狀似葉片的鋸齒邊緣

▲ 終齡幼蟲頭殼

註：「朴樹四小龍」指大紫蛺蝶、紅斑脈蛺蝶、金鎧蛺蝶、白裳貓蛺蝶。

紅斑脈蛺蝶 特有亞種

Hestina assimilis formosana

命名由來：「脈」指本屬後翅翅脈處有深色鱗片，與「脈粉蝶屬」命名原由相同；本種後翅外緣有一列紅色斑紋，因此稱為「紅斑」脈蛺蝶；本種為本屬模式種；日文名為「アカボシゴマダラ，赤星胡麻斑」

別名：紅星（擬）斑蛺蝶、（紅）星脈蛺蝶、紅（or 赤）胡麻斑蝶、紅星斑脈蝶、黑脈蛺蝶、紅環蛺蝶、紅珠蛺蝶、紅屁股

分布／海拔：臺灣本島、金門、馬祖／0～2000m

寄主植物：大麻科朴樹、石朴

活動月分：多世代蝶種，2～12月可見成蝶

閃蛺蝶亞科

脈蛺蝶屬

　　學者將臺灣的紅斑脈蛺蝶族群處理為特有亞種，這表示有部分特徵只存在於臺灣族群裡，在大陸族群（原名亞種 *H. a. assimilis*）或是日本族群（日本特有亞種 *H. a. shirakii*）裡都看不到。臺灣族群在春、夏季羽化的個體外型相同（都屬於正常型）；而原名亞種春季羽化的個體會有淡色型個體，淡色型後翅紅斑會消失，且後翅只有翅脈處有細黑線，因此香港及中國將本種稱為「黑脈蛺蝶」，原名亞種夏季以後則是正常型，而春、夏季之間除了淡色型外，也會發現介於兩型的過渡形態。

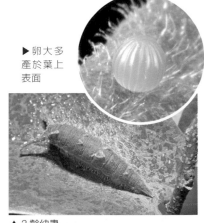
▶卵大多產於葉上表面

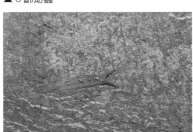
▲3 齡幼蟲

▲越冬的 3 齡幼蟲

幼 | 生 | 期

　　朴樹四小龍的老大是保育類大紫蛺蝶，本種則排第 2。雌蝶將卵單產在半陽性至陽性環境的朴樹外層葉片上表面，幼蟲平時停棲在葉上表，體色比起金鎧蛺蝶偏深綠色，與葉上表面的色澤接近。終齡幼蟲在化蛹前體色會有點透明感，不久就爬到朴樹葉下表面中肋處化蛹。冬季時 3 齡幼蟲會爬到朴樹樹幹上躲藏，休眠幼蟲的體色與體表質感與樹皮相似，有極佳的隱蔽效果。

▲5（終）齡幼蟲

◀樹上流出的樹液吸引成蝶前來吸食

▲蛹的表面有白色粉狀蠟質

▶終齡幼蟲頭殼

金鎧蛺蝶

Chitoria chrysolora

特有種

命名由來：「小紫蛺蝶」容易與「大紫蛺蝶」有**錯誤**的聯想，以為兩者親緣關係接近。由屬名發音取名為「鎧蛺蝶屬」；本種雄蝶翅膀為亮麗的橙黃色，因此取名為「金」鎧蛺蝶。

別名：臺灣小紫蛺蝶

分布／海拔：臺灣本島／ 0 ～ 2500m

寄主植物：大麻科朴樹、石朴、沙楠子樹

活動月分：多世代蝶種，成蝶可在 4 ～ 10 月發現

臺灣的鎧蛺蝶屬有金鎧蛺蝶及武鎧蛺蝶，這兩種蝴蝶的外型相似，分布在中海拔山區的武鎧蛺蝶數量罕見，每年僅有個位數的目擊紀綠，至於武鎧蛺蝶在臺灣的生活史資料仍付之闕如，雖然有些書籍推論其幼蟲也是食用朴樹，但都尚未有正式發表證實。

金鎧蛺蝶雄蝶有明顯的領域行為，牠就像戰士為了捍衛自己家園，不斷出戰驅趕來犯的其他蝴蝶，其橙黃色的翅膀就像金色的鎧甲，很容易就能發現牠的行蹤。若是在中海拔山區，停在十幾公尺樹梢上的牠常被誤認成武鎧蛺蝶的雄蝶。本種喜歡吸食腐果或是樹液，雌、雄蝶翅膀斑紋及顏色都不同，因此要判斷性別不難，而且雌蝶之間也略有不同，多數個體翅膀背面的斑紋是白色，但少數雌蝶的斑紋卻是黃色，因此在圖鑑中會有白色型與黃色型兩型，就如同大鳳蝶雌蝶有分為有尾型、無尾型；玉帶鳳蝶雌蝶有帶斑型與紅珠鳳蝶型或是像尖粉蝶雌蝶一樣翅膀也有白色、黃色兩種不同顏色，這些都是典型的「雌性多型性」[註]的例子。

註：雌性多型性，見玉帶鳳蝶 118 頁。

◀雄蝶翅膀背面呈現橙黃色

▲左邊的卵群已發育，右邊為雌蝶剛產下的卵群。

▲聚產在葉下表的卵
這群卵有 120 顆小生命

幼|生|期

　　金鎧蛺蝶的卵不易發現，雌蝶的產卵習性是將數十顆至百餘顆的卵聚產在朴樹老葉的葉下表面上（極少數雌蝶會產在枝條上），而雌蝶一生大概只能產下 200～300 顆卵，所以想要在廣大樹葉海裡找到為數不多的卵群，機會自然就很低。剛產下的卵是白色，發育後在卵的頂部有灰色環狀的發育斑。近百隻的小幼蟲孵化後，小幼蟲會聚集在一起，行動時也是一同移動到葉緣啃食葉肉，並留下纖維較硬的葉脈部分。隨著齡期增加，幼蟲之間會開始漸漸分散爬至其他葉片的下表面，4 齡以後的幼蟲多呈獨棲狀態。幼蟲習慣在朴樹葉下表吐上一層絲，平時外出攝食葉片後會爬回原停棲處的絲上，而越冬幼蟲或終齡幼蟲化蛹前則是會在葉片上吐上一層厚厚的絲，這層絲有助於大幼蟲或蝶蛹牢牢的固定在葉下表。

　　雖然本種卵群不易發現，但幼蟲卻常可在淺山區的石朴葉下表觀察到。本種以非休眠性幼蟲越冬，幼蟲體色不因越冬而改變，越冬幼蟲會躲在發黃的老葉下表面或捲曲的枯葉裡，當氣溫回暖朴樹會長出新葉，此時幼蟲就會活躍起來大吃特吃。

3 齡幼蟲

▲終齡幼蟲
頭殼可為綠色或褐色

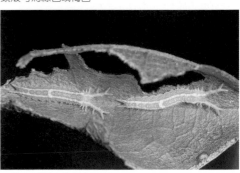

▲躲在枯葉中的越冬幼蟲

蝶蛹

◀雌蝶受到稜果榕腐果氣味吸引前來吸食。臺灣特有種的身分加上雌蝶翅背淺色斑紋形式像日本常見的小紫蛺蝶（コムラサキ），故取名為「タイワンコムラサキ，台湾小紫」。

普氏白蛺蝶

Helcyra plesseni

命名由來：學名的種小名 *plesseni* 是紀念德國學者普羅森，因此將本種命名為「普氏」白蛺蝶；臺灣、國姓、北山都是地名。

別名：國姓小紫蛺蝶、北山小紫蛺蝶、朝倉小型紫蛺蝶、寬信（小）紫挾蝶、朴銀白蛺蝶、國姓白蛺蝶、臺灣白蛺蝶

分布／海拔：臺灣本島／ 300 ～ 1500m

寄主植物：大麻科沙楠子樹（單食性）

活動月分：多世代蝶種，4 ～ 9 月為成蝶發生期

普氏白蛺蝶又稱爲朝倉小紫蛺蝶，名稱上的混淆其實是源自於本種的日文名稱「アサクラコムラサキ：朝倉小紫」。本種不如同屬的白蛺蝶常見，分布範圍比白蛺蝶狹隘，比較穩定的分布地點在臺中谷關、南投國姓、埔里、花蓮天祥、屏東大漢山等地，牠主要分布在中南部及東部，上述地點同樣也有白蛺蝶。本種翅膀腹面的底色爲白色，符合白蛺蝶屬這個屬名，但若是見到本種翅膀背面的淺色斑紋，就會聯想到金鎧蛺蝶的雌蝶或是日本有分布的小紫蛺蝶。「國姓」這個名稱是南投國姓鄉，在國姓鄉裡有個「北山村」，本種在早期的文獻中也曾被稱爲「北山小紫蛺蝶」。

幼 | 生 | 期

雌蝶將卵產於沙楠子樹成熟葉下表，卵發育時表面會出現發育斑，發育斑會由小漸

閃蛺蝶亞科				
閃蛺蝶屬 (*Apatura*)	*A. metis*	細帶閃蛺蝶（小紫蛺蝶）（臺灣曾有記錄，應為疑問種）	<u>コムラサキ</u>（小紫）	
鎧蛺蝶屬 (*Chitoria*)	*C. chrysolora*	金鎧蛺蝶（臺灣小紫蛺蝶）	<u>タイワン</u>（台灣）	<u>コムラサキ</u>（小紫）
	C. chrysolora	武鎧蛺蝶（蓬萊小紫蛺蝶）	<u>ホウライ</u>（蓬萊）	<u>コムラサキ</u>（小紫）
白蛺蝶屬 (*Helcyra*)	*H. plesseni*	普氏白蛺蝶（國姓小紫蛺蝶）	<u>アサクラ</u>（朝倉）	<u>コムラサキ</u>（小紫）
	H. superba	白蛺蝶（白蛺蝶）	<u>シロ</u>（白）	<u>タテハ</u>（立翅）

閃蛺蝶亞科
白蛺蝶屬

◀翅膀斑紋樣式特殊

▲卵發育過程，剛產下的卵有淡淡的黃綠色澤（左上圖），發育後先是橙色發育斑，之後發育斑轉為暗紅色。

漸變大，且顏色會由橙色變紅橙色再變爲暗紅色，不久就會在卵的頂部見到幼蟲的頭殼。2齡以後的幼蟲在身體背面中間有一個紅斑，這個紅斑的有無是分辨本種幼蟲最容易的方法。大幼蟲有時會將幾片葉子用絲連綴在一起，並在葉下表吐上一層絲方便幼蟲停棲。蛹化在植物的葉下表，身上有許多黃色細紋。

　　幼蟲爲了能安穩的停棲，牠會吐絲在葉片上做絲座。當幼蟲受到較多干擾時，會捨棄原先已做好的絲座而更換停棲的葉片重新製作絲座，若經常有干擾會造成幼蟲生長不良，導致死亡的可能性增加。對於會吐絲做絲座的幼蟲，要避免干擾，像後面（385頁）介紹的絹蛺蝶幼蟲亦是如此。飼養蠶寶寶時，更換桑葉並不會對幼蟲有明顯的影響，但是以相同的方法飼養觀察絹蛺蝶幼蟲時，卻造成多數幼蟲無法順利生長且死亡率升高，這情況也同樣出現在閃蛺蝶亞科的幼蟲。

▲1眠幼蟲
1齡幼蟲身上沒有紅斑，但到了眠期，可以隱約看到皮膚下面2齡幼蟲表皮有紅色斑紋。

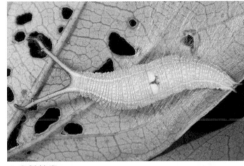

▲3齡幼蟲
幼蟲停棲位置有一層厚絲座

▲終齡幼蟲頭殼

▲5（終）齡幼蟲
幼蟲用絲將兩片葉片連綴在一起，並吐絲製作絲座。

▶蛹快羽化時體側隱約可見翅膀黑色斑紋

379

白蛺蝶

Helcyra superba takamukui

特有亞種

命名由來：本種雖然不是白蛺蝶屬的模式種，但分布廣、數量多且外型符合屬名的特色，因此以屬的中文名「白蛺蝶」作為本種的中文俗名。

別名：白挾蝶、銀白蛺蝶、傲白蛺蝶
分布 / 海拔：臺灣本島 / 300 ～ 1500m
寄主植物：大麻科沙楠子樹（單食性）
活動月分：多世代蝶種，4 ～ 10月可見成蝶活動

白蛺蝶的分布雖然較普氏白蛺蝶廣且族群較多，但是實際狀況比較接近「局部普遍」，在特定幾個地點發現本種的機會比其他地方容易，會有這種分布狀況主因是幼蟲是單食性，只吃沙楠子樹，而植物的分布呈現「局部普遍」，使得與寄主關係密切的本種有此分布結果。而普氏白蛺蝶對環境的選擇條件比沙楠子樹更要求，其分布就比本種更為狹隘。本種雄蝶有領域性，雌蝶常出現在有腐果或樹液的地點覓食。

幼 | 生 | 期

白蛺蝶屬的卵外形相似，且2種雌蝶都偏好產於葉下表，孵化的幼蟲會爬至葉尖停棲並攝食主葉脈兩側的葉肉，形成特殊形狀的食痕。白蛺蝶幼蟲自2齡起身體背面中間有一對黃綠色斑紋，普氏白蛺蝶則為紅點。2眠幼蟲蛻皮時會反應停棲葉片是否乾枯而讓體色出現綠褐色或褐色，且體表顏色只會在脫皮時有綠轉褐或褐轉綠的變化，不過黃綠色斑紋通常不會因體色轉變而消失。本種幼蟲終齡末期的體態寬胖，普氏白蛺蝶較瘦長，2者幼蟲都在葉下表面或遮蔭的細枝條上化蛹。

▲成蝶翅腹以白色為主

▲即將孵化的卵

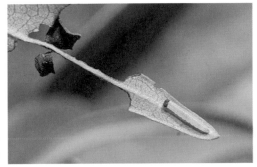

▲1齡幼蟲
幼蟲攝食後在葉尖形成特殊形狀的食痕

3齡
幼蟲

▲終齡幼蟲
體色多樣，褐色幼蟲並非休眠狀態。

▲蛹與葉下表色澤相似

▲枯葉上有隻越冬休眠幼蟲，休眠幼蟲多為3齡且只
在冬季出現，春季脫皮後背上斑紋會恢復黃綠色。

381

燦蛺蝶

Sephisa chandra androdamas

特有亞種

命名由來：本屬翅膀斑紋鮮明燦爛，因此稱為「燦」蛺蝶屬；本種不是燦蛺蝶屬的模式種，但分布廣、族群數量多且具有代表性，因此以屬的中文名作為本種中文俗名；日文名「キゴマダラ」翻譯後為黃胡麻斑蛺蝶。

別名：黃斑蛺蝶、雌黑黃斑蛺蝶、黃胡麻斑蛺蝶、帥蛺蝶、櫟繚斑蛺蝶、繽紛蛺蝶

分布／海拔：臺灣本島／ 200 ～ 2500m

寄主植物：殼斗科青剛櫟、圓果青剛櫟、赤皮

活動月分：多世代蝶種，4 ～ 11 月為成蝶發生期

燦蛺蝶屬在臺灣有 2 種，這 2 種的海拔分布上有些區別，中、低海拔的臺灣燦蛺蝶是臺灣特有種，而燦蛺蝶主要分布在低海拔山區，兩者出現的環境多為較原始的林相。燦蛺蝶雖然全臺分布，但不算很常見，部分地區族群狀況較穩定，例如北橫公路巴陵、臺中谷關、南投埔里彩蝶瀑布、南山溪或南部大漢山等。

　　本種又稱「黃斑蛺蝶」，而毒蝶亞科有「臺灣黃斑蛺蝶」，眼蝶亞科有「XX 黃斑蔭蝶」，皆與本種親緣關係相距甚遠。中國稱本種為「帥蛺蝶」，名稱由來與其習性無關，而是屬名 *Sephisa* 的字母「S」發音諧音。其他中文俗名中，「雌黑」是指雌蝶翅膀藍黑色鱗片比例多，整體外觀較黑；「胡麻斑」翻譯自日文名稱，形容翅膀的色塊呈碎斑狀不規則花紋，而前面的「黃」來自雄蝶醒目的橙黃色斑紋；櫟繚斑蛺蝶出自張保信老師的書裡，「櫟」是幼蟲的寄主殼斗科植物，「繚斑」形容翅膀的斑紋繚亂不規則，可惜知道此名稱的人並不多。

閃蛺蝶亞科

燦蛺蝶屬

▼在溪床上吸水的雄蝶

▲卵聚產於葉片夾縫間

▲卵的外形像糖果

幼|生|期

　　本種雌蝶產卵時會先尋找捲曲的葉片，尤其以捲葉象鼻蟲幼蟲啃食捨棄的空巢最常被利用，偶爾也會使用因蟲癭或蛾類幼蟲吐絲而捲曲的葉片，但葉片捲曲的間隙過大時，雌蝶並不願意產卵。

　　雌蝶一次會產下十數顆至數十顆不等的卵，卵的外觀像乳白色糖果，孵化的小幼蟲群聚葉片啃食葉肉，留下較硬咬不斷的葉脈，隨齡期增加幼蟲會分散。幼生期需2～3個月才羽化，但冬季因氣溫較低，幼蟲活動力較差，此時以非休眠態持續進食緩慢成長，春季來臨時，同批幼蟲的齡期會相差2個齡期以上，終齡幼蟲齡期約8～10齡，越冬世代的幼蟲約4月分化蛹，5月中旬陸續羽化。全年約有3個世代，4～11月可見成蝶身影。

3齡幼蟲

▲ 2、3齡幼蟲頭殼外觀

▲蛹的色澤為綠色或灰綠色

▲雌蝶偶爾也會在地面吸水

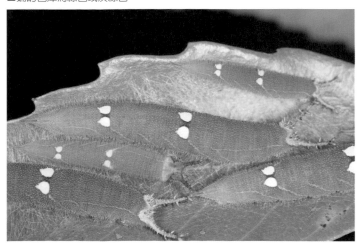

▲終齡幼蟲頭殼

◀體型較大的為終齡幼蟲，頭殼小一號的為終齡前一齡。

流星蛺蝶

特有亞種

Dichorragia nesimachus formosanus

命名由來：本種為流星蛺蝶屬的模式種，因此以中文屬名命名；因翅膀以藍黑或黑褐色為主，故稱為「墨」蝶；香港、中國稱其為「電蛺蝶」，「電」與屬名第一個字母「D」有諧音，亦是指其飛行速度疾如雷電。

別名：墨蝶、墨流蝶、電蛺蝶、黑盤仔
分布／海拔：臺灣本島，龜山島曾有發現紀錄／200～2500m
寄主植物：清風藤科山豬肉、綠樟、筆羅子、紫珠葉泡花樹
活動月分：多世代蝶種，成蟲於4～9月出現

本種雄蝶領域性強，常在樹冠的制高處停棲，並會追逐經過的其他蝶類，腐果及樹幹傷口的樹液都是牠喜愛的食物。本種的警覺性頗高，對於接近的物體很敏感，動作稍大就會驚嚇到牠，往往飛離後就不再回來，且因族群數量不多，不是能常常遇到的種類，但若能有機會使用閃光燈拍攝，其翅膀會呈現深藍色的色澤，十分具有特色。

幼 | 生 | 期

雌蝶產卵偏好林下稍陰暗環境，卵產於葉片上，表面有縱稜及細微橫紋，孵化後幼蟲會爬至葉尖，攝食葉肉留下中肋當蟲座，平時就停棲在蟲座下側。幼蟲隨齡期增長，頭殼上方的突起也漸漸變長，終齡幼蟲時還會變粗，外形像牛的犄角，但能不能用於避敵或是有何特殊目地，目前尚未明瞭。終齡幼蟲體色初期是紅褐及淡褐色，之後變為深綠、淡綠色，體色分段能打破幼蟲體態，避免被天敵認出。蛹化於枝條或葉片下側，蛹外形像枯葉，從體側觀看有個圓洞，像是遭蟲啃食的痕跡。

▶蝶卵

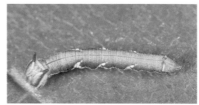

▲1齡幼蟲及其食痕、蟲座。

▲3齡幼蟲
頭殼上有短突起

▲4齡幼蟲
幼蟲平時會將身體曲起，左後方的枯葉是其偽裝的配角。

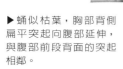

▶蛹似枯葉，胸部背側扁平突起向腹部延伸，與腹部前段背面的突起相鄰。

◀日文名「スミナガシ：墨流」，翅膀外緣「>」斑紋搭配尖端前方斑點，就如同彗尾與彗星，此即「流星」之名的由來。

▲終齡幼蟲
頭殼突起外型特殊，體色會由褐轉為綠色。

絹蛺蝶

特有亞種

Calinaga buddha formosana

命名由來：絹蛺蝶屬的名稱是因翅膀斑紋像「絹斑蝶屬」；本種為本屬的模式種，因此以屬的中文名稱命名；黃領、黃頸、頸輪、首環都是形容本種成蝶胸部前側的橙紅色毛環；「桑」蛺蝶則是以食性命名。

別名：黃領（蛺）蝶、首環蝶、黃頸蛺蝶、頸輪蝶、桑蛺蝶、黃頭仔
分布／海拔：臺灣本島／ 200 ～ 2000m
寄主植物：桑科小葉桑（單食性）
活動月分：一年一世代，3 ～ 5 月才有成蝶

絹蛺蝶亞科僅有絹蛺蝶屬，本屬全世界不到 7 種，臺灣只有絹蛺蝶 1 種，本亞科翅膀斑紋及飛行動作像絹斑蝶屬，是「貝氏擬態」的例子[註]。本種是早春五寶之一，淺山丘陵 3 月初就有成蝶，至於海拔 1500 公尺以上的山區，因為均溫較低要 5 月分天氣變暖才會羽化。本種是著名的逐臭之夫，能拍到牠吸食腐果是幸運，因為最常見到的是停棲在動物糞便、死屍上。

▲剛產下的卵（左）及快孵化的卵（右）。

幼|生|期

　　雌蝶將卵產在桑葉的葉下表，卵的色澤及形狀像荔枝果凍，1 齡幼蟲會爬到葉面的葉尖停棲，2 齡時頭殼多出兩支像奶瓶刷的犄角。幼蟲攝食葉片之餘會從葉面葉尖處沿著葉緣吐一層絲，隨著幼蟲成長這層絲的厚度會漸漸增加，幼蟲蛻皮成 3 齡幼蟲時，這層絲已使葉片向葉面捲曲，而幼蟲會躲藏在這個捲曲的葉片內。幼蟲化蛹前通常會爬離桑樹，在桑樹附近的其他植物或枯枝落葉上化蛹。蛹的體色有褐色及綠色兩種，以蛹態越冬。

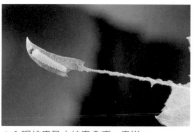
▲ 1 眠幼蟲及小幼蟲食痕、蟲巢。

▲ 2 齡幼蟲

▲捲曲型蟲巢
蟲巢表面有幼蟲製作的絲座

▶綠色型的蛹

◀褐色型的蛹
蛹外型像植物的果實

◀吸桑葚腐果的成蝶

註：擬態請見第 26 頁。

▲ 5（終）齡幼蟲及絲座

雙尾蛺蝶

特有亞種

Polyura eudamippus formosana

命名由來：本屬後翅會有明顯的尾突，因此稱為「尾蛺蝶屬」；本種後翅尾突有兩支，因此稱為「雙尾蛺蝶」；日文名「フタオチョウ，双尾蝶、二尾蝶」翻譯後即為雙尾蝶。

別名：雙尾蝶、大二尾蛺蝶、四支尾仔
分布／海拔：臺灣本島／0～1500m
寄主植物：豆科頦垂豆、阿勃勒、老荊藤；鼠李科小葉鼠李、光果翼核木；榆科櫸木；薔薇科墨點櫻桃
活動月分：多世代蝶種，3～10月可見成蝶活動

螯蛺蝶亞科的物種數不多，金門及馬祖有一種臺灣沒有的白帶螯蛺蝶 *Charaxes bernardus*，在臺灣則為雙尾蛺蝶與小雙尾蛺蝶，兩者外型相似，習性相同，分布也重疊，但仍可由後翅外緣斑紋及顏色區分。牠除了在溼地吸水，也喜歡吸食樹液、腐果及動物死屍或排遺，且氣味愈重愈喜好，像山區聚落周邊不幸被車壓死的小動物或是動物糞便，都能吸引雙尾蛺蝶前來吸食，有時還會見到兩隻以上或與小雙尾蛺蝶共聚的畫面。

幼 | 生 | 期

雌蝶將卵單產於寄主葉片，幼蟲停棲於葉上表面絲座上。蛹化於寄主遮蔭處的枝條或葉下表面。通常某地曾發現過本種幼蟲之後要再觀察到的機會不低，所以每次又遇見牠時，總是很開心地的族群還存在此地。本種幼蟲食性廣，有記錄過的寄主種類繁多，但幼蟲孵化攝食某種植物後，其食性就會固定，即便給予記錄裡提到的其他寄主植物，幼蟲也不願取食。

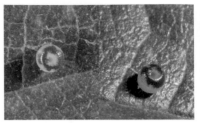
▲卵大多產於葉上表面

▲3齡幼蟲
體背無斑紋

▲4齡幼蟲
體背有1塊灰綠色斑紋

▲5（終）齡幼蟲
體背有2塊灰綠色斑紋

◀成蝶正在吸食動物排遺

▶蛹腹面，其外型像是植物的果實。

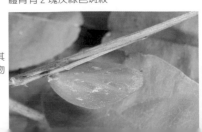

小雙尾蛺蝶 特有亞種
Polyura narcaea meghaduta

命名由來：本種的體型略小於雙尾蛺蝶，故稱為「小」雙尾蛺蝶；姬雙尾蝶的「姬」翻譯自日文「ヒメ」，其日文原意是姑娘、小姐並非體型小，因此中文名稱應使用明確的特徵「小」，而非將日文直譯。

別名：姬雙尾蝶、榆雙尾蛺蝶、（小）二尾蛺蝶、姬二尾蛺蝶、小型雙尾蛺蝶、四支尾仔
分布／海拔：臺灣本島、蘭嶼／0～1000m
寄主植物：大麻科山黃麻、石朴；豆科合歡、臺灣馬鞍樹
活動月分：多世代蝶種，3～10月可見成蝶

小雙尾蛺蝶幼生期最常利用的寄主是山黃麻，而山黃麻是先驅植物，主要生長在陽性崩塌地或河邊荒地，因此溪谷裡常可見到本種在溼地吸水，而動物糞便或死屍旁也常有牠的身影。本種或雙尾蛺蝶在冬季以蛹態越冬，蝶蛹大概在每年的2月底、3月初才會陸續羽化，此時溪谷裡除了「早春寶」（指早春羽化的一世代蝶種）外，有機會見到這2種尾蛺蝶屬的蹤影。

幼 | 生 | 期

2種尾蛺蝶屬幼蟲的頭殼都頗具特色，有蝶友暱稱牠為「小（恐）龍」，因為牠頭殼外型像是三角龍的頭盾。部分蝶類幼蟲停棲在葉片或枝條時，會將頭殼朝前、下方或向體側捲曲，本種卻是將頭抬起讓頭頂的突起貼著身體背面，且頭殼寬度明顯比身體大上許多。尾蛺蝶屬幼蟲胸、腹足較長，停棲時看起來像是用足部站立在葉子上，且幼蟲習慣將頭、腹部前段及尾部向上翹起，這樣的停棲姿態就像是端午節時水上的龍舟。本種蛹化在寄主遮蔭的枝條上，外型、色澤皆與雙尾蛺蝶相似。

▶卵外觀與雙尾蛺蝶相似

▲小雙尾蛺蝶1齡幼蟲頭殼特寫

▲2齡幼蟲

▲終齡幼蟲

▲蝶蛹

◀溼地吸水的小雙尾蛺蝶

箭環蝶

特有亞種

Stichophthalma howqua formosana

命名由來：本種為箭環蝶屬的模式種，因此以屬的中文名稱作為種的中文俗名，「箭」是指翅膀背面外緣有許多「箭簇」狀的斑紋；「環」、「環紋」是指翅膀腹面亞外緣的橙色環狀斑紋。

別名：環紋蝶、環蝶、和紋蝶、黃蛇目、大黃蝶
分布／海拔：臺灣本島／200～2000m
寄主植物：禾本科芒及多種竹亞科植物，如：桂竹；棕櫚科黃藤
活動月分：一年一世代，5～10月為成蝶發生期

箭環蝶又名環紋蝶，以前的分類是環紋蝶科，「環」是指這類群蝴蝶後翅腹面有許多圓圈或圓環狀斑紋。後來環紋蝶科與摩爾浮蝶科合併整合成蛺蝶科摩爾浮蝶亞科（Morphinae），有些書採用其翅膀有金屬一樣光澤的特徵，稱為「閃蝶」。近年來利用分子生物技術研究後，本類群的親緣關係研究結果則是將牠們置於蛺蝶科眼蝶亞科之下成為「族」[註]。本類群的物種多為分布於熱帶地區的蝶種，特別是產於中南美洲雨林的種類，翅膀背面有藍色、藍紫色的金屬光澤，因此有些人稱這類蝴蝶為「藍蝶」，而且就有部電影描述一位患有腦瘤的小男孩，由母親陪伴與蝴蝶學者3人一同找尋牠的過程，片名為「藍蝶飛舞」（The Blue Butterfly）。

本種是臺灣的環蝶族中唯一的原生種，在每年5、6月時，山林間就會觀察到這種體型碩大且飛行緩慢的蝴蝶。箭環蝶不訪花，偏好吸食腐果、樹液或是動物排遺，在遮蔭的林道旁經常可以觀察到本種雄蝶沿著林道慢慢飛舞找尋食物，而雌蝶出現的環境亮度通常要更為陰暗。箭環蝶的成蝶期頗長，5～10月分都能觀察到成蝶，雖然成蝶期長達近6個月，但是主要發生期集中在6～8月，雄蝶大概到8月分之後就不容易見到，10月時也只剩下少數殘破的雌蝶。

註：這類群分布在美洲大陸的種類早年被分類處理成摩爾浮蝶科；分布在熱帶亞洲的種類則處理成環（紋）蝶科。目前最新分類是將摩爾浮蝶科成員處理成摩爾浮蝶族（Morphini）；原環（紋）蝶科的成員則歸群為環蝶族（Amathusiini）。臺灣這3種都是環蝶族成員，稱環紋蝶族亦可。臺灣斑眼蝶所屬的是眼蝶族（Zetherini）與環蝶族是親緣關係相近的姐妹群。

▼雄蝶翅膀色澤偏黃

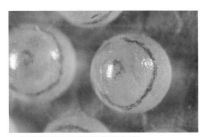

▲發育的蝶卵有粉紅色發育斑

▲卵為聚產（共98顆）

幼 | 生 | 期

箭環蝶雌蝶產卵時會在一片葉片上同時產下數十顆的卵，而且對於產卵環境極為要求，必須符合陰暗及潮溼兩個條件。幼蟲身上有許多長毛及鮮豔的體色，在先前介紹的蝶類幼蟲中並不多見。小幼蟲會集體行動，外出啃食葉片或是吃飽要回到停棲的葉片都是一隻接著一隻排隊前進，但是驚擾到幼蟲時，幼蟲會不定向的在枝條或葉片上爬行，但干擾結束後，幼蟲最後還是會恢復常態。隨著幼蟲齡期漸漸增加，幼蟲間也會開始分散到植株的各個枝條或葉片上，此時大幼蟲體色會以黃、綠、藍三色的縱紋為主，終齡幼蟲體型頗大。蛹會化於隱蔽處的植株葉下表，蛹的體色以鮮豔的螢光綠為主，腹部背面還有黃色或是水藍色斑紋。

1齡幼蟲

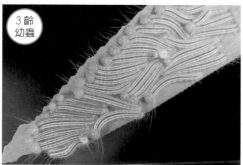

3齡幼蟲

▲ 4、5 齡幼蟲

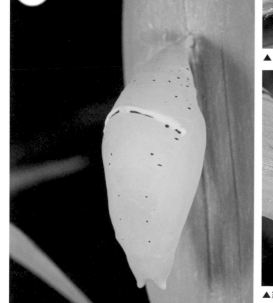

蝶蛹

▲終齡幼蟲
終齡幼蟲的齡期介於 8～10 齡之間，體表有許多細長毛。

389

串珠環蝶

外來定居種

Faunis eumeus eumeus

命名由來：由翅膀腹面那列黃白色的圓斑而取名為「串珠」環蝶屬；本種為串珠環蝶屬的模式種，因此以屬的中文名稱作為本種的中文名。

別名：串珠（環紋）蝶、珠仔蝶
分布／海拔：臺灣本島／0～100m
寄主植物：菝葜科平柄菝葜；仙茅科船仔草
活動月分：多世代蝶種，2～11月可見成蝶活動

串珠環蝶最早是由臺灣蝴蝶保育協會前理事長陳光亮先生於 1997 年 6 月 21 日在基隆的海門天險拍得一張照片，但是當年度除了這張照片外，沒有再被捕獲或是目擊的記錄。早年日本學者白水 隆曾指出在臺灣已不可能再發現大型的原生種蝴蝶，然而他這個看法在徐教授 1988 年發表褐翅綠弄蝶後已推翻。本種的出現，就被提出質疑是不是基隆地區的蝶類調查不夠仔細，加上本種大多棲息在陰暗的環境中不易發現，因此在 1999 年李俊延先生將牠發表為臺灣特有亞種 *F. e. wangi*。從 1998 年起本種已能在海門天險及附近的其他步道觀察到，如今牠已越過陽明山進入臺北盆地的北邊，從發現地到現在為止，總是能在特定地點發現穩定的族群。本種分布狀況的變化不像是原生物種，反而比較像外來物種適應環境定居後開始擴散的模式，白水 隆先生生前在 2001 年發表的文章認為臺灣的串珠環蝶是外來物種，且應該是來自於中國南方或東南亞的族群。陳光亮先生為了釐清本種的狀況，持續在基隆地區進行調查，翌年（1998 年）不但再次發現牠的身影，而且又發現臺灣未曾記錄過的方環蝶。

幼 | 生 | 期

串珠環蝶在香港是頗為常見的蝶種，其幼蟲會利用包括了菝葜科、百合科、棕櫚科、芭蕉科的植物，2003 年入侵種生物管理研討會的「臺灣地區蝶類外來種現況」，徐教授引用「The Butterflies of Hong Kong」書裡的資料，本種會利用香蕉在內

▲即將孵化的卵，卵殼內能看到幼蟲黑色的頭殼。

◀林下活動的成蝶

的多種單子葉植物，因此推測牠在臺灣擴散後也可能危害經濟作物或園藝植物。徐教授指導的研究生林孟賢以本種爲題材完成碩士論文「串珠環蝶族群動態研究」；而 2005 年臺北市東湖國小的李秀純老師帶領學生進行串珠環蝶的生活史、食性、天敵等實驗，並以字字「珠」跡 -「串」珠環蝶在臺發現十「年」誌，參加 2006 年第 47 屆中小學科學展覽會，得到國小組自然科全國第一名。

　　本種雌蝶偏好將卵產於菝葜科的平柄菝葜、仙茅科的船仔草，這 2 種植物都是生長在森林底層遮蔭處。聚產的蝶卵全部孵化後，大批幼蟲有時會在化蛹前就將寄主的葉片全部啃食殆盡，此時幼蟲就要在附近找尋其他寄主或可替代、攝食的植物葉片，終齡幼蟲通常爬至隱蔽處的植物葉下表面化蛹。

1 齡幼蟲

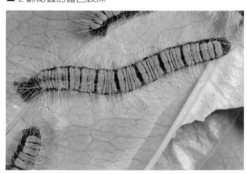

▲ 2 齡幼蟲的體色較深

▲ 5（終）齡幼蟲
4 齡時幼蟲外型已與終齡幼蟲相似

▲終齡幼蟲頭殼特寫

▼展翅時可見到前翅外緣的橙色斑紋

蝶蛹

方環蝶

Discophora sondaica tulliana

外來定居種

命名由來：方環蝶屬的「方」是指後翅外緣有明顯的折角，使翅形呈四邊形（方形）；本種不是屬的模式種，但分布廣數量多，具代表性，因此以屬的中文名稱命名；「鳳眼」是指前翅背面外緣斑紋如「丹鳳眼」。

別名：鳳眼方環蝶、竹環蝶、地珠蝶
分布／海拔：臺灣本島、金門／ 0 ～ 500m
寄主植物：禾本科竹亞科刺竹、綠竹、麻竹等
活動月分：多世代蝶種，全年可見成蝶

眼蝶亞科

方環蝶屬

方環蝶的發現是因為陳光亮先生在基隆一帶調查串珠環蝶時，被他在 1998 年 6 月 13 日於基隆的海門天險無意間捕獲，而臺灣這 2 種外來的環蝶族物種的第一位發現者都是他。方環蝶在中國華南地區、香港及金門都有分布，臺灣的氣候及環境條件理論上是適合牠生長，但因為隔著臺灣海峽，使得本種無法從對岸飛到臺灣，但為什麼會在基隆東北角一帶發現呢？基隆附近有許多的漁港，合理的推測有兩類可能性，第一類是本種以卵或幼蟲隨竹子植栽從中國或金門進入基隆；第二類是成蝶受燈光或魚獲氣味的引誘上了漁船，並隨著船隻從其分布地「偷渡」來臺。

方環蝶來到臺灣後，因隨處可見的竹子提供了幼蟲食物，使得牠的族群數量及分布範圍漸漸擴展，目前（2013 年止）西半部已向南擴散到彰化、雲林一帶，東臺灣更已進入到臺東縣境內，未來極有可能全臺分布。本種目前歸類為外來定居種，想要把牠從臺灣移除已是不可能的事，至於在臺灣生長繁衍後對於竹類植物及食性相同的生物是否造成影響，有待進一步的追蹤與監測。

卵寄生蜂已羽化，剩下卵殼

▲卵發育後會有紅色的發育斑

▼雌蝶體型較大
「方」環蝶乃是形容後翅外緣折角明顯，使後翅呈方形。

發育完成快孵化

發育中

未發育

▲蝶卵
同一批產下的卵發育狀況應該一致，圖中的未發育卵可能是未受精的空包彈，亦或是遭到卵寄生蜂為害。

392

幼|生|期

　　方環蝶雌蝶會將卵聚產於竹葉下表面，孵化後的幼蟲聚集在葉下表生活，小幼蟲全身長有白色的細長毛，常被誤認是蛾類幼蟲。終齡幼蟲外型上與枯葉蛾的幼蟲有些相似[註]，本種幼蟲在胸部體表除了全身都有的白色細長毛外，還有兩圈質地稍硬的褐色硬短毛叢，這種硬短毛是幼蟲的防禦性武器，當有外來干擾時幼蟲會把頭部及胸部仰起朝干擾來源方向撞去，這些硬毛就會扎入表皮且斷裂殘留在皮膚上，所以觀察本種幼蟲時要格外謹慎。幼蟲會在竹葉或附近雜物、樹枝上化蛹，化蛹環境會影響蛹的體色是綠或褐色。

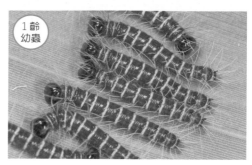
1齡幼蟲

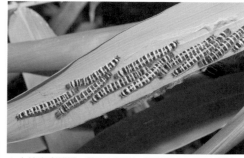
▲小幼蟲會群聚，體表有黑褐、淡黃綠色相間的橫紋。
▼黑色型終齡幼蟲
終齡幼蟲的齡期介於 6～8 齡。

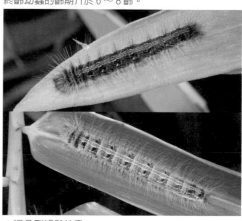
▲褐色型終齡幼蟲

▲大幼蟲胸部處有兩圈褐色的硬短毛叢
仔細觀察幼蟲的全身，硬短毛除了胸部外，在腹部紅色斑紋處也有少許，另外在尾部的位置也有。

▲方環蝶幼蟲與枯葉蛾形態相似

註：仔細比較方環蝶與枯葉蛾科的幼蟲後，仍會發現兩者毛列的形態及排列有顯著不同。枯葉蛾幼蟲在頭部兩側各有一束往前生長的長毛，方環蝶則無。

▶蛹有綠色、褐色兩型。

小波眼蝶

特有亞種

Ypthima baldus zodina

命名由來：本屬翅膀腹面有許多白色波狀斑紋，因此稱為「波眼蝶屬」；本種體型在臺灣的波眼蝶屬中偏小，因此稱為「小」波眼蝶；小（裏）波紋蛇目蝶源自日文名「コウラナミジャノメ；小裏波蛇目」。

別名：小（裏）波紋蛇目蝶、瞿（or 矍）眼蝶、擬六目蝶、鏈紋眼蝶、胥蝶

分布／海拔：臺灣本島、馬祖、龜山島、蘭嶼／0～2000m

寄主植物：禾本科兩耳草、毛馬唐、柳葉箬等多種低矮草類

活動月分：多世代蝶種，全年可見成蝶

翻開臺灣蝶類名錄，眼蝶亞科的第 1 位成員就是小波眼蝶，小波眼蝶是平地淺山至低海拔山區頗常見的物種，卻讓一些初入門的賞蝶愛好者認不得牠。主要原因有二，一是本種翅膀上的眼紋會出現因季節的不同而從夏天時眼紋大而明顯，春、秋兩季時眼紋變得較小，甚至冬天時眼紋幾近消失的連續性變化(後翅腹面眼紋數參考附表)；其次，本種少數個體翅膀上眼紋的數量有時會多或少了 1～2 枚眼紋甚至更多，或是在大眼紋旁出現一枚伴隨的小眼紋，這類狀況對於初學者在比對圖鑑時常會產生迷惑及困擾。

　　第一類眼紋大小隨季節發生變化，是屬於 **環境多型性**[註]的例子，而此時眼紋大小的變化是連續性的改變，這情形也被稱爲「季節變異」，此處的「變異」是指眼紋大小在各季節之間會發生改變而出現一些差異，這些差異是會隨著季節更迭而年復一年地重複出現，且各季節觀察到的多數成蝶會有相似的眼紋大小變化；但第二類眼紋數量發生變化的情況則是屬於「個體差異（變異）」，是因個體內在遺傳基因及外部環境條件所綜合形成的結果，對於翅膀出現眼紋數量的變化其實不值得驚訝，像本文照片中展翅的那隻雌蝶，後翅背面的眼紋數量兩邊翅膀不同。

眼紋數	種類
3 枚	密紋波、江崎波、王氏波、白帶波、文龍波、罕波
4 枚	達邦波眼蝶、巨波眼蝶
5 枚或 (5+1)	寶島波、狹翅波、白漪波、（小波、大藏波）

▲蝶卵

▼雌蝶展翅
後翅背面兩片翅膀上的眼紋數量不同，箭頭處多了一枚小眼紋。

註：**環境多型性**（environmental polymorphism）：指個體外型的差異是由環境因子所影響，溼度影響形成乾、雨季型（或溼季型）；溫度熱冷影響形成高溫型及低溫型；光照長短則形成長日照型與短日照型。以臺灣為例，一樣是冬季，眼蝶在南部與北部外型有差別，其原因在於北臺灣夏季溼熱、冬季溼冷，溫度的影響較大；南臺灣夏、冬季氣溫雖有差別，但降雨量造成的環境溼度差異為主要變因，因此北臺灣宜稱高、低溫型；南臺灣則為乾、雨季型。中臺灣環境狀況又介於兩者之間難以介定。

幼|生|期

　　小波眼蝶雖然會在森林邊緣明亮的環境活動，但雌蝶產卵時卻偏好選擇遮蔭的林下環境。雌蝶會鑽入草叢中產卵，卵為單產，剛產下的卵顏色為淡藍色且表面有不少多角形的大凹紋，之後顏色會轉為白色。小幼蟲的體色多為淡綠色，大幼蟲的體色則轉為褐色，蛹也是淡褐色，幼蟲大多會選擇在接近地表的枯枝、枯葉旁化蛹。由於幼蟲及蝶蛹的體色是屬於接近環境的保護色，所以不易發現牠的幼生期。

▲春、秋季的過渡型，這隻後翅只有5枚眼斑。

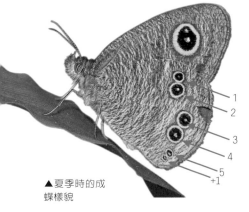

1
2
3
4
5
+1

▲夏季時的成蝶樣貌

▲冬季的成蝶

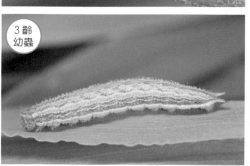

1齡幼蟲

終齡幼蟲

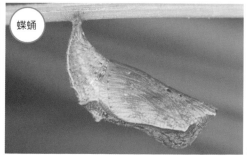

3齡幼蟲

蝶蛹

寶島波眼蝶

特有種

Ypthima formosana

命名由來：本種為臺灣特有種且學名的種小名是「*formosana*」，為了突顯上述兩項特色，因此取名為「寶島」波眼蝶；大波紋蛇目蝶源自日文名「オオウラナミジャノメ；大裏波蛇目」，比較對象為小波眼蝶。

別名：大波紋蛇目蝶、臺灣矍眼蝶、寶島矍眼蝶
分布／海拔：臺灣本島／100～1500m
寄主植物：禾本科芒、竹葉草等植物
活動月分：多世代蝶種，3～10月可見成蝶活動

寶島波眼蝶又被稱爲「大波紋蛇目蝶」，名稱裡有「大」會以爲牠的體型很大，實際上本種的體型在臺灣產的波眼蝶屬中並不是最大的，頂多與狹翅波眼蝶並列第3，前兩名分別爲「巨」波眼蝶（鹿黑波紋蛇目蝶）及白漪波眼蝶（山中波紋蛇目蝶）。

　　波眼蝶屬中後翅腹面的眼紋數量爲5（或5+1）[註]枚的種類有5種，小波眼蝶及大藏波眼蝶的眼紋是5+1枚且體型較小；白漪、狹翅及寶島波眼蝶這3種的眼紋5枚且體型稍大。3者以白漪波眼蝶的分布較爲狹隘，主要是以中、高海拔山區爲主；寶島波眼蝶分布最廣，常見於山區的道路、林道或步道旁，喜歡在半遮蔭亮度的環境下出沒，其體型及翅膀特徵都與狹翅波眼蝶相似，低海拔山區以本種族群較優勢，但仍有狹翅波眼蝶與其共域分布。兩者外型差異爲本種前翅翅形略爲圓短，後翅腹面整體的色澤偏褐色且翅膀外緣形狀在第3枚眼紋處的較圓，辨識上要特別留意才不會出錯。

幼｜生｜期

　　寶島波眼蝶雌蝶會將卵直接產於寄主植物上，偶爾也會產於乾枯的葉片，卵色澤爲乳白色，上面有許多細小不明顯的網狀花紋。1

註：小波眼蝶（394頁）及大藏波眼蝶在夏季眼紋發達時，第5枚眼紋位置會有2個小眼紋，其他季節時卻只有第5枚眼紋，第6枚眼紋則與第5枚合併或是變小、消失，因此才以「5+1」來形容。

▼在遮蔭山壁上吸水的成蝶

齡幼蟲身上有 5 條從頭至尾部的縱向紅色
條紋，這些紅色條紋會持續到 3 齡幼蟲，
3 齡末期時幼蟲體表的色澤會稍有變化，
由淡綠灰色轉為淡褐色，4 齡幼蟲身體背
側會出現成對的黑褐色斑紋，而這些斑紋
在終齡幼蟲時會更明顯且變為縱向的短棒
狀。小幼蟲大多停棲於葉下表或是葉緣處，
而大幼蟲偏好停棲在葉片基部靠近植物莖
的位置或直接停棲於植株的莖上。蝶蛹的
體色為褐色，終齡幼蟲會爬到靠近地表的
隱蔽處化蛹。

▲卵
卵表面有細網紋

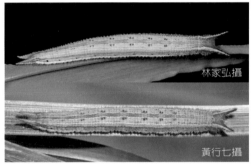
▲終齡幼蟲
體背兩側短桿狀黑褐色斑紋與背中線平行

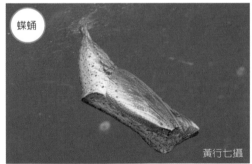
蝶蛹

1 齡
幼蟲

▲ 3 齡幼蟲
體側線條較平直

▲成蝶喜歡在林緣遮蔭處活動

▶成蝶後翅
外緣圓弧

397

狹翅波眼蝶
Ypthima angustipennis

特有種

命名由來：依本種前翅的翅形比同屬近緣種稍狹長，且頂角處的形狀不像寶島波眼蝶那麼寬圓，因此稱為「狹翅」波眼蝶。

別名：狹翅波紋蛇目蝶、窄翅波眼蝶、小三豐眼蝶
分布／海拔：臺灣本島／ 500 ～ 1500m
寄主植物：禾本科臺灣蘆竹、芒等
活動月分：多世代蝶種，3 ～ 10 月可見成蝶

眼蝶亞科

波眼蝶屬

　狹翅波眼蝶是在 2000 年由日本學者高橋眞弓先生所發表，同時他針對了臺灣產的 *Ypthima sakra* 種群（包括已知的寶島波眼蝶、白漪波眼蝶及文中所發表的狹翅波眼蝶）進行成蝶及幼生期的形態比較，以及這 3 種成蝶的分布地點、海拔、習性及棲地偏好的描述。本種廣泛分布且族群數量不算稀有，但外型卻與寶島波眼蝶十分相似，導致牠長期被鑑定為寶島波眼蝶。高橋先生發現本種的過程是他為了觀察寶島波眼蝶的幼生期，採集了數隻雌蝶進行採卵，在飼養至終齡幼蟲時觀察到幼蟲體表的斑紋有些不同，他將幼蟲依斑紋形態進行分群，並進行觀察與記錄，結果發現兩群的蝶蛹的外觀形態有差異，羽化的成蝶外型雖相似，但仍可由細微的特徵辨別兩者，因此確定原先所認知的寶島波眼蝶裡包含了一種「隱藏種」[註]。

　近年來臺灣新增加的蝴蝶成員中，有部分種類即是屬於隱藏種。除了本種外，粉蝶科的北黃蝶（隱藏於黃蝶）、灰蝶科的高山鐵灰蝶（隱藏於臺灣鐵灰蝶）都是相同的例子。

幼 | 生 | 期

　高橋先生觀察的幼蟲恰巧來自狹翅波眼蝶及寶島波眼蝶產下

▶ 卵呈
乳白色

▼本種外型似寶島波眼蝶，為近年新發現的隱藏種

的卵，他一開始並未察覺雌蝶外型有差異，且幼蟲在 1 ～ 3 齡時體型不大、體表斑紋差異不明顯，直到終齡時幼蟲體表斑紋會較明顯且穩定，所以他才能發現兩者幼蟲的外型不同。本種在發表前幼生期照片已出現在內田春男 1991 出版的「常夏の島フォルモサは招」第 89 頁及五十嵐 邁與福田晴夫 1997 出版「アジア產蝶類生活史図鑑 I 」的 plate114 之中，照片標題皆爲寶島波眼蝶。中文圖書尚無介紹本種幼生期的資訊，本書爲首例；至於寶島波眼蝶幼生期照片，中文圖書沒有誤放本種照片的情況。

▲蛹爲褐色

> 註：**隱藏種**（Cryptic Species）又稱隱蔽種，是指外部形態相似且在過去被歸類爲同一種，但其實是包含兩種以上的種類且彼此間具有生殖隔離，在過去未能辨識區分的物種即稱爲隱藏種。近似種的辨識常讓人困擾，而隱藏種更是近似種中的近似種，近年來有學者利用基因序列的分析而發現隱藏種。

1 齡幼蟲

▲ 3 齡幼蟲
體側線條呈波浪狀

▲ 4 齡幼蟲

▲終齡幼蟲
背中線兩側有黑褐色短斜斑

◀成蝶喜歡在較明亮開闊的環境活動

達邦波眼蝶 特有亞種

Ypthima tappana

命名由來：「達邦」源自於種小名「*tappana*」的發音，指最早採集到本種的地點，行政區屬於嘉義縣阿里山鄉，是鄒族的主要分布區域；本種長期被認為是臺灣特有種，不過中國華東地區亦發現有本種分布。

別名：達邦波紋蛇目蝶、達邦瞿眼蝶、達邦鄰眼蝶、
大波瞿（or 矍）眼蝶
分布／海拔：臺灣本島／ 0 ～ 1200m
寄主植物：禾本科竹葉草、芒、柳葉箬等
活動月分：多世代蝶種，全年可見成蝶

臺灣的波眼蝶屬共計有 13 種蝴蝶，這 13 種可依後翅腹面的眼紋數量爲 3、4、5 或（5+1）枚而區分爲 3 大類。其中 4 枚的種類最少只有 2 種，分別爲達邦波眼蝶及巨波眼蝶，這 2 種在體型、發生期、世代數都有差異，比較有機會同時觀察到兩者的地點在基隆及陽明山區一帶，從體型即容易區分兩者。本種喜歡在有遮蔭的林下或林緣活動，季節對本種後翅腹面 4 枚眼紋的大小影響不大，所以只要能拍到合翅的照片就不難辨識種類。

▶ 卵呈乳白色

▲ 1 齡幼蟲表皮白色略透明

種類	成蝶體型	發生期	世代數	分布海拔
達邦波眼蝶	中型	幾乎全年可見	多世代	淺山至低海拔
巨波眼蝶	特大型	夏季	一世代	低至中海拔

幼｜生｜期

本種成蝶後翅腹面 4 枚眼紋與巨波眼蝶一樣，但本種幼蟲型態與寶島波眼蝶幼蟲較相似，卵的外觀同爲白色且表面有細小的網狀刻紋，幼蟲頭部也有分叉的短角，本種終齡幼蟲體表斑紋的排列與形狀也像寶島波眼蝶幼蟲，唯有詳細記錄並仔細比較才能區分兩者的差異。小幼蟲身上的斑紋不明顯，因此最好是等幼蟲終齡或化蛹後才能較明確的分辨種類，蛹只有褐色型，化蛹於寄主或附近低矮處。

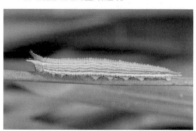

▲ 3 齡幼蟲

▲ 終齡幼蟲

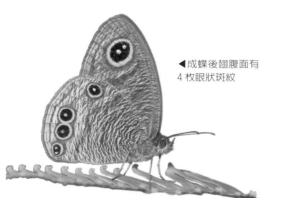

◀ 成蝶後翅腹面有 4 枚眼狀斑紋

▲ 蛹化於寄主植物上

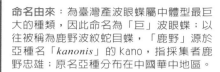

巨波眼蝶

Ypthima praenubila kanonis 北臺灣亞種
Ypthima praenubila neobilia 中南部亞種

特有亞種

命名由來：為臺灣產波眼蝶屬中體型最巨大的種類，因此命名為「巨」波眼蝶；以往被稱為鹿野波紋蛇目蝶，「鹿野」源於亞種名「*kanonis*」的 Kano，指採集者鹿野忠雄；原名亞種分布在中國華中地區。

別名：鹿野波紋蛇目蝶、四目蝶、前霧瞿（or 矍）眼蝶、飄矍眼蝶、巨型鄰眼蝶
分布 / 海拔：臺灣本島 / 50 ～ 1200m
寄主植物：禾本科柳葉箬、基隆短柄草等多種植物
活動月分：一年一世代，5 ～ 7 月為成蟲發生期

▶蝶卵

眼蝶亞科

波眼蝶屬

巨波眼蝶是本屬的巨無霸，小波眼蝶只有牠一半大，同為 4 枚眼紋的達邦波眼蝶也只有牠的 3 / 4。本種在臺灣有 2 個亞種，北臺灣亞種乃由鹿野忠雄採集、松村松年命名發表，每年 5 ～ 7 月出現在大屯山及七星山等以芒草或箭竹為主的開闊地，本亞種分布於陽明山區；另一個亞種在臺中東勢、和平一帶有不少採集記錄，最南分布至屏東山區。2 亞種差別為：北臺灣亞種體型大，分布在淺山及低海拔；臺北盆地以南的亞種體型較小且分布在低、中海拔山區。

▲ 3 齡幼蟲

幼 | 生 | 期

本種幼蟲在冬天會持續進食不休眠，幼蟲階段長達 7 ～ 8 個月左右，齡期比一般的波眼蝶多，多世代的波眼蝶終齡幼蟲為 5 齡，但本種終齡幼蟲齡期少則 8 齡，多則 10 齡或更多，不過卵期及蛹期並沒有特別長。筆者曾試著套網採卵觀察牠的幼生期，發現幼蟲成長速度比其他的波眼蝶幼蟲慢，且脫皮到 5 齡時，體型仍不大，約在隔年 3 月時化蛹，比野外的族群化蛹時間早，且最後羽化的成蝶體型只有寶島波眼蝶的尺寸，若不是後翅腹面第 1 枚眼紋特別大，很難想像牠就是巨波眼蝶；中南部亞種的體型有時只比達邦波眼蝶稍大一點。

▲ 6 齡幼蟲

▲躲在枯枝條間的終齡幼蟲

◀後翅腹面第 1 枚眼狀斑紋大而顯眼

▲蛹的顏色只有褐色型

401

密紋波眼蝶 特有亞種

Ypthima multistriata

命名由來：後翅腹面從翅基至外緣為細密均質的白色波狀斑紋，因此稱為「密紋」波眼蝶；早期的日文名為「タイワンウラナミジャノメ；台湾裏波蛇目」翻譯後即臺灣（裏）波紋蛇目蝶，「裏」被省略。

別名：臺灣（裏）波紋蛇目蝶、臺灣波眼蝶、（臺灣）三眼蝶、密紋矍眼蝶、環紋裏波紋蛇目蝶、東亞矍眼蝶、大三目蝶
分布／海拔：臺灣本島／0～2000m
寄主植物：禾本科柳葉箬、芒、棕葉狗尾草等
活動月分：多世代蝶種，全年有成蝶活動

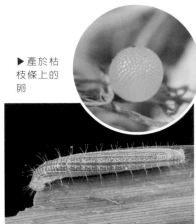

▶產於枯枝條上的卵

密紋波眼蝶是本屬分布最廣的種類，北從基隆的東北角，南至屏東墾丁，住家附近的淺山丘陵至海拔 2000 公尺山區都有機會見到，族群數量也是屬裡最多的種類。本種較常在森林邊緣活動，偶爾也會在林下環境發現，清晨造訪林緣是觀察本種翅膀背面形態的好時機。區分本種性別最好的方式是由前翅背面頂角的眼狀斑紋形態判斷，斑紋幾乎消失只剩 2 個不顯眼的黑色小點，那就是雄蝶，若有著像翅膀腹面那個明顯的眼狀斑紋者，則是雌蝶；本屬的白帶波眼蝶也適用。

▲1齡幼蟲

幼|生|期

若恰巧遇上本種雌蝶在步道旁產卵，可以小心的將帶有蝶卵的枝條帶回去，一周後會孵化出淡粉紅色的小幼蟲，幼蟲進食葉片後，體色變成淡綠色。其寄主植物正是路旁爲數眾多的禾本科雜草，因此不需擔心食物補給的問題，但要注意飼養環境應避免高溫多溼，以免幼蟲生病死亡。這類的幼蟲成長速度不快，從卵孵化至幼蟲化蛹需要一個月或甚至更久的時間，若能仔細觀察本種幼生期，大概就能了解本屬後翅腹面眼紋 3 枚的種類幼蟲形態及習性。

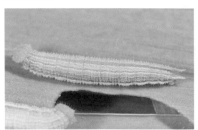

▲3齡幼蟲的體色有綠、褐兩型。

▲終齡幼蟲

◀成蝶常在林緣處活動

▲蛹有綠色、褐色兩型。

眼蝶亞科

波眼蝶屬

白帶波眼蝶
Ypthima akragas

命名由來：本種後翅腹面眼紋旁有條明顯的白色條紋，因此命名為「白帶」波眼蝶；中文俗名的「臺灣」易誤認為是臺灣特有種，但本種在中國西南地區亦有分布，臺灣族群為指名亞種。

別名：臺灣小波紋蛇目蝶、台灣小波眼蝶、高山波紋蛇目蝶、高棕裏波紋蛇目蝶、斐豐眼蝶

分布/海拔：臺灣本島 / 1200～2500m

寄主植物：禾本科川上氏短柄草等

活動月分：一年2代以上，4～10月為成蝶發生期

　　白帶波眼蝶主要分布於中、高海拔山區，且非全年可見的普遍物種，夏季在南投清境、臺中武陵農場或大雪山、嘉義阿里山可見到，留意後翅腹面有明顯白色帶狀斑紋的就是本種。外型與本種最相似的是密紋波眼蝶，兩者雄蝶的前翅背面幾乎無眼紋，要判斷雌雄不難。本種喜歡在林緣遮蔽較少的草地活動，其偏好的棲地環境與江崎波眼蝶較相似但分布海拔相對較高一些。

幼|生|期

　　本種與白漪波眼蝶並列為波眼蝶屬分布海拔最高的物種，以海拔2000公尺上下數量最多，每年4月分就有成蝶出現，海拔較高的地區則要5、6月時才能見到。本種幼生期至少要3～4個月才能完成一個世代，密紋或江崎波眼蝶頂多2個月就能從卵到羽化。本屬多世代種類的終齡幼蟲通常只有5齡，生活在中、高海拔山區的本種夏季世代幼蟲也是經歷5個齡期就化蛹，但冬季世代的幼蟲卻要多次蛻皮後才會成長至終齡幼蟲，這生理上的適應也發生在金鎧蛺蝶冬季世代的幼蟲身上。

▶蝶卵

▲3齡幼蟲

▲不同體色的終齡幼蟲

◀後翅腹面白色帶狀花紋是本種最顯眼的特徵

眼蝶亞科

波眼蝶屬

▲蝶蛹

403

江崎波眼蝶

特有種

Ypthima esakii

命名由來：本種學名中的種小名「*esakii*」正是日文的江崎，指的是日籍蝶類學者江崎悌三博士，因此稱為「江崎」波眼蝶，日文名亦是「エザキウラナミジャノメ，江崎裏波蛇目」。

別名：江崎波紋蛇目蝶、江崎裏波紋蛇目蝶、江崎瞿（or 矍）眼蝶、埔里波紋蛇目蝶

分布／海拔：臺灣本島／0～2000m

寄主植物：禾本科臺灣蘆竹、芒草、柳葉箬等

活動月分：多世代蝶種，全年可見成蝶

江崎波眼蝶後翅腹面的眼紋大小會因地區而有些差異，在中、南部見到的個體眼紋由上而下依序為「中中小」或是「小中小」排列；北橫沿線的族群（簡稱北橫型）以及分布於臺灣東北部的王氏波眼蝶，眼紋排列則是大中小，與先前介紹的2種（密紋波、白帶波）相似。本種喜歡在較開闊明亮偏乾燥的環境活動，但環境交界處會與其他種類混棲。徐教授曾指導3位研究生[註]分別針對江崎波眼蝶與密紋波眼蝶種群進行不同面向的研究。

▶產於枯葉上的卵

眼紋大小	一般狀況	特別狀況
大中小	密紋波眼蝶	江崎波眼蝶北橫及東北部族群
中中小小中小	江崎波眼蝶（中南部族群）	密紋波眼蝶冬季偶爾會出現

▲3齡幼蟲

幼｜生｜期

本種的小幼蟲體色以綠色為主，隨著齡期增加，部分個體會變為黃褐或淡褐色，雖然密紋波眼蝶幼蟲也會發生體色由綠轉褐的狀況，但本種的大幼蟲褐色的比例較高，且體色變褐色後就不會變回綠色。化蛹前終齡幼蟲的體色也會影響蛹的體色，綠色的幼蟲會形成綠色的蛹，反之亦同。

▲終齡幼蟲體色有綠、褐兩型。

▼冬季時後翅腹面的眼狀斑紋會變小，成蝶偏好明亮環境。

註：見478、479頁參考文獻，3位研究生分別為關宏軒、謝佳昌、陳世情。

▲蝶蛹

王氏波眼蝶 特有種

Ypthima wangi

命名由來：本種由李俊延先生發表，種小名「wangi」是他要表彰省立博物館同事王效岳先生在昆蟲研究的努力；本種曾被處理成密紋波眼蝶的同物異名及江崎波眼蝶的亞種。

別名：王氏波紋蛇目蝶
分布／海拔：臺灣本島東北部、龜山島／0～900m
寄主植物：禾本科印度鴨嘴草等
活動月分：多世代蝶種，3～12月為成蝶發生期

本種模式產地在龜山島的龜尾潭周邊，後翅腹面最下面2個眼紋的黃色環相連成「8」字型可與同屬區別。本種發表後，國外學者即有不同看法[註1]，林春吉先生在其著作中表示曾見過密紋波眼蝶眼紋黃色環相連的個體，因此在本種發表前即持不同觀點。前頁3位研究生的實驗結果則呈現本種與江崎波眼蝶有多項分析無法區分，但2種卻又與其他研究對象有顯著差異，分析結果仍不足以支持本種為獨立種或與江崎波眼蝶同種。

幼｜生｜期

本種幼生期不論是生理需求的發育起始溫度、有效積溫，或是外部形態都難與江崎波眼蝶區分，唯一差別是棲息環境遮蔽度。東北角臨海開闊的短草山坡地是牠活動地點，當環境裡出現樹林時，物種組成則變成以密紋波眼蝶為主，這個棲地偏好使其分布受限在東北角沿岸；江崎波眼蝶對棲地環境也偏好較明亮、遮蔽較低的林緣。北部山區有外型介於兩者間的族群，未來本種的分類可能更動[註2]。

> 註1：日本學者植村好延、小岩屋 敏在2000年處理成密紋波眼蝶的同物異名；高橋真弓與城內穗積在2010年處理為江崎波眼蝶的東北角－龜山島亞種，學名修正為 *Y. e. wangi*。
> 註2：在尚未有更可靠的正式研究成果發表前，本書仍依李俊延之發表處理。

▶卵內的幼蟲即將孵化

▲3齡幼蟲

▲終齡幼蟲

▲蛹有綠色及褐色兩型

405

古眼蝶

特有亞種

Palaeonympha opalina macrophthalmia

命名由來：部分學者認為本屬是眼蝶亞科中較古老（原始）的類群，因此稱為「古」眼蝶屬，本屬為單種屬，故中文俗名以中文屬名命名；銀蛇目蝶的「銀」是指翅腹外緣眼紋附近有銀白色鱗片組成的斑紋。

別名：銀蛇目蝶
分布／海拔：臺灣本島／ 300 ～ 2000m
寄主植物：莎草科紅果薹；禾本科芒屬植物可能也會利用
活動月分：一年一世代，3 ～ 7 月為成蝶發生期

低海拔山區的古眼蝶春季就出現，中海拔山區較晚，本屬是分布於東亞的特有屬，與本屬親緣關係最近的物種分布於北美洲東部，這種呈「**東亞 - 北美東部間斷分布**[註]」的情況在其他動物或植物類群都有案例。像臺灣寬尾鳳蝶的寄主臺灣檫樹也是這種「東亞 - 北美東部間斷分布」的例子，樟科檫樹屬全球僅有 3 種，分別生長於臺灣、中國與北美洲，可惜僅僅臺灣與中國才有寬尾鳳蝶屬的物種分布。

幼｜生｜期

　　雌蝶將卵產於遮蔭處的寄主葉片上，卵米黃色，發育後有頭殼兩頰的黑色斑紋，孵化的幼蟲有紅色縱條。本種幼蟲的食量不小卻生長緩慢，當時序進入秋、冬季後會更慢。大幼蟲停棲在寄主葉片基部或接近地表的葉鞘，要進食時才爬至葉片哨食。海拔 500 公尺的山區大約在 3 月上旬時就會化蛹，幼蟲化蛹的位置通常會選擇寄主基部或附近低矮雜物、植株下側，蛹期約 3 ～ 4 周。

> 註：**間斷分布**又稱「分布不連續現象」（disjunction），指具親緣關係的物種在世界的分布狀況是分隔在遙遠地區，且中間有阻隔散播的障礙，像大海、山脈或沙漠等，科學上常以屬或科討論此分布的成因。

▶即將孵化的卵

▲ 1 齡幼蟲

▲ 3 齡幼蟲

▲大幼蟲躲在植物莖的基部附近（7 齡）　▲終齡幼蟲的齡期約 8 ～ 10 齡。

◀翅膀腹面有銀色鱗片組成的斑紋

▲蛹的外型較粗短

大幽眼蝶
特有亞種

Zophoessa dura neoclides

命名由來：本種為臺灣3種幽眼蝶屬中體型最大的種類，因此取名為「大」幽眼蝶；「白尾」、「尾白」、「淡尾」、「白下緣」、「白翅」都是指後翅背面外緣處由灰褐色鱗片形成的大塊淡色區域。

別名：白尾黑蔭蝶、白尾蔭（眼）蝶、白尾黛蝶、淡尾竹眼蝶、白下緣黑日蔭蝶、白翅尾暗蝶、尾白黑白蔭蝶（尾白黑日蔭蝶的筆誤）、黛眼蝶

分布／海拔：臺灣本島／1000～3000m

寄主植物：禾本科芒草、臺灣矢竹、玉山箭竹等

活動月分：多世代蝶種，3～11月可見成蝶活動，冬季為幼蟲形態。

本屬的物種常在遮蔭幽暗的林下活動，多雲或陰天才會到林緣附近活動，牠們就像幽靈般突然出現，又不留痕跡的消失無蹤，這就是牠們被取名為「幽」眼蝶屬的原因。本屬在臺灣有3種，數量較多的是海拔分布偏高的玉山幽眼蝶，其體型是本屬最小；大幽眼蝶族群數量稱不上稀有，其後翅腹面淡色鱗片有紫色光澤，外型特殊無相似種；圓翅幽眼蝶極為罕見，牠偏好在陰天或有薄霧的天氣出來活動，部分蝶友去中橫東段拍攝翠灰蝶時遇上了壞天氣，反而好運遇上牠。

幼｜生｜期

　　雌蝶將卵聚產於寄主的葉下表面，小幼蟲會聚集在一起活動，漸漸的幼蟲會分散至寄主植株各處，其頭殼突起末端呈橘紅色，身體背面有2對黃色虛線，可與其他食性相同的眼蝶亞科物種區別。本種的垂直分布受環境氣溫所限，平地至低海拔山區雖然冬季氣溫適合本種幼生期生存，但夏、秋季時氣溫過高，幼蟲無法順利生長、化蛹，且這些區域的開發較多，無合適的環境可供成蝶棲息，自然無法維繫其族群繁衍。

▶卵群中有發育及遭寄生的卵

▲群聚的2齡幼蟲

▲停棲在芒草葉下表面的4齡幼蟲

▲終齡幼蟲的體型瘦長

▲蝶蛹

◀飛至林緣停棲的成蝶

眼蝶亞科

幽眼蝶屬

407

褐翅蔭眼蝶 特有亞種

Neope muirheadi nagasawae

命名由來：本屬常在林蔭下活動，因此稱為「蔭眼蝶屬」，本種翅膀顏色較深、褐色比例較多，因此稱為「褐翅」蔭眼蝶；本屬翅腹外緣的眼紋會環環相連成列（鏈），因此中國將本屬稱為「鏈眼蝶屬」。

別名：永澤黃斑蔭蝶、（背）黃斑蔭蝶、褐翅鏈眼蝶、蒙鏈（蔭）眼蝶、八星眼蝶、八目蝶

分布／海拔：臺灣本島、龜山島／0～2500m

寄主植物：禾本科竹亞科綠竹、桂竹、麻竹等

活動月分：多世代蝶種，全年可見成蝶

眼蝶亞科

蔭眼蝶屬

臺灣的蔭眼蝶屬有4種，其中422頁的布氏蔭眼蝶（臺灣黃斑蔭蝶）因春、夏季個體的體型及斑紋不同，過去春季型態被當成另一種且命名為渡邊黃斑蔭蝶（*N. watanabei*）。本屬以褐翅蔭眼蝶的數量最多分布最廣，從北到南，平地至中海拔山區都可見，與同屬其他種類分布的海拔雖有重疊，但本種偏好出現在以竹林為主的環境，因為本種幼生期以竹葉為食。成蝶喜歡吸食腐果、樹液，平時多在竹林或林蔭處活動，晨昏時的活動力較旺盛。

幼｜生｜期

本屬雌蝶有將卵聚產於寄主葉片下表面的習性，而本種幼蟲以竹葉為食，習性上與方環蝶有許多相似處。小幼蟲一開始會群聚，隨齡期的增加會漸漸分散，大幼蟲會在竹葉上吐絲，將數片竹葉連綴成巢，幼蟲平時會躲在巢中，進食時才會離巢。終齡幼蟲化蛹前會爬離寄主，到地面的落葉裡找尋隱蔽處，再吐絲將落葉或雜物黏綴而成的「蛹巢」並化蛹在裡面，蛹的大小與同體型的成蝶相比明顯小很多，形狀也不同。

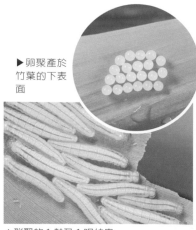

▶卵聚產於竹葉的下表面

▲群聚的1齡及1眠幼蟲

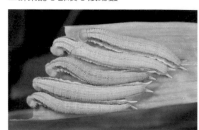

▲3齡幼蟲

此時幼蟲仍是小群體聚集活動

▲終齡幼蟲

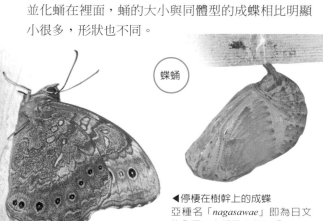

蝶蛹

◀停棲在樹幹上的成蝶

亞種名「*nagasawae*」即為日文的永澤，本種日文名為「ウラキマダラヒカゲ，裏黃斑日陰」。

▲幼蟲蟲巢

幼蟲會吐絲將葉片連綴成巢，除了攝食葉片外，其餘時間會躲在蟲巢中。

巴氏黛眼蝶

特有亞種

Lethe butleri periscelis

命名由來：本種的種小名「*butleri*」為英國鱗翅目學者巴特勒，因此簡稱為「巴氏」；本種**不是**臺灣特有種且與同屬其他種類相比體色並沒有特別深，所以稱為「臺灣」「黑」陰蝶並不合適。

別名：臺灣（擬）黑蔭蝶、臺灣黛蝶、布竹眼蝶、臺灣擬黑日蔭蝶、圓翅黛眼蝶

分布／海拔：臺灣本島／ 0 ～ 1500m

寄主植物：莎草科紅果薹

活動月分：多世代蝶種，4 ～ 10 月為成蝶發生期

巴氏黛眼蝶是本屬中較少被觀察到的種類，主要原因是其棲息地點多在陰暗的森林底層，雖然偶爾也可在林緣見到牠，但機會難得。本種的族群數量並不多，垂直分布從接近海平地的基隆東北角、龍崗至海拔 1500m 山區，最南的記錄在屏東大漢山。本種翅形與玉帶黛眼蝶較爲相似，屬於前翅翅長較短，頂角較圓的物種，這種翅形不利於快速飛行。

幼 | 生 | 期

本種是臺灣目前已知幼蟲利用莎草科植物爲寄主的兩種蝴蝶之一，另一種爲先前已介紹的古眼蝶。成蝶體型小於長紋黛眼蝶或曲紋黛眼蝶，但蝶卵的體積卻比這種 2 種的卵還大。各齡幼蟲的體色皆爲翠綠色，與寄主葉下表面的顏色相似，終齡幼蟲平時常停棲在植株基部的位置。蛹爲灰綠色並雜有淡綠色細紋，在陰暗的森林底層有不錯的隱藏效果。有些資料提到本種幼生期是吃禾本科植物，但這部分還有待確認。

▶卵爲翠綠色

▲ 4 齡幼蟲

眼蝶亞科

黛眼蝶屬

▲終齡幼蟲

▶蛹表面有一層薄薄的白色蠟質

▼成蝶偏好在陰暗處活動

▲展翅休息的成蝶

長紋黛眼蝶

Lethe europa pavida

命名由來：黛眼蝶屬的「黛」是指本屬的翅膀多為黑褐或深褐色；本種後翅腹面有一列長橢圓形的眼紋，因此稱為「長紋」黛眼蝶；玉帶蔭蝶源自日文名「シロオビヒカゲ，白帶日陰」；本種為屬的模式種。

別名：玉帶蔭蝶、（臺灣）白帶蔭蝶、白條蔭蝶、白帶日蔭（蝶）、白裏蛇目、白翅尾暗蝶、斜帶黛眼蝶、竹目蝶

分布／海拔：臺灣、馬祖、龜山島、綠島、蘭嶼／0～1000m

寄主植物：禾本科竹亞科綠竹、桂竹、刺竹、麻竹等

活動月分：多世代蝶種，中南部全年可見成蝶

▶產於竹葉上的卵

本種又稱玉帶蔭蝶，「玉帶」是指前翅前緣至外緣的那道斜白色條紋，本屬9種中有6種有這個斜紋，其中5種的中文俗名裡有「玉帶」這個字彙，這道白色斜紋在雌蝶翅膀上比雄蝶更寬而顯眼。本種與曲紋黛眼蝶為本屬中最容易觀察到的種類，這與兩者對棲地環境接受度高且廣泛分布於平地淺山丘陵、低海拔山區有關，其餘種類受到棲地環境或海拔的條件限制，分布不如這2種廣泛。本種與褐翅蔭眼蝶、方環蝶棲息環境相同，幸好竹林裡竹葉頗多，相互競爭資源的狀況不常見。

▲1齡幼蟲

幼蟲體表的附著物是小蜂類的寄生

幼 | 生 | 期

雌蝶將卵單產於竹葉的葉下表面，黃綠色的卵表面有細小網紋，孵化後的幼蟲會停棲在竹葉葉下表，並在靠近葉尖處的葉緣吃出像是梯形的食痕，而大幼蟲的食痕像是竹葉的葉先端被斜斜的剪了一刀或是吃出一個大梯形。1齡幼蟲頭頂突起不明顯，2齡之後頭上的突起會變長且向中間併攏，使頭殼正面的外形呈水滴狀，就像卡通櫻桃小丸子裡的同學永澤君男一樣，這種頭殼類型在本屬中不是唯一，但最容易觀察的就是本種。頭殼形狀會因幼蟲種類而異，可作為判別種類的依據之一。

▲終齡幼蟲

體表斑紋及體色會因個體的差異有變化，但小幼蟲多為綠色且幾乎無斑紋。

◀雄蝶前翅白色帶狀花紋較不明顯

蝶蛹

曲紋黛眼蝶 特有亞種

Lethe chandica ratnacri

命名由來：本種後翅腹面有一列呈不規則形狀彎曲的眼紋，特別是第 2、3 枚眼紋，因此取名為「曲紋」黛眼蝶；本種日文名「メスチャヒカゲ」翻譯後為雌茶色日陰蝶，簡化後演變成「雌褐蔭蝶」。

別名：雌褐蔭蝶、雌茶（色）日蔭蝶、雌褐竹眼蝶
分布／海拔：臺灣本島、龜山島／ 0 ～ 2500m
寄主植物：禾本科五節芒、芒及綠竹、臺灣矢竹等竹亞科植物
活動月分：多世代蝶種，全年可見成蝶活動

▶蝶卵

眼蝶亞科的成員很少被提到有領域性，但畢竟也是蛺蝶科的一個分支，雄蝶有領域行為並不奇怪，白天時多躲在陰暗的林下活動，而領域行為發生的時間是在黃昏天色將暗時，過去較少被觀察到是因為沒有人會在這個時間點留意樹梢的動靜。曲紋黛眼蝶喜歡吸食各種植物的落果、樹皮傷口的樹液，走在林間步道時可以多留意。本種性別可由前翅是否有明顯的白色斜向帶狀條紋來判斷，雌蝶有白色帶紋且翅膀呈紅褐色，這就是「雌褐」蔭蝶名稱的由來。

▲ 1 齡幼蟲

幼|生|期

本種幼蟲以禾本科植物為食，各類竹子的葉片都能利用，也可攝食芒草，但雌蝶只會將卵產於生長在遮蔭處的芒草葉下表。3 齡以下的幼蟲體色以綠色為主，並有 2 對從頭至尾的黃色縱紋，部分 4 齡幼蟲在身體背中線的位置出現一列黃紅兩色組成的斑紋，終齡幼蟲身上的黃紅斑紋會更發達。蛹有 2 種色型，若前蛹時體色偏綠色，則出現綠色型的蛹，若前蛹體色呈黃褐色並有許多紫紅色條狀斑紋者，會蛻變成褐色型的蛹，蛹期約 2 ～ 3 周。

▲ 2 齡幼蟲頭殼前端已分叉

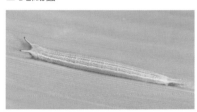

▲終齡幼蟲背上的花紋會因個體不同而略有差異

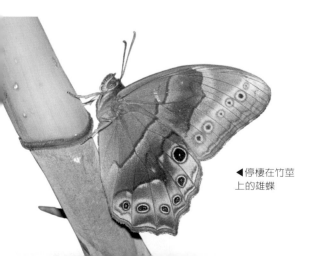

◀停棲在竹莖上的雄蝶

▶蛹亦有褐色型

眼蝶亞科　黛眼蝶屬

411

巒斑黛眼蝶 特有亞種

Lethe gemina zaitha

命名由來：後翅腹面有 2 個外型相似的眼狀斑紋，因此取名為「巒斑」黛眼蝶；本種在臺灣最早是在阿里山附近發現，因此取名為「阿里山」褐蔭蝶；「黃褐」雙眼蝶是因其翅膀呈黃褐色而命名。

別名：阿里山褐蔭蝶、阿里山茶色日蔭蝶、黃褐雙眼蝶
分布／海拔：臺灣本島／ 1000 ～ 2200m
寄主植物：禾本科芒草、玉山箭竹、臺灣矢竹等
活動月分：一年一世代，成蝶於 5 ～ 11 月出現

臺灣的黛眼蝶屬中族群數量最稀少即為本種，成蝶偏好在森林底層活動，有時會在林間陽光照射處停棲，其偏黃的體色使牠的外型像是灌叢上的落葉。本種成蝶對環境周遭移動的物體十分機警而不易接近，即便是停在地上吸水時，也會以小飛躍的方式移動。本種飛行速度快，較少飛至林緣明亮處停棲，有時走在林道上會看到牠在兩旁的樹林間活動，某些地點在成蝶發生期時有穩定的族群數量，宜蘭太平山、桃園拉拉山、臺中谷關、南投霧社、溪頭、嘉義阿里山等地都有觀察記錄。

幼 | 生 | 期

雌蝶將數粒卵排成一路縱隊，且間隔產於寄主葉片下表面的中肋上，卵呈乳白色，表面是由許多平面組成，形狀似水滴或「鏡球」。孵化的幼蟲會聚集一起，攝食時先啃食兩側的葉片並留下中肋，之後幼蟲會依序排列在褐色乾枯的中肋上，像是竹葉枝條上乾枯的葉鞘。幼蟲會依循其他幼蟲走過的路線移動，每次外出攝食經常是集體行動，最

▶雌蝶產卵習性特殊，卵型也與同屬其他種類不同。

◀本種呈現「臺灣－喜馬拉雅山區」間斷分布

後總是會回到最初的那個食痕上休息。隨著幼蟲體型漸漸長大，有時會有少數個體離開群體，在其他以前留下的食痕停棲，蛹則化於植株枯黃的部位。幼蟲生長速度緩慢，冬季時不休眠且持續進食，終齡幼蟲的齡期約 7 ～ 9 齡。雖然 5 月分就能見到成蝶活動，但本種在夏季主要是蛹或成蟲形態，通常要進入秋季氣溫轉涼後，才容易發現下一世代的幼生期。

▲ 1 眠、2 齡幼蟲及卵殼。

▲ 2 齡幼蟲（標示處）排列在食痕上與竹葉的葉鞘（右圖）相似

3 齡幼蟲

蝶蛹

終齡幼蟲

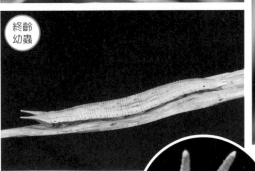

▶ 終齡幼蟲頭殼特寫

眉眼蝶

Mycalesis francisca formosana

命名由來：本屬翅膀腹面有一對與身體平行的淺色帶狀細紋，因此稱為「眉眼蝶屬」。本種是眉眼蝶屬的模式種，因此以屬的中文名稱作為本種的中文俗名；本種的日文名為「コジャノメ，小蛇目」。

別名：小蛇目蝶、拟稻眉眼蝶
分布／海拔：臺灣本島、龜山島／ 0 ～ 2500m
寄主植物：禾本科竹葉草、柳葉箬、藤竹草等多種植物
活動月分：多世代蝶種，中南部全年可見成蝶活動

眼蝶亞科雄蝶用於交配的「抱器」（把握器）不像蛺蝶科其他類群那麼明顯，因此要區分性別最好是參考性標或斑紋。眉眼蝶屬的性標在後翅背面前緣有成束的長毛所組成的毛叢，以及前翅腹面後緣處的淺色鱗片，但這兩處正好是翅膀重疊的位置，照片中無法判別。臺灣的眉眼蝶屬有 7 種，本屬的代表物種「眉眼蝶」是中、低海拔森林步道及淺山區常會遇上的種類，出現的環境大多會偏暗，陰天時也會飛到林緣處找尋腐果、排遺等吸食。

幼 | 生 | 期

雌蝶產卵時偏好葉片質地較柔軟的小型低矮禾本科植物，卵表面光滑無刻紋或稜線。1 齡幼蟲身上有稀疏的長毛，尾部呈二叉狀，頭頂處有一對短短圓鈍的角，在腹部靠末端的背面有紅色斑紋。幼蟲脫皮變 2 齡之後，體表的長毛變成全身的短毛，4 齡之前體色以綠色為主，終齡幼蟲會換上褐色的體色，且多數個體身上有黑褐色大網紋。幼蟲化蛹前體色會變為淡並呈綠褐色，蛹化於寄主或附近低矮的植株、雜物上，蛹體為綠色，表面有許多灰白色斑駁的花紋。

▶ 蝶卵

▲ 2 齡幼蟲

▲ 4 齡幼蟲

▲ 5 齡幼蟲

◀ 眉眼蝶偏好在較陰暗的環境活動（左：高溫型；右：低溫型）

◀ 蛹表面有黑褐色細紋

淺色眉眼蝶

特有亞種

Mycalesis sangaica mara

命名由來：後翅腹面從翅膀基部至眉線斑紋之間的區域散布著灰白色像雲霧狀的鱗片，而取名為「淺色」眉眼蝶；種小名「*sangaica*」被音譯為僧袈，但本意是指模式產地：中國上海。

別名：單環（眉眼）蝶、單眼紋蛇目蝶、小獨眼蛇目蝶、淡色眉眼蝶、僧袈眉眼蝶

分布／海拔：臺灣本島／50～1500m

寄主植物：禾本科竹葉草、藤竹草、柳葉箬等

活動月分：多世代蝶種，成蝶發生期以 2～11 月為主

　淺色眉眼蝶全臺廣泛分布，棲息環境為近郊至低海拔山區的樹林，偏好在林緣或林下稍明亮處活動，本種的體型及翅膀斑紋與眉眼蝶相似，在臺灣只有這 2 種的眉線有紫色色澤。本種族群數量比眉眼蝶略少，海拔分布也偏低，由翅腹「淺色」的灰白色鱗片可區分兩者。本屬的淺色眉、切翅眉、稻眉及眉眼蝶這 4 種是全臺廣泛分布的種類，其餘 3 種主要的分布區域在南部或中南部。本屬成蝶辨識種類時若能將多項特徵一併參考，將能有效提高正確率，特別是到了中南部淺山區，7 種都可能會遇到。（罕眉眼蝶雖然數量稀少，但八仙山、埔里、溪頭、阿里山等熱門景點過去都有採集記錄。）

幼丨生丨期

　淺色眉眼蝶與眉眼蝶，恰巧這兩種的雌蝶都偏好在林蔭下的低矮禾本科植物葉片上產卵，本屬的卵多為乳白色或淡綠色，卵呈球形，表面光滑無凹刻。幼蟲體型大小與波眼蝶屬相近，但本屬體表花紋多呈網狀或斜向斑紋，波眼蝶屬的斑紋多呈縱向條紋。本屬的蛹型比波眼蝶屬稍短胖，本種的蛹更是本屬裡體態最圓胖的種類，色澤呈深褐色。

▶ 即將孵化的卵

▲ 1 齡幼蟲

▲ 4 齡幼蟲

▲ 終齡幼蟲

◀吸食龍眼腐果的成蝶（高溫型）

◀冬季型個體翅膀腹面的眼狀斑紋會變小

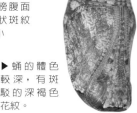

▶ 蛹的體色較深，有斑駁的深褐色花紋。

415

曲斑眉眼蝶
Mycalesis perseus blasius

命名由來：後翅腹面外緣眼紋（眼斑）排列呈閃電形，因此稱為曲斑眉眼蝶；「無紋」、「姬獨眼」、「小單環」都是形容前翅背面眼紋較小且黃色環紋模糊不清；日文名「ヒメヒトツメジャノメ，姬獨眼蛇目」。

別名：無紋蛇目蝶、（姬）獨眼蛇目蝶、小單環眉眼蝶、曲紋眉眼蝶、裴斯眉眼蝶、新目蝶

分布／海拔：臺灣本島南部／0～800m

寄主植物：禾本科巴拉草、藤竹草等

活動月分：多世代蝶種，南部2～11月可見成蝶

本種又稱為無紋蛇目蝶，聽到這個名稱會以為翅膀上沒有眼紋，雖然眉眼蝶屬蝴蝶到了冬季時翅膀眼紋會變小而模糊，但名稱中的「無紋」並非指冬季後翅腹面眼紋消失的情況。本種前翅背面頂角無眼紋，僅剩的1枚眼紋黃色環模糊不清楚，這才是「無紋」的由來。本種族群不多但穩定，最北分布到嘉義縣。

▶蝶卵

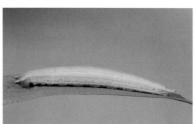

▲2、3齡幼蟲

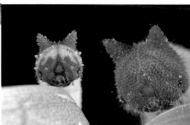

▲終齡幼蟲

幼|生|期

卵為淡綠色，表面密布淺凹痕。本屬1齡幼蟲外觀相似不易區分，但本種從2齡幼蟲起在頭殼的兩側各有4個白色突起斑紋，雖然幼蟲頭殼的花紋及顏色會隨著齡期改變，但2～4齡幼蟲頭上這4個白斑突起都在，終齡幼蟲則因突起顏色與底色相似而變得不明顯。幼蟲的棲息環境比起先前介紹的2種都要明亮，體色從1齡至終齡皆呈淺綠或淺褐色；蛹有淺綠、淺褐2種色，外型較瘦長。

◀低溫型個體翅膀腹面眼狀斑紋會變小或呈點狀，但仍可看出斑紋排列呈曲線狀（閃電形），此即「曲斑」的由來。（呂晟智攝）

▲蛹表面有乳白色斑點

▲頭殼特寫（4齡、終齡）
眉眼蝶屬的頭殼形狀頗有Hello Kitty明星臉。

臺灣蝶圖鑑	眉眼蝶	罕眉眼蝶	稻眉眼蝶	曲斑眉眼蝶	淺色眉眼蝶	切翅眉眼蝶	小眉眼蝶
臺灣區蝶類大圖鑑	小蛇目蝶	嘉義小蛇目蝶	姬蛇目蝶	無紋蛇目蝶	單眼紋蛇目蝶	剪翅單蛇目蝶	圓翅單眼蛇目蝶
臺灣蝶類生態大圖鑑	小蛇目蝶	嘉義小蛇目蝶	姬蛇目蝶	無紋蛇目蝶	單環蝶	切翅單環蝶	圓翅單環蝶
前翅背眼紋	2枚	2枚	2枚	1枚且模糊	1枚	1枚	1枚

切翅眉眼蝶

Mycalesis zonata

命名由來：本種前翅頂角像被剪刀斜切成截角狀，此時取名為「切翅」眉眼蝶；名稱中的「獨眼」、「單眼」、「單環」是指前翅背面外緣處那 1 枚大而顯眼的眼狀斑紋。

別名：切翅單環蝶、剪翅單環蝶、剪翅獨眼蛇目、截翅獨眼蛇目蝶、獨眼蛇目、剪翅單眼蛇目蝶、截翅單眼蛇目蝶、剪翅眉眼蝶、截翅眉眼蝶、平頂眉眼蝶、二帶小蛇目
分布／海拔：臺灣本島／ 0 ～ 1500m
寄主植物：禾本科棕葉狗尾草、馬唐、竹葉草、柳葉箬等
活動月分：多世代蝶種，全年可見成蝶

▶蝶卵

切翅眉眼蝶是本屬最容易觀察的種類，其分布廣、數量多，近郊的淺山區就棲息著穩定的族群。本種前翅頂角處的翅形為截角狀，其他眉眼蝶翅形呈圓弧，正因這個特徵使得中文蝶名裡有「切翅」、「剪翅」、「截翅」及「平頂」這類的形容詞[註]。眼蝶翅膀外緣的小眼紋能轉移捕食者注意，捕食者會誤判眼紋是重要部位而攻擊，此時成蝶會把握機會逃脫，翅膀破一角的個體都曾面臨過生死關頭。

▲ 3 齡幼蟲

幼｜生｜期

切翅眉眼蝶與眉眼蝶相比，喜歡在稍亮的半遮蔭環境活動，兩者的幼生期外型頗相似，區別方法請見第 456 ～ 457 頁。幼蟲頭部從正面方向可以觀察到一個倒 Y 字形縫線，將幼蟲頭殼分為左右下三區塊。在頭殼左右兩大區域稱為頰區，頰區下方有 6 個小亮點，是幼蟲的側單眼。下方則以口器為主，幼蟲為咀嚼式口器，有發達的大顎，可以切磨固體食物，口器周邊有許多感覺受器（毛），能協助昆蟲判斷食物的種類與狀態。

▲終齡幼蟲體色變為褐色

▲蛹體為綠色，隨著發育會變成黑褐色。
（左）終齡幼蟲頭殼（右）

▼低溫型的外型亦有差別（中部個體）

▲前翅頂角斜截狀正是「切翅」名稱的由來（南部低溫型）

註：（剪、截、切）翅（單、獨）（眼、環）（蛇目、眉眼）蝶。括號內的字詞經排列組合後，可以涵蓋本種多數的中文俗名。

暮眼蝶

Melanitis leda leda

命名由來：本種為暮眼蝶屬的模式種，因此以中文屬名命名；日文名「ウスイロコノマチョウ；薄色木間蝶」，翻譯為「淡色木間蝶」，之後再演變成木間蝶、樹間蝶、樹蔭蝶；傳統名稱珠衣蝶乃源自動物學辭典。

別名：樹蔭蝶、樹間蝶、珠衣（眼）蝶、（淡色）木間蝶、（淡色）木間日蔭、暗褐稻眼蝶、伏地目蝶

分布／海拔：臺、澎、金、馬、龜山島、綠島、蘭嶼／ 0 ～ 1000m

寄主植物：禾本科象草、芒草、大黍、巴拉草、稻等

活動月分：多世代蝶種，全年可見成蝶

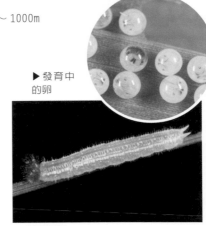

▶ 發育中的卵

暮眼蝶偏好棲息在較稀疏明亮的樹林，翅膀色澤與同屬的森林暮眼蝶相比顏色較淺，這有助於牠在林緣、草叢間活動時有較好的保護效果。西部平原、淺山或都會區具有較多綠地植被的區域有少量族群，有時遇到牠的地點很奇特，如便利超商、ATM 自動櫃員機等室內角落，這是因為其活動高峰在晨昏時刻，有時會受燈光吸引而有趨光行為，森林暮眼蝶、方環蝶等偶爾也會趨光。本種喜歡腐果、動物排遺的氣味，有時會與森林暮眼蝶一起活動，但數量較少，夏季時容易從翅膀腹面的斑紋區分兩者，但兩者的低溫型十分相似。

▲ 2 齡幼蟲

幼 | 生 | 期

雌蝶會將數粒卵聚產在寄主植物葉片下表面，小幼蟲會群聚，約 3 齡左右即分散。本種曾被列入稻作的蟲害之一，但危害狀況不算嚴重，不過現在大部分的農地已找不到牠的蹤跡，少數靠近淺山或竹林的稻田有機會發現。幼蟲頭殼的花紋有個體差異，不能作為物種區分的依據。開闊、明亮的林緣或草地發現的幼蟲，有較高機會是本種，其終齡幼蟲及蛹的體型略小於森林暮眼蝶。

▲ 3 齡幼蟲

▲終齡幼蟲的體色呈黃綠色

▼夏型成蝶翅膀眼紋，以及腹面有淺褐、深褐色交錯的波浪狀花紋。

▶蛹呈淡綠色，形狀較修長。

▲低溫型翅膀腹面無淺色波浪狀花紋，模樣與地面落葉更相似。

眼蝶亞科

暮眼蝶屬

森林暮眼蝶 特有亞種

Melanitis phedima polishana

命名由來：本種棲息在森林環境，因此取名為「森林」暮眼蝶；「暮」是指本屬物種大多在天色將晚的黃昏時刻活動，且與屬名的第1個字母「M」諧音。

別名：黑樹蔭蝶、黑樹間蝶、黑珠衣蝶、黑稻眼蝶、黑木間日蔭蝶、黑暮眼蝶、睇暮眼蝶、黑（衣）眼蝶、黑目蝶

分布／海拔：臺灣本島、澎湖、金門、綠島／0～1200m

寄主植物：禾本科象草、芒、棕葉狗尾草、大黍等，竹亞科亦會利用

活動月分：多世代蝶種，全年可見成蝶

日文名「クロコノマチョウ：黑木間蝶」翻譯成黑樹間蝶，再演變成黑樹蔭蝶；受日文名稱的影響，本種許多中文俗名都有「黑」，意思是翅膀色澤較深，但名為「薄色木間蝶」的暮眼蝶，低溫型體色與本種相似。本種白天會在樹林底層尋找腐果、樹液等，找到食物後就靜靜的吸食，除非有受到驚擾才會飛去。早晨天色未亮或黃昏快天黑時是本種的活動高峰，雄蝶表現出領域行為驅趕其他個體，陰天或下毛毛雨的天氣牠的活動力也不差。本種主要棲息在淺山及低海拔山區的樹林環境，與人類活動區域雖有重疊，但不像暮眼蝶以淺山、平地的疏林為主，與人類活動區域重疊更大，故本種族群數量多於暮眼蝶。

幼｜生｜期

雌蝶產卵時會將卵聚產於葉片下表面，1～2齡幼蟲會群聚，長大後會分散，小幼蟲的體色呈綠白色，終齡幼蟲及蛹為螢光綠色。棕葉狗尾草及大黍是本種常用的寄主，尋找幼生期只要蹲下留意葉片下方垂掛的蝶蛹或葉片上幼蟲不規則的食痕，通常不難發現。本種也常在竹林附近出沒，以往不曾有竹亞科的寄主利用記錄，但幼蟲能攝食竹葉並順利化蛹、羽化。

眼蝶亞科

暮眼蝶屬

▶卵聚產於棕葉狗尾草上

▲3齡幼蟲

▲4齡幼蟲

▲終齡幼蟲

▶蛹化於大黍葉片下表面，剛脫皮的蛹會有透明感。

◀低溫型的成蝶

▶高溫型的成蝶翅膀色澤普遍較深

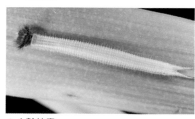

419

臺灣斑眼蝶

特有種

Penthema formosanum

命名由來：本種的種小名「*formosanum*」是源於 formosa，formosa 在拉丁文及葡萄牙文的意思是「美麗」，國際上使用 formosa 時通常是指臺灣，因此將本種取名為「臺灣」斑眼蝶。

別名：白條斑蔭蝶、白線斑蛺蝶、白條斑、臺灣胡麻斑、臺灣芑ㄑ眼蝶
分布／海拔：臺灣本島／ 0 ～ 1000m
寄主植物：禾本科多種竹亞科植物
活動月分：多世代蝶種，2 ～ 12 月可見成蝶，冬季以幼蟲態越冬

眼蝶亞科是臺灣產蛺蝶科中種類最多的亞科，稱為「眼」蝶是因這群蝴蝶翅膀的黃色環狀斑紋像眼睛，此種斑紋日文名為「ジャノメ」，翻譯後即為「蛇目」，所以早期的文獻資料將這些喜歡在陰暗處活動的物種稱為蛇目蝶科。本亞科在臺灣有 2 種的翅膀無眼紋，斑眼蝶屬的臺灣斑眼蝶是其中之一，另一種則是常見的藍紋鋸眼蝶（見 422 頁）。鋸眼蝶屬在東南亞有不少種類外觀像紫斑蝶屬的物種，目前研究認為是貝氏擬態的擬態種（mimics）；有些書裡提到本種翅膀花紋像是青斑蝶類，也屬貝氏擬態。但本種棲息的竹林半遮蔭環境並不是青斑蝶類喜歡常出沒的地點，兩者是否有擬態關係有待研究探討。

本種長期被視為是臺灣特有種，不過近年傳聞東南亞及中國南部有發現本種分布，但尚無正式記載或發表，故先保留其臺灣特有種的身分。

幼 | 生 | 期

當年筆者剛接觸蝴蝶時正好迷上霹靂布袋戲，戲裡有位武功高強的人物，名為宇宙至尊棺（簡稱：至尊棺），他的頭型非常特別，而本種大幼蟲的頭殼就是長成這個神奇

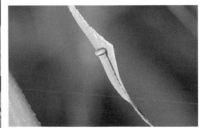
▲卵
隔著透明的卵殼可以見到裡面的幼蟲頭殼

▲ 1 齡幼蟲、食痕及其蟲座。

◀複眼帶有深邃的藍紫色澤

的模樣，特別是幼蟲把頭抬起時就像這位布袋戲人偶的頭形。

　　小幼蟲會從葉尖的一側向葉柄處啃食出一條細長食痕，並在食痕外側留下些許的葉緣當作蟲座，先前沒有觀察過本種食痕的經驗很容易把食痕認成破損的葉片。小幼蟲常停棲在蟲座末端，3齡幼蟲體型已變大，會離開蟲座平趴在綠色的葉片上，體色及外型就像一片綠色竹葉。終齡幼蟲全身呈黃褐色，常停棲在枝條上，外觀像枯黃的竹葉。冬季以不再進食的終齡幼蟲越冬，春季來臨時化蛹，蛹為褐色且兩端尖細。本種幼蟲及蛹的隱蔽效果在眼蝶亞科中算不錯，其外型與寄主鮮綠或枯黃的葉片太相似，想要發現牠可要張大眼睛。

▲ 2齡幼蟲頭殼已呈水滴狀

▲ 4齡幼蟲體色以綠色為主

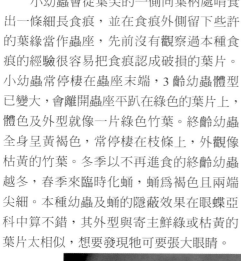
▶終齡幼蟲的頭殼樣貌

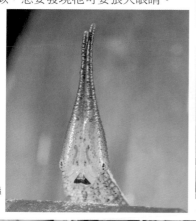
▲發現終齡幼蟲了嗎？

▲是枯葉還是幼蟲呢？終齡幼蟲體色及外型像是枯黃的竹葉。

▲蛹外觀及色澤也與枯葉相似

421

成蝶	卵	小幼蟲

蛺蝶科

2齡

3眠

斐豹蛺蝶

斐豹蛺蝶屬 / 黑端豹斑蝶 *Argyreus hyperbius*；堇菜科多種堇菜；臺、澎、金、馬；多世代，全年可見

特有亞種

2齡

3齡

琉璃蛺蝶

琉璃蛺蝶屬 / 琉璃蛺蝶 *Kaniska canace*；菝葜科菝葜屬及百合科臺灣油點草；臺灣、金門；多世代，全年可見

特有亞種

呂晟智攝

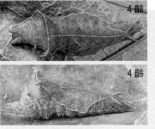

4齡

4齡

楓環蛺蝶

環蛺蝶屬 / 三線蝶 *Neptis philyra splendens*；無患子科青楓；臺灣本島；一年一世代，5～8月

特有亞種

王立豪攝

王立豪攝

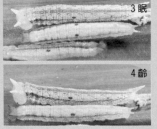

3眠

4齡

布氏蔭眼蝶

蔭眼蝶屬 / 臺灣黃斑蔭蝶 *Neope bremeri taiwana*；禾本科五節芒、竹亞科；臺灣本島；多世代，2～11月可見

2齡

3齡

藍紋鋸眼蝶

鋸眼蝶屬 / 紫蛇目蝶 *Elymnias hypermnestra hainana*；棕櫚科多種植物；臺、澎、馬；多世代，全年可見

蛺蝶科

蛺蝶科

幻紫帶蛺蝶

特有亞種

呂晟智攝

3眠

4眠

帶蛺蝶屬／拉拉山三線蝶 *Athyma fortuna kodahirai*；忍冬科呂宋莢蒾；臺灣本島；一年一世代，6～8月

寬帶蛺蝶

特有亞種

黃行七攝

3齡

3齡

帶蛺蝶屬／寬帶三線蝶 *A. jina sauteri*；忍冬科忍冬屬（尚無正式報告）；臺灣本島；多世代，4～9月

流帶蛺蝶

特有亞種

呂晟智攝

4齡

4齡

帶蛺蝶屬／平山三線蝶 *A. opalina hirayamai*；（尚無正式報告）；臺灣本島；一年可能有 2 世代，5～9月

流紋環蛺蝶

特有亞種

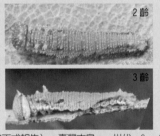

2齡

3齡

環蛺蝶屬／池田三線蝶 *Neptis noyala ikedai*；殼斗科火燒柯、長尾尖葉櫧（尚無正式報告）；臺灣本島：一世代，6～8月

蓮花環蛺蝶

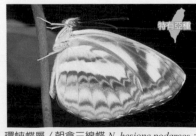

特有亞種

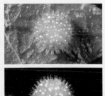

2齡

3齡

環蛺蝶屬／朝倉三線蝶 *N. hesione podarces*；桑科珍珠蓮（尚無正式報告）；臺灣本島；一世代，4～8月

蛺蝶科

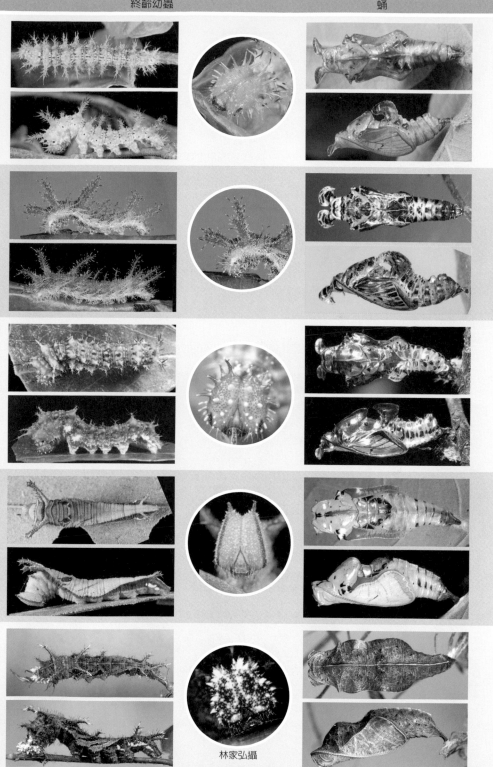

林家弘攝

虎斑蝶 · 雌擬幻蛺蝶 · 金斑蝶

· a－翅脈明顯黑化；b－翅脈不黑化；c－翅室中間有黑斑

大紅蛺蝶 · 小紅蛺蝶

· a－突出呈角狀；b－眼狀斑紋明顯

旖斑蝶 · 絹斑蝶 · 斯氏絹斑蝶 · 大絹斑蝶

· 體型：大絹斑蝶最大；絹斑蝶最小。a－黑褐色線；b－有細線；c－中室斑紋分2段；d－翅膀底色較深，黑色比例稍多；e－斑紋外側分叉

淡紋青斑蝶 · 小紋青斑蝶

· a－斑紋顏色偏淡且較大；b－斑紋偏藍、較小；c－褐色比例多

圓翅紫斑蝶 · 小紫斑蝶 · 異紋紫斑蝶 · 雙標紫斑蝶

· 小紫斑蝶體型較小。a－白斑只到頂角附近；b－白斑連線呈弧形；c－白斑多而散；d－白斑3枚

黃鉤蛺蝶 · 突尾鉤蛺蝶

· a－黑色斑紋；b－尖銳角狀；c－末端圓弧

散紋盛蛺蝶 · 花豹盛蛺蝶

特有亞種　　華南亞種

· a－分成2個斑；b－橙斑紋因翅脈切割成鋸齒狀；c－斑紋相連；d－斑紋只到外緣

深山黛眼蝶 · 臺灣黛眼蝶 · 曲紋黛眼蝶

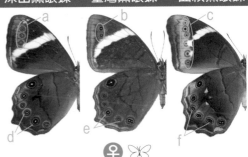

· 眼紋：a－3枚；b－2枚；c－多，排成直線；d－眼紋上小下大；e－眼紋上大下小；f－橢圓形或扭曲狀

全部種類完整且詳細的特徵描述請參考：臺灣蝴蝶圖鑑－下

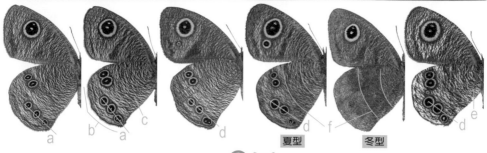

寶島波眼蝶・狹翅波眼蝶・白漪波眼蝶 ・ 小波眼蝶 ・ 大藏波眼蝶

夏型　冬型

♀

・小波眼蝶、大藏波眼蝶體型小。a－眼紋排成一線；b－稍折角；c－白色細紋較密；d－眼紋連線時，最後枚偏外；e－白色細波紋明顯；f－2條褐色帶紋（夏）或褐色帶（冬）

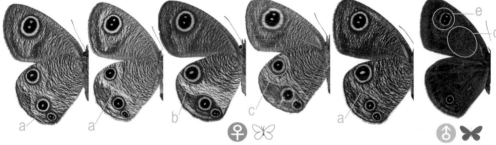

密紋波眼蝶・江崎波眼蝶・白帶波眼蝶・王氏波眼蝶 ・ 文龍波眼蝶

♀　♂

・白色紋：a－鈑手狀或H形；b－斜帶狀；c－「Y」形。d－文龍雄蝶發香鱗同色；e－雄蝶有眼紋（江崎、王氏、文龍）；無眼紋（密紋、白帶波眼蝶）

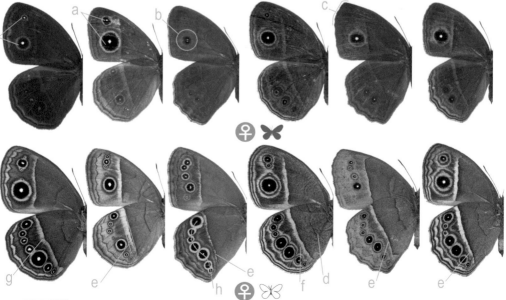

眉眼蝶 ・ 稻眉眼蝶 ・ 曲斑眉眼蝶 ・ 淺色眉眼蝶 ・ 切翅眉眼蝶 ・ 小眉眼蝶

♀

・罕眉眼蝶體型很大，不列入比較。a－固定2枚眼紋；b－眼紋模糊；c－切（截）角狀；d－有白色細波紋；眉線；e－黃白色；f－白色；g－紫白色；h－呈曲線非弧線

斷線環蛺蝶 ‧ 細帶環蛺蝶 ‧ 無邊環蛺蝶

‧a－外緣線斷成 2 段；b－外緣線僅 1 條；c－牙紋特別細長；d－3 條帶紋通常較細；e－白斑只有下面白斑的一半

小環蛺蝶 ‧ 豆環蛺蝶 ‧ 鑲紋環蛺蝶

‧鑲紋環蛺蝶一年一世代且分布在中海拔。f－底色為黃褐色；g－白斑鑲黑褐色邊框；h－帶紋有小缺刻或斷成 2 段；
i－中間帶紋是後側帶紋 2 倍粗；j－亞前緣斑（部分未參與比較的種類亦有）

蓬萊環蛺蝶 ‧ 流紋環蛺蝶 ‧ 槭環蛺蝶

‧流紋環蛺蝶一年一世代且在中海拔，與多世代的蓬萊環蛺蝶分布有重疊；槭環蛺蝶的分布、外型、生態與鑲紋環蛺蝶
相近。k－底色紅褐色；l－牙紋與帶紋間有白色小三角型；m－牙紋與帶紋相連處有缺刻；n－中間與後側帶紋間無淡色線；
o－近翅基處無白色鱗片；p－近翅基處散布白色鱗

玄珠帶蛺蝶 ‧ 流帶蛺蝶 ‧ 異紋帶蛺蝶 ‧ 流帶蛺蝶 ‧ 異紋帶蛺蝶 ‧ 雙色帶蛺蝶

‧玄珠帶蛺蝶翅膀腹面底色為淺橙黃色，雙色帶蛺蝶雌蝶翅膀背面帶紋橙黃色。a－暗色點在白斑偏內側；b－白斑模糊
或消失；c－黑褐色鏤空紋；d－翅膀腹面後側帶紋比中間帶紋細或等寬

成蝶比較圖

臺灣翠蛺蝶 · 窄帶翠蛺蝶

· a－白色帶外緣界線明顯

雙尾蝶 · 小雙尾蝶

· a－白點及藍色紋；b－黑色線紋；c－白色花紋較大

甲仙翠蛺蝶 · 馬拉巴翠蛺蝶

· b－白斑（雌）或黃帶（雄）；
c－白帶較細；d－2個小白斑

暮眼蝶 · 森林暮眼蝶

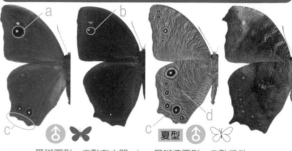

夏型

· a－黑斑圓形，白點在中間；b－黑斑橢圓形，白點偏外
側；c－翅緣波浪狀較明顯；d－夏型有淺色細波紋

幻蛺蝶 · 雌擬幻蛺蝶

· 雌擬幻後翅腹面白帶較寬。a－白
斑小，紫環寬；b－白斑大，紫環窄

金鎧蛺蝶 · 武鎧蛺蝶

· 武鎧蛺蝶不分布到低海拔，族群數量少，發生期在夏季。a－褐色斑發達；
b－帶橄欖綠色調

異紋帶蛺蝶 · 雙色帶蛺蝶 · 紫俳蛺蝶

· a－白色帶直；b－白色帶弧形；c－橙色斑；d－白色斑
紋；e－白紋呈「Y」形；f－有橙紅色斑紋

金鎧蛺蝶 · 武鎧蛺蝶 · 普氏白蛺蝶

· 武鎧雌蝶翅腹底色銀白，普氏翅腹白色。a－斑紋小；
b－斑紋較大；c－白色帶偏內且較細；d－白色帶內緣
平直；e－白色帶內緣在前緣處偏外

429

斑蝶屬及白斑蝶屬幼生期比較　　兩屬幼蟲利用的寄主有重疊；虎斑蝶偶吃爬森藤（大

幼蟲比較圖

虎斑蝶
P.320

1齡

4齡

略大，稍短胖，刻痕小　　體表有許多白色斑點，肉棘 3 對

金斑蝶
P.321

3眠

4齡

較小，稍瘦長，刻痕小　　體表有許多白色橫紋，肉棘 3 對

大白斑蝶
P.328

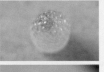

2齡

3齡

桃紅色發育斑，刻痕大　　體側有紅色斑紋，肉棘 4 對

青斑蝶屬比較　　兩者幼蟲的食性較專一，分別是以布朗藤及華他卡藤為食，其中布朗藤

小紋青斑蝶
P.323

1齡

3齡

較細長　　　　　　　　黑色橫紋占多數

淡紋青斑蝶
P.322

1齡

3眠

較粗短　　　　　　　　白色橫紋較多

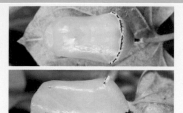

終齡幼蟲　　　　　　　　　　　蛹

白斑蝶為主）；金斑蝶、大白斑蝶吃牛皮消屬植物（虎斑蝶為主）

幼蟲比較圖

體表黑色占多數，有
許多白色斑點，肉棘
基部常為紅色

體型比金斑蝶略大且較粗壯

體表有許多白色橫紋，
黑色部位少，肉棘基
部紅色少或無

腹部銀色環有黃色邊（褐色型蛹不明顯）

綠島亞種

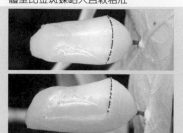
體側有紅色斑紋，體
表肉棘 4 對，綠島族
群體色全黑

金黃色，有許多黑色斑點

偶會有其他種類的斑蝶利用，需留意

白色橫紋較細且多，
黑色橫紋數量多

腹部銀色環帶兩端的旁邊有 2 個銀色斑

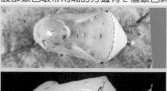
白色橫紋較粗，黑色
橫紋數量較少

腹部銀色環帶中段有黑色邊

431

絹斑蝶屬及旖斑蝶屬比較　4 種的幼生期食性有若干重疊，尤其是歐蔓能找到大絹斑

幼蟲比較圖

大絹斑蝶
P.326

體積略大，縱稜不明顯

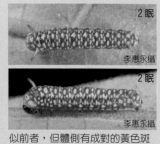

1 眠

3 齡

背中線兩側有較大的黃或白色斑

斯氏絹斑蝶
P.327

徐堉峰攝

體積中等，縱稜較粗

2 眠
李惠永攝

2 眠
李惠永攝

似前者，但體側有成對的黃色斑

絹斑蝶
P.325

體積略小、較粗短

1 眠

3 眠

黑褐色占多數，斑點大小相似

旖斑蝶
P.324

體積中等、較細長

1 齡

3 眠

只有許多細小的白色斑點

432

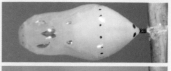

終齡幼蟲		蛹

蝶、絹斑蝶及旖斑蝶，彼此形態相似；絹斑蝶、旖斑蝶亦有吃布朗藤的記錄

背中線兩側有大的黃色斑，每個腹節側面有1個黃色斑

第3腹節只有成列的黑色圓斑

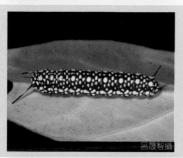

背中線兩側有黃色斑，每個腹節側面有1～2個黃色斑

第3腹節有銀帶，3、4腹節成列的圓黑斑

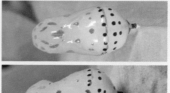

黑褐占多數，背中線兩側黃斑較小，腹節側面黃斑常成對

第3腹節有銀帶，3、4、5腹節有圓黑斑

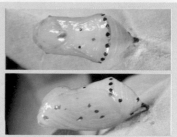

肉棘基部紅色，體表有許多小的白色斑點

第3腹節有銀色帶及黑色圓斑

幼蟲比較圖

433

紫斑蝶屬幼生期比較

小紫斑蝶、雙標紫斑蝶的臺灣族群食性專一，但多種桑科榕屬

幼蟲比較圖

小紫斑蝶

體型小，產於盤龍木　肉棘前 2 後 1，許多白色細橫紋

異紋紫斑蝶

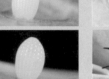

體型大、稍長，頂部尖　肉棘前 3 後 1，白色橫紋有些較粗

圓翅紫斑蝶

體型大，頂部較圓弧　肉棘前 3 後 1，白色橫紋粗細相當

雙標紫斑蝶

體型中等，產於羊角藤　肉棘前 2 後 1，體色黃褐色無斑紋

網絲蛺蝶

有明顯的縱稜及受精孔　腹部背面前後各一支硬棘

上能找到異紋紫斑蝶、圓翅紫斑蝶及網絲蛺蝶的幼生期

體側下緣有白色縱線；
體表白色細橫紋，偶
見體色較淡個體

體型較小，體表金屬光澤區域較多

肉棘基部暗紅色；體
表有白色粗橫紋；體
側下緣白斑較大

體型曲線最明顯，深褐色斑紋個體差異大

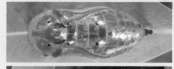

肉棘捲曲狀；體表白
色橫紋粗細相當；體
側橙色斑紋較小

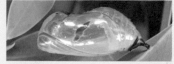

體型較無曲線，深褐色斑紋個體差異大

體色黃褐色無斑紋；
肉棘頗長，前2後1，

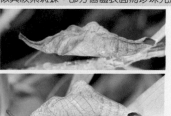

似異紋紫斑蝶：部分個體表面為珍珠光澤

頭頂有1對略彎曲的
突起，第2、9腹節背
側有硬棘

褐色如捲曲枯葉，頭前方有向上彎的突起

幼蟲比較圖

435

以蕁麻科為寄主的蛺蝶　苧麻珍蝶外表形態差別明顯易區分；花豹盛蛺蝶幼蟲利用的

幼蟲比較圖

苧麻珍蝶

橙黃色，聚產，淺刻孔　　體色紅褐或黑褐，白斑縱向排列

大紅蛺蝶
P.367

體積大，縱稜 10 條以上　　體側下緣有淺色斑，部分棘突黃色

散紋盛蛺蝶
特有亞種
P.370

單產，綠色　　不群聚，部分硬棘不是黑色

散紋盛蛺蝶
華南亞種
P.371

聚產，米黃色　　群聚，體色及硬棘全為黑或黑褐色

花豹盛蛺蝶

體積小，縱稜 10 條以下　　體色淺黃至黃綠，多數硬棘米黃色

（4齡、終齡、3齡、4齡、2齡、3齡、2齡、3齡、4齡、4齡）

436

■散紋盛蛺蝶兩亞種腹面區分方法：帶紋連貫–特有亞種；不連貫–華南亞種。（黃行七先生提供）

寄主較特殊；大紅蛺蝶體型大，有造巢行為；散紋盛蛺蝶的 2 亞種較難區別

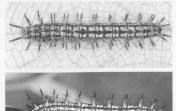

腹面

體色紅褐或黑褐，白斑縱向排列，硬棘刺基部橙色，末端黑色

底色白色，有黑色及橙色的斑點或條紋

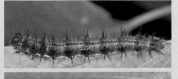

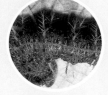

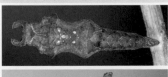

背部黃色細斑，體側下緣淺色斑，部分個體硬棘為淺褐或黃色

體型大，較粗壯，腹背突起尖銳

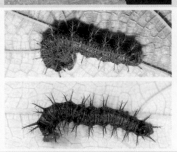

不群聚，背部常有黃褐色橫紋，硬棘深褐色，少數體色偏黑

體型中等，體態修長，頭頂突起較粗長

群聚，背部有米白色小點，少數個體有褐色斑紋

與散紋盛蛺蝶臺灣特有亞種難區分

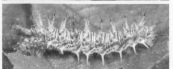

體側下緣有米黃色斑紋及硬棘，體背有米黃色橫紋

437

幼蟲比較圖

成蝶	卵	小幼蟲

以楊柳科及魯花樹為寄主的蛺蝶 | 兩種的成蝶形態易區別，其中琺蛺蝶偏好棲息在開

琺蛺蝶
P.330

2齡 3齡

方形的淺刻孔比例較多 | 頭殼顏色偏深

黃襟蛺蝶
P.331

3齡 3齡

有淺刻孔，兩者難區分 | 頭殼淺黃色，體表有白色小斑點

成蝶	卵	小幼蟲

以爵床科為寄主的蛺蝶 -1 | 枯葉蝶、黃帶隱蛺蝶在南部會共域分布，且兩者都能以歸

枯葉蝶
P.366

2齡 3齡

體積碩大，縱稜較突出 | 頭頂突起長，背部硬棘基部橙黃色

黃帶隱蛺蝶
P.364

2齡 3齡

體積略小，底部較粗壯 | 背部2條淺色縱紋，體側下緣橙斑

闊環境；黃襟蛺蝶則以淺山區較常見

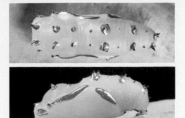

硬棘處表皮橙色，頭殼黑色比例多，頭頂黃褐色、中間有白斑

背側圓錐狀突起較短、銀色斑點較多

頭殼正面左右各有一黑斑（戴墨鏡）

背側圓錐狀突起較長、銀色斑點較少

化種的賽山藍為寄主；黃帶隱蛺蝶的別名為黃帶枯葉蝶，但成蝶形態差異大

硬棘紅褐色，背部硬棘基部橙色，體型碩大

褐色深淺交錯，腹部背面圓錐狀突起尖銳

硬棘藍黑色，背部 2 條黃橙色條斑，體側下緣表皮有橙色斑

淺褐色為主，腹部背面圓錐狀突起不明顯

幼蟲比較圖

439

以爵床科為寄主的蛺蝶 –2 眼蛺蝶屬不同種類偏好不同棲地，利用的寄主略有差異，且蛺蝶重複

幼蟲比較圖

眼蛺蝶
P.360

縱稜明顯，卵底部稍大

 2齡

 3齡

棘基部橙色，各節 3～4 條白色橫紋

青眼蛺蝶
P.361

體積較小，產爵床

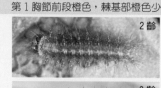 2齡

3齡

第 1 胸節前段橙色，棘基部橙色少

鱗紋眼蛺蝶
P.362

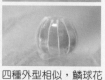

四種外型相似，鱗球花

第 1 胸節前段橙色，體表白色細紋

黯眼蛺蝶
P.363

體積較大，顏色較淡

2齡

3齡

體型略大，體表白色細紋

同種的體色隨環境亮度讓個體間略有差異；後 2 者利用的寄主與前頁的枯葉蝶、黃帶隱

棘基部橙色，各節背
部側面有黑斑，1、2
胸節背部黑色橫紋

淺色斑紋較多，前翅有 2 個黑色斑紋

頭殼偶橙色，棘基部
橙色少，硬棘呈藍黑
色

褐色有淡色斑，腹背圓錐突起較大略鈍

各節體側淡色橫紋，
體色黃褐至黑褐，第 1
胸節前段橙色

褐色為主，背面散生一些淺色斑紋

身體及硬棘呈黑褐色，
頭頂無觭角

體色深，無明顯白斑，腹背圓錐突起較小

常見環蛺蝶屬幼生期比較 小環蛺蝶、豆環蛺蝶、細帶環蛺蝶、斷線環蛺蝶四者的成

幼蟲比較圖

小環蛺蝶 P.335

2 眠

3 齡

卵型稍高,細刺短　體表毛列較長,腹背有深色斜紋

豆環蛺蝶 P.334

2 齡

3 齡

蜂巢形狀刻紋,細刺短　體表毛列較密、長,多在明亮處

細帶環蛺蝶 P.337

2 齡

3 齡

卵型稍扁,細刺短　體表毛列較短

斷線環蛺蝶 P.336

2 齡

3 齡

蜂巢刻紋較大,細刺短　體表毛列最短,頭殼正面兩側白線

突尾鉤蛺蝶 P.368

2 齡

3 眠

10 條明顯縱稜,黃綠色　部分硬棘及基部表皮黃色,頭黑色

蝶外型相似，幼生期的食性相互有重疊，且形態相似，非常不容易區分

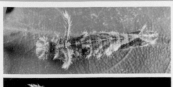

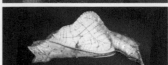

毛列較長，腹背深色斜紋，第 7、8 腹節米黃色小斑呈「P」

頭前突起尖，前翅有近似方形的褐斑

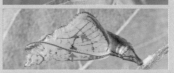

毛列密，體色有綠色色澤，「P」小斑黃綠色，偶減退或消失

頭前突起尖，前翅有長方形及三角形褐斑

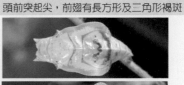

體色褐色為主，個體差異大，第 7、8 腹節的黃色小斑 0 ～ 2 個

頭前突起短，一長一短的褐色條狀斑紋

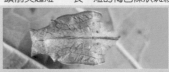

體色紅褐至墨綠，體表毛列極短，第 7、8 腹節小斑 0 ～ 2 個

頭前突起指向兩側，整體的色澤較深

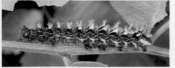

體表有黑、褐、黃斑紋，背部硬棘橙黃色；頭殼有橙色花紋

紅褐色，腹部側面氣門處有深褐色條紋

以忍冬屬為寄主的蛺蝶　殘眉線蛺蝶及紫俳蛺蝶都屬於線蛺蝶亞科，幼蟲的行為及習

幼蟲比較圖

殘眉線蛺蝶 P.342

蜂巢形狀刻紋，細刺短

2齡

3齡

長棘突基部有細刺、不膨大

紫俳蛺蝶 P.348

蜂巢形狀刻紋，細刺長

3眠

4齡

第2、7腹節長棘突基部膨大、無刺

帶蛺蝶屬常見種的幼生期比較　玄珠帶蛺蝶、雙色帶蛺蝶皆以大戟科饅頭果屬植物為

玄珠帶蛺蝶 P.343

蜂巢狀刻紋，卵型稍高

2齡

3眠

3齡起身體背面有淺褐色斑紋

雙色帶蛺蝶 P.347

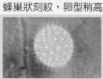

蜂巢狀刻紋，卵型稍扁

1齡

3齡

體背有淺褐色斑及大塊綠色斑紋

異紋帶蛺蝶 P.346

卵型稍高、細刺略長

3齡

3齡

體背淺褐色斑及綠色斑都很小

性相似，且兩者的小幼蟲外型近似

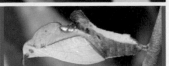

體色綠色，第2、3胸節、第2、7、8腹節背面有長的棘突

綠色，體側褐色帶紋在第2腹節背面匯集

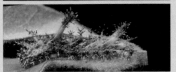

第2、3胸節、第2、7、8腹節有長棘突，硬刺有紫色色澤

黃褐色，頭部前端有湯匙狀的板狀突起

食，幼生期的習性及外觀相近；幼蟲以茜草科為食的異紋帶蛺蝶模樣也很相似

硬棘基部表皮有藍紫斑紋，第5腹節背面無黑斑

頭前「V」形尖突起，第2腹節斧狀突起

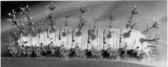

腹足褐色，腹足上方體側無橙色斑紋

頭前向兩側的尖突起，第2腹節刃狀突起

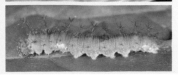

腹足白色，腹足上方體側有橙或褐色斑紋

頭前向兩側的尖突起，第2腹節斧狀突起

幼蟲比較圖

445

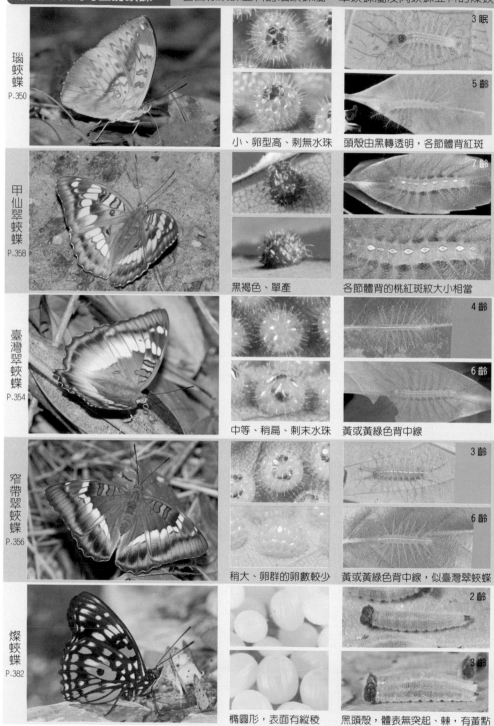

成蝶　　　　　　　卵　　　　　　　小幼蟲

以殼斗科為寄主的蛺蝶　包含線蛺蝶亞科的瑙蛺蝶屬、翠蛺蝶屬及閃蛺蝶亞科的燦蛺

幼蟲比較圖

瑙蛺蝶 P.350

3眠

5齡

小、卵型高、刺無水珠　頭殼由黑轉透明，各節體背紅斑

甲仙翠蛺蝶 P.358

7齡

黑褐色、單產　各節體背的桃紅斑紋大小相當

臺灣翠蛺蝶 P.354

4齡

6齡

中等、稍扁、刺末水珠　黃或黃綠色背中線

窄帶翠蛺蝶 P.356

3齡

6齡

稍大、卵群的卵數較少　黃或黃綠色背中線，似臺灣翠蛺蝶

燦蛺蝶 P.382

2齡

3齡

橢圓形，表面有縱稜　黑頭殼，體表無突起、棘，有黃點

446

蝶屬：玉翠蛺蝶是以桑寄生科為寄主，馬拉巴翠蛺蝶則生活史未明

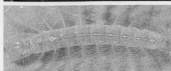

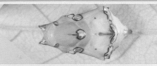
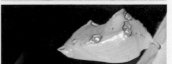

最前、最後的桃紅斑較大，中間較小

背側有許多鑲紅褐色邊框的銀色斑塊

各節體背有大的桃紅斑

蛹型較修長，頭前圓錐突起較粗、長

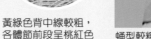

黃綠色背中線較粗，各體節前段呈桃紅色

蛹型較粗短，第3腹節錐狀突起短、圓弧

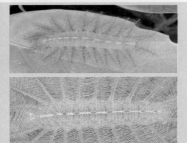

與臺灣翠蛺蝶相似，背中線較細、斑紋顏色偏紫紅色

較粗短，第3腹節錐狀突較尖、呈稜角狀

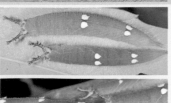

背部2對乳白色斑，體側黃色細條紋；頭殼配色、斑紋特殊

體態較扁，綠色體色，表面像有白色糖粉

447

白蛺蝶屬幼生期比較　白蛺蝶、普氏白蛺蝶幼生期形態相似，且皆以大麻科的沙楠子

幼蟲比較圖

白蛺蝶 P.380

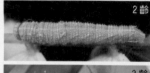

2齡

3齡

體積稍大，卵型稍高　　體背中間常有一對黃綠色斑紋

普氏白蛺蝶 P.378

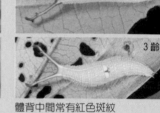

3齡

3齡

體積稍小，難區別　　體背中間常有紅色斑紋

雙尾蛺蝶屬幼生期比較　本屬在臺灣有2種，食性上未重疊，小雙尾蝶的幼生期主要

金環蛺蝶 P.333

2齡

3齡

蜂巢狀刻紋，小棘短　　背上有4對短棘突，體色綠褐色

雙尾蛺蝶 P.386

2齡

3齡

球形，頂部平　　頭頂中間的觭角較彎，稍粗短

小雙尾蛺蝶 P.387

2齡

4齡

球形，頂部平，難區分　　頭頂中間的觭角較直，稍細長

樹為寄主；但沙楠子樹上還有白裳貓蛺蝶及東方喙蝶的幼生期（見 450 頁）

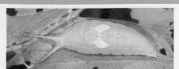

體型較胖；體色有綠或褐，多變；體背中間常有黃綠色斑

體型大；體色偏綠白；體表有白色斑紋

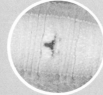

體型修長；體色綠或黃綠，僅越冬蟲為褐色；體背中間有紅斑

體型略小；體色黃綠；斑紋黃色；頭角短

利用山黃麻；雙尾蝶可利用合歡，合歡上亦能發現金環蛺蝶的幼生期

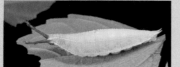

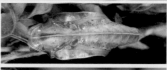

背上有 4 對短棘突，體側有墨綠色斜向條紋

淺褐色，背部有銀色小斑紋

背部 2 個弦月斑紋，頭殼觭角較粗短

綠色，有淡黃色細紋，腹背條紋較細

背部無弦月斑紋，體側下緣有黃色線，頭殼觭角細長

細紋在體背淡黃、前翅白色；腹背條紋粗

幼蟲比較圖

以朴樹為寄主的蛺蝶 多種閃蛺蝶亞科物種，其中大紫蛺蝶幼蟲僅吃朴樹，其他種類

幼蟲比較圖

白裳貓蛺蝶
P.374

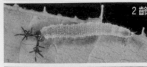
2齡

3齡

圓形，體積小，有縱稜　　體表白色小斑紋，頭殼黑色

金鎧蛺蝶
P.376

3齡

3齡

圓形，有縱稜，聚產　　背部的兩側縱向黃線，中間黃色斑

紅斑脈蛺蝶
P.375

2齡

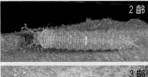
3齡

有縱稜，單產，稍大　　3齡起背部有4對鱗狀突起

大紫蛺蝶

保育類 I

李惠永攝

李惠永攝

2齡

4齡越冬

李雲騏攝

圓形，單產、體積最大　　4對黃綠色鱗狀突起，騎角稍粗短

東方喙蝶
P.319

2眠

3齡

橢圓形，表面有細縱稜　　淺色背中線；頭殼前方無騎角

的幼蟲也會吃石朴；幼蟲大多攝食成熟葉，但東方喙蝶只吃嫩葉

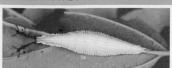

體側下緣有細白線，體態水滴狀；頭殼黑褐色，觭角分支

背側有許多鑲紅褐色邊框的銀色斑塊

幼蟲比較圖

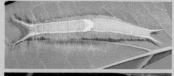

背部兩側黃色縱線，第4腹節有黃斑，觭角分支呈平面狀

蛹型較修長，頭前圓錐突起較粗、長

4對黃褐色鱗狀突起（第1對小），體側斜紋黃色（不明顯）

體型側扁，腹背鋸齒狀，體表白色蠟質

4對黃綠色鱗狀突起，體側斜紋白色；觭角稍短，分支也短

體型側扁，腹背較圓弧，體表白色蠟質

體色綠色，體側下緣及背中線有淺色細線；頭殼前方無觭角

布滿白色蠟質，前胸兩側至腹背有淺色線

波眼蝶屬幼生期比較 -1　臺灣產波眼蝶屬 13 種，而後翅腹面 3 枚眼紋有 6 種。分布

幼蟲比較圖

密紋波眼蝶 P.402

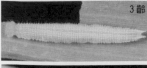

表面有蜂巢狀淺凹刻

體表淡色細縱線較直

江崎波眼蝶 P.404

凹刻似密紋波，短桶狀

部分個體有暗紅或紅褐色縱粗線

王氏波眼蝶 P.405

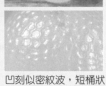
凹刻似密紋波，短桶狀

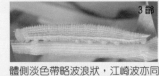
體側淡色帶略波浪狀，江崎波亦同

白帶波眼蝶 P.403

短桶狀，凹刻不明顯

僅 1 齡有紅色縱紋，2～4 齡多呈綠色

古眼蝶 P.406

稍大，乳黃色，凹刻小

淡褐色，有暗紅色線，背中線稍粗

終齡幼蟲　　　　　　　　　　　　　　　　蛹

於北投、士林的罕波眼蝶疑已滅絕；文龍波眼蝶分布局限在南部中海拔小區域

體表深淺色縱向條紋的線條較平直；體色有綠、褐2型

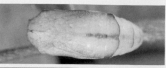

第1、2、3腹節背面有淡黃色斑

幼蟲比較圖

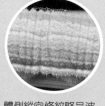

體側縱向條紋略呈波浪狀，少數個體平直。喜歡略陽性環境

似密紋波，淡黃色斑紋旁有少許的黑褐色

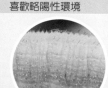

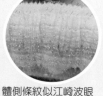
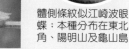

體側條紋似江崎波眼蝶；本種分布在東北角、陽明山及龜山島

似江崎波，本組前四種的幼生期外型相似

體側條紋似密紋波；垂直分布高，但與密紋、江崎重疊

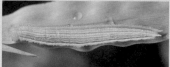

第1、2、3腹節背面有淡黃色及黑褐色斑

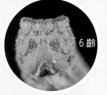

6齡

體色淡紅褐至深褐色，線條、斑紋不明顯，頭頂突起粗而鈍

體型稍大，體態粗短，腹背兩側有突稜

波眼蝶屬幼生期比較 -2　眼紋 4、5 或（5+1）枚有 7 種，而大藏波及白漪波眼蝶分

	成蝶	卵	小幼蟲
寶島波眼蝶 P.396		 稍平滑，凹刻間有重疊	2齡 3齡 體表暗紅色縱向條紋較粗
狹翅波眼蝶 P.398		 圓形，凹刻形狀較完整	2齡 3齡 體表暗紅色縱向條紋較細
達邦波眼蝶 P.400		  形狀略扁圓，凹刻略大	 2齡 3齡 似前 2 種，頭頂觭角略粗短
巨波眼蝶 P.401		  體積大，綠色，凹刻小	 2齡 3齡 暗紅色縱線，第 3 腹節背側有褐斑
小波眼蝶 P.394		  體積小，淡藍，凹刻大	 2眠 3齡 體型小，體色綠或褐，白色縱虛線

幼蟲比較圖

布至少要海拔 1000m 以上，本組比較低海拔有分布的另 5 種

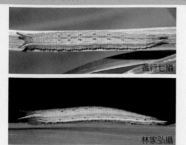

黃行七攝

林家弘攝

背中線兩側平行短縱斑，體側深色條紋較平直（2 齡後可用）

黃行七攝

背側僅第 4 腹節有橫向大稜突，體色黃褐

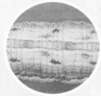

背中線兩側向後的斜斑內側顏色深，體側深色條紋波浪狀

似寶島波，腹部氣門旁有黑褐色縱向條紋

背中線兩側各 2 個斑紋，內側顏色淡偏前，外側顏色深偏後

背面有雲狀斑紋，第 3 腹節有橫向大稜突

胸、腹足黑褐色，背部中間大塊的黑褐色斑紋；頭頂觭角粗鈍

紅褐色，體型大，第 1 腹節兩側有淺色斑

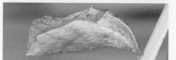

淡褐色，背部兩側有褐色斑，體側下緣褐帶；頭頂觭角極短

黃褐色，體型小，後胸中間有黑褐色斑紋

眉眼蝶屬幼生期比較 臺灣的眉眼蝶屬有 7 種，罕眉眼蝶的寄主及生活史尚無正式報

幼蟲比較圖

眉眼蝶
P.414

2齡

3齡

淺綠至乳白，圓形光滑　腹部末端背面紅色紋比切翅眉發達

切翅眉眼蝶
P.417

2齡

3齡

淺綠至乳白，圓形光滑　頭頂觭角略長於眉眼蝶

淺色眉眼蝶
P.415

1齡

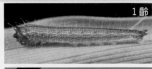
4齡

淺綠至乳白，圓形光滑　頭頂觭角較粗短

曲斑眉眼蝶
P.416

呂晟智攝

2齡

3齡

淺綠，扁圓形有小凹刻　頭殼側面有 4 枚白色棘突

告。終齡幼蟲依顏色可分 2 群，曲斑眉眼蝶、稻眉眼蝶有綠、褐色型

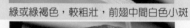

體側斜紋交叉處成黑斑，各體節背中線兩端較寬（啞鈴狀）

斑紋似眉眼蝶，頭頂觭角較長，胸部背面兩側有淡色細帶

背中線兩側有淡色紋，各體節背中線前段較寬

綠或淡褐色，體側無斜向交叉斑紋，背部兩側無褐色斑點

綠色，1～4腹節背面黃色小斑，似切翅眉

綠或綠褐色，較粗壯，前翅中間白色小斑

褐色，體型較短圓、粗壯，背中線黑褐色

淡綠或淡褐，體型修長，前翅後緣淡黃線

以竹亞科為寄主的蛺蝶 幼蟲攝食竹亞科的蛺蝶不只這 5 種，下一組的大幽眼蝶、曲

幼蟲比較圖

長紋黛眼蝶
P.410

4齡

4齡

淡綠色，圓形有細凹刻　　綠色，淡黃色背中線，頭殼水滴狀

深山黛眼蝶

2齡

3齡

乳白色，圓形有細凹刻　　綠色，背兩側米白縱線，頭頂叉狀

臺灣斑眼蝶
P.420

2齡

3齡

乳白色，光滑的扁圓形　　背部綠色，體側褐色，觭角細長

褐翅陰眼蝶
P.408

3齡

3齡

圓形有細凹刻，聚產　　背部褐色、體側為漸層黑灰色

方環蝶
P.392

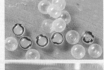

2齡

3齡

光滑的扁圓形，聚產　　長細毛，體色褐、淡黃綠色相間

458

紋黛眼蝶及箭環蝶也吃竹葉。本組除深山黛眼蝶外，皆為低海拔常見種

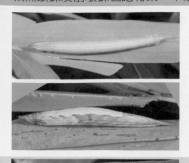

綠或黃綠色，一對淡黃色背中線，體表花紋多變；頭殼水滴形

綠色，翅後緣有黃線，腹背氣門黃色小點

背兩側黃線，體表多變，腹側下緣紅、白線；頭殼長水滴形

綠白色，中胸突出，第3腹節背側有突起

淡褐色，腹背兩側有淡藍色小點；頭頂觭角細長且合攏

淡褐色，形狀細長，頭前突起細長且合攏

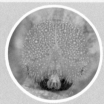

身體褐色有黑褐色背中線及細縱紋；頭褐色，頭頂圓無突起

褐色，形狀短圓、粗壯，有黑褐色斑紋

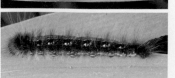

體色黃褐或黑，各體節背部有紅、白、黑色紋，體表有長毛

體型大，形狀特殊，頭前突起細長且合攏

以芒草為寄主的蛺蝶 能攝食芒草的蛺蝶幼蟲種類不少，412 頁的彎斑黛眼蝶、422 頁

幼蟲比較圖

暮眼蝶
P.418

2齡

3齡

聚產，扁圓形，光滑　背部兩側綠白色線稍粗（2～3齡）

森林暮眼蝶
P.419

2齡

3齡

聚產，扁圓形，光滑　背部兩側綠白色線略細（2～3齡）

大幽眼蝶
P.407

1齡

3齡

聚產，表面有小凹刻　犄角短，背部 4 條縱線，中間曲折

曲紋黛眼蝶
P.411

2齡

3齡

單產，透明，表面光滑　犄角二叉，背部 4 條縱黃線，中間細

箭環蝶
P.388

3齡

4齡

聚產，體積大，較光滑　頭殼黃色，體表細長毛及縱向條紋

的布氏陰眼蝶也以芒草及竹亞科為寄主；箭環蝶幼蟲也吃棕櫚科植物

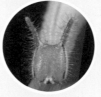

頭殼比例偏正方形，頭頂觭角稍短，斑紋及顏色變化大

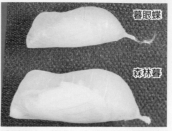

暮眼蝶

森林暮

體型略小，腹背、中胸背部曲線較平直

體型略大，身體似暮眼蝶，難區分：頭殼比例略長，觭角稍長

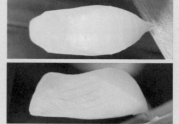

體型略大，腹背、中胸背部曲線較明顯

背 4 條縱向虛線，第 1 腹節背部兩側黃點，觭角二叉末端粉紅

中胸背部尖銳突起，背部有明顯黃色斑點

背中線常有紅斑，頭頂觭角長、二叉、尾部長圓錐突起併攏

綠或淡褐色，中胸突出，頭前粗短二叉狀

體色綠色，體表有細長毛及淡黃、藍綠色縱向條紋

淡綠色，背部小黑斑及第三腹節黃色橫紋

461

夾竹桃科　布朗藤

夾竹桃科　尖尾鳳（馬利筋）

夾竹桃科　爬森藤

夾竹桃科　華他卡藤

夾竹桃科　臺灣牛嬭菜

夾竹桃科　歐蔓

爵床科　大安水蓑衣

爵床科　曲莖馬藍

爵床科　臺灣鱗球花

爵床科　爵床

爵床科　賽山藍

爵床科　蘆利草

蕁麻科　冷清草

蕁麻科　青苧麻

豆科　藤相思樹

樺木科　阿里山千金榆

冬青科　燈稱花

忍冬科　忍冬（金銀花）

金縷梅科　秀柱花

茜草科　玉葉金花

常用寄主植物

殼斗科 捲斗櫟

大麻科 山黃麻

大麻科 石朴

大麻科 朴樹

大麻科 沙楠子樹

大麻科 葎草

榆科 阿里山榆

禾本科 五節芒

禾本科 玉山箭竹

禾本科 印度鴨嘴草

464

說明：APG 組織利用分子生物學原理進行分類，在１９９８年提出 APG I 分類法，將榆科的朴屬及近緣屬獨立為朴樹科；２００３年的 APG II 將朴樹科併入大麻科裡；最新的 APG III（２００９年提出）維持 APG II 的分類處理。而原來的榆科剩榆屬及櫸屬。

禾本科　竹葉草

莎草科　紅果薹

棕櫚科　山棕

棕櫚科　黃藤

大戟科　蓖麻

桑科　小葉桑

桑科　榕樹

馬齒莧科　馬齒莧

楊柳科　水柳

菫菜科　茶匙黃

後記及俗名演變

　　這本書是 07 年企畫，原定 08 年春季上市，書名爲「蝴蝶的一生」，構想以 300 頁介紹 180 種臺灣蝴蝶的完整生活史，後來調整爲 168 種。在蒐集、彙整與撰寫的過程中，筆者覺得介紹 168 種與市面上近似的科普書差異不大，因此毅然決然將內容調整爲 200 種的物種個論，且都以每種兩頁的分量重新撰寫，內容除了一般書裡常見的形態、生態、行爲描述外，部分種類加入分類處理小史、生物地理學、分子生物學研究及相關學門的小知識，文稿大致在 2011 年底完成。隔年筆者與出版社的編輯密集溝通後，近 20 萬字的圖文資料必須要分成上下冊，但筆者堅持出單冊版，礙於單本書籍的厚度不宜超過 500 頁，此外尚有製作成本、裝訂、系列叢書的一致性等，故臨時於 2012 年將書中內容作大幅度調整，將大約 8 成的物種介紹濃縮成 1 頁，估計刪除 8 萬餘字。後來再將種類數提升爲 234 種，即筆者心中設想的書名「臺灣蝴蝶 1 生 234 事」，並加入相似種成蝶與幼生期的比較。最後定調爲：單本 480 頁、238 種詳述個論、成蝶與幼生期比較達 103 頁、各科蝴蝶常用寄主植物 14 頁、穿插僅介紹生活史的近 30 種。一本介紹臺灣 260 餘種蝴蝶生活史的科普書終於千呼萬喚乃誕生，正如黃行七老師推薦序所述，此書用了近七年光陰製作，衆蝶友們甚至都以爲此書應該難產而無下文了！

　　近二十年來臺灣的生態觀察、攝影、撰寫各類生物科普書籍的人士，可謂如雨後春筍般的活力與人數衆多。但少數人士著作多了、名氣亮了，就在自己的作品中、網路上或言談中對學術界的學者們有些不適宜的批評。他們常述及如：學界不認眞、野外探查能力差、耗了國家經費產出不大、寫不出像樣的科普書籍且書籍內容普普等等觀點。在此，筆者將這些人士們比擬爲「生態探查狗仔或搶獨家的記者」，另外將學界學者比擬爲「檢察官」。學者們每每有新發現或是研究主題，都需詳實的觀察、記錄、實驗分析與反覆驗證，才能產出具科學價值的正式報告或國際期刊文章（相當於檢察官對犯罪案件的完備查證與充分分析後才能完成起訴書）；而上述的「生態探查狗仔或搶獨家的記者」就像社會犯罪事件獨家新聞的記者一般，搶拍到一兩張照片、訪問路人觀衆、發個短短的新聞稿件，標題聳動但內容卻無深度可言。學者們若能以這些「獨家照片、短短新聞稿件」來當成教授升等、學術成就考評，今天還有這些少數人士的著墨空間嗎？以徐教授研究室爲例，長久以來掌握的蝴蝶生態觀察獨家新聞可是非常多，像 p424 ～ 425 頁的內容僅是其中的少數，只是基於「研究調查中，即偵查不公開」，更無意寫寫獨家新聞稿。許多的生物主題研究要耗費至少 3 ～ 5 年時間收集數據、分析，才能寫成精彩的研究成果投稿刊出；若三兩句話的就讓它曝光，白白浪費一個好的自然科學題材。筆者並非一味抹煞這些生態觀察同好的努力與投入，但希冀他們也不要再任意汙衊學術界或自我膨脹，應一同爲臺灣的美麗生態組成留下歷史的印記才是王道。

　　最後，來談談大家爭論已久的蝴蝶中文名。19 世紀西方傳教士在臺灣採集動植物標本，當時的蝴蝶並無中文名；在 20 世紀初期，日本人開始著墨臺灣，許多新種蝴蝶被發表，期間陸續出現不少的日文資料，而 1960 年白水 隆所著的原色臺灣蝶類大圖鑑（日文）出版，內容收集所有臺灣的蝴蝶種類，並引發日本人對臺灣蝴蝶標本收藏的熱潮。臺灣有不少人以捕捉蝴蝶爲業，同業間爲了溝通方便，除了使用日文名稱外，開始有中文名的產生，這些才是最最「本土」，屬於臺灣人的自創蝴蝶名稱，可惜只有「有身價」的蝴蝶才擁有自己的中文名。像曙鳳蝶稱「紅尾仔」；白豔粉蝶稱「白紅屁股」；青眼蛺蝶稱「昔時剪絨」，但衆多的弄蝶卻被統稱爲「大頭仔」；體型較大、色彩黯淡的眼蝶則被稱爲「竹腳暗蝶」，若要每隻蝴蝶有自己的名稱，只有日文名或學名的選擇。

　　1974 年《臺灣區蝶類大圖鑑》出版，作者陳維壽先生採用翻譯日文名稱的方式，賦予每一種蝴蝶有自己的中文名稱，這是一項創舉，但也引來一些不同的意見。而 1979 年出版的《台灣的蝴蝶》裡提到，郭玉吉先生熱心提供當時他與同好擬定的另一套臺灣產蝴蝶中文名稱，但書裡的中文名稱慢尤採用動物單簡典的傳統名稱；若無傳統名稱者則從陳氏、郭氏或作者張之傑擬定的名稱中擇一採用或微調修改，張之傑先生在書中提到當時使用的蝴蝶俗名（中文名）都是沿用日本名稱，既粗俗又拗口，應該要集合衆人之力，訂定屬於自己的動植物俗名，但之後並無下文。1986 年日本人濱野榮次出版了《臺灣蝶類生態大圖鑑》（日文），隔年年初牛頓出版社將此書翻譯成中文，經

466

朱耀沂教授審定後出版，書中許多的**蝴蝶**中文名不同於以往的常用名稱。當年度中華昆蟲期刊第 7 卷第 2 期中有篇 7 月分才接受的文章，是由陳維壽撰寫，經朱耀沂教授增減、修正的蝴蝶名錄，與《**臺灣蝶類生態大圖鑑**》書中使用名稱大致相同，但仍有部分差異。此名錄乃是依據《臺灣區蝶類大圖鑑》的資料修改，本質上仍屬於日文名翻譯的名稱，但後來出版的蝴蝶相關書籍全部改用當時的「新中文名」。1988 年臺灣省立博物館出版《臺灣蝶類圖說（一）》，至 1997 年出版《臺灣蝶類圖說（四）》，中文名部分依循中華昆蟲期刊的那份名錄，並無特殊之處，比較值得一提的是第二冊裡有許多張永仁先生拍攝的精美作品；第四冊主要的攝影者是林春吉先生，裡面介紹的種類有不少是族群數量稀少或分布在中、高海拔的一世代物種。

1960 年

1974 年

　　1993 年一本頗具創新的蝴蝶圖鑑問世，《**臺灣蝶類鑑定指南**》的作者是臺灣鱗翅目專家張保信老師，內容是以鉛筆手繪標本並拉線標示特徵，而張老師在序中直接講明，書中摒棄多年來慣用的中文名，原因是：根據世界觀、檢討由亞種學名而來的稱呼、回歸中國名、忠於學名、簡化及屬名的整理。這套新中文名稱的立意雖佳，但書中少了彩色照片吸引人，加上大家對於常用名已習慣，以致於未被蝶友們所採用，在張老師辭世後，其他圖鑑的作者也未採用這套名稱。時間進展到 1999 年的年初，徐堉峰教授出版《**臺灣蝶圖鑑 第一卷**》，書裡採用不同於以往的中文蝶名，提出的理由是慣用名稱乃翻譯自日文名，裡面有許多不合理的地理觀念，因此依據簡約、合理、明確及紀念性來重新幫臺灣的蝴蝶取一個合理的中文名稱，並秉持著「試圖合理提出，靜觀自然演化」的態度，若新名稱合理、好記、好用，自然就能被蝶友們接受，若大家不覺得有比較合理、好用，那就依循原來慣用的名稱亦無不可。同年李俊延與王效岳先生也出版《**臺灣蝴蝶寶鑑**》一書，書中的中文名引用自《臺灣蝶圖鑑 第一卷》、《中國蝶類誌》、《中國鱗翅目》與《臺灣蝶類圖說（四）》等書，兩位作者將這套蝶名用於貓頭鷹出版社的《**臺灣蝴蝶圖鑑**》裡。

1979 年

1986 年

　　從 1974 年起至 1999 年，這短短 25 年間，就有六套蝴蝶中文名稱被提出，這還不包括部分混用或微調更動的名稱。初入門的蝶友可能會問，名稱一套就好，這麼多套怎記得住，且容易混淆，還沒欣賞到蝴蝶的美，就先被名字弄昏。其實各個名稱都有其命名的理由，與其計較名稱不如設法去理解它，讓不同的中文名稱教您從其他面向認識這隻蝴蝶，至於您在溝通時想使用哪個中文名稱，只要是易記、易懂、可溝通的名稱，就是好「俗名」。

1993 年

　　本書的中文名稱是採用徐堉峰教授於 2013 年出版的《**臺灣蝴蝶圖鑑**》套書，部分蝶友稱這套蝴蝶名稱為「新蝶名」，而「舊蝶名」即是指《**臺灣蝶類生態大圖鑑**》使用的中文名稱。有人形容新蝶名怪異，「怪」可能是因為使用上不習慣：「異」或許是因為有別於以往的命名規則。這其實是可以理解，因為「舊蝶名」當年剛提出時，對於習慣「舊舊蝶名」的使用者而言，也是感到「怪異」。若認為「新蝶名」為大陸名稱，請收起這個想法，「新蝶名」與大陸名稱是不同的兩套蝴蝶名稱，到處散布這個說法的人到底是何種居心，硬要將超然獨立的學術發表，硬扯上政治色彩與族群意識。不喜歡就不要用，何必抹黑、誣陷「新蝶名」。同時期由李俊延及王效岳所提出的另一套「新蝶名」，廣納各家的名稱，與「舊蝶名」差別明顯，卻未曾遭受過這般如此無理且荒謬的攻訐，多重標準可見一斑！

1999 年

1999 年

臺灣蝴蝶名錄

頁碼	中文名 1	中文名 2	學名

弄蝶科 Hesperiidae

【大弄蝶亞科 Coeliadinae】

傘弄蝶屬 *Burara*
P.30　橙翅傘弄蝶‧鸞褐弄蝶 *B. jaina formosana*

絨弄蝶屬 *Hasora*
P.31　鐵色絨弄蝶‧鐵色絨毛弄蝶 *H. badra badra*
P.76　南風絨弄蝶‧南風絨毛弄蝶* *H. mixta limata*
P.34　尖翅絨弄蝶‧沖繩絨毛弄蝶 *H. chromus*
P.32　無尾絨弄蝶‧無尾絨毛弄蝶 *H. anura taiwana*
P.36　圓翅絨弄蝶‧臺灣絨毛弄蝶 *H. taminatus vairacana*

長翅弄蝶屬 *Badamia*
P.37　長翅弄蝶‧淡綠弄蝶 *B. exclamationis*

綠弄蝶屬 *Choaspes*
P.40　綠弄蝶‧大綠弄蝶 *C. benjaminii formosanus*
P.38　褐翅綠弄蝶‧褐翅綠弄蝶 *C. xanthopogon chrysopterus*

【花弄蝶亞科 Pyrginae】

帶弄蝶屬 *Lobocla*
P.41　雙帶弄蝶‧白紋弄蝶 *L. bifasciata kodairai*

星弄蝶屬 *Celaenorrhinus*
　　　尖翅星弄蝶‧蓬萊小黃紋弄蝶 *C. pulomaya formosanus*
　　　黑澤星弄蝶‧姬小黃紋弄蝶 *C. kurosawai*
　　　小星弄蝶‧白鬚小黃紋弄蝶 *C. ratna*
　　　埔里星弄蝶‧埔里小黃紋弄蝶 *C. horishanus*
　　　臺灣流星弄蝶‧江崎小黃紋弄蝶 *C. major*
　　　大流星弄蝶‧大型小黃紋弄蝶 *C. maculosus taiwanus*

襟弄蝶屬 *Pseudocoladenia*
P.42　黃襟弄蝶‧八仙山弄蝶 *P. dan sadakoe*

窗弄蝶屬 *Coladenia*
　　　臺灣窗弄蝶‧黃後翅弄蝶* *C. pinsbukana*

颯弄蝶屬 *Satarupa*
P.74　小紋颯弄蝶‧大白裙弄蝶 *S. majasra*
P.44　臺灣颯弄蝶‧臺灣大白裙弄蝶 *S. formosibia*

瑟弄蝶屬 *Seseria*
P.46　臺灣瑟弄蝶‧大黑星弄蝶 *S. formosana*

裙弄蝶屬 *Tagiades*
P.50　白裙弄蝶‧白裙弄蝶 *T. cohaerens*
P.51　熱帶白裙弄蝶‧蘭嶼白裙弄蝶 *T. trebellius martinus*

玉帶弄蝶屬 *Daimio*
P.52　玉帶弄蝶‧玉帶弄蝶 *D. Tethys moori*

白弄蝶屬 *Abraximorpha*
P.48　白弄蝶‧白弄蝶 *A. davidii ermasis*

【弄蝶亞科 Hesperiinae】

黃星弄蝶屬 *Ampittia*
P.55　小黃星弄蝶‧小黃斑弄蝶 *A. dioscorides etura*
P.54　黃星弄蝶‧狹翅黃星弄蝶 *A. virgata myakei*

弧弄蝶屬 *Aeromachus*
P.53　弧弄蝶‧星褐弄蝶 *A. inachus formosana*
　　　萬大弧弄蝶‧姬狹翅弄蝶 *"A. bandaishanus*

點弄蝶屬 *Onryza*
P.74　黃點弄蝶‧竹內弄蝶 *O. maga takeuchii*

脈弄蝶屬 *Thoressa*
　　　臺灣脈弄蝶‧黃條褐弄蝶 *T. horishana*

列弄蝶屬 *Halpe*
P.00　昏列弄蝶‧菁斑小褐弄蝶 *H. gamma*

白斑弄蝶屬 *Isoteinon*
P.56　白斑弄蝶‧狹翅弄蝶 *I. lamprospilus formosanus*

袖弄蝶屬 *Notocrypta*
P.59　袖弄蝶‧黑弄蝶 *N. curvifascia*
P.82　連紋袖弄蝶（臺灣亞種）‧阿里山黑弄蝶 *N. feisthamelii arisana*
P.82　連紋袖弄蝶（菲律賓亞種）‧蘭嶼黑弄蝶* *N. feisthamelii alinkara*

薑弄蝶屬 *Udaspes*

P.58　薑弄蝶‧大白紋弄蝶 *U. folus*

黑星弄蝶屬 *Suastus*
P.57　黑星弄蝶‧黑星弄蝶 *S. gremius*

蕉弄蝶屬 *Erionota*
P.69　蕉弄蝶‧香蕉弄蝶 *#E. torus*

赭弄蝶屬 *Ochlodes*
　　　臺灣赭弄蝶‧玉山黃斑弄蝶 *O. niitakanus*
　　　菩提赭弄蝶‧雪山黃斑弄蝶 *O. bouddha yuchingkinus*

黃斑弄蝶屬 *Potanthus*
P.64　黃斑弄蝶‧臺灣黃斑弄蝶 *P. confucius angustatus*
P.75　淡黃斑弄蝶‧淡黃斑弄蝶 *P. pava*
P.65　墨子黃斑弄蝶‧細帶黃斑弄蝶* *P. motzui*
P.75　蓬萊黃斑弄蝶 *P. diffusus*

橙斑弄蝶屬 *Telicota*
P.66　寬邊橙斑弄蝶‧竹紅弄蝶 *T. ohara formosana*
P.67　竹橙斑弄蝶‧埔里紅弄蝶 *T. bambusae horisha*
P.68　熱帶橙斑弄蝶‧熱帶紅弄蝶 *T. colon hayashikeii*

稻弄蝶屬 *Parnara*
P.77　稻弄蝶‧單帶弄蝶 *P. guttata*
P.62　小稻弄蝶‧姬單帶弄蝶 *P. bada*

禾弄蝶屬 *Borbo*
P.60　禾弄蝶‧臺灣單帶弄蝶 *B. cinnara*
P.77　假禾弄蝶‧小紋褐弄蝶 *B. bevani*

褐弄蝶屬 *Pelopidas*
P.77　褐弄蝶‧褐弄蝶 *P. mathias oberthueri*
P.70　尖翅褐弄蝶‧尖翅褐弄蝶 *P. agna*
P.84　中華褐弄蝶‧中華褐弄蝶 *P. sinensis*
P.71　巨褐弄蝶‧臺灣大褐弄蝶 *P. conjuncta*

孔弄蝶屬 *Polytremis*
P.84　黃紋孔弄蝶‧黃紋褐弄蝶 *P. lubricans kuyaniana*
　　　碎紋孔弄蝶‧達邦褐弄蝶 *P. eltola tappana*
　　　長紋孔弄蝶‧長紋褐弄蝶* *P. zina taiwana*
　　　奇萊孔弄蝶‧奇萊褐弄蝶 *P. kiraizana*

黯弄蝶屬 *Caltoris*
P.73　變紋黯弄蝶‧無紋弄蝶 *C. bromus yanuca*
P.72　黯弄蝶‧黑紋弄蝶 *C. cahira austeni*

鳳蝶科 Papilionidae

【裳鳳蝶族 Troidini】

裳鳳蝶屬 *Troides*
P.96　黃裳鳳蝶‧黃裳鳳蝶 *T. aeacus formosanus*
P.98　珠光裳鳳蝶‧珠光鳳蝶 *T. magellanus sonani*

曙鳳蝶屬 *Atrophaneura*
P.100　曙鳳蝶‧曙鳳蝶 *A. horishana*

麝鳳蝶屬 *Byasa*
P.104　多姿麝鳳蝶‧大紅紋鳳蝶 *B. polyeuctes termessus*
P.103　長尾麝鳳蝶‧臺灣麝香鳳蝶 *B. impediens febanus*
P.102　麝鳳蝶‧麝香鳳蝶 *B. alcinous mansonensis*

珠鳳蝶屬 *Pachliopta*
P.105　紅珠鳳蝶‧紅紋鳳蝶 *P. aristolochiae interposita*

【燕鳳蝶族 Leptocircini】

劍鳳蝶屬 *Pazala*
P.136　劍鳳蝶‧升天鳳蝶 *P. eurous asakurae*
P.136　黑尾劍鳳蝶‧木生鳳蝶 *P. mullah chunglanus*

青鳳蝶屬 *Graphium*
P.108　青鳳蝶‧青帶鳳蝶 *G. sarpedon connectens*
P.106　寬帶青鳳蝶‧寬青帶鳳蝶 *G. cloanthus kuge*
P.109　木蘭青鳳蝶‧青斑鳳蝶 *G. doson postianus*
P.110　翠斑青鳳蝶‧綠斑鳳蝶 *G. agamemnon*

【鳳蝶族 Papilionini】

斑鳳蝶屬 *Chilasa*

468

臺灣蝴蝶名錄

469

471

「中文名1」及「學名」引用自徐堉峰著 臺灣蝴蝶圖鑑（共三冊）；「中文名2」引用自濱野榮次著 臺灣蝶類生態大圖鑑，書中弄蝶皆用「挵」，此書無資料者，則引用臺灣昆蟲名錄（#）或坊間的其他中文著作（*）

中名索引

學名索引

475

參考文獻

- P.J. Gullan & P. S. Cranston(著)。徐堉峰 (譯)。2002。昆蟲學概論。合記圖書出版。
- Carl Zimmer(著)。唐嘉慧 (譯)。2005。演化 - 一個觀念的勝利。時報文化出版企業股份有限公司。
- D.G. Stavenga, M.G. Giraldo & H.L. Leertouwer. (2010). Butterfly wing colors: glass scales of *Graphium sarpedon* cause polarized iridescence and enhance blue/green pigment coloration of the wing membrane. The Journal of Experimental Biology, 213, 1731-1739.
- J. L. Cloudsley- Thompson(著)。徐爾烈 (譯)。1970。微生態學。廣文書局。
- Manuel C. Molles Jr.(著)。金恆鑣等 (譯)。2002。生態學 - 概念與應用。美商麥格羅 . 希爾國際股份有限公司臺灣分公司。
- Takahashi M, Kiuchi H.(2011) On the taxonomical status of "*Ypthima wangi* Lee, 1998"(Nymphalidae, Satyriinae) from Taiwan. Butterflies 58: 4-13.
- William P. Cunningham, Mary Ann Cunningham(著)。蔡勇賦等 (譯)。2005。環境科學概論 - 調查與應用。美商麥格羅 . 希爾國際股份有限公司臺灣分公司
- 五十嵐 邁、福田晴夫。1997。アジア產蝶類生活史図鑑。東海大學。
- 五十嵐 邁、福田晴夫。2000。アジア產蝶類生活史図鑑。東海大學。
- 內田春男。1988。フォルモサの森を舞う妖精 - 台湾產ゼフィルス 25 種。自費出版。
- 內田春男。1988。ラソタナの花咲く中を行く - 台湾の蝶と自然と人と。自費出版。
- 內田春男。1991。常夏の島フォルモサは招く - 台湾の蝶と自然と人と。自費出版。
- 內田春男。1995。麗しき蝴蝶の島よ永えに - 台湾の蝶と自然と人と。自費出版。
- 王立豪（2008）。台灣寬尾鳳蝶的習性與生態需求之研究。國立臺灣師範大學。未出版碩士論文。
- 王俊凱（2009）。從生活史不同階段初探虎灰蝶與樹棲舉尾蟻的共生關係。國立臺灣師範大學。未出版碩士論文。
- 王效岳、李俊延。2000。蝴蝶花園大探祕。國立臺灣博物館。
- 白九維、王效岳。1998。臺灣的鳳蝶與中國大陸種類的綜述。淑馨出版社。
- 白水 隆。1960。原色台湾蝶類大圖鑑。保育社株式會社。
- 朱耀沂、何健鎔。1994。臺灣產蝶類的保育工作。自然保育季刊 (7)：17-23 頁。臺灣省特有生物研究保育中心。
- 朱耀沂、歐陽盛芝。2000。熱帶昆蟲學。國立臺灣博物館。
- 朱耀沂。2005。人蟲大戰。商周出版。
- 何孟娟（2000）。大琉璃紋鳳蝶與琉璃紋鳳蝶親緣關係之探討。國立臺灣師範大學。未出版碩士論文。
- 何健鎔、姜碧惠。1996。水里地區的臺灣姬小灰蝶兼談小型的小灰蝶保育。自然保育季刊(14)：37-40 頁。臺灣省特有生物研究保育中心。
- 何健鎔、張連浩。1997。臺灣產金鳳蝶族蝶類的生態與保育。自然保育季刊 (19)：34-41 頁。臺灣省特有生物研究保育中心。
- 何健鎔、張連浩。1998。甲仙綠蛺蝶（鱗翅目：蛺蝶科）幼蟲期形態與寄主植物記錄。中華昆蟲 n18 v2，127-134。
- 何健鎔、張連浩。1998。南瀛彩蝶。臺灣省特有生物研究保育中心。
- 何健鎔、顏聖紘。1994。臺灣蝴蝶與植物間之生態關係。自然保育季刊 (6)：10-17 頁。臺灣省特有生物研究保育中心。
- 何健鎔。1995。臺灣蝴蝶的捕食性天敵。自然保育季刊 (11)：36-39 頁。臺灣省特有生物研究保育中心。
- 何健鎔。1998。臺灣新記錄的紫擬蛺蝶。自然保育季刊 (24)：58-59 頁。臺灣省特有生物研究保育中心。
- 何健鎔等。1995。臺灣蝴蝶的寄生性天敵。自然保育季刊 (12)：30-36 頁。臺灣省特有生物研究保育中心。
- 吳立偉（2010）。蘇鐵綺灰蝶的來源檢測與綺灰蝶屬食性演化之研究。國立臺灣師範大學。未出版博士論文。
- 呂至堅（2008）。寬尾鳳蝶屬之親緣關係及保育遺傳研究。國立臺灣師範大學。未出版博士論文。
- 呂至堅、陳建仁。2008。鐵色園裡的生存競爭。大自然季刊 (99)：76-81 頁。中華民國自然生態保育協會。
- 呂至堅等。2010。尖粉蝶逐什麼？由尖粉蝶在彰化的大發生探討蝶類族群分布的改變。自然保育季刊 (70)：43-47 頁。行政院農業委員會特有生物研究保育中心。
- 呂晟智、洪素年。2012。台灣常見的蝴蝶－低海拔篇。台灣蝴蝶保育學會。
- 李大維。2006。大坑蝴蝶生態教育區蝶相調查研究。特有生物研究 8(1)：13-25 頁。行政院農業委員會特有生物研究保育中心。
- 李大維。2010。臺中市大坑地區蝴蝶標本採集紀錄。特有生物研究 12(3)：309-326 頁。行政農業委員會特有生物研究保育中心。
- 李宜欣（2004）。臺灣島內綠點白粉蝶與白粉蝶粒線體 DNA 變異研究。國立臺灣師範大學。未出版碩士論文。
- 李宜欣等。2006。入侵種與原生種白粉蝶之生態競爭。自然保育季刊 (54)：64-69 頁。行政農業委員會特有生物研究保育中心。
- 李俊延、王效岳。1996。蝴蝶的觀察與飼育。臺灣省立博物館。
- 李俊延、王效岳。1997。臺灣蝶類圖說 (四)。臺灣省立博物館。
- 李俊延、王效岳。1999。臺灣蝴蝶寶鑑。宜蘭縣自然史教育館。
- 李俊延、王效岳。1999。蝴蝶花園。宜蘭縣自然史教育館。
- 李俊延、王效岳。2000。馬祖彩蝶圖鑑。福建省連江縣政府。
- 李俊延、王效岳。2000。彩蝶鑑賞。石佩妮出版。
- 李俊延、王效岳。2002。臺灣蝴蝶圖鑑。貓頭鷹出版社。
- 李俊延、張玉珍。1988。臺灣蝶類圖說。臺灣省立博物館。
- 李俊延。1990。臺灣蝶類圖說。臺灣省立博物館。
- 李惠永、楊平世。2002。國有林蝶類重要棲地及資源 - 中部地區。行政院農業委員會林務局。
- 李惠永、楊平世。2005。國有林蝶類重要棲地及資源 - 東部地區。行政院農業委員會林務局。
- 沈秀雀。1993。玉帶鳳蝶之蛻變。自然保育季刊 (2)：37-40 頁。臺灣省特有生物研究保育中心。
- 林育綺（2011）。以形距分析探究大白斑蝶之分布與分化。國立臺灣師範大學。未出版碩士論文。
- 林孟賢（2002）。串珠環蝶之族群動態。國立臺灣師範大學。未出版碩士論文。

·林春吉、蘇錦平。2013。台灣蝴蝶大圖鑑。綠世界工作室。

·林春吉。1994。幻蝶 - 臺灣的蝴蝶與自然之美。三隻小豬國際有限公司。

·林春吉。2004。彩蝶生態全紀錄 - 臺灣蝴蝶食草與蜜源。綠世界出版社。

·林春吉。2008。臺灣蝴蝶食草與蜜源植物大圖鑑 (上)。天下遠見出版股份有限公司。

·林春吉。2008。臺灣蝴蝶食草與蜜源植物大圖鑑 (下)。天下遠見出版股份有限公司。

·林柏昌、林有義。2008。蝴蝶食草圖鑑。晨星出版。

·林郁婷 (2011)。以生態、形態及分子證據探討利用山漆莖屬黃蝶之系統分類位置。國立臺灣師範大學。未出版碩士論文。

·林家弘 (2010)。三斑虎灰蝶 Spindasis syama（Horsfield, 1829）生物學及喜蟻關係之探討。國立臺灣師範大學。未出版碩士論文。

·林瑞典。1999。東陞蘇鐵小灰蝶記述。自然保育季刊 (26)：28-33 頁。臺灣省特有生物研究保育中心。

·邱秀婷 (2003)。黃蝶寄主植物偏好性分析。國立臺灣師範大學。未出版碩士論文。

·洪明仕。2010。環境生態學。華都文化事業有限公司。

·洪裕榮。2008。蝴蝶家族。自費出版。

·范義彬。1990。臺灣蝴蝶 (I)。行政院農業委員會。

·范義彬。2006。黃襟弄蝶再發現紀錄。自然保育季刊 (54)：70-73 頁。行政院農業委員會特有生物研究保育中心。

·唐清良、謝宗欣。2010。蝴蝶與植物生態攝影專輯 - 臺南大學 & 臺南縣成功國小校園生態。國立臺南大學。

·孫儒泳等。1996。普通生態學。藝軒圖書出版社。

·徐堉峰。1999。臺灣蝶圖鑑第一卷。國立鳳凰谷鳥園。

·徐堉峰。2002。臺灣蝶圖鑑第二卷。國立鳳凰谷鳥園。

·徐堉峰。2004。近郊蝴蝶。聯經出版事業股份有限公司。

·徐堉峰。2007。臺灣蝶圖鑑第三卷。國立鳳凰谷鳥園。

·徐堉峰。2013。臺灣蝴蝶圖鑑 (上)。晨星出版有限公司。

·徐堉峰。2013。臺灣蝴蝶圖鑑 (下)。晨星出版有限公司。

·徐堉峰。2013。臺灣蝴蝶圖鑑 (中)。晨星出版有限公司。

·貢穀紳。2001。昆蟲學中冊。國立中興大學農學院。

·張永仁。1984。陽明山國家公園解說叢書賞蝶篇 (上)。陽明山國家公園。

·張永仁。1984。陽明山國家公園解說叢書賞蝶篇 (下)。陽明山國家公園。

·張永仁。1984。陽明山國家公園解說叢書賞蝶篇 (導引圖鑑)。陽明山國家公園。

·張永仁。1999。臺灣的昆蟲 - 蝶蛾篇。渡假出版社有限公司。

·張永仁。2002。臺灣賞蝶地圖 (合訂本)。晨星出版有限公司。

·張永仁。2005。蝴蝶 100。遠流出版事業股份有限公司。

·張保信、蔡百峻。1984。臺灣的蝴蝶世界。渡假出版社有限公司。

·張保信。1994。臺灣蝶類鑑定指南。渡假出版社有限公司。

·張連浩、何健鎔。1997。臺灣產白小灰蝶記述。自然保育季刊 (19)：45-47 頁。臺灣省特有生物研究保育中心。

·張連浩、何健鎔。1998。Y 紋小灰蝶記述。自然保育季刊 (22)：56-59 頁。臺灣省特有生物研究保育中心。

·張連浩、何健鎔。1998。阿里山小灰蛺蝶記述。自然保育季刊 (23)：50-52 頁。臺灣省特有生物研究保育中心。

·張連浩、何健鎔。2001。大黑星拶蝶記述。自然保育季刊 (35)：59-61 頁。行政院農業委員會特有生物研究保育中心。

·張連浩、何健鎔。2002。相似外表下的秘密 - 雄紅三線蝶。自然保育季刊 (37)：36-40 頁。行政院農業委員會特有生物研究保育中心。

·張連浩、何健鎔。2002。落葉下的秘密 - 枯葉蝶。自然保育季刊 (39)：69-72 頁。行政院農業委員會特有生物研究保育中心。

·張連浩。1999。霧社綠小灰蝶記述。自然保育季刊 (27)：28-32 頁。行政院農業委員會特有生物研究保育中心。

·張連浩。2001。花蓮青小灰蝶記述。自然保育季刊 (33)：48-52 頁。行政院農業委員會特有生物研究保育中心。

·莊玉筵 (2006)。綜合分子與食性證據探討黃蝶的多樣性問題。國立臺灣師範大學。未出版碩士論文。

·陳世情 (2009)。以幾何形態學探究眼蝶類密紋波眼蝶複合群的分類，國立高雄師範大學。未出版碩士論文。

·陳亭瑋 (2008)。西藏翠蛺蝶種複合群之系統分類研究。國立臺灣師範大學。未出版碩士論文。

·陳建仁、呂至堅。2010。豆環蛺蝶換口味了 ?! 意外發現新寄主植物全紀錄。大自然季刊 (106)：46-51 頁。中華民國自然生態保育協會。

·陳建志。1990。蝶 - 太魯閣國家公園蝴蝶資源。內政部營建署太魯閣國家公園管理處。

·陳維壽。1974。臺灣區蝶類大圖鑑。中國文化雜誌社。

·陳維壽。1977。大自然的舞姬 - 臺灣的蝴蝶世界。白雲文化事業公司。

·陳維壽。1977。找的蝴蝶夢。順先出版公司。

·陳維壽。1977。臺灣的蝴蝶。豐年社。

·陳維壽。1981。美麗的蝴蝶園。臺灣新生報社。

· 陳維壽。1981。蝴蝶世界奇觀 - 臺灣的蝴蝶資源。白雲文化事業公司。

· 陳維壽。1987。臺灣的彩蝶。南天書局有限公司。

· 陳維壽。1988。臺灣產蝶類。台灣省政府教育廳。

· 陳維壽。1997。臺灣賞蝶情報。青新出版有限公司。

· 陳維壽。2006。追蝴蝶的人 - 陳維壽的七十年蝴蝶夢。先覺出版股份有限公司。

· 陳燦榮。2006。彩蝶飛。臺北縣生命關懷協會。

· 傅建明等。1999。玉山國家公園賞蝶手冊。內政部營建署玉山國家公園管理處。

· 彭國棟。2011。杉林溪 100 種蝴蝶解說圖鑑。杉林溪自然教育中心。

· 湯奇霖、趙仁方。2000。青帶鳳蝶屬蝶類在臺東大南地區之發生概況。自然保育季刊 (29)：54-60 頁。行政院農業委員會特有生物研究保育中心。

· 黃子典、楊燿隆。1996。雲林、彰化地區平原開墾地常見的蝴蝶。自然保育季刊 (14)：32-35 頁。臺灣省特有生物研究保育中心。

· 黃行七等。2010。臺灣疑難種蝴蝶辨識手冊。中華民國自然生態保育協會。

· 楊平世。1997。蝴蝶的伊甸園 - 溫室型的蝴蝶園。自然保育季刊 (18)：14-19 頁。臺灣省特有生物研究保育中心。

· 楊憲鵬。2000。探訪寬尾鳳蝶。自然保育季刊 (31)：59-62 頁。行政院農業委員會特有生物研究保育中心。

· 楊燿隆、楊平世。2008。南山溪蝴蝶多樣性的相關因子分析。特有生物研究 10(1)：45-72 頁。行政院農業委員會特有生物研究保育中心。

· 楊燿隆。1995。南投縣常見蝴蝶。臺灣省特有生物研究保育中心。

· 楊燿隆。1996。蝴蝶調查 DIY。自然保育季刊 (13)：54-58 頁。臺灣省特有生物研究保育中心。

· 楊燿隆。1997。蝴蝶調查 DIY - 分布調查。自然保育季刊 (17)：56-59 頁。臺灣省特有生物研究保育中心。

· 楊燿隆。1999。臺灣中部地蝴蝶資源。特有生物研究 1(1)：28-48 頁。臺灣省特有生物研究保育中心。

· 葉金彰、張連浩。1996。山中精靈 - 褐底青小灰蝶簡介。自然保育季刊 (15)：53-54 頁。臺灣省特有生物研究保育中心。

· 詹見平。2005。和蝴蝶做朋友。人人出版股份有限公司。

· 詹家龍。2008。紫斑蝶。晨星出版。

· 詹家龍撰文。西拉雅蝴蝶誌。交通部觀光局西拉雅國家風景區管理處。

· 廖珠吟（2011）。蓬萊虎灰蝶的幼期生物學與共蟻現象對其生長表現之影響。國立臺灣師範大學。未出版碩士論文。

· 趙仁方、方懷聖。2002。臺東縣蝴蝶。臺東縣政府。

· 劉淑芬。2011。三種蝴蝶幼蟲寄主植物之新發現。自然保育季刊 (75)：32-37 頁。行政院農業委員會特有生物研究保育中心。

· 劉淑芬。2011。以賽芻豆替代飼育白雅波蝶幼蟲之新發現。自然保育季刊 (76)：34-36 頁。行政院農業委員會特有生物研究保育中心。

· 蔡百峻。1985。墾丁國家公園蝴蝶生態簡介。內政部營建署墾丁國家公園管理處。

· 蔡百峻。1992。玉山的蝴蝶。內政部營建署玉山國家公園管理處。

· 賞蝶人。1979。臺灣的蝴蝶。自然科學文化事業股份有限公司。

· 鄭雅茵（2000）。夸父璀灰蝶族群遺傳結構與親緣關係之研究。國立臺灣師範大學。未出版碩士論文。

· 盧耽。2008。圖解昆蟲學。商周出版。

· 穆傳蓁等。1997。雙流蝶影。臺灣省林務局屏東林區管理處。

· 賴裕耀。1986。蝴蝶的變態。明統圖書公司。

· 濱野榮次 (著)。朱耀沂 (審定)。1986。臺灣蝶類生態大圖鑑。牛頓出版社。

· 謝佳昌（2004）。Biosystematics and Biographical Implication for Ypthima multistriata Species Group。國立臺灣師範大學。未出版碩士論文。

· 鍾昭良。1995。神奇的昆蟲自衛。國際少年村圖書出版社。

· 簡琬宣（2010）。以形態與分子證據探討紋黃蝶在台灣之分佈。國立臺灣師範大學。未出版碩士論文。

· 關宏軒（2003）。從形態與生理證據重新探究密紋波眼蝶複合群的分類問題。國立臺灣師範大學。未出版碩士論文。

· 顏聖紘、楊平世。2000。保育類昆蟲 (附 CITES 附錄物種) 鑑識參考手冊。行政院農業委員會。

· 羅尹廷（2001）。夸父綠小灰蝶之生態學初探。國立臺灣師範大學。未出版碩士論文。

· 蘇錦平。2011。臺灣消失 20 年的蝴蝶 - 臺灣燕小灰蝶 (南方燕藍灰蝶)。自然保育季刊 (75)：25-33 頁。行政院農業委員會特有生物研究保育中心。

參考文獻

台灣自然圖鑑 030

蝴蝶生活史圖鑑

作者	呂至堅、陳建仁
主編	徐惠雅
執行主編	許裕苗
校對	呂至堅、陳建仁 、許裕苗
美術編輯	許裕偉

創辦人	陳銘民
發行所	晨星出版有限公司
	407台中市西屯區工業30路1號1樓
	TEL：04-23595820　FAX：04-23550581
	行政院新聞局局版台業字第2500號
法律顧問	陳思成律師
初版	西元2014年03月23日
	西元2022年07月06日（四刷）

讀者專線	TEL：02-23672044 / 04-23595819#212
	FAX：02-23635741 / 04-23595493
	E-mail：service@morningstar.com.tw
網路書店	http://www.morningstar.com.tw
郵政劃撥	15060393（知己圖書股份有限公司）
印刷	上好印刷股份有限公司

定價**750**元

ISBN　978-986-177-784-9

Published by Morning Star Publishing Inc.

Printed in Taiwan

國家圖書館出版品預行編目資料

蝴蝶生活史圖鑑 / 呂至堅、陳建仁著
-- 初版. -- 臺中市：晨星, 2014.03
面；　公分.－－（臺灣自然圖鑑；30）
ISBN 978-986-177-784-9(平裝)

1.蝴蝶 2.動物圖鑑 3.臺灣

387.793025　　　　　　　　　　102020960